工业用丛生竹分子生物学研究

胡尚连等　著

科学出版社

北京

内 容 简 介

本书从工业用丛生竹分子生物学角度,较全面地总结了近年来作者在大型丛生竹类木质素相关合成酶基因克隆与调控,纤维素相关合成酶基因克隆、生物信息学分析与组织表达模式,蔗糖合酶和尿苷二磷酸葡萄糖焦磷酸化酶基因克隆、生物信息学分析与组织表达模式及尿苷二磷酸葡萄糖焦磷酸化酶基因的遗传转化,MYB 和 WRKY 转录因子的克隆与胁迫诱导表达和慈竹转录组分析等方面的研究成果。

本书可为林学和园林等相关领域的专家、学者、林业科技工作者及相关专业的学生提供理论参考。

图书在版编目（CIP）数据

工业用丛生竹分子生物学研究／胡尚连等著. —北京：科学出版社，2016.1
ISBN 978-7-03-046718-8

Ⅰ.①工…　Ⅱ.①胡…　Ⅲ.①竹–分子生物学–研究　Ⅳ.①QS795

中国版本图书馆 CIP 数据核字(2015)第 303748 号

责任编辑：罗　静　岳漫宇／责任校对：张怡君
责任印制：赵　博／封面设计：北京图阅盛世文化传媒有限公司

科学出版社 出版
北京东黄城根北街 16 号
邮政编码：100717
http://www.sciencep.com

北京天宇星印刷厂印刷

科学出版社发行　各地新华书店经销
*

2016 年 1 月第　一　版　　开本：787×1092　1/16
2025 年 1 月第三次印刷　　印张：16 3/4
字数：397 000
定价：120.00 元
(如有印装质量问题，我社负责调换)

《工业用丛生竹分子生物学研究》著者名单

主　著　胡尚连　西南科技大学

著　者（按姓氏汉语拼音排序）

曹　颖　西南科技大学

黄　艳　西南科技大学

刘红梅　西南科技大学

龙治坚　西南科技大学

卢学琴　西南科技大学

徐　刚　西南科技大学

前　言

　　纤维原料资源是造纸行业生产和发展的基础。50 年来，我国造纸企业大都以麦草和废纸为主要原料，导致我国造纸企业产品档次低，竞争力弱，高档纸品高度依赖进口，同时在制浆造纸过程中，木质素和半纤维素作为主要废液（占造纸工业污染的 80％以上）排放到外界环境，严重污染环境，且造成大量资源浪费。纤维原料结构不合理是制约我国造纸工业发展的瓶颈。我国森林资源匮乏，森林覆盖率比世界平均水平低 10 个百分点。目前，我国生态现实不允许纸浆原料过度依靠木浆，纸浆造纸用材短缺和价格高的问题日益突出。

　　我国是世界上竹类资源最丰富的国家，有 500 多种，栽培面积 700 多万 hm^2，蓄积及年产量居世界前列。竹材成材期短，单产高，再生能力强，易繁殖，是速生型植物资源和永续利用资源，有利于保护自然资源和生态环境。更重要的是竹属于中长纤维原料，介于针叶木和草类之间，比阔叶木长，纤维细长，交织力好，是造纸的良好原料。世界上较多利用竹子制浆造纸的国家有印度、孟加拉国、泰国和中国等。近年来，国家在西部地区实施的退耕还林和天然林保护工程，为竹浆产业发展提供了条件，四川省已形成以竹浆造纸工业为龙头的产业链。四川一些本土大型丛生竹如慈竹、梁山慈竹等含有丰富的纤维素，适合作造纸原料。而且，这些竹种还具有适应性广、易栽培、栽培面积大、成活率高、轮伐期短、生物量大等特点，对进一步推动我国竹资源的有效利用和造纸业的可持续发展、生态环境的改善和农民增收，都具有十分重要的意义。

　　应用基础研究是林业科技工作的源头和根本。由于竹子很难开花的特殊生物学特性，采用传统育种方法很难进行遗传改良，限制了竹子遗传改良进程。随着生物技术的长足发展，利用生物技术手段拓宽竹子遗传资源，改良和培育竹子新品种是当前的研究重点。改善竹子品质是其遗传改良的重要目标之一。因此，开展工业用丛生竹类木质素和纤维素基因克隆与调控及笋的不同生长阶段转录组等方面的基础研究，可为通过生物技术手段创制竹子新种质资源奠定基础。目前，竹类木质素、纤维素生物合成和调控方面的研究尚处于起步和探索阶段。尽管竹木质素和纤维素相关合成酶基因相继在慈竹、绿竹、毛竹上及耐寒基因在慈竹上得以克隆，但都未能应用于竹遗传改良。

　　针对以上提出的问题，本课题组（资源植物研究与利用课题组）自 2003 年以来，在国家青年基金（31400257 和 31400333）、四川省"十一五"和"十二五"重点公关资助项目（2006YZGG-10－07 和 2011YZGG-10）、四川省应用基础研究基金资助项目(05JY029-101 和 2013JY0182)、四川省生物质资源利用与改性工程技术研究中心基金(12zxsk07 和 13zxsk01)和四川主要丛生竹定向培育技术项目（10zx1102）等的资助下，开展了大型丛生竹类木质素相关合成酶基因克隆与调控，纤维素相关合成酶基因克隆、生物信息学分析与组织表达模式，蔗糖合酶和尿苷二磷酸葡萄糖焦磷酸化酶基因克隆、生物信息学分析与组织表达模式及尿苷二磷酸葡萄糖焦磷酸化酶基因的遗传转化，MYB

和 WRKY 转录因子的克隆与胁迫诱导表达和慈竹转录组分析等方面的研究，取得了一定进展，相关研究结果总结在本书中。本书的出版得到了生物质材料教育部工程研究中心开放基金（12ZXbk03）的资助。

全书共分 6 章。胡尚连负责全书的统稿，撰写前言和内容简介。胡尚连撰写第一章和第三章，胡尚连、曹颖和卢学琴撰写第二章，胡尚连、曹颖、黄艳、徐刚、龙治坚撰写第四章和第五章，胡尚连、曹颖撰写第六章，刘红梅撰写缩略语和负责全书的编辑工作。感谢本研究室邓小波、黄胜雄、蒋瑶、周建英、李晓瑞、吴晓宇、张丽、周美娟、陈荣、李想、杨传凤、周振华、史世京、郭鹏飞、廖倩硕士研究生对本研究工作的支持。

本课题组的研究仍处于起步阶段，尚待深入系统地开展工业用丛生竹分子生物学与遗传改良方面的研究。由于作者水平有限和经验不足，书中难免有不妥之处，敬请有关专家、学者、科技和生产工作者等批评指正。

在本书出版之际，谨向所有关心、支持本书出版的单位、领导、专家、朋友和同学表示衷心的感谢！

胡尚连

2015 年 1 月

目　录

第一章　竹子分子生物学研究进展

竹类植物是重要的森林资源，其以速生、再生性强及纤维质量较好的特点，在我国林业生产中占有非常重要的地位，在缓解我国木材供需矛盾和生态环境保护方面发挥了十分重要的作用。以往对竹类植物的研究主要集中在形态学研究、生态环境保护、栽培技术和利用等方面，而有关竹类植物的基因分离及其调控方面的基础性研究十分薄弱。近年来，随着分子生物学基础理论和研究技术手段的飞速发展，竹类植物分子生物学的研究日益引起重视，我国在竹类植物分子标记的研发与利用，功能基因的分离及其生物信息学和表达分析，全基因组测序和转录基因组测序及其分析等方面开展了较为深入的研究，并取得了一定的研究进展。

第一节　分子标记辅助育种研究进展

分子标记辅助育种始于20世纪80年代，是通过利用与目标性状紧密连锁的 DNA 分子标记对目标性状进行间接选择，并在早代就能够对目标基因的转移进行准确、稳定的选择，从而加速育种进程，提高育种效率，选育抗病、优质、高产的品种。与传统育种相比，分子标记辅助育种在聚合多个育种有利基因和精确鉴定多个目标性状方面，能大大缩短育种周期和降低成本投入。迄今为止，通过分子标记辅助育种选择培育而成的新品种很少，该技术在植物育种工作中还未得到广泛普及与有效利用，其原因在于植物分子标记辅助育种常常涉及多个经济性状的同时改良。因此，针对对人类有应用价值的植物复杂性状的分子育种，科学家需要理解和掌控植物生长、发育规律及其对生物和非生物逆境条件的响应，构建相关性状的遗传网络和包含多个性状的选择指数。

随着分子生物学技术的长足发展，科学家提出了全基因组策略分子标记辅助育种，它是利用全基因组测序和全基因组分子标记对代表性的或者全部遗传资源和育种材料进行分析，充分考虑分子育种中面临的不同基因组和环境因素。这些策略现在越来越基于特定的基因组区域、基因/等位基因、单倍型、连锁不平衡、基因网络和这些因素对特定表型的贡献。大规模高密度的基因型鉴定和全基因组选择是该策略的两个重要组成部分。全基因组策略分子标记辅助育种的基本策略为：①基于种子 DNA 的基因型鉴定，简化分子标记辅助选择，降低育种成本、增加规模和提高效率；②选择性基因型鉴定和表型鉴定，结合 DNA 混合池分析，捕获和育种相关的最重要因素；③灵活的基因型鉴定系统，例如，通过测序和芯片进行基因型鉴定，对不同的选择方法进行细化，包括分子标记辅助选择（MAS）、分子标记辅助轮回选择（MARS）和基因组选择（GS）；④结合连锁作图和连锁不平衡作图的方法进行标记-性状关联分析；⑤基于序列的策略进行分子标记研发、等位基因发掘、基因功能研究和分子育种（Xu et al.，2012）。到目前为止，分子标记辅助育种在作物上普遍应用，尤其是在小麦和水稻中应用最为广泛；分子标记辅助育种多被用于提高作物的抗病性和抗旱性；在利用分子标记辅助育种培育作物品种时，主要是通过基因聚合和渗入将有利基因导入目标品种；分子标记辅助育种主要被用于数量性状改良。另外，连锁图谱构建、目标基因与分子标记的连锁定位及其对育种的影响分析等基础研究工作也很多（袁建霞等，2012）。有资料表明，根据 2010 年 7 月搜寻 FAO-BioDeC 资料库结果显示，有超过 4000 份的生物技术研究资料，其中 912 份与运用分子标记技术有关，912 份中有 650 份是运用在作物上，仅有 262 份与林木方面的研究有关。这进一步表明，林木分子标记辅助育种要比作物滞后。

竹亚科植物染色体数目比较多而且不稳定，散生竹的染色体基本上为 $2n=48$（李秀兰等，1999），丛生竹则为 $2n=70\pm2$（李秀兰等，2001），普遍存在多倍性、非整倍性、混倍性和染色体结构变异等现象。由此看来，竹子基因组的结构和来源十分复杂。到目前为止，我国竹类植物分子标记的研究主要集中在遗传多样性分析、种质资源鉴定、遗传图谱构建、系统进化研究等方面（表 1-1），这些研究为竹类植物分子标记辅助育种奠定了良好的基础，分子标记辅助育种在竹类植物遗传育种上的应用研究鲜见报道，有待于开展。

表 1-1   分子标记在我国竹类植物研究中的应用进展（1998～2014 年）

标记（技术）类型	竹类植物种类	研究内容	参考文献
RAPD	孝顺竹、凤尾竹、绿竹、白绿竹	遗传多样性分析，构建指纹图谱	吴益民等（1998）
	苦竹类植物	种间遗传相似性分析	杨光耀和赵奇僧（2000）
	雷竹的 19 个栽培类型及 2 个近缘种	对竹类植物种以下等级进行分类	方伟等（2001）
	毛竹与其同属的 2 个近缘种及毛竹种下的 7 个变型或栽培型	遗传关系研究	师丽华等（2002）
	6 个群体 30 丛撑篙竹个体	遗传多样性分析	邢新婷等（2003）
	巨龙竹	遗传多样性分析	李鹏等（2004）
	苦竹及近缘竹（共 17 个竹种）	系统进化分析	
	22 个不同栽培类型的绿竹	遗传多样性分析	余学军等（2005）
	锦竹和其可能的亲本及其他 4 个近缘竹种	遗传关系分析	童子麟（2006）
	四川不同地区慈竹和硬头黄竹	遗传多样性分析	郭晓艺等（2007）
RAPD、ISSR	四川不同地区梁山慈竹	遗传多样性分析	蒋瑶等（2008）
	四川不同地区硬头黄竹	遗传多样性分析	蒋瑶等（2009）
	四川不同地区慈竹	遗传多样性分析	陈其兵等（2009）
ISSR	假毛竹和毛竹正反交杂种	杂种鉴定	娄永峰等（2010a）
SSR	3 个杂交竹种	杂种鉴定	卢江杰等（2009）
	4 个丛生杂种竹，即'撑麻 7 号'、'版麻 1 号'、'青麻 11 号'和'撑麻青 1 号'	杂种鉴定	吴妙丹等（2009）
	毛竹	部分竹类植物的系统分类学研究	刘贯水（2010）

续表

标记（技术）类型	竹类植物种类	研究内容	参考文献
EST-SSR	毛竹	用于竹子种内或种间的 SSR 标记分析	杨丽等（2011）
	15 个具有代表性的丛生竹种	种间杂种鉴定	Dong 等（2011a）
	毛竹、菲白竹、铺地竹、斑竹、雷竹、紫竹、大叶箬竹、小叶箬竹、茶秆竹、平安竹、大明竹和红秆寒竹	遗传多样性分析	张智俊等（2011）
	慈竹及其变异类型共 9 种	遗传多样性分析	高志民等（2012a）
AFLP	21 个不同产地的绿竹	遗传多样性分析	卢江杰等（2008）
	26 个竹子种类，其中刚竹属竹种 23 种，苦竹属竹种 2 种，唐竹属竹种 1 种	竹子类群系统关系	李潞滨等（2008）
	16 种箬竹和 5 个形态相似的外源竹种	遗传多样性分析	牟少华等（2009）
	6 属 35 种竹，其中 14 种刚竹属竹种，11 种苦竹属，3 种大节竹属，4 种唐竹属，1 种业平竹属与 2 种短穗竹属	竹类植物属间亲缘关系	胖铁良（2009）
	筇竹 2 个种群	遗传多样性分析	茹广欣等（2010）
AFLP、ISSR、SRAP	刚竹属和矢竹属4 个竹种的 12 个变异变型	遗传变异分析	娄永峰等（2011）
AFLP、SRAP	对 9 个哺鸡竹类竹种(含 2 个变型)	遗传关系研究	娄永峰等（2010b）
AFLP、SRAP、ISSR	毛竹	种质资源鉴定	郭起荣等（2010）
ACGM	竹亚科 5 个属（刚竹属、大明竹属、箬竹属、赤竹属、箭竹属）13 个种	遗传分类研究	董德臻等（2007）
	10 个毛竹不同栽培变种及其 2 个近缘种	遗传多样性分析	郭小勤等（2009）
45S rDNA	散生竹类的毛竹和斑竹，混生竹类的茶秆竹、日本矮竹、菲白竹和铺地竹及丛生竹类的白绿竹	竹子植物染色体上的定位	徐川梅等（2009）
核糖体 ITS 序列	广义青篱竹属	亲缘关系研究	诸葛强等（2004）
	箣竹属及其相关种	系统进化研究	Song 等（2012）
叶绿体 5S rDNA ITS 序列	刚竹属植物	系统分类研究	李潞滨等（2009）

第二节　竹类植物功能基因分离

竹类植物是十分重要的森林资源，在我国林业生产中占有十分重要的地位。竹类植物多年生，具有开花周期长的生物学特性，难以通过传统育种手段对其进行遗传改良。分子生物学技术的长足发展为竹类植物遗传改良提供了新的契机，其功能基因的分离和研究日益得到广大科学工作者的重视。目前，我国竹类植物功能基因分离和研究主要集中在细胞壁生物合成相关基因、光合作用相关基因、抗逆相关基因及开花相关基因等方面。

一、细胞壁生物合成相关基因

竹类植物细胞壁直接影响竹材特性，细胞壁的生物合成与调控是其遗传改良的一个重要内容，分子生物学技术的快速发展及其他植物细胞壁生物合成基因的分离和克隆，为从分子水平研究竹类植物细胞壁的生物合成提供了很好的借鉴。目前，我国竹类植物细胞壁生物合成相关基因的研究，主要集中在木质素和纤维素生物合成代谢途径中相关调控基因的分离、克隆与功能验证上。

木质素生物合成代谢途径中相关调控基因分离主要集中在毛竹（*Phyllostachys edulis*）、绿竹（*Bambusa oldhamii*）、慈竹（*Bambusa emeiensis*）等竹种上。高志民等（2009a）采用 RT-PCR 及 RACE 方法从毛竹中克隆了苯丙氨酸裂解酶（PAL）基因 cDNA 全长（*PePAL1*），并对其进行了相关分析和组织特异性表达研究；杨学文（2009a）从 cDNA 文库中分离克隆了编码木质素单体合成途径中几个关键酶的基因，即香豆酸-3-羟化酶（C3H）、肉桂酰辅酶 A 还原酶（CCR）、肉桂醇脱氢酶（CAD）的编码基因，以及阿魏酸-5-羟化酶类似基因（*F5H-like*），着重研究了 *C3H*、*F5H-like* 基因的表达模式，并通过转基因的方法初步研究了 *F5H-like* 基因的可能功能。李雪平等（2007，2008）采用 RT-PCR 及 RACE 方法从绿竹中分别分离了咖啡酸-3-O-甲基转移酶（COMT）基因家族的一个基因（*BoCOMT1*）和咖啡酰 -CoA-3-O- 甲基转移酶（CCoAOMT）家族的一个基因（*BoCCoAOMT1*），其中 RT-PCR 结果显示，*BoCOMT1* 在茎中的表达量约为叶中的 2 倍。4-香豆酸辅酶 A 连接酶（4CL）是苯丙氨酸途径中的关键酶，在苯丙氨酸途径中起着重要作用，是苯丙氨酸途径中联系木质素前体和各个分支反应的纽带。胡尚连等（2009）采用 RT-PCR 及 RACE 方法从慈竹中分离了 *4CL* 基因家族的一个基因（*Na4CL*），并构建了 RNAi 植物双元表达载体：pBI-*4CL*-RNAi，采用农杆菌介导技术转化烟草，已证明可以降低转基因烟草茎秆的木质素含量（周建英等，2010）；周美娟等（2012）和吴晓宇等（2012）采用 RT-PCR 及 RACE 方法分别从慈竹中分离了 *NaC3H*、*NaC4H*、*NaCOMT* 和 *NaCCoAOMT* 基因。

纤维素合成酶基因的分离在毛竹（*Phyllostachys edulis*）、绿竹（*Bambusa oldhamii*）、慈竹（*Bambusa emeiensis*）和雷竹（*Phyllostachys praecox*）等竹种上有见报道。张智俊等（2010）根据物种间同源基因设计引物，对构建好的毛竹笋全长 cDNA 文库进行大规模 PCR 筛选，成功分离出了一个毛竹纤维素合成酶基因 *PeCesA*，运用实时荧光定量核酸扩增检测系统（real-time quantitative PCR detecting system，QPCR）分析 *PeCesA* 基因的组织表达特异性发现，*PeCesA* 在毛竹根部的表达量最高，茎部其次，叶中较少；在竹笋基部的表达量远远高于竹笋上部，推测 *PeCesA* 参与了毛竹次生细胞壁中纤维素的生物合成。邓小波（2011）采用 RT-PCR 及 RACE 方法在慈竹嫩茎中分离出 2 个编码纤维素合成酶全长基因，分别命名为 *NaCesA2* 和 *NaCesA3*，生物信息学分析结果表明，*NaCesA2* 和 *NaCesA3* 与绿竹和毛竹纤维素合成酶（CesA）基因亲缘关系很近，RT-PCR 分析结果表明，*NaCesA2* 和 *NaCesA3* 基因在幼嫩组织中表达量较高，推测其可能参与慈竹初生细胞壁的形成并调节植株生长。杜亮亮等（2010）根据绿竹纤维素合成酶（cellulose synthase）基因的保守区序列设计引物，以雷竹 cDNA 为模板，采用 PCR 方法，成功分离了雷竹 1 个纤维素合成酶基因 *PpCesA1*。Chen 等（2010）从绿竹中分离出 8 个纤维素合成酶基因，即 *BoCesA1~BoCesA8*，组织表达分析结果表明，*BoCesA2*、*BoCesA5*、*BoCesA6* 和 *BoCesA7* 可能参与初生细胞壁的沉积，而且与绿竹的生长有密切关系。

竹类植物的快速生长与其体内蔗糖代谢密切相关，在蔗糖代谢过程中蔗糖合酶基因起到重要的调控作用，Chiu 等（2006）从绿竹中首先分离出 4 个蔗糖合酶基因，即 *BoSus1~BoSus4*，它们在不同器官中都表达，但其调控作用不同，它们的表达强度和绿竹的生长速率一致，并提出在绿竹上至少有 4 个编码蔗糖合酶的同源基因，而且在竹子体内各自起的作用不同，对竹子的快速生长起着重要作用。此外，张绍智等（2008）运用 TD-PCR（touchdown PCR）的方法，从巨龙竹中克隆了一个大小为 474bp 的蔗糖磷酸合成酶基因 *sps* 片段。

二、光合作用相关基因

竹类植物生长速度快，与其他植物相比，单位时间内有效积累的有机物质多，对光能的同化能力很强，这种特性与竹类植物自身的光合作用系统密切相关，可以通过分子生物学手段研究其光合作用系统相关调控功能的基因，对研究竹类植物光合作用系统的分子调控机制及其遗传改良具有十分重要的意义。近年来，我国光合作用相关功能基因的研究主要集中在毛竹（*Phyllostachys edulis*）和绿竹（*Bambusa oldhamii*）上，如捕光叶绿素 a/叶绿素 b 结合蛋白基因是绿色植物光合系统中的重要基因，其编码的蛋白质与色素所形成的蛋白复合体在光化学反应、光保护等方面都起着重要的作用。采用 RT-PCR 技术与 RACE 技术，从绿竹中克隆了叶绿素 a/叶绿素 b 结合蛋白基因（chlorophyll a/b binding protein，*cab*）*cab-BO1*、*cab-BO2*（高志民等，2007a，2007b）和 *cab* 家族的一个基因 *BoLhca4-1*，RT-PCR 检测发现，*BoLhca4-1* 在叶片中的表达量较鞘和茎中要高（李雪平等，2010）；从毛竹中分离出捕光叶绿素 a/叶绿素 b 结合蛋白基因 *cab-PhE1*、*cab-PhE2*、*cab-PhE3*、*cab-PhE6* 基因（高志民等，2009b，2012b）、*cab-PhE11* 基因（刘颖丽等，2008），并对其表达进行了分析。从毛竹中分离到 12 个捕光色素结合蛋白基因，分别属于光系统 Ⅱ（photosystem Ⅱ，PSⅡ）的 *lhcb1~lhcb6* 类基因，其中 *lhcb1~lhcb3* 编码的蛋白质属于大量捕光天线，*lhcb4~lhcb6* 编码的蛋白质属于微量捕光天线（刘颖丽，2008）。*lhca1* 是编码光系统 Ⅰ（photosystem Ⅰ，PSⅠ）复合物中最主要的捕光色素蛋白复合体 Ⅰ（LHC Ⅰ）的基因，采用 RT-PCR 法，从毛竹中克隆了捕光叶绿素 a/叶绿素 b 结合蛋白基因 *LhcaPe01* 和 *LhcaPe02*，从红壳竹和角竹中分别克隆了长度分别为 616bp、613bp 的捕光叶绿素 a/叶绿素 b 结合蛋白基因片段 *LhcaH01* 和 *LhcaJ01*（唐文莉等，2008a，2008b）。

三、抗逆相关基因

生物胁迫和非生物胁迫严重影响植物的正常生长发育，该方面研究也是植物育种领域的一个重要内容。近年来，我国也开展了竹类植物抗逆胁迫分子生物学方面的研究，这是利用基因工程手段研究和改良竹类植物抗逆性一个很好的切入点。锌指蛋白基因家族对非生物胁迫因子，如低温、干旱等，具有一定的调控效应，在非生物胁迫条件下，植物体内的锌指蛋白可通过与 DNA 或 RNA 结合，或者与 DNA 和 RNA 双向结合来促进或抑制转录，对非生物胁迫做出响应。有研究表明，采用 PCR 方法从毛竹中成功扩增出1 个长度为 495bp、共编码 164 个氨基酸的 *PeZFP* 基因，生物信息学分析结果表明，*PeZFP*与其他锌指结构蛋白有较高的同源性，与水稻锌指结构抗逆蛋白 OSIAP1 序列相似性高达 87.7%，且其序列 C 端具有典型的 AN1 类型的锌指结构 Cx2-4Cx9-12Cx2Cx4Cx2Hx5HxC，在 N 端具有典型的 A20 类型锌指蛋白结构，推测此 *PeZFP* 是植物抗逆 *OsIAP1* 类似基因，在功能上与毛竹抗逆性相关（刘志伟等，2010）。从绿竹中分离到 1 个 B-Box型锌指蛋白基因 *BoBZF*（GenBank：EU606025），其编码的蛋白质具有 2 个 B-Box 结构域，属于 B-Box 型锌指蛋白；组织特异性表达显示 *BoBZF* 为组成型表达，在叶片、叶鞘、幼茎和根中均有表达，其中在叶片的表达丰度较高；在拟南芥中异源表达，转 *BoBZF* 基因植株耐旱性明显提高，表明 *BoBZF* 与植物的抗旱能力有关（江泽慧，2012）。植物 Na^+/H^+逆向转运蛋白具有稳定细胞质内 Na^+ 浓度和调节 pH 的功能，对植物的耐盐性具有重要的调节作用。张智俊等（2011）利用 RT-PCR 和 RACE 技术从毛竹中分离出 1 个 Na^+/H^+逆向转运蛋白编码基因 *PpNHX1*，系统发育分析表明，PpNHX1 蛋白与禾本科植物液泡膜Na^+/H^+逆向转运蛋白的亲缘关系较近，与质膜型 Na^+/H^+逆向转运蛋白亲缘关系较远。半定量 RT-PCR 检测结果发现，在 200mmol/L NaCl 胁迫下，*PpNHX1* 基因在 4h 内的表达量随 NaCl 处理时间的延长持续增强，其中根部的表达增强幅度明显高于茎和叶；但 4h后，*PpNHX1* 在根与叶中的表达量均有所下降。推断 *PpNHX1* 基因在盐胁迫下的表达调控与毛竹耐盐能力密切相关。β-1,3-葡聚糖酶是一种植物病程相关蛋白，在植物抵御病害中有重要调节作用。张艳等（2010）利用 RACE 技术，从毛竹基因组 DNA 中分离出一个全长 1693bp，包含两个外显子和一个内含子的 *PheGLU*（GenBank：GU238236）基因，为进一步鉴定毛竹β-1,3-葡聚糖酶基因的抗真菌病害能力奠定了基础。

四、开花相关基因

开花遗传调控一直是竹类植物研究中的重点和难点，在很大程度上限制了竹类植物杂交育种的进程。近年来，我国竹类植物开花相关基因的分离主要集中在 *MADS-Box* 基因上，涉及的竹种有麻竹（*Dendrocalamus latiflorus*）（陈永燕等，2004；田波等，2005）、绿竹（*Bambusa oldhamii*）（高志民等，2007c）、早竹（*Phyllostachys praecox*）（林二培，2009）、毛竹（*Phyllostachys edulis*）（高志民等，2010b）。在绿竹（*Bambusa oldhamii*）上分离得到了一个 *TFL1* 基因（Lu，2011）、版纳龙竹（*Dendrocalamus xishuangbannaensis*）上分离得到了一个 *DxCO1* 基因（崔丽莉等，2010）。这些基因中有些基因的功能得到了验证或推测（表 1-2）。

除上述分离的功能基因外，Yeh 等（2011）从绿竹笋中分离出 1 个 *BohLOL1* 基因，它参与竹的生长和对生物胁迫的应答，尤其是对竹的快速生长可能起到重要调控作用。

表 1-2 中国竹类植物开花基因的克隆（2001～2011 年）

竹种	基因名称与注册号	编码序列 cDNA 全长/bp	编码氨基酸个数	功能	参考文献
麻竹（*Dendrocalamus latiflorus*）	*DlMADS18* （GenBank: AY599755）	750	249	可能参与麻竹开花时间的调控	田波等（2005）
	DlEMF2 （GenBank: DQ251440）	1893	630		许红等（2008）
绿竹（*Bambusa oldhamii*）	*BOMADS1* （GenBank: EF517293）	723	240	属于 E 类功能基因	高志民等（2007c）
	TFL1 （GenBank: HM641253）	522	173		Lu（2011）
早竹（*Phyllostachys praecox*）	*PpMADS1* （GenBank: EU352648）	774	257	参与花的早期发育	林二培（2009）
	PpMADS2 （GenBank: FJ197198）	579	192	参与花的早期发育，还与竹子小花的雄蕊发育有关	林二培（2009）
毛竹（*Phyllostachys edulis*）	*PeMADS1* （GenBank: EU327784）	723	240	可能参与毛竹由营养生长转向生殖生长的发育调控	高志民等（2010b）
版纳龙竹（*Dendrocalamus xishuangbannaensis*）	*DxCO1* （GenBank: GQ358925）	933	310		崔丽莉等（2010）

五、竹类植物开花基因克隆

开花是植物从营养生长向生殖生长的转变过程，在这一过程中植物内在的遗传机制，即与调控植物开花相关基因的表达是实现这一转变过程的基础，环境信号则对这些基因的表达起调控作用。以往高等植物成花决定过程的分子生物学研究结果表明，许多相互作用的基因构成一个复杂的动态遗传网络调控系统，共同调控植物花的发育（David et al.，2012）。根据植物控制开花过程基因调控作用阶段的不同，可将植物开花相关基因分为两大类，即开花决定基因和器官决定基因（Koornneef et al.，1998）。*MADS-Box* 基因是一类对植物发育起重要调控作用的转录调控因子（Megan and Ben，2011），不仅对花的形态建成和开花时间起重要调控作用，对胚胎发育、根的形成及果实的发育也有调控作用。例如，拟南芥的 *MADS-Box* 基因中，*SOC1*、*AP1*、*AGL24* 等对开花起促进作用，而 *FLC* 和 *SVP* 等基因抑制成花转变，并通过抑制成花途径中 *SOC1* 和 *LFY* 等基因的表达而抑制开花。有关成花基因克隆和调控方面的研究在模式植物拟南芥上取得了很大成绩，但竹类植物难于开花的生物学特性，使竹类植物在开花基因克隆和调控方面的研究尚处于起步阶段。

我国在麻竹、绿竹、早竹、毛竹及版纳龙竹等竹类植物上开展了开花基因克隆方面的研究（表 1-2）。2004 年，麻竹（*Dendrocalamus latiflorus*）在 GenBank 上首先注册了 18 个含完整编码序列的 *MADS-Box* 基因，其中 *DlMADS18* 在 *CaMV 35S* 启动子控制下于拟南芥中异位表达，结果表明，*DlMADS18* 很可能参与麻竹开花时间的调控（田波等，2005）。此外，从麻竹茎尖组织中克隆了 *DlEMF2* 基因，其过表达使拟南芥开花时间明显延迟（许红，2008）。2007~2011 年，从绿竹（*Bambusa oldhamii*）中相继克隆到 6 个与开花有关的基因，即 *BOMADS1*、*BoF2*、*BoF4*、*BoF6*、*BoFCA* 和 *TFL1*。2009 年，从早竹中分离到两个新的 *AP1/SQUA-like*（*SQUA* 家族类似基因）基因，命名为 *PpMADS1* 和 *PpMADS2*。序列和系统进化分析表明，这两个基因分别属于禾本科 *AP1/SQUA-like* 基因的 FUL3 和 FUL1 支系，它们在拟南芥转基因植株中的过表达结果表明，能够通过上调 *AP1* 基因的表达水平而明显促进拟南芥提早开花。酵母双杂交实验结果表明，这两个基因可能在竹子开花的不同信号途径中起调控作用。*PpMADS1* 和 *PpMADS2* 都参与了花的早期发育，而 *PpMADS2* 还与竹子小花的雄蕊发育有关，可能对早竹花的发育有更重要的作用（林二培，2009）。2010 年从毛竹中分离到 1 个 *MADS-Box* 基因，命名为 *PeMADS1*（GenBank：EU327784），其具有典型的植物 *MADS-Box* 基因结构，与拟南芥的 E 类功能基因 AGL6 编码蛋白的一致性为 57.2%，该基因可能参与毛竹由营养生长转向生殖生长的发育调控（高志民等，2010b）。此外，从版纳龙竹中克隆出 1 个 *CO-like* 基因，命名为 *DxCO1*，可能对其开花调控有着重要作用（崔丽莉等，2010）。

综上所述，与拟南芥模式植物比较，竹类植物成花基因的克隆与调控研究还相差甚远，仍有待继续深入开展研究，为竹类植物杂交育种和竹林的可持续生产提供理论依据。

六、竹类植物基因组研究

在植物基因组中，草本植物拟南芥和粮食作物水稻及木本植物杨树都已完成全基因组测序，并绘制出各自的基因组完整图谱。在对人类有重要利用价值的植物中，除水稻和杨树外，竹类植物也是一个有重要应用价值的物种之一，其共有 70 余属，1200 余种，主要分布于热带和亚热带地区。中国是世界上最主要的竹子生产国，共有竹类植物 48 属，近 500 种，主要分布在北纬 40° 以南亚热带地区（主要分布在长江以南的浙江、福建、江西和湖南 4 省），竹林面积约 720 万 hm²，其中毛竹（*Phyllostachys pubescens*）分布范围最广、面积最大、经济利用价值最高（江泽慧，2002），是科学家研究的一个重要经济竹种。已有研究表明，竹类基因组比较大，其 DNA 含量为 2.45~5.3pg，其中温带竹（如刚竹属）DNA 含量较高，为 4.17~5.3pg（Gielis et al.，1997）。一般认为竹子染色体基数为 $x=12$，散生竹为四倍体（$2n=4x=48$），而丛生竹为六倍体（$2n=6x=72$）。毛竹为散生竹种，其体细胞染色体数 $2n=48$（李秀兰等，1999）。由此看来，毛竹基因组的复杂性要比一些重要丛生竹种（如慈竹等）的简单些，可以毛竹为竹类植物研究的模式植物，开展毛竹基因组研究，无论从基础理论研究还是应用研究上都具有重要意义。

我国科学家于 2007 年在《中国科学》上首次对毛竹基因组的序列构成进行了初步描述，该研究以被测序的玉米（B73）和水稻（日本晴）基因组作为内参，利用流式细胞仪（FCM）获得大小约为 2034Mb 的毛竹基因组，其与玉米基因组大小相仿，远大于水稻基因组。为了明确毛竹基因组是否与玉米基因组一样由大量重复序列组成，进行了毛竹基因组随机测序，获得近 1000 条基因组调查序列（GSS）。序列分析表明，毛竹基因组的重复序列组成比例为 23.3%，明显低于玉米（65.7%）；其重复序列主要由 LTR 逆转座子 *Ty1/Copia* 和 *Gypsy/DIRS1* 构成，占 14.7%，DNA 转座子和其他重复序列比例均较低。但由于测序数量等原因，该结果还有待今后更大规模的基因组测序分析（桂毅杰等，2007），该研究可为其他竹种的基因组学研究提供有价值的基础数据。

2008 年，浙江林学院又以毛竹（*Phyllostachys edulis*）当年所发新叶为材料，用改良的 CTAB 法提取基因组 DNA，通过超声波振断 DNA，琼脂糖凝胶电泳回收大小为 700 ～ 2000bp 的片段，经 T_4 DNA 聚合酶末端补平，与经过牛小肠碱性磷酸酶处理的 pUC19 载体连接，通过电转化转染受体菌 XL-1 Blue，构建了毛竹基因组文库，为毛竹特异功能基因的克隆和分子标记的研究奠定了基础（梁银燕等，2008）；为进一步开展与毛竹纤维素合成相关基因的克隆及纤维素合成机制等研究，又以毛竹笋为植物材料，采用 Gateway 技术，构建了第一个毛竹笋全长 cDNA 文库（何沙娥，2009）。

除在毛竹上构建了一些基因文库外，林饶（2008）以来自于同一竹鞭的雷竹开花竹株和不开花竹株为研究对象，以开花竹株长度为 6～12mm 的花芽为检测子，以相应的不开花竹株的叶芽为驱动子，利用抑制性差减杂交技术构建了雷竹成花差减 cDNA 文库，为其开花基因方面的研究奠定了基础。此外，为了分离与鉴定巨龙竹速生巨大相关基因，2006 年西南林学院以巨龙竹当年所发新叶为材料，用植物叶 RNA 抽提试剂盒提取了总 RNA；采用 Creator™ SMARTIM cDNA Library construction Kit 所提供的方法，合成及纯化 cDNA，并将 cDNA 连接到质粒载体上，通过 $CaCl_2$ 法将重组质粒转化到 DH5α 中，成功构建了巨龙竹 cDNA 文库，为进一步进行 EST 测序和全长基因克隆奠定了基础。

到目前为止，由中国林业科学研究院林业研究所、国际竹藤中心与中国科学院国家基因研究中心共同承担的"毛竹基因组测序研究"（200704001）项目取得重大进展。毛竹基因组随机测序已完成近 200Gb 的测序量，基因组序列组装后总长可达 1.91Gb，覆盖了 90% 的基因组序列。首次成功构建了毛竹 cDNA 数据库，建立了以毛竹为主的竹子 cDNA 和 EST 序列数据库——毛竹 cDNA 数据库（moso bamboo cDNA database，MBCD），这是世界上第一个竹子基因组数据库，它的建立为我国全面开展竹子基因组学研究搭建了一个优势平台。该项研究成果对毛竹和其他竹类植物的遗传改良、基础生物学研究和进化研究将起到重要的推动作用（资料来源：中国林业科技网）。

综上所述，竹类植物基因组的研究与同属禾本科的水稻基因组的研究还相差甚远，后者早已完成基因组测序工作，并已进入功能基因组学研究。因此，在已建立的毛竹基因组基础上，有必要加大力度开展毛竹基因组的测序工作，毛竹遗传密码的破译，以及功能基因组学的研究，对其他竹类植物的研究和应用发展具有重要的推动作用。

2013 年 2 月 24 日，《自然·遗传学》（*Nature Genetics*）杂志在线发表了由中国林业科学研究院林业研究所、中国科学院上海生命科学研究院植物生理生态研究所国家基因研究中心和国际竹藤中心等合作完成的"毛竹全基因序列框架图"的论文。该研究填补了世界竹类基因组学研究空白，也标志着中国科学家成功破译了毛竹基因组"密码"，该成果对包括竹类植物的禾本科物种分化、毛竹改良、解析毛竹遗传信息，以及对培育竹资源、发展竹产业和繁荣竹文化等都具有重要意义。

竹子是最早被人类开发和利用的非木质型自然资源，是仅次于传统木材的林业资源。

中国竹类植物有 500 余种，竹林面积、竹材产量、工业化利用的规模和水平均居世界之首。其中，毛竹是具有最高生态和经济价值的禾本科竹亚科植物，种植面积达 386 万 hm²，占所有竹类种植面积的 72%。

与基因组测序和相应基因组学研究迅速发展的玉米、水稻等禾本科植物相比，竹类植物（尤其是毛竹）的生态和经济价值虽然非常重要，生物学特点特殊，但其生物学研究还非常薄弱。该研究采用第二代高通量测序技术，对毛竹进行全基因组随机测序，获得了相当于毛竹基因组 150 倍覆盖率的原始序列，组装出覆盖基因组 95% 以上区域的高质量序列草图。这是目前世界上完全使用第二代测序方法测定的、结构最为复杂的高等植物基因组之一。

同时，还对毛竹主要组织进行了深度的转录组测序，注释出近 32 000 个高度可靠的毛竹基因，约占毛竹基因总数的 90%。由此建立的基因表达谱覆盖了毛竹大部分的自然生长阶段，其中包括了非常少见的毛竹开花时期的基因表达数据，是今后基因功能研究的重要基础性数据。

通过对毛竹基因组序列的详尽分析，第一次阐明了毛竹于 5000 万年前从禾本科植物中分化出来，最后演变成现代二倍体毛竹的进化历史；第一次从基因组的层面，对包括快速生长和开花调控在内的毛竹特殊生理过程的形成和机制进行了描述与解释。这都为毛竹及其他竹类作物的生物学研究奠定了重要的数据基础，具有巨大的科学价值和现实意义。

七、竹类植物功能基因组学研究发展前景

人类基因组学早已进入后基因组学研究时代，而植物基因组学研究则相对滞后，仍处于结构基因组学和功能基因组学并重时期。相对水稻和杨树基因组学研究而言，竹类植物基因组学研究就显得十分滞后，严重阻碍了我国重要经济竹类植物的遗传改良和竹林的可持续生产与发展。因此，开展竹类植物功能基因组学研究十分重要，具有广阔的发展前景。

毛竹基因组的研究不仅要鉴定出其全部基因和完成基因组全序列的测序工作，更重要的是要利用毛竹从分子水平上揭示有关竹类植物生长和发育活动的全过程。在未来，可以毛竹基因组测序为基础，比较基因组和功能基因组等研究为核心，重点开展具有我国自主知识产权的重要功能基因发掘和应用，为其他竹类植物研究奠定基础。因此，要求从事竹类植物研究的科学家，要科学评估竹类植物功能基因组学发展的优先领域和重点领域，既要具有创新意识，又要开展原创性研究，制订好我国竹类植物功能基因组学研究计划。

竹林的可持续生产与发展是从事竹类植物研究的一个永恒的主题，我国科学家紧密围绕这个主题，针对高产、抗逆、开花、品质等重要性状，对一些竹类植物的光合作用相关基因（高志民等，2007a，2007b，2009b，2010a；李雪平等，2010；唐文莉等，2008a，2008b；刘颖丽，2008）、抗逆相关基因（刘志伟等，2010；江泽慧，2012；杨洋等，2010；张艳等，2010；张智俊等，2011）、开花相关基因（田波等，2005；高志民等，2007c；崔丽莉等，2010）和细胞壁生物合成相关基因（李雪平等，2008；胡尚连等，2009；杨

学文和彭镇华，2010；金顺玉等，2010；高志民等，2010b；杜亮亮等，2010；周美娟等，2012）开展了分子生物学方面的基础性研究。此外，Liu 等（2012b）又开展了麻竹的转录组测序研究，为其功能基因的挖掘奠定了基础。因此，在我国重要经济竹类植物中针对这些性状开展功能基因组学研究是今后的重要发展方向，此外，建立和优化竹类植物遗传转化体系，也是今后研究的一个重要方面，为通过基因工程手段有效调控竹类植物的重要经济性状及遗传改良奠定坚实基础。

第二章 木质素相关合成酶基因克隆与转录调控研究

第一节 研究背景

木质素是地球上含量丰富的一种复杂的苯丙烷单体聚合物，是蕨类植物、裸子植物和被子植物等维管植物细胞壁的重要组分。植物木质素含量为 15%~36%，主要由香豆醇（p-coumaryl alcohol）、松柏醇（coniferyl alcohol）和芥子醇（sinapyl alcohol）3 种单体聚合而成。

近年来，普遍公认的木质素生物合成途径为苯丙氨酸合成途径，该途径中参与木质素生物合成的大部分酶和一些关键反应已经得到证明，其中 PAL、4CL、阿魏酸-5-羟化酶（F5H）、CCoAOMT、COMT 等酶是木质素合成途径中的关键酶，在整个合成途径中起到控制反应的开关作用和联系各分支反应的纽带作用。

从 20 世纪 90 年代起，随着对植物木质素生物合成途径研究的深入，研究者不断尝试利用基因工程手段调控木质素生物合成，降低木质素含量或改变其组成，目的在于探索如何使木质素更易于去除，减少工业投入和降低环境污染，提高木质纤维的应用，如造纸树种、生物质能源植物及饲草品质的遗传改良等（Vanholme et al.，2008）。目前，主要针对对木质素单体生物合成起关键作用的酶进行分子调控，实现通过基因工程手段抑制或增加某些关键酶基因的表达从而调控植物木质素的生物合成的目的。值得注意的是，调控木质素单体生物合成途径中，不同关键酶编码基因实际所产生的转基因效应不同，而且十分复杂。由于转基因技术本身的限制，不同转基因植株间的个体表型差异很大，造成不同研究者获得的木质素调控的转基因研究结果也不尽相同。例如，Pilate 等（2002）对 CAD 表达被抑制的杨树（Populus）进行制浆实验，实验结果表明，虽然木质素含量下降不明显，但由于自由酚羟基参与木质素聚合而导致其结构改变，使木质素更易于脱除，明显改良了制浆性能。而 Reddy 等（2005）通过反义 RNA 技术分别抑制肉桂酸-4-羟化酶（C4H）、C3H 和 F5H 基因在苜蓿中的表达，认为降低木质素含量可以提高反刍动物对饲料的消化率，从而改善牧草的饲用品质，但木质素的组分改变并没有带来相应的改良效应。由此看来，木质素组分的改变对改良木材造纸性能的效应还需进一步研究。总而言之，利用基因工程手段，降低植物体内木质素含量或改变其组成，可培育出性能更优良的原料植物，从源头降低成本，减少污染。

我国是世界上竹类资源最丰富的国家，竹林种类、面积和蓄积均居世界前列。竹材纤维细长，是除木材外的重要造纸纤维原料。竹浆的性能介于针叶材木浆和阔叶材木浆之间，明显优于草类浆。然而，在造纸工业中，必须用大量的化学品将原材料中的木质素与纤维素分离，而分离的木质素形成造纸废液，严重污染环境，同时增加了造纸成本。以往对竹子的研究主要集中在不同竹种木质素含量和组分及分布研究上。有研究表明，竹木质素含量一般为 20%~30%（马灵飞等，1996）。不同竹种竹材的各部位（上、中、下）木质素含量差异很小。随着竹龄的增加，纤维素、半纤维素的含量逐年减少，木质素的含量逐年增加，一般至 6 年后趋于稳定（林金国等，2000；陈中豪和李志清，1992）。

竹木质素归类于禾草类木质素，属于 GSH 型，除有愈创木基（G）和紫丁香基（S）两类单体外，还含有相当数量的对羟基苯基（H）单体。林曙明对不同年龄慈竹磨木木质素光谱特性的研究表明，慈竹磨木木质素的紫外光谱除了 280nm 处的特征吸收峰以外，在 315nm 处也有一个很强的吸收峰。一年生竹材磨木木质素在 315nm 处的吸收要比 280nm 处的强得多，磨木木质素皂化后在 315nm 处的吸收峰消失，这反映出竹材中存在着酯键联结。竹了磨木木质素的红外光谱图与阔叶木磨木木质素类似，即在 1330cm^{-1} 处也呈现出一个很强的吸收峰，在 1270cm^{-1} 处的吸收要比在 1230cm^{-1} 处的弱，表明慈竹磨木木质素含有较多的紫丁香基（S）单元，愈疮木基（G）单元较少。同时，一年生竹材磨木木质素在 1270cm^{-1} 处吸收强度要弱得多，说明其愈疮木基单元较少。

竹类木质素生物合成调控应用的研究尚处于起步和探索阶段，竹类植物木质素生物合成酶相关基因的研究十分滞后。目前木质素生物合成代谢途径中相关调控基因分离主要集中于毛竹（*Phyllostachys edulis*）、绿竹（*Bambusa oldhamii*）、慈竹（*Neosinocalamus affinis*）等竹种。高志民等（2009a）采用 RT-PCR 及 RACE 方法从毛竹中克隆了 *PAL* 基因 cDNA 全长（*PePAL1*），并对其进行了相关分析和组织特异性表达研究；杨学文（2009a）从 cDNA 文库中分离克隆了编码木质素单体合成途径中几个关键酶的基因，即香豆酸-3-羟化酶（C3H）、肉桂酰辅酶 A 还原酶（CCR）、肉桂醇脱氢酶（CAD）的编码基因，以及阿魏酸 5-羟化酶类似基因（*F5H-like*），着重研究了 C3H、F5H-like 基因的表达模式，并通过转基因的方法初步研究了 *F5H-like* 基因的可能功能。李雪平等（2007，2008）采用 RT-PCR 及 RACE 方法从绿竹中分别分离了 COMT 基因家族的一个基因 *BoCOMT1*，RT-PCR 结果显示，*BoCOMT1* 在茎中的表达量约为叶中的 2 倍；和 CCoAOMT 家族的一个基因 *BoCCoAOMT1*。4-香豆酸辅酶 A 连接酶（4-coumarate CoA ligase，*4CL*）是苯丙氨酸途径中的关键酶，在苯丙氨酸途径中起着重要作用，是苯丙氨酸途径中联系木质素前体和各个分支反应的纽带。胡尚连等（2009）采用 RT-PCR 及 RACE 方法从慈竹中分离了 *4CL* 基因家族的一个基因 *Na4CL*，并构建了 RNAi 植物双元表达载体：pBI-4CL-RNAi 被采用农杆菌介导技术转化烟草，已证明可以降低转基因烟草茎秆的木质素含量（周建英等，2010）；周美娟等（2012）和吴晓宇等（2012）采用 RT-PCR 及 RACE 方法分别从慈竹中分离了一个 *NaC3H*、*NaC4H*、*NaCOMT* 和 *NaCCoAOMT* 基因。仅在慈竹、绿竹、毛竹上有相关基因克隆的报道。从绿竹中克隆了 *BoCCoAOMT1* 和 *BoCOMT1* 基因，从毛竹中克隆了一个 *CCoAOMT1*、*CCoAOMT2*、*C4H* 和 *4CL* 基因，5 个 *CCR* 基因，5 个 *CAD* 基因，1 个 *C3H* 基因。以上研究所获得的相关竹木质素合成酶基因的功能均未能在竹上得到表达、验证与应用，尤其是在大型工业纸浆用竹上。制约竹相关基因表达与调控及其在遗传改良方面应用的主要瓶颈，在于缺少竹离体愈伤组织诱导与植株再生体系，尤其是遗传转化体系。因此，建立有效的工业纸浆用大型丛生竹离体培养再生体系和遗传转化体系亟待解决。

第二节　植物木质素生物合成酶 *4CL* 基因的遗传进化分析

木质素是地球上一类丰富的有机物质，仅次于纤维素的含量。木质素具有丰富的生物学功能，在抵御植物病害袭击、抗击外来侵袭、维持植物正常生长等方面发挥着巨大的作用。

木质素植物体内的生物合成途径目前尚未完全清楚，但普遍认为大致可分为以下 3 个主要阶段：①植物光合作用的同化产物通过莽草酸途径形成苯丙氨酸、酪氨酸；②生成 3 种木质素主要单体的苯丙氨酸途径；③3 种单体分别聚合形成 3 种不同的木质素。其中第 2 阶段——苯丙氨酸途径包含了大量酶类和生化反应，是目前木质素研究的重点。

4-香豆酸辅酶 A 连接酶（4CL）是苯丙氨酸途径中的关键酶。在苯丙氨酸途径中，4-香豆酸辅酶 A 连接酶起着重要的作用，是苯丙氨酸途径中联系木质素前体和各个分支反应的纽带，4CL 分别催化 p-香豆酸、咖啡酸、阿魏酸和芥子酸生成相应的辅酶 A 酯，促进木质素单体的合成。

经过 20 多年的研究，拟南芥、紫草、大豆、杨树等植物中 *4CL* 基因及其家族基因已经得到了克隆和表达。本书利用生物信息学手段对已经克隆得到的 *4CL* 基因完整的 cDNA 核酸和蛋白质氨基酸序列进行数据挖掘，在核酸和蛋白质水平上进行遗传进化分析，试图揭示单子叶植物和双子叶植物中 *4CL* 基因的保守性与分化程度，以及进化过程和基因功能之间存在的联系，为 *4CL* 基因的研究和利用提供一定的理论依据。

一、材料和方法

（一）材料

利用生物信息学方法，在美国国立生物技术信息中心（www.ncbi.nlm.nih.gov）的核酸和蛋白质数据库中，对已经克隆得到的 *4CL* 基因完整的 cDNA 序列和编码氨基酸序列进行数据搜索。收集得到了 *4CL* 基因全长 cDNA 和编码氨基酸序列各 50 条，其中双子叶植物中 38 条，单子叶植物中 10 条，裸子植物中 2 条，单子叶植物全部为禾本科植物（表 2-1）。

表 2-1   *4CL* 基因全长 cDNA 和编码氨基酸序列

物种来源	基因序列编号	数据库核酸序列编号	数据库蛋白质序列编号
双子叶植物（dicots）			
拟南芥（*Arabidopsis thaliana*）	*At4CL1*	At1g51680	NP175579
	At4CL2	At3g21240	NP188761
	At4CL3	At1g65060	NP176686
	At4CL4	At3g21230	NP188760
欧芹（*Petroselinum crispum*）	*Pc4CL1*	X13324	CAA31696
	Pc4CL2	X13325	CAA31697
黄芩（*Scutellaria baicalensis*）	*Sb4CL1*	AB166767	BAD90936
	Sb4CL2	AB166768	BAD90937
土豆（*Solanum tuberosum*）	*St4CL1*	M62755	AAA33842
	St4CL2	AF150686	AAD40664
丹参（*Salvia miltiorrhiza*）	*Sm4CL1*	AY237163	AAP68990
	Sm4CL2	AY237164	AAP68991

物种来源	基因序列编号	数据库核酸序列编号	数据库蛋白质序列编号
覆盆子（*Rubus idaeus*）	*Ri4CL1*	AF239685	AAF91308
	Ri4CL2	AF239686	AAF91309
	Ri4CL3	AF239687	AAF91310
大豆（*Glycine max*）	*Gm4CL1*	AF279267	AAL98709
	Gm4CL2	AF002259	AAC97600
	Gm4CL3	AF002258	AAC97599
	Gm4CL4	X69955	CAC36095
紫草（*Lithospermum erythrorhizon*）	*Le4CL1*	D49366	BAA08365
	Le4CL2	D49367	BAA08366
烟草（*Nicotiana tabacum*）	*Nt4CL1*	D43773	BAA07828
	Nt4CL2	U50845	AAB18637
	Nt4CL3	U50846	AAB18638
毛白杨（*Populus tomentosa*）	*Pto4CL1*	AF314180	AAL56850
	Pto4CL2	AY043494	AAL02144
	Pto4CL3	AY043495	AAL02145
	Pto4CL4	DQ76679	AAY84731
白杨（*Populus tremuloides*）	*Ptr4CL1*	AF041049	AAC24503
	Ptr4CL2	AF041050	AAC24504
杂交杨（*Populus trichocarpa × Populus deltoids*）	*Ptri4CL1*	AF008183	AAC39365
	Ptri4CL2	AF008184	AAC39366
	Ptri4CL3	AF283552	AAK58908
	Ptri4CL4	AF283553	AAK58909
藿香（*Agastache rugosa*）	*Ar4CL*	AY587891	AAT02218
紫穗槐（*Amorpha fruticosa*）	*Af4CL*	AF435968	AAL35216
辣椒（*Capsicum annuum*）	*Ca4CL*	AF212317	AAG43823
赤桉（*Eucalyptus camaldulensis*）	*Ec4CL*	DQ147001	AAZ79469
单子叶植物（**monocots**）			
水稻（*Oryza sativa*）	*Os4CL1*	NM_001052604	NP001046069
	Os4CL2	NM_001054354	NP001047819
	Os4CL3	NM_001055527	NP001048992
	Os4CL4	NM_001064787	NP001058252
	Os4CL5	NM_001067888	NP001061353
	Os4CL6	NM_001068470	NP001061935
黑麦草（*Lolium perenne*）	*Lp4CL1*	AF052221	AAF37732
	Lp4CL2	AF052222	AAF37733
	Lp4CL3	AF052223	AAF37734
玉米（*Zea mays*）	*Zm4CL*	AY566301	AAS67644
裸子植物（**gymnosperm**）			
火炬松（*Pinus taeda*）	*Pt4CL1*	U12012	AAA92668
	Pt4CL2	U12013	AAA92669

（二）方法

1. *4CL* 基因 cDNA 核酸序列的分析

（1）*4CL* 基因的系统发生树的构建

采用 Mega3.1 软件内置的 ClustalW 程序进行核酸序列的多重比对。并进行系统发生树的构建。参数设置：采取最大简约法（maximum parsimony，MP）构建系统树，采用随机逐步比较的方式搜索最佳系统树，对生成的树进行 Bootstrap 校正，最终生成系统发生树。

（2）*4CL* 基因 GC 含量分析

利用 Mega3.1 软件进行 *4CL* 基因的 GC 含量分析。

2. *4CL* 基因编码氨基酸序列的分析

利用 ExPASy 的 Prosite 数据库（www.expasy.org/prosite/）、NCBI 的 Converse Domains 数据库（www.ncbi.nlm.nih.gov/Structure/cdd/wrpsb.cgi）和 Mega3.1 软件对 *4CL* 基因编码氨基酸序列进行氨基酸保守区域和氨基酸组成两个方面的分析。

二、结果分析

（一）*4CL* 基因全长 cDNA 核酸序列的分析

1. *4CL* 基因系统发生树的构建

利用 Mega3.1 软件，构建了 *4CL* 基因的系统发生树（图 2-1）。

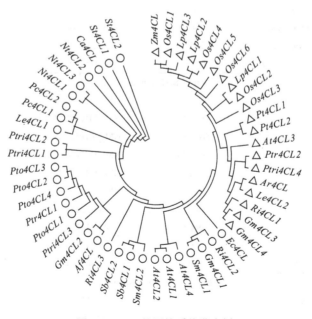

图 2-1　*4CL* 基因的系统发生树

（1）*4CL* 基因的进化

系统发生树中的 *4CL* 基因主要聚为两类，第一类包括拟南芥、大豆、烟草、杨树等大部分双子叶植物的 *4CL* 基因序列（以○标记）。第二类是包括水稻、玉米、紫草这些禾本科植物的全部单子叶植物 *4CL* 基因和裸子植物的 2 条 *4CL* 基因序列（松树的 *Pt4CL1* 和 *Pt4CL20*），另外还包括来自 6 种双子叶植物的 7 条 *4CL* 基因序列——拟南芥 *At4CL3*、藿香 *Ar4CL*、大豆 *Gm4CL3* 和 *Gm4CL4*、紫草 *Le4CL2*、白杨 *Ptr4CL2*、覆盆子 *Ri4CL1*（以△标记）。

被子植物在进化过程中发生了单子叶植物和双子叶植物的分化，但是在第二类中发现了双子叶植物中 6 个物种的 *4CL* 基因和单子叶植物的 *4CL* 基因聚在一类。其余双子叶植物的 *4CL* 基因全部聚在第一类中。这表明在单子叶植物和双子叶植物分化之前，这些 *4CL* 基因在植物中已经存在，而且在植物中的进化时间超前于单子叶植物和双子叶植物的分化时间。虽然拟南芥、藿香、大豆等 6 种植物和单子叶植物所属植物分类差异较大，但其 *4CL* 基因的功能非常相似，在 *4CL* 基因系统发生树中，它们的 *4CL* 基因聚在同一类中。这种基因的聚类和植物分类存在冲突的现象，在植物中已经被广泛发现。有研究表明，基因的倍增和重组、水平的基因转移等都是这种差异存在的原因。

系统发生树中，*4CL* 基因聚为两类和植物单子叶、双子叶植物的分类大体一致，表明植物和 *4CL* 基因的进化基本上是一致的，*4CL* 基因和植物的进化过程密切相关。

（2）家族基因的存在

在系统发生树的单子叶植物和双子叶植物 *4CL* 基因序列中，发现大部分 *4CL* 基因是以基因家族的形式存在的，如拟南芥、水稻、大豆、烟草等（图 2-1，表 2-1），表明 *4CL* 基因在这些植物的进化过程中，随着植物基因组的倍增产生了基因的多个拷贝，形成了并系同源的家族基因。在开花植物中全基因组倍增是进化过程中普遍存在的重要事件。2004 年，中国科学院北京基因组研究所、Guyot 等也发现，水稻基因组在单子叶植物、双子叶植物分化之前曾经发生过基因组倍增。同年，Blanc 和 Wolfe（2004）利用最新的数据库和同义替换率分布检测方法，在拟南芥、玉米、大豆、土豆等 9 种植物中发现了全基因组倍增的证据。在这些发生过基因组倍增的植物中，大部分发现了 *4CL* 基因家族的存在。

同时，这些新的 *4CL* 并系同源家族基因的出现和植物进化过程中一些新功能的产生有着密切的联系。Ehlting 等（2001）研究表明，拟南芥中的 *4CL* 基因 *At4CL1*、*At4CL2*、*At4CL4* 在木质化程度较高的组织细胞中表达，与木质素单体的合成密切相关；其中 *At4CL4* 的表达水平在拟南芥中较低，且在特定条件下表达，可能作用于另外更加专一的底物。相反，*At4CL3* 却激活 p-香豆酸作为查耳酮合酶的底物，最后进入黄酮合成途径。Lindermayr 等（2002）从大豆中克隆的 4 条 *4CL* cDNA 序列 *Gm4CL1*～*Gm4CL4*，其中前 3 种 *4CL* 基因在结构和功能上均不同，仅 *Gm4CL4* 与 *Gm4CL3* 高度相似。*Gm4CL1* 和 *Gm4CL2* 参与植物生长和发育（包括木质化），而 *Gm4CL3* 和 *Gm4CL4* 对环境刺激发生应答。

另外，在杨树、松树等克隆得到的 *4CL* 基因也存在基因结构、功能上面的差异。同时还发现，杨树、松树中的 *4CL* 基因不能以芥子酸为作用底物。

2. *4CL* 基因 GC 含量的分析

对得到的 50 条 *4CL* 基因序列进行 GC 含量分析,结果发现单子叶植物 *4CL* 基因 GC 含量远远高于双子叶植物中 *4CL* 基因 GC 含量,其中黑麦草 *Lp4CL1* 的 GC 含量达到 69.2%,最低的为水稻的 *Os4CL3*,GC 含量达到 59.4%,平均为 65.41%;而双子叶植物中 GC 含量最高的为赤桉的 *Ec4CL*,达到 61.2%,最低的为辣椒的 *Ca4CL*,只有 41.7%,平均只有 47.83%。与单子叶植物 *4CL* 基因相比,双子叶植物 *4CL* 基因 GC 含量平均值相差 17.58%。

Carels 和 Bernardi(2000)的研究也发现,在水稻、玉米、大麦 3 种单子叶植物和拟南芥、大豆、烟草等 6 种双子叶植物中存在高 GC 含量和低 GC 含量两类基因。*4CL* 基因 GC 含量在两大类植物中的明显差异可能和两大类植物的进化过程、生存环境的差异有着一定的联系。正是因为两大类植物的进化过程有差异,才形成同一基因 GC 含量在不同物种之间的巨大差异。

(二) *4CL* 基因编码氨基酸序列的分析

1. *4CL* 基因编码氨基酸序列保守区的分析

利用 Mega3.1 软件内置的 ClustalW 程序,对所有的氨基酸序列进行多重比对。氨基酸多重比对分析结果表明,从蛋白质的 C 端到 N 端,依次发现了以下 6 个氨基酸保守区:①SSGTTGLPKGV;②QGYGMTE;③GEICIRG;④GWLHTGD;⑤VDRLKELIK;⑥PKSPSGKILR。在 ExPaSy 中的 Prosite 数据库中,发现 SSGTTGLPKGV 为假定的 AMP-binding 元件,其他氨基酸保守区在数据库中没有发现。

保守区①(SSGTTGLPKGV)属于 4CL 催化底物形成腺苷酸中间产物的保守氨基酸功能域。SSGTTGLPKGV 是几乎所有 4CL 中的绝对氨基酸保守区,在多重比对的 50 条 4CL 氨基酸序列中,只有 5 条氨基酸序列存在差异(图 2-2)。

SSGTTGLPKGV 同时也是包括 4CL、荧光素酶、乙酰 CoA 合成酶、长链脂酰基 CoA 合成酶和多肽合成酶在内的腺苷酸形成酶超家族的保守区域。SSGTTGLPKGV 已经成为腺苷酸形成酶的超家族标志之一。

另外,保守区③(GEICIRG)在几乎所有的 4CL 中也是一个氨基酸绝对保守区(图 2-3)。多重比对结果中发现,50 条氨基酸序列中只有 7 条存在差异。在 GEICIRG 保守区域中,Gly、Glu、Cys 是最为保守的氨基酸位点。

早前的 4CL 研究认为,GEICIRG 中的 Cys 残基直接参与酶催化反应。但是 Stuible 等(2000)将拟南芥 At4CL2 GEICIRG 保守区块的 Cys 突变成 Ala,突变的 At4CL2 活性降低到野生型的 45%。相当高的酶活性存在证明了 Cys 并未直接参与酶的反应。由此推测,酶活性的降低可能是 Cys 和稳定酶活性空间结构构象有关。At4CL2 中另一保守位点 Glu 残基的突变试验也得到了类似的结果。Stuible 认为虽然 GEICIRG 在 *4CL* 基因中十分保守,但并不像保守区①(SSGTTGLPKGV)那样直接参与反应,但是这个保守区十分重要,缺失 GEICIRG 保守区的 4CL 完全丧失了活性。

在 NCBI 的 Converse Domains 数据库中,发现保守区①～⑥一起构成了 CaiC 的保守区块,CaiC 主要行使 Acyl-CoA synthetase(AMP-forming)及 AMP-acid ligase Ⅱ 的功能,参与芥子酸代谢,而且在次生代谢产物的合成、运输与代谢过程中发生作用(图 2-4)。

Os4CL1	SSGTTGLPKGV		Os4CL1	GEICIRG
At4CL1	SSGTTGLPKGV		At4CL1	GEICIRG
Zm4CL	SSGTTGLPKGV		Zm4CL	GEICIRG
Ec4CL	SSGTTGLPKGV		Ec4CL	GEICIRG
Lp4CL3	SSGTTGLPKGV		Lp4CL3	GEICVRG
At4CL4	SSGTTGLPKGV		At4CL4	GEICVRG
Os4CL3	SSGTTGDSKGV		Os4CL3	GEICVRG
Sb4CL1	SSGTTGLPKAL		Ri4CL1	GEICVRG
Sb4CL2	SSGTTGLPKAV		Gm4CL1	GEICIIG
Gm4CL1	SSGTSGLPKGV		Sm4CL1	GEICIKG
Ar4CL	SLGTTGLPKGV		Ca4CL	GENCIRG

图 2-2　4CL 基因编码氨基酸序列保守区
SSGTTGLPKGV 的多重比对结果
阴影部分为差异位点

图 2-3　4CL 基因编码氨基酸序列保守区
GEICIRG 的多重比对结果
阴影部分为差异位点

图 2-4　4CL 的 CaiC 氨基酸保守区

综上分析，保守区①（SSGTTGLPKGV）是单子叶植物、双子叶植物两大类 4CL 中最为重要的保守区，在其他保守区的辅助作用下共同行使功能。

2. 4CL 基因编码氨基酸序列组成的分析

在全部 50 条 4CL 基因编码的氨基酸序列中，Ala（9.22%）、Leu（9.40%）、Val（8.63%）是平均含量最高的氨基酸，平均含量偏低的为 Cys（1.80%）、His（2.14%）、Met（2.36%）、Tyr（2.60%），最低的为 Trp（0.21%）。在组成蛋白质的 20 种氨基酸中，单子叶植物和双子叶植物中有 10 种 4CL 氨基酸平均含量存在着较大差异（其余 10 种氨基酸差异在0.3% 以内）（表 2-2）。

表 2-2　单子叶植物和双子叶植物 4CL 中 11 种氨基酸的平均含量及其差值（%）

项目	丙氨酸	精氨酸	缬氨酸	甘氨酸	赖氨酸	异亮氨酸	天冬酰胺	丝氨酸	谷氨酰胺	酪氨酸	色氨酸
	Ala	Arg	Val	Gly	Lys	Ile	Asn	Ser	Gln	Tyr	Trp
所有植物	9.22	3.77	8.63	6.85	6.33	7.03	3.24	6.25	3.04	2.60	0.21
双子叶植物	8.41	3.41	8.30	6.59	6.71	7.30	3.56	6.53	3.18	2.76	0.20
单子叶植物	12.12	5.18	9.70	7.88	4.91	5.87	2.19	5.25	2.38	1.97	0.28
氨基酸差值	3.71	1.77	1.40	1.29	1.80	1.43	1.37	1.28	0.80	0.79	0.08

注：氨基酸差值表示单子叶植物和双子叶植物 4CL 中 Trp 和存在较大差异的 10 种氨基酸的差值

在单子叶植物和双子叶植物中有 10 种平均含量存在较大差异的氨基酸，单子叶植物中氨基酸含量相对偏高的为 Ala、Val、Gly、Arg，其中 Ala 的差异是所有氨基酸平均含量差异中最大的，为 3.71%。这 4 种氨基酸中有 3 种中性氨基酸（Ala、Val、Gly）和 1 种碱性氨基酸（Arg）。

双子叶植物中平均含量相对偏高的氨基酸为 Ile、Gln、Asn、Lys、Ser 和 Tyr。这 6 种氨基酸中有 1 种中性氨基酸、2 种酸性氨基酸、2 种碱性氨基酸、1 种含羟基氨基酸和 1 种芳香氨基酸。

从氨基酸组成上看，双子叶植物的氨基酸组成偏好及氨基酸种类范围较大，单子叶植物的氨基酸组成相比之下较为局限。从 4CL 基因的系统发生树（图 2-1）可以看出，双子叶植物的 4CL 基因聚在第一类和第二类中，氨基酸组成偏好有所局限的单子叶植物仅聚在第二类中。氨基酸组成偏好性在一定程度上影响了 4CL 基因功能的差异。氨基酸组成的差异正是 4CL 功能差异的体现。单子叶植物和双子叶植物中 4CL 氨基酸组成的偏好性可能是其进化及 4CL 基因进化的另外证据之一。

另外，在氨基酸组成中，平均含量最低的芳香氨基酸 Trp（0.21%）在两类植物之间差异很小，表明在两大类植物中，Trp 相对稳定，含量虽然很小，但是其作用不可忽视。

三、展望

通过 4CL 基因的遗传进化分析，发现植物中的 4CL 基因存在着一定的分化，但其中部分 4CL 基因相对较保守，功能相近。另外，植物的进化过程和 4CL 基因功能的分化存在着一定的联系，体现在基因的核酸组成、编码蛋白质的氨基酸组成、氨基酸组分的偏好性等方面。

4CL 基因作为木质素合成酶编码基因的一种，在植物木质素的合成代谢过程中发挥着巨大的作用。通过对 4CL 基因的遗传进化研究，为 4CL 基因以后的研究提供了一定的理论依据。随着经济的发展和人口的增长，尤其我国是农业大国，面临人口、粮食、环境和资源等多方面的压力，更应加强植物基因研究，尤其是关系国计民生的主要植物资源，对其中的重要基因，如 4CL 基因等，进行深入的研究显得十分重要。

第三节　慈竹木质素关键酶基因克隆、生物信息学与组织表达

近年来，我国在西部地区实施的退耕还林和天然林保护工程，为竹浆产业发展提供了条件，在四川省已形成了以竹浆造纸工业为龙头的产业链。四川一些本土且栽培面积大的大型丛生竹如慈竹、梁山慈竹、硬头黄竹等含有丰富的纤维素，是较好的造纸原料，这些竹子的栽培对我国竹资源的有效利用与造纸业的可持续发展、生态环境的改善、城乡经济的发展和农民增收都具有十分重要的意义。然而，在造纸工业中，必须用大量的化学品将原材料中的木质素与纤维素分离，而分离的木质素形成造纸废液，严重污染环境，同时增加了造纸成本。从 20 世纪 90 年代起，随着对植物木质素生物合成途径研究的深入，研究者不断尝试着利用基因工程手段调控木质素生物合成，降低木质素含量或改变其组成，以达到满足造纸原料需求特性的目的。以往对木质素生物合成调控的研究主要集中在拟南芥、烟草、杨树、松树等，通过采用反义 RNA 或 RNAi 技术抑制植物木质素生物合成过程中的关键酶，降低了木质素含量，或改变了木质素组成，使木质素更

易于脱除，同时植物的正常生长发育特征不受影响。

目前，比较公认的木质素合成途径中许多关键酶的编码基因（如 *4CL*、*CCoAOMT*、*COMT*、*PAL*、*CCR*、*C4H*、*C3H*）已在拟南芥、水稻、杨树等多种植物中克隆，并已实现通过基因工程手段抑制或增加某些关键酶基因的表达，从而调控植物木质素的生物合成。以往研究认为，抑制 *PAL*、*C4H* 与 *CCR* 表达的转基因植物木质素会下降，并伴随非正常生长，因而难以实际应用；而利用 *4CL*、*CCoAOMT* 和 *C3H* 基因调节植物木质素合成的研究获得了令人满意的结果，尤其是 *4CL* 和 *CCoAOMT* 的调控作用最为理想。

竹类木质素生物合成调控应用的研究尚处于起步和探索阶段，研究非常滞后。慈竹（*Bambusa emeiensis*）是我国西南地区栽培最普遍的大型丛生经济竹种之一，具有生长快、易繁殖、适应性广、纤维质量好的特点，是优良的造纸材料，而有关慈竹木质素生物合成途径中关键酶基因克隆的研究未见报道。鉴于此，本课题组以慈竹为材料，对木质素生物合成途径中关键酶基因进行克隆，并进行部分生物信息学方面的分析，以期为慈竹木质素生物合成关键酶基因在大型丛生工业用竹遗传改良中的应用提供理论依据。

一、慈竹木质素关键酶 *4CL* 基因克隆及其生物信息学分析

4CL 是催化羟基肉桂酸酮生成愈创木基木质素（guaiacyl lignin，G 木质素）或紫丁香基木质素（syringyl lignin，S 木质素）单体途径中的关键限速酶，对木质素含量或组成具有重要的调控作用。4CL 分别催化 p-香豆酸、咖啡酸、阿魏酸和芥子酸生成相应的辅酶 A 酯，促进木质素单体的合成。有研究表明，抑制 *4CL* 基因的表达，明显降低木质素含量，木质素组分有所改变，而对植物的正常生长未造成不良影响。但 *4CL* 基因对不同植物木质素生物合成的实际调控效应各异，Hu 等（1999）研究结果表明，抑制颤杨中 *4CL1* 基因的表达，木质素含量下降高达 45%；抑制松树中 *4CL* 基因的表达，降低了转基因株系木质素含量。而 Hu 等（1999）和 Kajita 等（1997）发现在转基因植株中 *4CL* 的变化，除可以改变木质素含量外，也可以导致木质素分子中肉桂醛和 S 木质素含量的变化。

目前在拟南芥、紫草、大豆、杨树等植物中 *4CL* 基因及其家族基因已经得到了克隆和表达，而有关慈竹 *4CL* 基因克隆的研究未见报道。

（一）材料

以四川省眉山市青神县慈竹幼笋（笋高 25～30cm）为材料，将其切成小块，液氮中保存，放置于–80℃超低温冰柜中。

（二）慈竹 *4CL* 基因克隆与生物信息学分析的方法

1. 慈竹 *4CL* 基因保守区扩增

慈竹幼笋总 RNA 用 Trizol [购买于宝生物工程（大连）有限公司（TaKaRa 公司）]提取。选择 MBI（Fermentas）公司 RevertAid First Strand cDNA Synthesis Kit 反转录试剂盒，以 oligo（dT）18 为引物，用 RevertAid™ M-MuLv 反转录酶进行 cDNA 合成。

参照其他物种的 *4CL* 基因保守区，设计慈竹 *4CL* 基因保守区的简并引物，引物序列如下。上游引物（P1）：5′- C AGG CAC TAC AGG TTT GCC NAA RGG NGT -3′。下游引

物（P2）：5′- A TCC AAT GTC TCC AGT RTG NAG CCA NCC -3′。R 代表 A、G 任一种；N 代表 A、C、G、T 任一种。引物由北京奥科生物技术有限责任公司合成。

PCR 用由 TaKaRa 公司的 LA-*Taq* DNA 聚合酶反应试剂盒提供的试剂进行，采用 TD-PCR 技术。扩增程序为：①95℃变性 30s；②70℃退火 30s；③72℃延伸 90s；循环①～③，以后每个循环的退火温度降低 1℃，共 5 个循环；④95℃变性 30s；⑤56℃退火 30s；⑥72℃延伸 90s；循环④～⑥，以后每个循环的退火温度降低 1℃，共 5 个循环；⑦95℃变性 30s；⑧65℃退火 30s；⑨72℃延伸 90s；循环⑦～⑨，25 个循环；最后 72℃延伸 10min。

PCR 产物与 pMD19-T 载体（TaKaRa 公司）连接，进行序列测定（TaKaRa 公司）。利用 NCBI（http://www.ncbi.nih.gov）的 Blast 在线工具对序列进行比对分析。

2. 慈竹 *4CL* 基因 3′RACE 和 5′RACE PCR 扩增

根据克隆得到的慈竹 *4CL* 基因保守区序列，利用 Primer Premier 5.0 软件设计 3′RACE 引物如下。3 Anchor：5′- GAC CAC GCG TAT CGA TGG CTC A -3′。上游引物 1（L11）：5′- GGC TAT GGG ATG ACC GAG GCT -3′。上游引物 2（L12）：5′- TGC GGC ACC GTC GTC AGA AA -3′（V 代表 A、C、G 任一种）。以慈竹幼笋 cDNA 为模板，3 Anchor 和 L11 为引物进行第一轮反应：反应条件为 95℃变性 30s，61℃退火 30s，72℃延伸 90s；35 个循环；72℃延伸 10min 结束。再以 3′RACE 第一轮的 PCR 产物为模板，以 3 Anchor 和 L12 为引物进行第二轮反应，反应条件与第一轮反应相同。

根据克隆得到的 *4CL* 基因保守区序列，设计 5′RACE 引物。上游引物 1（L21）：5′-TTC GGG TTC TCC CCA TCC AC -3′。上游引物 2（L22）：5′-TGA CCA GGC TGC GGT GCG T-3′。下游引物 1（R21）：5′-CTG TGT GTG CTG CCG CTG TT -3′。下游引物 2（R22）：5′-TGC CGC TGT TCC ACA TCT ACT CG -3′。

由 TaKaRa 公司的 5′RACE 试剂盒提供的试剂合成环化 cDNA，以此为模板，以 L21 和 R21 为引物进行第一轮反应，用 L22 和 R22 为引物进行第二轮反应，反应条件同 3′RACE。3′RACE 和 5′RACE PCR 产物和 T 载体相连，测序。

3. 慈竹 *4CL* 基因全长序列的克隆

根据克隆得到的慈竹 *4CL* 基因的 3′端和 5′端序列，利用 Primer Premier 5.0 软件设计慈竹 *4CL* 基因的全长引物，引物序列如下。上游引物（P1）：5′- ATA CAT ATG GGC TCC ATC GCG GCA -3′。下游引物（P2）：5′- ACC CTC GAG TTA GCT TTT GGA CTG TG -3′。以反转录生成的 cDNA 为模板，采用 LA-*Taq* DNA 聚合酶进行全长序列扩增。PCR 条件如下：95℃变性 30s，62℃退火 30s，72℃延伸 90s，35 个循环；72℃延伸 10min 结束。

PCR 扩增产物与 pMD19-T 载体（TaKaRa 公司）连接，测序。

4. 慈竹 *4CL* 基因全长序列的生物信息学分析

使用 DNAMAN 和 ClustalW 程序，分析 *4CL* 基因全长序列，并与 GenBank 数据库中搜索得到的其他物种的全长 *4CL* 基因氨基酸序列进行比对分析。

利用 Mega3.1 软件对慈竹的 *4CL* 基因和 GenBank 数据库中搜索得到的其他物种中的

50 条全长 *4CL* 基因序列进行系统进化树的构建。采取最大简约法构建系统树，采用随机逐步比较的方式搜索最佳系统树，对生成的系统进化树进行 Bootstrap 校正，最终生成系统进化树。

（三）结果与分析

1. 慈竹 *4CL* 基因保守区的克隆

通过反转录得到慈竹幼笋总 cDNA。利用所设计的 *4CL* 基因保守区的简并引物，结合 TD-PCR 成功克隆得到 1 条慈竹 *4CL* 基因保守区序列。该保守区序列长 699bp，编码 232 个氨基酸，其中包含 4CL 氨基酸保守域 SSGTTGLPKGV 的绝大部分区域 GTTG-LPKGV 和氨基酸保守域 GEICIRG（图 2-5）。Blast X 分析表明，该克隆序列编码的氨基酸序列和水稻、玉米、黑麦草、烟草等物种中 100 条 4CL 氨基酸序列高度相似，初步确定克隆得到的序列为慈竹 *4CL* 基因的保守区。

```
  1   GTTGLPKGV M LTHRSLVTSV AQQVDGENPN LYFRKEDVLL CVLPLFHIYS LNSVLLAGLR

 61   AGSAIVIMRK FDLGALVDLV RAHGVTIAPF VPPIVVDIAK SPRVTADDLA SIRMVMSGAA

121   PMGKDIQDAF MAKIPNAVLG QGYGMTEAGP VLAMCLAFAK EPFEVKSGSC GTVVRNAELK

181   IVDPDTGASL GRNQS GEICIRG EQIMKGYL NDPEATKNTI DKDGWLHTGD IG
```

图 2-5　慈竹 *4CL* 保守区编码的氨基酸序列

2. 慈竹 *4CL* 基因 3′RACE 和 5′RACE PCR 扩增

设计 3′端 T 锚定反转录引物，对慈竹幼笋的总 RNA 进行反转录。根据已克隆的慈竹 *4CL* 基因保守区序列设计 3′RACE PCR 引物，经过 3′RACE 的两轮 PCR 扩增后得到约 750bp 大小片段。测序结果表明，序列中包含有终止密码子 TAA 和 polyA 的结构，说明扩增到完整的 mRNA 的 3′端序列。

设计 5′端磷酸标记的反转录引物，对慈竹幼笋的总 RNA 进行反转录。根据克隆得到的慈竹 *4CL* 基因保守区序列设计 5′RACE 引物。克隆得到了 1 条包括 ATG 起始密码子在内的慈竹 *4CL* 基因的 5′端序列，长度为 702bp，包含 642bp 的氨基酸编码序列和 60bp 的 5′上游非翻译区，该序列编码 214 个氨基酸。NCBI 的 Blast X 程序比对结果证明，以上序列与 *4CL* 基因序列有较强的相似性。

3. 慈竹 *4CL* 基因全长的 PCR 扩增及氨基酸序列分析

用克隆得到的慈竹 *4CL* 基因的 3′端和 5′端序列设计的慈竹 *4CL* 基因全长引物 P1、P2，以慈竹幼笋 cDNA 为模板 PCR 扩增得到片段（图 2-6C），测序分析表明该全长基因序列 1677bp，编码 558 个氨基酸。其氨基酸序列中，存在 SSGTTGMPKGV 和 GEICIRG 等氨基酸保守域（图 2-7）。在已经克隆得到的大量 *4CL* 基因中，*4CL* 基因编码的氨基酸序列中存在两大氨基酸绝对保守域 SSGTTGLPKGV 和 GEICIRG；但是慈竹 *4CL* 基因中前 1 个氨基酸保守域的第 7 个氨基酸位点变为 M，表明慈竹的 *4CL* 基因发生了一定变异。

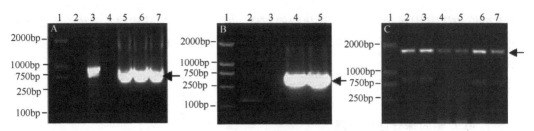

图 2-6　慈竹 *4CL* 基因 PCR 扩增

A～C. 分别指 3′RACE、5′RACE 及全长 PCR 扩增片段。A. 3 泳道为 3′RACE 第一轮 PCR 扩增产物，5～7 泳道为 3′RACE 第二轮 PCR 扩增产物，2，4 泳道为空白对照；B. 2 泳道为 5′RACE 第一轮扩增产物，4，5 泳道为 5′RACE 第二轮扩增产物，3 泳道为空白对照；C. 2～7 泳道为 PCR 扩增的 *4CL* 基因的 cDNA 片段；箭头所指为 PCR 扩增的目的产物

```
1     ATGGGCTCCATCGCGGCAGAGGAGGCGGCGGCGCCGGAGCTGGTGTTCCGGTCCAAGCTC
1     M  G  S  I  A  A  E  E  A  A  A  P  E  L  V  F  R  S  K  L
61    CCCGACATCGAGATCCCCAGCCACCTCACCCTGCAGGCCTACTGCTTCGAGAGGCTCCCC
21    P  D  I  E  I  P  S  H  L  T  L  Q  A  Y  C  F  E  R  L  P
121   GAGGTGGCCTCCCGCCCCTGCCTCATCGACGGGCAGAGCGGGGCCGGTGTACTACGCC
41    E  V  A  S  R  P  C  L  I  D  G  Q  S  G  A  V  Y  T  Y  A
181   GAGGTGGAGGAGCTCTCGCGGAGGGCGGCGGCGGGGCTGCGGCGGCTGGGCGTGGGCAAG
61    E  V  E  E  L  S  R  R  A  A  A  G  L  R  R  L  G  V  G  K
241   GGCGACGTGGTCATGAACCTGCTCCGCAACTGCCCCGAATTCGCCTTCACCTTCCTCGGG
81    G  D  V  V  M  N  L  L  R  N  C  P  E  F  A  F  T  F  L  G
301   GCCGCGCTGCTGGGCGCGGCGACCACGACGGCGAACCCTTTCTACACGCCGCACGAGATC
101   A  A  L  L  G  A  A  T  T  A  N  P  F  Y  T  P  H  E  I
361   CACCGGCAGGCAGCGGCGGGGCGGGCCAAGGTGATCGTCACCGAGGCCTGCGCCGTCGAG
121   H  R  Q  A  A  A  A  G  A  K  V  I  V  T  E  A  C  A  V  E
421   AAGGTGCGCGGGTTCGCCGCCGAGCGCGGCGTCCCCGTGGTCGCCGTGGACGGGGCCTTC
141   K  V  R  G  F  A  A  E  R  G  V  P  V  V  A  V  D  G  A  F
481   GACGGCTGCCTCGGATTCCGGGAGGTGCTGTGGGAGAGGGCGCCGGCGATCTGCTCGCC
161   D  G  C  L  G  F  R  E  V  L  L  G  E  G  A  G  D  L  L  A
541   GCCGACGAGGAGGTGGACCCCGACGACGTGGTCGCGCTGCCGTAC TCGTCGGGGCACCACC
181   A  D  E  E  V  D  P  D  D  V  V  A  L  P  Y  S  S  G  T  T
601   GGG ATG CCCAAGGGCGTCATGCTCACCCACCGGCAGCCTGGTCACGTCCGTCGCGCAGCAG
201   G  M  P  K  G  V  M  L  T  H  R  S  L  V  T  S  V  A  Q  Q
661   GTGGATGGGGAGAACCCGTACTTCCGCAAGGAGGACGTGCTGCTGTGCGTGCTG
221   V  D  G  E  N  P  N  L  Y  F  R  K  E  D  V  L  L  C  V  L
721   CCGCTGTTCCACATCTACTCGCTCAACTCGGTGCTGCTGGCCGGGCTGCGCGCGGGTTCG
241   P  L  F  H  I  Y  S  L  N  S  V  L  L  A  G  L  R  A  G  S
781   GCGATCGTGATCATGCGCAAGTTCGACCACGGCGCGCTGGTCGACCTGGTGCGGGCATAC
261   A  I  V  I  M  R  K  F  D  H  G  A  L  V  D  L  V  R  A  Y
841   GGCGTCACCATCGCGCCCTTCGTGCCCCCAATCGTCGTCGAGATTGCCAAGAGCCCCCGC
281   G  V  T  I  A  P  F  V  P  P  I  V  V  E  I  A  K  S  P  R
901   ATCACCGCTGAAGACCTCGCCTCCATCCGCATGGTCATGTCGGGTGCCGCCATGGGG
301   I  T  A  E  D  L  A  S  I  R  M  V  M  S  G  A  A  P  M  G
961   AAGGACCTCCAGGACGCGTTCGTGGCCAAGATCCCCAACGCCGTGCTAGGACAGGGCTAT
321   K  D  L  Q  D  A  F  V  A  K  I  P  N  A  V  L  G  Q  G  Y
1021  GGGATGACTGAGGCTGGGCCTGTGCTCGCCATGTGCCTGGCCTTCGCCAAGGAGCCATTT
341   G  M  T  E  A  G  P  V  L  A  M  C  L  A  F  A  K  E  P  F
1081  GAGGTCAAGTCCGGTTCCTGCGGCACCGTCGTCAGAAATGCGGACCTGAAGATCGTCGAC
361   E  V  K  S  G  S  C  G  T  V  V  R  N  A  D  L  K  I  V  D
1141  CCTGACACGGGAGCGTCCCTCGGCCGGAACCAGTCA GGGGAGATTTGCATCCGCGGA GAA
381   P  D  T  G  A  S  L  G  R  N  Q  S  G  E  I  C  I  R  G  E
1201  CAAATCATGAAAGGTTATCTGAATGATCCGGAGGCCAAAGAACACCATTGACAGGGAC
401   Q  I  M  K  G  Y  L  N  D  P  E  A  T  K  N  T  I  D  K  D
1261  GGCTGGCTGCACACTGGAGACATCGGTTATGTTGACGATGACGATGAGATCTTCATTGTC
421   G  W  L  H  T  G  D  I  G  Y  V  D  D  D  D  E  I  F  I  V
1321  GACAGGCTCAAGGAGATAATCAAATACAAGGGATTCCAAGTACCTCCTGCGGAACTTGAA
441   D  R  L  K  E  I  I  K  Y  K  G  F  Q  V  P  A  E  L  E
1381  GCCCTTCTCATCACACACCCTGAAATTAAGGATGCTGCTGTTGTACCGATGAAAGACAA
461   A  L  L  I  T  H  P  E  I  K  D  A  A  V  V  P  M  K  D  E
1441  CTTGCTGGTGAAGTCCCCGTTGCATTCATTGTGCGGATTGAAGGTTCTGAGATCAGCGAG
481   L  A  G  E  V  P  V  A  F  I  V  R  I  E  G  S  E  I  S  E
1501  AACGAGATCAAGCAGTTCGTTGCAAAGGAGGTTGTTTTCTACAAGAGGATCAACAAAGTT
501   N  E  I  K  Q  F  V  A  K  E  V  V  F  Y  K  R  I  N  K  V
1561  TTCTTCACGGATTCCATTCCGAAGAGTCCTTCCGGCAAGATCCTCAGGAAGGACCTGAGA
521   F  F  T  D  S  I  P  K  S  P  S  G  K  I  L  R  K  D  L  R
1621  GCGAAGCTTGCCGCCGGCATCCCTAGCGGTGACAACACACAGTCCAAAAGCTAA
541   A  K  L  A  A  G  I  P  S  G  D  N  T  Q  S  K  S  *
```

图 2-7　慈竹 *4CL* 基因（*Na4CL*）全长序列及编码的氨基酸序列

阴影区表示氨基酸保守域；方框部分表示突变位点；"*"表示终止密码子

4. 慈竹 *4CL* 基因全长序列的生物信息学分析

利用 Mega3.1 软件对慈竹 *4CL* 基因和 GenBank 数据库中搜索得到的其他物种的 50 条全长 *4CL* 基因序列进行系统进化树的构建（图 2-8）。

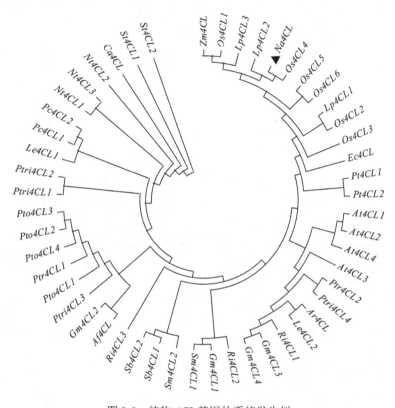

图 2-8　植物 *4CL* 基因的系统发生树

从系统进化树中可以发现慈竹的 *4CL* 基因序列（命名为 *Na4CL*）与水稻的 *Os4CL1*、*Os4CL4*，黑麦草的 *Lp4CL2*、*Lp4CL3*，以及玉米的 *Zm4CL* 聚在一个大分支，尤其是与水稻的 *Os4CL4* 和黑麦草的 *Lp4CL2* 同源性更高。已有研究表明，黑麦草的 *Lp4CL2* 和 *Lp4CL3* 与木质素及苯丙烷类物质的合成有关，在黑麦草的根、茎中发现其转录物相当丰富。由此可推断，慈竹的基因 *Na4CL* 可能与木质素生物合成有关。

DNAMAN 程序分析表明，6 条基因序列相似性为 85.96%，编码氨基酸序列相似性为 86.35%。用 ClustalW 程序对 6 条基因序列编码的氨基酸序列进行比对分析，结果见图 2-9。

6 条序列编码的氨基酸序列中，4CL 氨基酸保守域 SSGTTGLPKGV 和 GEICIRG 中只有慈竹 *Na4CL* 和黑麦草的 *Lp4CL3* 各存在 1 个突变位点，且氨基酸位点差异多在序列的 3′端和 5′端，为一些碱基的缺失或者插入带来的位点差异。6 条序列整体相似性较高，且两大氨基酸保守域 SSGTTGLPKGV 和 GEICIRG 之间的氨基酸区域高度相似，只存在 37 个差异位点，占总共 134 个氨基酸位点的 27.6%。

```
Os4CL1   MGSVAA---------------EEVVVFRSKLPDIEIDNSMTLQEYCFARMAEVGARPCLI  45
Zm4CL    MGSVDAAIAVPVPAAEEKAVEEKAMVFRSKLPDIEIDSSMALHTYCFGKMGEVAERACLI  60
Na4CL    MGSIAAE-------EAAAPE---LVFRSKLPDIEIPSHLTLQAYCFERLPEVASRPCLI  49
Os4CL4   MGSMAAA--------AEAAQEEETVVFRSKLPDIEIPSHLTLQAYCFEKLPEVAARPCLI  52
Lp4CL2   MGSIAAD--------APPAEL----VFRSKLPDIEIPTHLTLQDYCFQRLPELSARACLI  48
Lp4CL3   MGSVPEE--------SVVAVAPAETVFRSKLPDIEINNEQTLQSYCFEKMAEVASRPCII  52
         ***.                      : *** .: *** :   *:. * *.*:*

Os4CL1   DGQTGESYTYAEVESASRRAAAGLRRMGVGKGDVVMSLLRNCPEFAFSFLGAARLGAATT  105
Zm4CL    DGLTGASYTYAEVESLSRRAASGLRAMGVGKGDVVMSLLRNCPEFAFTFLGAARLGAATT  120
Na4CL    DGQSGAVYTYAEVEELSRRAAAGLRRLGVGKGDVVMNLLRNCPEFAFTFLGAALLGAATT  109
Os4CL4   DGQTGAVYSYGEVEELSRRAAAGLRRLGVGKGDVVMNLLRNCPEFAFTFLGAARLGAATT  112
Lp4CL2   DGATGAALTYGEVDALSRRCAAGLRRLGVGKGDVVMALLRNCPEFAFVFLGAARLGAATT  108
Lp4CL3   DGQTGASYTYTEVDSLTRRAAAGLRRMGVGKGDVVMNLLRNCPEFAFSFLGAARLGAATT  112
         ** :*   : *  **::   :**.  :*:*** :************** ***** *****

Os4CL1   TANPFYTPHEVHRQAEAAGARVIVTEACAVEKVREFAAERGVPVVTVDGAFDG-CVEFRE  164
Zm4CL    TANPFYTPHEVHRQAEAAGARLIVTEACAVEKVREFAAERGIPVVTVDGRFDG-CVEFAE  179
Na4CL    TANPFYTPHEIHRQAAAAGAKVIVTEACAVEKVRGFAAERGVPVVAVDGAFDG-CLGFRE  168
Os4CL4   TANPFYTPHEIHRQASAAGARVIVTEACAVEKVRGFAADRGIPVVAVDGDFDG-CVGFGE  171
Lp4CL2   TANPFYTPHEIHRQAEAAGARVRAFAAEKVRAFAAERGIPVVSVDEGVDGGCLPFAE  168
Lp4CL3   TANPFYTPHEIHRQAEAAGAKLIVTEACAVEKVLEFAAGRGVPVVTVDGRRDG-CVDFAE  171
         **********:****  ****::****  :*********** *** **:***:    * **

Os4CL1   VLA----AEELDADADVHPDDVVALPYSSGTTGLPKGVMLTHRSLITSVAQQVDGENPNL  220
Zm4CL    LIA----AEELEADADIHPDDVVALPYSSGTTGLPKGVMLTHRSLITSVAQQVDGENPNL  235
Na4CL    VLLGEGAGDLLAADEEVDPDDVVALPYSSGTTGMPKGVMLTHRSLVTSVAQQVDGENPNL  228
Os4CL4   AML-DASIEPLDADEEVHPDDVVALPYSSGTTGLPKGVMLTHRSLVTSVAQQVDGENPNL  230
Lp4CL2   TLLGEESGERF-VDEAVDPDDVVALPYSSGTTGLPKGVMLTHRSLVTSVAQQVDGENPNL  227
Lp4CL3   LIAG--EELPEADEAGVLPDDVVALPYSSGTTGLPKGVMLTHRSLVTSVAQLVDGSNPNV  229
         :             ************:***:** :*:******:*****:*.**.***.

Os4CL1   YFSKDDVILCLLPLFHIYSLNSVLLAGLRAGSTIVIMRKFDLGALVDLVRKHNITIAPFV  280
Zm4CL    YFRKDDVVLCLLPLFHIYSLNSVLLAGLRAGSTIVIMRKFDLGALVDLVRRYVITIAPFV  295
Na4CL    YFRKEDVLLCVLPLFHIYSLNSVLLAGLRAGSAIVIMRKFDHGALVDLVRAYGVTIAPFV  288
Os4CL4   YFRRDDVLLCLLPLFHIYSLNSVLLAGLRAGCAIVIMRKFDLGALVDLTRRHGVTVAPFV  290
Lp4CL2   HFSSSDVLLCVLPLFHIYSLNSVLLAGLRAGCAIVIMRKFDHGALVDLVRTHGVTVAPFV  287
Lp4CL3   CFNKDDALLCLLPLFHIYSLHTVLLAGLRVGAAIVIMRKFDVGALVDLVRAHRITIAPFV  289
         *   .*:.:**:********:.:******:*  .*******:.******  : :*:****

Os4CL1   PPIVVEIAKSPRVTAEDLASIRMVMSGAAPMGKDLQDAFMAKIPNAVLGQGYGMTEAGPV  340
Zm4CL    PPIVVEIAKSPRVTAGDLASIRMVMSGAAPMGKELQDAFVAKIPNAVLGQGYGMTEAGPV  355
Na4CL    PPIVVEIAKSPRITAEDLASIRMVMSGAAPMGKDLQDAFVAKIPNAVLGQGYGMTEAGPV  348
Os4CL4   PPIVVEIAKSPRVTADDLASIRMVMSGAAPMGKDLQDAFMAKIPNAVLGQGYGMTEAGPV  350
Lp4CL2   PPIVVEIAKSARVTAADLASIRLVMSGAAPMGKELQDAFMAKIPNAVLGQGYGMTEAGPV  347
Lp4CL3   PPIVVEIAKSDRVGADDLASIRMVLSGAAPMGKDLQDAFMAKIPNAVLGQGYGMTEAGPV  349
         ********** *:.* **:***:*:********:******:*******************

Os4CL1   LAMCLAFAKEPFKVKSGSCGTVVRNAELKIVDPDTGTSLGRNQSGEICIRGEQIMKGYLN  400
Zm4CL    LAMCLAFAKEPYPVKSGSCGTVVRNAELKIVDPDTGAALGRNQPGEICIRGEQIMKGYLN  415
Na4CL    LAMCLAFAKEPFEVKSGSCGTVVRNADLKIVDPDTGASLGRNQSGEICIRGEQIMKGYLN  408
Os4CL4   LAMCLAFAKEPFEVKSGSCGTVVRNAELKIVDPDTGATLGRNQSGEICIRGEQIMKGYLN  410
Lp4CL2   LAMCLAFAKEPFAVKSGSCGTVVRNAELKIVDPDTGASLGRNLPGEICIRGKQIMKGYLN  407
Lp4CL3   LAMCLAFAKEPFKVKSGSCGTVVRNAELKVVDPDTGASLGRNQPGEICVRGKQIMIGYLN  409
         **********: *************:**:*****. :****  ***:**:**** ****

Os4CL1   DPEATKNTIDEDGWLHTGDIGFVDDDDEIFIVDRLKEIIKYKGFQVPPAELEALLITHPE  460
Zm4CL    DPESTKNTIDQDGWLHTGDIGYVDDDDEIFIVDRLKEIIKYKGFQVPPAELEALLITHPE  475
Na4CL    DPEATKNTIDKDGWLHTGDIGYVDDDDEIFIVDRLKEIIKYKGFQVPPAELEALLITHPE  468
Os4CL4   DPESTKNTIDKGGWLHTGDIGYVDDDDEIFIVDRLKEIIKYKGFQVPPAELEALLITHPD  470
Lp4CL2   DPVATKNTIDEDGWLHTGDIGYVDDDDEIFIVDRLKEIIKYKGFQVPPAELEALLITHPE  467
Lp4CL3   DPESTKNTIDKDGWLHTGDIGLVDDDDEIFIVDRLKEIIKYKGFQVAPAELEALLLTNPE  469
         **  :*****.: ******** ****************:***:* * :. ********:*.:

Os4CL1   IKDAAVVSMKDDLAGEVPVAFIVRTEGSEITEDEIKKFVAKEVVFYKRINKVFFTDSIPK  520
Zm4CL    IKDAAVVSMNDDLAGEIPVAFIVRTEGSQVTEDEIKQFVAKEVVFYKKIHKVFFTESIPK  535
Na4CL    IKDAAVVPMKDELAGEVPVAFIVRTEGSEISENEIKQFVAKEVVFYKRINKVFFTDSIPK  528
Os4CL4   IKDAAVVPMIDEIAGEVPVAFIVRIEGSAISENEIKQFVAKEVVFYKRLNKVFFADSIPK  530
Lp4CL2   IKDAAVVSMQDELAGEVPVAFVVRTEGSEISENEIKQFVAKEVVFYKRICKVFFADSIPK  527
Lp4CL3   VKDAAVVGKDDLCGEVPVAFIKRIEGSEINENEIKQFVSKEVVFYKRINKVYFTDSIPK  529
         :*****. *: :. **:****:.* *** *.:*:**:**:*******:*  ** .*:***

Os4CL1   NPSGKILRKDLRARLAAGIPDAVAAAADAPKSS  554
Zm4CL    NPSGKILRKDLRARLAAGVH---------------  555
Na4CL    SPSGKILRKDLRAKLAAGIPSGDNTQSKS-----  557
Os4CL4   SPSGKILRKDLRAKLAAGIPTNDNTQLKS-----  559
Lp4CL2   SPSGKILRKDLRAKLAAGIPSSNTTQSKS-----  556
Lp4CL3   NPSGKILRKDLRARLAAGIPTEVAAPRS------  557
         .*************:.****:
```

图 2-9　*Na4CL* 与其他植物 *4CL* 的 ClustalW 氨基酸序列多重比对

阴影区表示氨基酸保守域；方框部分表示突变位点；"*"表示保守氨基酸位点

另外，对这 6 条 *4CL* 基因序列分析表明，这 6 条 *4CL* 基因为高 GC 含量基因，其中慈竹 *Na4CL* 的 GC 含量为 63%，水稻 *Os4CL1* 和 *Os4CL4* 的 GC 含量分别为 64.5%和 63%，黑麦草 *Lp4CL2* 和 *Lp4CL3* 的 GC 含量分别为 64.3%和 66.1%，玉米 *Zm4CL* 的 GC 含量为 66.9%。

综上分析认为，本研究克隆的慈竹 *4CL* 全长基因序列 *Na4CL* 可能与慈竹木质素生物合成有关。

（四）结论

本研究参照禾本科其他植物中已经克隆得到的 *4CL* 基因 cDNA 序列和编码的氨基酸序列，根据亲缘关系的远近，密码子的偏好性，以水稻为标准，设计简并引物，克隆了慈竹 *4CL* 基因保守区，该序列编码 232 个氨基酸。氨基酸序列分析表明，序列中存在着 4CL 的氨基酸保守域 SSGTTGLPKGV 的绝大部分区域 GTTGLPKGV 和氨基酸保守域 GEICIRG。其中 SSGTTGLPKGV 被认为是 4CL 催化反应中保守的 AMP 结合功能域，同时也是包括 4CL、荧光素酶、乙酰 CoA 合成酶、长链脂酰基 CoA 合成酶和多肽合成酶在内的腺苷酸形成酶超家族的保守域，是腺苷酸形成酶超家族的标志之一。GEICIRG 则是 4CL 中另外一个氨基酸绝对保守域。两大氨基酸保守域的存在有力地证明获得了序列为 *4CL* 的核酸编码序列。同时 Blast X 程序的结果也证明序列为慈竹 *4CL* 基因保守区序列。

结合 RACE 技术，获得慈竹 *4CL* 基因全长序列（命名为 *Na4CL*）。该序列长 1674bp，编码 558 个氨基酸。氨基酸序列中包含了 4CL 的两大绝对氨基酸保守域，SSGTTGMPKGV 和 GEICIRG。将该序列提交 GenBank 注册，序列号为 EU327341。在系统进化树中，慈竹 *4CL* 全长基因序列（*Na4CL*）与水稻的 *Os4CL1*、*Os4CL4*，黑麦草的 *Lp4CL2*、*Lp4CL3*，以及玉米的 *Zm4CL* 聚在一个大分支，可见慈竹的 *Na4CL* 可能与木质素生物合成有关。

二、慈竹 *C3H* 基因克隆及其生物信息学分析

细胞色素 P450（cytochrome-P450，CYP450）是一类以还原态与 CO 结合后，在 450nm 处具有最高吸收峰的含血红素的单链蛋白质。在所有已知结构的细胞色素 P450 中都存在一个保守的血红素结合域，含有保守的 Phe-x-x-Gly-x-Arg-x-Cys-x-Gly 序列（X 为任意氨基酸），是鉴定细胞色素 P450 的主要序列依据，其中半胱氨酸（Cys）是亚铁血红素的第 5 个轴配体，在所有的细胞色素 P450 中完全保守。植物细胞色素 P450 对植物生长发育具有重要的生物学功能，参与木质素中间物、赤霉素、生物碱、油菜素类固醇激素等代谢物的生物合成。

香豆酸-3-羟化酶（p-coumarate 3-hydroxylase，C3H）属于细胞色素 P450 中的 CYP98 亚家族，是木质素生物合成途径中催化苯丙烷反应的关键酶之一，决定木质素单体的碳源流向，也是苯丙烷途径的限速酶。Schoch 等（2001）用功能基因组的方法首次证明从拟南芥中分离得到的 *CYP98A3* 是 *C3H* 基因，证实 C3H 属于细胞色素 P450 蛋白，对香豆酰奎宁酸和香豆酰莽草酸表现出很高的催化活性，在木质部表达。随后 Franke

等对突变体 *ref8* 的研究也证实了这一点。目前，已经从拟南芥、毛竹、银杏、芝麻、小麦等植物中克隆出了 *C3H* 基因，而有关慈竹 *C3H* 基因克隆的研究尚未见报道。慈竹（*Bambusa emeiensis*）是我国西南地区栽培最普遍的经济竹种之一，具有生长快、易繁殖的特点，是优良的造纸材料。因此，本研究以慈竹为材料，对其 *C3H* 基因进行克隆，并对其进行生物信息学方面的分析，以期为慈竹 *C3H* 基因在大型工业用丛生竹遗传改良中的应用提供理论依据。

（一）材料

以四川省眉山市青神县慈竹的嫩茎为材料，将其放在液氮中保存，置于–80℃超低温冰柜中待用。

（二）方法

1. 总 RNA 的提取与 cDNA 链的合成

慈竹嫩茎总 RNA 的提取与 cDNA 链的合成方法同本节中慈竹 *4CL* 基因保守区扩增。

2. 用 RT-PCR 的方法获得 *C3H* 基因的编码序列

根据已登录在 GenBank 上的毛竹 *C3H* 基因的核苷酸序列，使用 Primer Premier 5.0 软件设计克隆慈竹 *C3H* 基因的全长引物，引物序列如下。上游引物（P1）：5′-AAC CCA AAG CAA GCC ACC ATG-3′。下游引物（P2）：5′-CCA AGC AGC ACA GAG TGC TCA-3′。以反转录生成的 cDNA 为模板，采用 LA-*Taq* DNA 聚合酶进行全长序列扩增。PCR 条件为：95℃变性 30s，58℃退火 30s，72℃延伸 2min，30 个循环；72℃延伸 10min；4℃保持。PCR 扩增产物与 pMD19-T 载体（TaKaRa 公司）连接，测序。

3. 慈竹 *C3H* 基因全长序列的生物信息学分析

（1）*C3H* 基因系统发生树的构建

利用 Mega4 软件，对慈竹的 *C3H* 基因和 NCBI 数据库中搜索得到的其他物种的 *C3H* 基因全长序列进行系统进化树的构建。采取邻接法（neighbor-joining）构建系统进化树，对生成的系统进化树进行 Bootstrap 校正，生成最终的系统进化树。

（2）*C3H* 基因编码蛋白的一级结构分析

利用 NCBI（http://www.ncbi.nlm.nih.gov）中的 ORF finder 软件找出慈竹 *C3H* 基因的可读框，然后利用 ExPaSy 工具（http://au.expasy.org/tools/）中提供的 Prot-Param 软件和 ProtScale 软件分别进行氨基酸残基数目、组成、蛋白质相对分子质量、理论等电点和亲（疏）水性的在线分析。

（3）*C3H* 基因编码蛋白的二级结构分析

利用 ExPaSy 工具中的 SOPMA 软件在线预测分析 α-螺旋（α-helix，H）、β-转角（β-turn，T）、无规则卷曲（random coil，C）及延伸链（extended strand，E）等，然后利用网站 ExPaSy 工具中的 PSORT 软件预测蛋白质亚细胞定位。

（4）*C3H* 基因编码蛋白的三级结构分析

三级结构的预测是蛋白质结构预测的重点，主要有以下几种方法：同源模建、折叠识别和从头预测法，利用 ExPaSy 工具中的 CPHmodels 程序进行同源模建，并利用高级结构预测软件 RasMol 对 *C3H* 基因编码的蛋白三维结构进行分析。

（5）*C3H* 基因编码蛋白的无序化特性分析

利用在线程序 FoldIndex（http://bioportalweizmann.ac.il/fldbin/findex）对 *C3H* 基因的氨基酸序列进行蛋白质无序化特性分析。

（三）结果与分析

1. 慈竹 *C3H* 基因全长克隆及其编码氨基酸序列分析

利用 RT-PCR 技术克隆得到一条长度约为 1500bp 的 cDNA 片段（图 2-10），经序列测定与分析表明，这条片段为慈竹 *C3H* 基因，全长为 1581bp（图 2-11）。通过 ORF finder 软件分析，其可读框（open reading frame，ORF）位于核苷酸序列的 22～1560 区域，总长为 1539bp，编码 512 个氨基酸（图 2-11），该基因命名为 *NaC3H*（GenBank：JF693629）。利用 NCBI 的 Blastp 查找 *NaC3H* 基因保守域，经过 Pfam14.0 程序分析，可获得序列的保守域。结果表明，*NaC3H* 基因有一个保守区域，其为细胞色素 P450 结构域（图 2-12）。

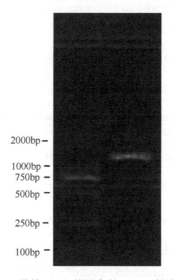

图 2-10　慈竹 *C3H* 基因全长 cDNA 扩增结果

2. *C3H* 基因系统发生树的构建

利用 Mega4 软件构建了 *C3H* 基因系统发生树（图 2-13）。利用 DNAMAN 软件对其序列进行多重比对。结果表明，慈竹和毛竹的 *C3H* 基因的相似性最高，为 96.88%；*NaC3H* 基因与水稻的也有较高的相似性，为 91.21%。从系统发生树可见，慈竹与毛竹、水稻的 *C3H* 基因有很近的进化关系，与高粱和玉米的细胞色素 P450 家族在进化上也有较近的遗传距离，而与拟南芥、杂交白杨、咖啡树和烟草的遗传距离较远。因此，从系统发生树来看，慈竹 *NaC3H* 基因编码蛋白应属于 CYP98 家族 A 亚家族蛋白。

根据系统发生树的结果，以下研究只针对慈竹与毛竹和水稻的 *C3H* 基因进行分析。

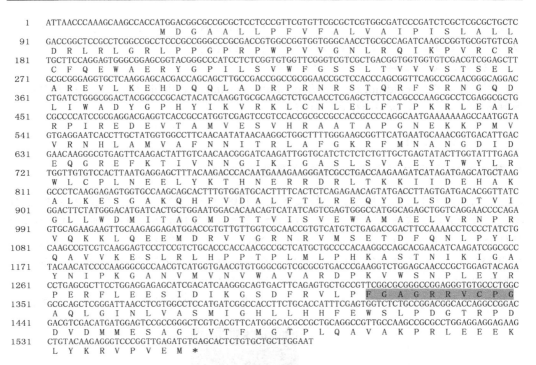

图 2-11　慈竹 *C3H* 基因（*NaC3H*）全长序列及编码氨基酸序列

阴影区表示氨基酸保守域；"*"表示终止密码子

图 2-12　*NaC3H* 基因编码蛋白的保守区结构域

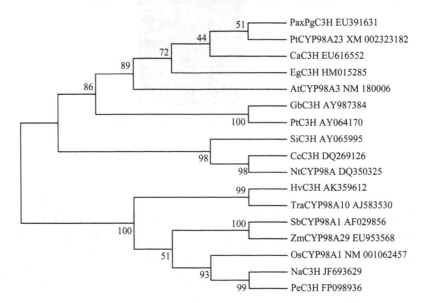

图 2-13　不同种植物 *C3H* 基因的系统进化树

3. 慈竹 *NaC3H* 基因与毛竹和水稻 *C3H* 基因编码的氨基酸序列比对

利用 ClustalW2 对慈竹 *NaC3H*、毛竹和水稻的 *C3H* 基因编码的氨基酸进行序列多重比对（图 2-14）。根据比对结果发现，这 3 条氨基酸序列保守性较强，具有典型的细胞色素 P450 的结构特征，且都含有细胞色素 P450 蛋白的氨基酸保守基序 FGAGRRVCPG；慈竹和水稻与毛竹相比，在氨基酸 270 位置都缺少一个甘氨酸（Gly）。

图 2-14　慈竹 *NaC3H* 基因与毛竹、水稻 *C3H* 基因的 ClustalW2 氨基酸序列多重比对

阴影区表示氨基酸保守域；方框部分表示突变位点；"*"表示保守氨基酸位点

4. 慈竹 *NaC3H* 基因与毛竹和水稻 *C3H* 基因编码蛋白的理化性质分析

对慈竹、毛竹和水稻进行物理性质分析（表 2-3）可知，慈竹和水稻 *C3H* 基因编码的氨基酸总数一样，但都比毛竹缺少一个氨基酸（甘氨酸）；慈竹、毛竹和水稻 *C3H* 基因编码蛋白的分子质量几乎一致；慈竹 *NaC3H* 基因编码的碱性氨基酸比毛竹的多两个，比水稻的多三个；而慈竹 *NaC3H* 基因编码的酸性氨基酸比毛竹的少一个，但比水稻的多一个；慈竹 *NaC3H* 基因编码蛋白的理论等电点在三者中为最高，其理论等电点大于 9（表2-3）。由此可知，编码的碱性氨基酸的总数比酸性氨基酸的总数多，则该蛋白表现为碱

性蛋白，说明慈竹 *NaC3H* 基因编码蛋白与毛竹和水稻 *C3H* 基因编码的蛋白都是碱性蛋白，而且编码的碱性氨基酸的总数比酸性氨基酸的总数多得越多，其蛋白的理论等电点就越大。

表 2-3　慈竹、毛竹和水稻的 *C3H* 基因编码蛋白的序列理化性质

基因名称	编码的氨基酸个数	分子质量/kDa	碱性氨基酸个数	酸性氨基酸个数	理论等电点
NaC3H	512	58.33	70	62	9.09
PeC3H	513	58.32	68	63	8.77
OsCYP98A1	512	58.36	67	61	8.96

5. 慈竹 *NaC3H* 基因与毛竹和水稻 *C3H* 基因编码蛋白的疏/亲水性分析

利用 ProtScale 软件的 Kyte and Doolittle 算法对慈竹 *NaC3H* 基因与毛竹和水稻 *C3H* 基因编码蛋白进行疏/亲水性预测，正值越大表示越疏水，负值越大表示越亲水，介于+0.5 到−0.5 之间的主要为两性氨基酸。结果表明，慈竹 *NaC3H* 基因与毛竹和水稻 *C3H* 基因编码蛋白大约都是在 14 区域具有较强的疏水性，248 区域具有很强的亲水性，其总亲水性平均系数分别为−0.644、−0.644、−0.800，预测这三种蛋白质为亲水性蛋白，其中，水稻 *C3H* 基因编码蛋白的亲水性为最高，慈竹和毛竹的亲水性相同。

6. 慈竹 *NaC3H* 基因与毛竹和水稻 *C3H* 基因编码蛋白的二级结构分析及亚细胞定位

利用 SOPMA 软件预测慈竹、毛竹和水稻的 *C3H* 基因编码蛋白二级结构（表 2-4）。慈竹 *NaC3H* 基因与毛竹和水稻的 *C3H* 基因编码蛋白的二级结构中含有丰富的 α-螺旋和无规卷曲，β-转角和延伸链的含量较少；其中慈竹 *NaC3H* 基因编码蛋白的 α-螺旋比毛竹和水稻 *C3H* 基因编码蛋白的 α-螺旋多，β-转角的个数相同，但延伸链和无规卷曲个数最少。

表 2-4　慈竹、毛竹和水稻的 *C3H* 基因编码蛋白的二级结构分析

二级结构	慈竹	毛竹	水稻
α-螺旋	263（51.37%）	257（50.10%）	240（46.88%）
β-转角	28（5.47%）	28（5.46%）	28（5.47%）
延伸链	48（9.38%）	53（10.33%）	54（10.55%）
无规卷曲	173（33.79%）	175（34.11%）	190（37.11%）

利用 PSOR 软件对慈竹 *NaC3H* 基因与毛竹和水稻的 *C3H* 基因编码蛋白的亚细胞定位进行预测（表 2-5）。由表 2-5 可以得出，这三种植物的 *C3H* 基因编码的蛋白质定位于内质网（膜）、线粒体内膜、细胞膜、内质网（腔内）、叶绿体类囊体膜、胞外的概率不同，但都以定位于内质网（膜）上的概率为最高，慈竹的为 60.0%，毛竹和水稻的都为 82.0%，从而推断，这三种植物的 *C3H* 基因编码的蛋白质定位于内质网（膜）上的可能性最大。

表 2-5 慈竹、毛竹和水稻的 *C3H* 基因编码蛋白的亚细胞定位分析

亚细胞定位	慈竹	毛竹	水稻
内质网（膜）	60.0%	82.0%	82.0%
叶绿体类囊体膜	37.0%		
线粒体内膜	10.0%	10.0%	10.0%
细胞膜	10.0%	19.0%	51.4%
内质网（腔内）		10.0%	10.0%
胞外		10.0%	10.0%

7. 慈竹 *NaC3H* 基因与毛竹和水稻 *C3H* 基因编码蛋白的三级结构预测

利用 CPHmodels 建模服务器对慈竹、毛竹和水稻的 *C3H* 基因编码蛋白进行三维建模（图 2-15）及其保守区结构域的三级结构的建模（图 2-16）。从图 2-15 可以看出，慈竹、毛竹和水稻的 *C3H* 基因编码蛋白三级结构相似，均含有丰富的 α-螺旋和无规卷曲，还有少量的 β-转角。由此可看其蛋白折叠空间结构构象的变化。从图 2-16 可以看出，这三种植物的 *C3H* 基因编码蛋白共有的保守区结构域三级结构由 10 个氨基酸组成：苯丙氨酸（Phe1）、甘氨酸（Gly2）、丙氨酸（Ala3）、甘氨酸（Gly4）、精氨酸（Arg5）、精氨酸（Arg6）、缬氨酸（Val7）、半胱氨酸（Cys8）、脯氨酸（Pro9）、甘氨酸（Gly10）。

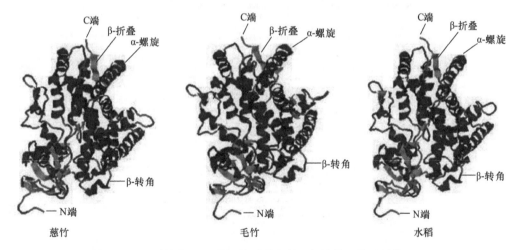

图 2-15 三种植物 *C3H* 基因编码蛋白的三级结构（另见图版）

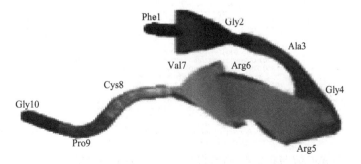

图 2-16 *C3H* 基因编码蛋白的保守区结构域三级结构（另见图版）

8. 慈竹 *NaC3H* 基因与其他单子叶植物 *C3H* 基因编码氨基酸的无序化特性分析

利用在线程序 FoldIndex（http://bioportal.weizmann.ac.il/fldbin/findex）对慈竹 *NaC3H* 基因与系统发生树中其他单子叶植物 *C3H* 基因编码氨基酸的无序化特性进行分析（图 2-17）。结果表明，在这 7 种单子叶植物中含有两个无序化保守区域，分别为 NRSTQRFSRNGQD

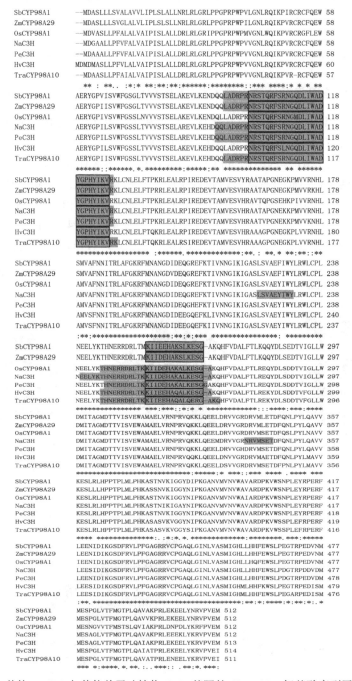

图 2-17　慈竹 *NaC3H* 与其他单子叶植物 *C3H* 基因的 ClustalW2 氨基酸序列无序化分析
阴影区表示氨基酸无序化区域；方框部分表示无序化保守区域；"*"和"·"均表示相同氨基酸

LIWADYGPHYIKV 和 KIIDEHAKALKESG。在系统发生树中，亲缘关系最近的慈竹、毛竹和水稻的 *C3H* 基因编码的整个氨基酸序列中，其无序化区域个数、长度和所占比例不同。慈竹 NaC3H 基因编码的整个氨基酸序列中无序化区域有 4 个，最长的无序化区域长度为 35 个氨基酸，总的无序化氨基酸数目为 82 个，无序化的比例达 16.0%；毛竹 *C3H* 基因的整个氨基酸序列中无序化区域有 2 个，最长的无序化区域长度为 35 个氨基酸，总的无序化氨基酸数目为 60 个，无序化的比例达 11.7%；水稻 *C3H* 基因的整个氨基酸序列中无序化区域有 2 个，最长的无序化区域长度为 26 个氨基酸，总的无序化氨基酸数目为 52 个，无序化的比例达 10.2%。由此可知，慈竹 NaC3H 基因编码的整个氨基酸序列的无序化程度最高，其次是毛竹，最低的是水稻。此外，慈竹 NaC3H 基因的整个氨基酸序列中无序化区域比毛竹、水稻 *C3H* 基因的整个氨基酸序列中无序化区域多 2 个，其分别为 LSVAEYTWY 和 NRVMSET（图 2-17）。

（四）讨论与结论

木质素的生物合成是在一系列酶的催化下使苯丙氨酸或酪氨酸逐步转化为木质素单体，最终聚合成木质素的过程。其中 C3H 被认为是调控植物体内木质素代谢过程中对羟基苯基木质素（p-hydroxy-phenyl lignin，H 木质素，H 单体）向愈创木基木质素（guaiacyl lignin，G 木质素，G 单位）或紫丁香基木质素（syringyl lignin，S 木质素，S 单体）转化的关键酶，催化木质素生物合成过程中的对-香豆酰莽草酸/奎宁酸（p-coumaroyl shikimate /quinate）C3 位置的羟基化反应。已有研究表明，杂交杨树 *C3H* 基因的 RNA 干扰，抑制 *C3H* 基因表达，既能降低木质素含量又能改变木质素单体组成。本研究室利用 RT-PCR 技术从慈竹中克隆出了 *C3H* 基因，为今后利用该基因调控大型工业用丛生竹木质素的生物合成奠定了基础，并且对于未来提高造纸的产率也有重要的现实意义。

蛋白质亚细胞定位表明，慈竹 NaC3H 基因编码蛋白大部分定位于内质网（膜），也有一部分定位于叶绿体的类囊体膜。已有研究表明，毛竹 *C3H* 基因编码蛋白很可能定位在内质网（膜）上。由于慈竹 NaC3H 基因与毛竹 *C3H* 基因有很高的相似性。因此，可以认为慈竹 NaC3H 基因编码蛋白很可能也定位在内质网（膜）上。

蛋白质无序化特性（intrinsically disordered protein）是蛋白质功能的一个重要指标。无序化蛋白质/区域是指在体外模拟的生理条件下缺乏刚性的三维结构的蛋白质/区域，是多种动态互变结构的集合。这些无序化蛋白质/区域可能执行重要的生物学功能，而它们结构上的可塑性则可能对其行使功能具有重要意义。本研究发现，单子叶植物 *C3H* 基因编码氨基酸序列中包含两个无序化比较保守区域。已有研究表明，蛋白质无序化区域在进化上具有保守性，而且蛋白质无序化与有机体的复杂性密切相关。慈竹是大型丛生竹，染色体数目为 $2n=72$；毛竹是大型散生竹，染色体数目为 $2n=48$。慈竹和毛竹 *C3H* 基因编码氨基酸序列中除都含有两个较长的无序化区域外，慈竹 NaC3H 基因编码氨基酸序列中无序化区域比毛竹的多 2 个，由此看来，蛋白质无序化可能与有机体的复杂性密切相关。关于蛋白质无序化区域的多少对其功能有何影响，尚需进一步深入系统研究。

本研究利用 RT-PCR 技术，克隆获得了慈竹 *C3H* 基因全长序列（命名为 NaC3H）。该序列长 1581bp，编码 512 个氨基酸。NaC3H 基因编码的氨基酸序列中有一个保守区域，即细胞色素 P450 结构域。该基因已在 GenBank 上注册，基因序列登录号为 JF693629。

在系统发生树中，慈竹 *NaC3H* 全长基因序列与毛竹、水稻、玉米和高粱聚为一大支，可以看出 NaC3H 应属于 CYP98 家族 A 亚家族蛋白。在 *NaC3H* 基因编码蛋白的结构预测中可见，*NaC3H* 基因编码蛋白的亲水性较强；其编码蛋白很可能定位在内质网（膜）上；其二级结构含有丰富的 α-螺旋和无规卷曲，β-转角和延伸链的含量较少；其三级结构预测，可以更加直观地看到 α-螺旋、β-转角、无规卷曲和延伸链，以及其蛋白质折叠空间结构构象的变化；其编码蛋白含有无序化区域。

因此，利用生物信息学的方法对已知序列进行分析，可以了解其蛋白质结构和功能，为以后试验方案的制订提供理论依据。

三、慈竹 *CCoAOMT* 基因克隆及其生物信息学分析

CCoAOMT 是植物木质素生物合成过程中一类重要的甲基转移酶，Kühnl 等（1989）与 Pakusch 等（1989）首次在欧芹和胡萝卜的细胞悬培养液中发现了 CCoAOMT 活性，后来 Wei 等（2001）研究发现 *CCoAOMT* 基因参与愈创木基（G）和紫丁香基木质素的生物合成。它以咖啡酰辅酶 A 为底物，将 S-腺苷甲硫氨酸上的甲基基团转移到木质素单体的苯环 C3 位置上，形成阿魏酰辅酶 A。*CCoAOMT* 基因编码的氨基酸序列中具有 A～H 共 8 个保守序列元件，其中 A～C 元件为植物甲基化酶所共有，而 D～H 元件是 *CCoAOMT* 基因家族所特有。*CCoAOMT* 基因的功能与加固细胞壁物质的合成有关，已有报道证实在反义 *CCoAOMT* 转基因植物中，Klason 木质素含量均有不同程度的下降，且 G/S 降低。因此，对 *CCoAOMT* 基因的研究对木质素含量的降低有重要作用。

目前，已经从许多植物中获得了 *CCoAOMT* 基因，如绿竹、拟南芥、水稻、烟草、玉米等，然而对慈竹的 *CCoAOMT* 基因克隆方面的研究尚未报道。鉴于此，本书以慈竹嫩茎为材料，采用 RACE 技术克隆并获得 *CCoAOMT* 全长基因，对其进行生物信息学方面的研究，为 *CCoAOMT* 基因在大型丛生竹遗传改良中的应用提供理论依据。

（一）材料

以四川省绵阳市西南科技大学后山慈竹嫩茎为材料，将其剪成小段，液氮中保存，带回实验室，放置于–80℃超低温冰柜中。

（二）慈竹 *CCoAOMT* 基因克隆

1. 慈竹 *CCoAOMT* 基因保守区扩增

慈竹幼嫩茎的 RNA 提取和 cDNA 的合成方法同本节慈竹 *4CL* 基因保守区扩增。

参照其他物种中已经克隆得到的 *CCoAOMT* 基因保守区，设计慈竹 *CCoAOMT* 基因保守区的简并引物，引物序列如下。上游引物（b1）CCoAOMT：5′-GATCCCCGGCGAGCGAGAG-3′。下游引物（b2）CCoAOMT：5′-GAGCCGTTCCAGAGCGTGTTGTC-3′。引物由生工生物工程（上海）股份有限公司合成。

以反转录所得的 cDNA 为模板，扩增慈竹 *CCoAOMT* 基因的保守区。PCR 用由 LA-*Taq* DNA 聚合酶反应试剂盒提供的试剂进行，采用 TD-PCR 技术。

PCR 程序如下：95℃预变性 3 min；95℃变性 30s，56℃退火 30s，72℃延伸 1.5min，

30 个循环；72℃延伸 10min；4℃保持。

PCR 产物与 pMD19-T 载体（TaKaRa 公司）连接，进行序列测定（TaKaRa 公司）。利用 NCBI（http：// www. ncbi. nih. gov）的 Blast 在线工具对序列进行比对分析。

2. 慈竹 *CCoAOMT* 基因 5′RACE 的 PCR 扩增

根据测序 *CCoAOMT* 基因保守区克隆片段的序列，利用 Primer Premier 5.0 软件设计了该序列上游 5′RACE 引物，与 SMARTer 试剂盒通用引物（UPM 和 NUP）配对进行扩增。引物序列如下。内引物（R1）：5′-CACGCTCGTCTCCAGGATGT-3′。外引物（R2）：5′-CGCCGATGAGCTTGAGCAGCATG-3′。

以慈竹嫩茎 cDNA 为模板，以 UPM 和 R2 为引物进行第一轮反应，反应条件为：95℃预变性 3min；95℃变性 30s，65℃退火 30s，72℃延伸 90s，30 个循环；72℃延伸 10min。再以 5′RACE 第一轮的 PCR 产物为模板，以 NUP 和 R1 为引物进行第二轮反应，反应条件与第一轮反应相同。5′RACE 的 PCR 产物与 pMD19-T 载体（TaKaRa 公司）相连，测序，再进行序列比对分析。

3. 慈竹 *CCoAOMT* 基因全长的克隆

根据 5′RACE 测序结果设计上游引物，以 3 Anchor 作为下游引物扩增慈竹 *CCoAOMT* 基因全长。引物序列如下。上游引物（Q1）：5′-GCTACACCCAGACCTCGCTTCC-3′。（Q2）：5′-GACCACGCGTATCGATGGCTCA-3′。以慈竹嫩茎 cDNA 为模板，以 Q1 和 Q2 为引物进行第一轮 PCR，反应条件为：95℃预变性 3min；95℃变性 30s，59℃退火 30s，72℃延伸 90s，30 个循环；72℃延伸 10min。再以全长第一轮的 PCR 产物为模板，以 Q1 和 Q2 为引物进行第二轮反应，反应条件与第一轮反应相同。PCR 扩增产物与 pMD19-T 载体（TaKaRa 公司）连接，测序，序列比对和分析。

4. 慈竹 *CCoAOMT* 基因全长序列的生物信息学分析

（1）*CCoAOMT* 基因进化树的构建

基因进化树构建的方法同本节 *C3H* 基因系统发生树的构建。

采用慈竹（*Neosinocalamus affinis*，JF742462）、绿竹（*Bambusa oldhamii*，EF028662）、玉米（*Zea mays*，AJ242981）、毛竹（*Phyllostachys edulis*，*CCoAOMT* 和 *CCoAOMT2*）、水稻（*Oryza sativa japonica*，AY644638）、亚麻（*Linum usitatissimum*，DQ090002）、亚麻（*Linum usitatissimum*，EU926495）、苎麻（*Boehmeria nivea*，AY651026）、拟南芥（*Arabidopsis thaliana*，NM_105468）、烟草（*Nicotiana tabacum*，NTU38612）、欧芹（*Petroselinum crispum*，M69184）、杨树（*Populus trichocarpa*，AJ224896）、葡萄（*Vitis vinifera*，Z54233）、云杉（*Picea abies*，AM262870）、桉树（*Eucalyptus globulus*，AF046122）、番茄（*Solanum lycopersicum*，EU161983）、构树（*Broussonetia papyrifera*，AY579076）、白桦（*Betula platyphylla*，AY860952）、甘蓝型油菜（*Brassica rapa* subsp. *pekinensis*，DQ457404）、红桧（*Chamaecyparis formosensis*，DQ305976）、夏橙（*Citrus natsudaidai*，AB035144）、银合欢（*Leucaena leucocephala*，DQ431233）构建进化树。

（2）慈竹 *CCoAOMT* 基因编码蛋白的一级结构分析

CCoAOMT 基因编码蛋白一级结构分析方法同本节 *C3H* 基因编码蛋白的一级结构分析。

（3）慈竹 *CCoAOMT* 基因编码的蛋白功能结构域的分析

CCoAOMT 基因编码蛋白的保守结构域的预测利用 CDD 在线工具完成。

（4）慈竹 *CCoAOMT* 基因编码的氨基酸序列与绿竹、毛竹、玉米 *CCoAOMT* 基因编码的氨基酸多序列比对

使用 DNAMAN 和 ClustalW 程序，分析慈竹 *CCoAOMT* 基因的全长序列，并将其编码的氨基酸序列与 GenBank 数据库中搜索得到的绿竹、毛竹、玉米的全长 *CCoAOMT* 基因氨基酸序列进行比对分析。

（5）慈竹 *CCoAOMT* 基因编码蛋白的二级结构分析

CCoAOMT 基因编码蛋白二级结构分析方法同本节 *C3H* 基因编码蛋白的二级结构分析。

（6）不同植物 *CCoAOMT* 基因编码蛋白的亚细胞定位分析

CCoAOMT 基因编码蛋白的亚细胞定位的方法同本节 *C3H* 基因编码蛋白的二级结构分析。

（7）慈竹 *CCoAOMT* 基因编码蛋白的三级结构分析

CCoAOMT 基因编码蛋白三级结构分析方法同本节 *C3H* 基因编码蛋白的三级结构分析。

（三）结果与分析

1. 慈竹 *CCoAOMT* 基因全长的克隆与分析

（1）慈竹 *CCoAOMT* 基因保守区克隆

以反转录得到的慈竹嫩茎 cDNA 为模板，利用所设计的 *CCoAOMT* 基因保守区的简并引物进行 PCR，扩增得到 1 条 570bp 的片段（图 2-18A），测序结果分析表明其编码 190 个氨基酸，其中包含 *CCoAOMT* 基因氨基酸保守元件 A、D～G。Blast X 分析结果表明，该序列编码的氨基酸序列与绿竹、毛竹、玉米、水稻等物种中 100 多条 *CCoAOMT* 基因编码氨基酸序列高度相似，初步确定得到了慈竹 *CCoAOMT* 基因的保守区序列。

（2）慈竹 *CCoAOMT* 基因 5′RACE 的扩增

采用根据克隆得到的慈竹 *CCoAOMT* 基因保守区序列设计的 5′RACE 引物，扩增到了 1 条长度为 241bp 的片段（图 2-18B），序列分析表明其为包括 ATG 起始密码子在内的慈竹 *CCoAOMT* 基因的 5′端序列，其中包含 198bp 的氨基酸编码序列和 43bp 的 5′上游非翻译区，该氨基酸序列共编码 66 个氨基酸。NCBI 的 Blast X 程序比对结果表明，以上序列与 *CCoAOMT* 基因序列有较强的相似性，确定其为慈竹 *CCoAOMT* 基因的 5′ RACE 序列。

（3）慈竹 *CCoAOMT* 基因全长扩增

根据慈竹 5′RACE 测序结果设计上游引物，以 3 Anchor 为下游引物，即 Q1、Q2，以慈竹嫩茎 cDNA 为模板，PCR 扩增得到慈竹 *CCoAOMT* 基因全长片段（图 2-18C）。测序结果分析表明，该基因序列全长 1080bp，序列中包含有起始密码子 ATG、终止密码子 TGA 和 polyA 的结构。经 NCBI 网站 Blast 同源性比对，发现该序列含有 *CCoAOMT* 基因家族具有的 A～H 8 个保守序列元件，确定克隆的慈竹 *CCoAOMT* 基因为 *CCoAOMT* 基因家族中的一员（图 2-19）。将所获序列递交 GenBank，注册号为 JF742462，命名为 *NaCCoAOMT1*。

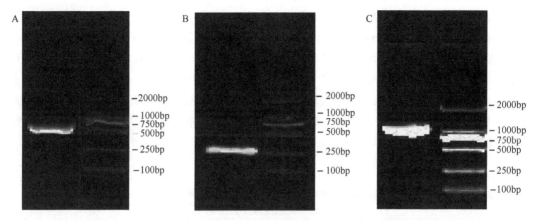

图 2-18　慈竹 *CCoAOMT* 基因的 PCR 扩增结果

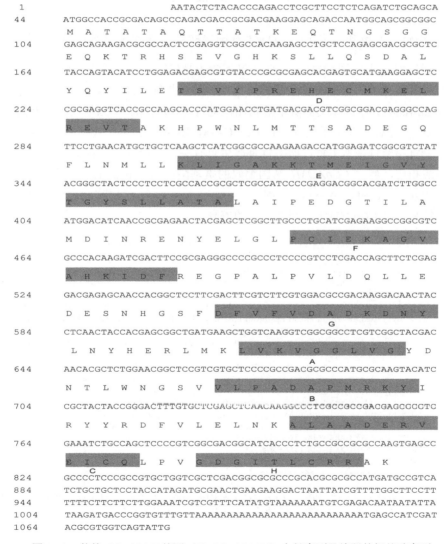

```
   1                           AATACTCTACACCCAGACCTCGCTTCCTCTCAGATCTGCAGCA
  44    ATGGCCACCGCGACAGCCCAGCGACCGCCGGCGAAGGAGCAGACCAATGGCAGCGGCGGC
         M  A  T  A  T  A  Q  T  T  A  T  K  E  Q  T  N  G  S  G  G
 104    GAGCAGAAGACGCGCCACTCCGAGGTCGGCCACAAGAGCCTGCTCCAGAGCGACGCGCTC
         E  Q  K  T  R  H  S  E  V  G  H  K  S  L  L  Q  S  D  A  L
 164    TACCAGTACATCCTGGAGACGAGCGTGTACCCGCGCGAGCACGAGTGCATGAAGGAGCTC
         Y  Q  Y  I  L  E  T  S  V  Y  P  R  E  H  E  C  M  K  E  L
                                                              D
 224    CGCGAGGTCACCGCCAAGCACCCATGGAACCTGATGACGAGTCGGCGGACGAGGGCCAG
         R  E  V  T  A  K  H  P  W  N  L  M  T  T  S  A  D  E  G  Q
 284    TTCCTGAACATGCTGCTCAAGCTCATCGGCGCCAAGAAGACCATGGAGATCGGCGTCTAT
         F  L  N  M  L  L  K  L  I  G  A  K  K  T  M  E  I  G  V  Y
                                    E
 344    ACGGGCTACTCCCTCCTCGCCACCGCGCTCGCCATCCCCGAGGACGGCACGATCTTGGCC
         T  G  Y  S  L  L  A  T  A  L  A  I  P  E  D  G  T  I  L  A
 404    ATGGACATCAACCGCGAGAACTACGAGCTCGGCTTGCCCTGCATCGAGAAGGCCGGCGTC
         M  D  I  N  R  E  N  Y  E  L  G  L  P  C  I  E  K  A  G  V
                                             F
 464    GCCCACAAGATCGACTTCCGCGAGGGCCCCGCCCTCCCCGTCCTCGACCAGCTTCTCGAG
         A  H  K  I  D  F  R  E  G  P  A  L  P  V  L  D  Q  L  L  E
 524    GACGAGAGCAACCACGGCTCCTTCGACTTCGTCTTCGTGGACGCCGACAAGGACAACTAC
         D  E  S  N  H  G  S  F  D  F  V  F  V  D  A  D  K  D  N  Y
                                       G
 584    CTCAACTACCACGAGCGGCTGATGAAGCTGGTCAAGGTCGGCGGCCTCGTCGGCTACGAC
         L  N  Y  H  E  R  L  M  K  L  V  K  V  G  G  L  V  G  Y  D
                                    A
 644    AACACGCTCTGGAACGGCTCCGTCGTGCTCCCCGCCGACGCGCCCATGCGCAAGTACATC
         N  T  L  W  N  G  S  V  L  P  A  D  A  P  M  R  K  Y  I
                               B
 704    CGCTACTACCGGGACTTTGTGCTCGAGCTCAACAAGGCCCTCGCCGCCGACGAGCGCCTC
         R  Y  Y  R  D  F  V  L  E  L  N  K  A  L  A  A  D  E  R  V
 764    GAAATCTGCCAGCTCCCCGTCGGCGACGGCATCACCCTCTGCCGCCGCGCCAAGTGAGCC
         E  I  C  Q  L  P  V  G  D  G  I  T  L  C  R  R  A  K
                      C                   H
 824    GCCCCTCCCGCCGTGCTGGTCGCTCGACGGCGCCCGCACGCGCGCCATGATGCCGTCA
 884    TCTGCTGCTCCTACCATAGATGCGAACTGAAGAAGGACTAATTATCGTTTTGGCTTCCTT
 944    TTTTCTTCTTCTTGGAAATCGTCGTTTCATATGTAAAAAAATGTCGAGACAATAATATTA
1004    TAAGATGACCCGGTGTTTGTTAAAAAAAAAAAAAAAAAAAAAAAAAAAAATGAGCCATCGAT
1064    ACGCGTGGTCAGTATTG
```

图 2-19　慈竹 *CCoAOMT* 基因（*NaCCoAOMT1*）全长序列及编码的氨基酸序列
阴影部分表示 *CCoAOMT* 基因家族所具有的保守元件

（4）*NaCCoAOM1* 基因编码蛋白预测的结构域

用 NCBI 上的 CDD 分析了 *NaCCoAOMT1* 基因编码蛋白的保守结构域（图 2-20），发现该基因编码的蛋白质具有 AdoMet_MTases super family 结构域，这也进一步证实了 *NaCCoAOMT1* 基因编码蛋白确实属于编码 *S*-腺苷甲硫氨酸甲基转移酶（*S*-adenosylmethionine-dependent methyltransferase）基因家族，即 CCoAOMT 基因家族，该基因家族以咖啡酰辅酶 A 为底物，将 *S*-腺苷甲硫氨酸上的甲基基团转移到木质素单体的苯环 C3 位置上，形成阿魏酰辅酶 A。

图 2-20 *NaCCoAOMT1* 基因编码蛋白的功能结构域分析

2. 慈竹、绿竹、毛竹和玉米 *CCoAOMT* 基因编码的氨基酸多序列比对

多序列比对结果（图 2-21）表明，*NaCCoAOMT1* 基因与禾本科植物绿竹、毛竹 *CCoAOMT* 基因编码的氨基酸有高度的同源性，其中与绿竹的同源率最高。与绿竹和慈竹的 *NaCCoAOMT1* 基因编码的氨基酸相比，毛竹 *CCoAOMT* 基因编码的氨基酸多了两个连着的 G，6 个位点发生了变异（T→A，C→S，K→R，E→D，V→A，A→V），推测这可能与绿竹和慈竹是丛生竹，而毛竹是散生竹有关。与绿竹、毛竹 *CCoAOMT* 基因编码的氨基酸相比，慈竹 *CCoAOMT* 基因编码的氨基酸在第 9 位点上发生了缺失，5 个位点发生了变异（D/E→Q，A→T，S→N，G→S，A/N→S），这可能会引起 *NaCCoAOMT1* 基因与绿竹和毛竹 *CCoAOMT* 基因功能上的差异。

```
BoCCoAOMT1  MATATADATTATKEQTSGGG--GEQKTRHSEVGHKSLLQSDALYQYILETSVYPREHECM 58
PeCCoOMT1   MATATAEATAAAKEQTSGGGGGGGEQKTRHSEVGHKSLLQSDALYQYILETSVYPREHESM 60
NaCCoAOMT1  MATATAQTTT-ATKEQTNGSG--GEQKTRHSEVGHKSLLQSDALYQYILETSVYPREHECM 57
            ****** :* *:***. .   *********************************** *

BoCCoAOMT1  KELREVTAKHPWNLMTTSADEGQFLNMLLKLIGAKKTMEIGVYTGYSLLATALAIPEDGT 118
PeCCoAOMT1  RELREVTAKHPWNLMTTSADEGQFLNMLLKLIGAKKTMEIGVYTGYSLLATALAIPEDGT 120
NaCCoAOMT1  KELREVTAKHPWNLMTTSADEGQFLNMLLKLIGAKKTMEIGVYTGYSLLATALAIPEDGT 117
            :**********************************************************

BoCCoAOMT1  ILAMDINRENYELGLPCIEKAGVAHKIDFREGPALPVLDQLLEDEANHGSFDFVFVDADK 178
PeCCoAOMT1  ILAMDINRDNYELGLPCIEKAGVAHKIDFREGPALPVLDQLLEDENNHGSFDFVFVDADK 180
NaCCoAOMT1  ILAMDINRENYELGLPCIEKAGVAHKIDFREGPALPVLDQLLEDESNHGSFDFVFVDADK 177
            ******** ************************************ ************

BoCCoAOMT1  DNYLNYHDRLMKLVKVGGLVGYDNTLWNGSVVLPADAPMRKYIRYYRDFVLELNKALAAD 238
PeCCoOMT1   DNYLNYHERLMKLVKAGGLVGYDNTLWNGSVVLPADAPMRKYIRYYRDFVLELNKALAAD 240
NaCCoAOMT1  DNYLNYHERLMKLVKVGGLVGYDNTLWNGSVVLPADAPMRKYIRYYRDFVLELNKALAAD 237
            ******* *******:***************************************

BoCCoAOMT1  ERVEICQLPVGDGITLCRRAK 259
PeCCoAOMT1  ERVEICQLPVGDGITLCRRVK 261
NaCCoAOMT1  ERVEICQLPVGDGITLCRRAK 258
            *******************.* 
```

图 2-21 *NaCCoAOMT1* 与绿竹和毛竹 *CCoAOMT* 基因编码氨基酸的 ClustalW 氨基酸序列多重比对
标记的氨基酸为慈竹、绿竹和毛竹 *CCoAOMT* 基因编码氨基酸的不同位点

3. 慈竹与其他植物 *CCoAOMT* 基因系统发生树的构建

利用 Mega4 软件构建 *CCoAOMT* 基因的系统发生树（图 2-22）。由图 2-22 可知，*NaCCoAOMT1* 基因与绿竹、毛竹和玉米的亲缘关系较近；而与桉树、烟草、杨树等双子叶植物亲缘关系较远。这与植物中单子叶植物、双子叶植物的分类大体一致，表明基因和植物的进化过程密切相关。在禾本科植物中，*NaCCoAOMT1* 与绿竹的 *BoCCoAOMT1* 亲缘关系最近，推测其与 *BoCCoAOMT1* 的功能相近。

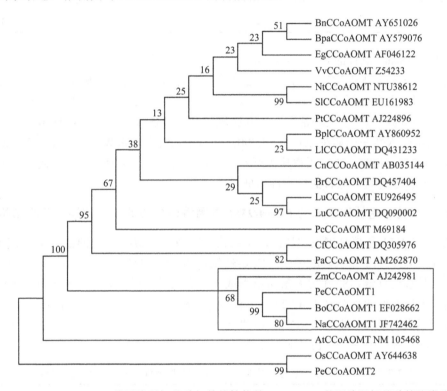

图 2-22 *NaCCoAOMT1* 基因编码氨基酸与其他植物的 *CCoAOMT* 基因编码氨基酸的聚类分析

4. 慈竹和绿竹、毛竹、玉米 *CCoAOMT* 基因编码蛋白的一级结构比对分析

利用 NCBI 的 ORF finder 程序预测发现，该基因含有一个完整的可读框，起始密码子 ATG 位于第 44~46bp，终止密码子 TGA 位于第 818~820bp（GenBank 注册号为 JF742462），含有一个 777bp 的可读框，编码一个包含 258 个氨基酸的蛋白质。生物信息学分析结果表明，*NaCCoAOMT1* 的 cDNA 全长 1080bp，分子质量约为 28.86kDa，理论等电点为 5.33。预测其氨基酸序列包含 37 个酸性残基（Asp+Glu），28 个碱性残基（Arg+Lys），总亲水性平均系数为 –0.302。软件分析预测 *NaCCoAOMT1* 的分子式为 $C_{1278}H_{2023}N_{345}O_{391}S_{12}$，其半衰期为 30h。

慈竹、毛竹、绿竹都属于禾本科竹亚科，但 *NaCCoAOMT1* 的理化性质与绿竹 *CCoAOMT* 基因的更接近（表 2-6）。这可能是因为慈竹和绿竹都是丛生竹，而毛竹是散生竹，这就支持了形态学分类学说。禾本科植物 *CCoAOMT* 基因编码蛋白的分子质量为

28.83～29.35kDa，酸性残基明显多于碱性残基，表明该蛋白为酸性蛋白。

表 2-6　慈竹、绿竹、毛竹和玉米 *CCoAOMT* 基因编码蛋白的理化性质分析

基因名称	编码序列/bp	残基个数	分子质量/kDa	酸性残基个数	碱性残基个数	理论等电点	总亲水性平均系数
NaCCoAOMT1	777	258	28.86	37	28	5.33	−0.302
BoCCoAOMT1	780	259	28.83	38	28	5.22	−0.272
PeCCoAOMT1	786	261	28.95	38	28	5.23	−0.289
ZmCCoAOMT	795	264	29.35	38	29	5.21	−0.353

利用 ProtScale 软件的 Kyte and Doolittle 算法，对慈竹与绿竹、毛竹和玉米 *BoCCoAOMT* 基因编码蛋白疏/亲水性进行预测，正值越大表示越疏水，负值越大表示越亲水，介于+0.5 到−0.5 之间的主要为两性氨基酸。结果表明，*NaCCoAOMT1* 基因与绿竹、毛竹和玉米 *CCoAOMT* 基因编码蛋白大约都是在 160 区域，具有较强的疏水性，60 区域具有很强的疏水性，亲/疏水性变化都在−2.667～2.200，其总亲水性平均系数分别为−0.302、−0.272、−0.289、−0.353，预测这 4 种蛋白质为亲水性蛋白，玉米 *CCoAOMT* 基因编码蛋白的亲水性最高，其次是慈竹，绿竹的亲水性最低。

5. 慈竹、绿竹、毛竹和玉米的 *CCoAOMT* 基因编码蛋白的二级结构与三级结构分析

利用 SPOMA 程序预测蛋白质的二级结构，*NaCCoAOMT1* 编码的蛋白质由 258 个氨基酸组成，其中 112 个氨基酸可能形成 α-螺旋，19 个氨基酸可能形成 β-转角，40 个氨基酸可能形成延伸链，87 个氨基酸可能形成无规卷曲。组成 α-螺旋、β-转角、延伸链、无规卷曲的氨基酸比例分别为 42.25%、8.91%、15.89%和 32.95%。4 种植物的 *CCoAOMT* 基因编码蛋白二级结构中含有丰富的 α-螺旋和无规卷曲、少量的 β-转角和延伸链，不含有其他结构，如 310 螺旋、Pi 螺旋、β 桥、弯曲区域等（表 2-7）。

表 2-7　慈竹、绿竹、毛竹、玉米 *CCoAOMT* 基因编码蛋白二级结构分析

基因名称	α-螺旋	延伸链	β-转角	无规卷曲
NaCCoAOMT1	109	41	23	85
BoCCoAOMT1	107	42	19	91
PeCCoAOMT1	112	41	19	89
ZmCCoAOMT	111	41	25	87

蛋白质三级结构是在二级结构的基础上进一步盘绕折叠形成的。三级结构主要是靠氨基酸侧链之间的疏水相互作用、氢键、范德华力和静电作用维持的。由图 2-23 可以看到，慈竹、绿竹、毛竹和玉米这 4 种植物的 *CCoAOMT* 基因编码蛋白三级结构中含有丰富的 α-螺旋、无规卷曲和少量的 β-转角等，以及这些蛋白质折叠空间结构构象的变化。由图 2-24 可以看出，植物 *CCoAOMT* 基因家族特有保守序列元件 D～H 的空间构象有明显的差异。

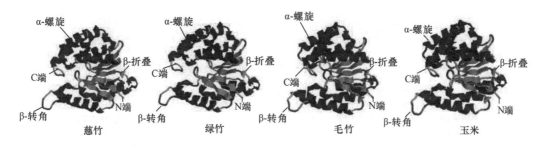

图 2-23　慈竹、绿竹、毛竹和玉米的 *CCoAOMT* 基因编码蛋白的三级结构同源建模（另见图版）

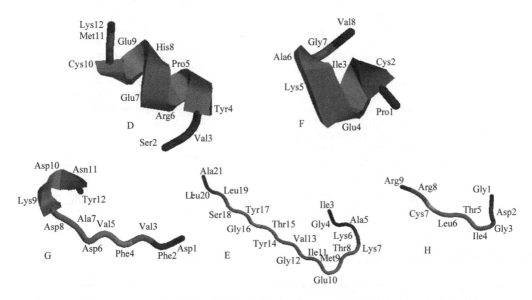

图 2-24　植物 *CCoAOMT* 基因家族特有保守序列元件 D～H 的三级结构同源建模（另见图版）

6. 慈竹、绿竹、毛竹和玉米的 *CCoAOMT* 基因氨基酸序列无序化特性分析

利用在线程序 FoldIndex（http://bioportal.weizmann.ac.il/fldbin/findex）分析慈竹、绿竹、毛竹和玉米的 *CCoAOMT* 基因编码蛋白的无序化特性（图 2-25）。结果表明，在这 4 种禾本科植物中含有 1 个无序化保守区域，即 HSEVGHKSLLQSDDLYQYILDTSV。在系统发生树中，亲缘关系最近的慈竹、绿竹和毛竹的 *CCoAOMT* 基因编码的整个氨基酸序列中，其无序化区域个数、长度和所占比例不同。慈竹 *CCoAOMT* 基因编码的整个氨基酸序列中无序化区域有 3 个，最长的无序化区域长度为 49 个氨基酸，总的无序化氨基酸数目为 64 个，无序化的比例为 24.8%；绿竹 *CCoAOMT* 基因的整个氨基酸序列中无序化区域有 3 个，最长的无序化区域长度为 25 个氨基酸，总的无序化氨基酸数目为 39 个，无序化的比例为 15.0%；毛竹 *CCoAOMT* 基因的整个氨基酸序列中无序化区域有 3 个，最长的无序化区域长度为 36 个氨基酸，总的无序化氨基酸数目为 56 个，无序化的比例为 21.5%；玉米 *CCoAOMT* 基因的整个氨基酸序列中无序化区域只有 2 个，最长的无序化区域长度为 68 个氨基酸，总的无序化氨基酸数目为 79 个，无序化的比例为 29.9%。由此可知，玉米 *CCoAOMT* 基因编码的整个氨基酸序列的无序化程度最高，其次是慈竹，最低的是绿竹。

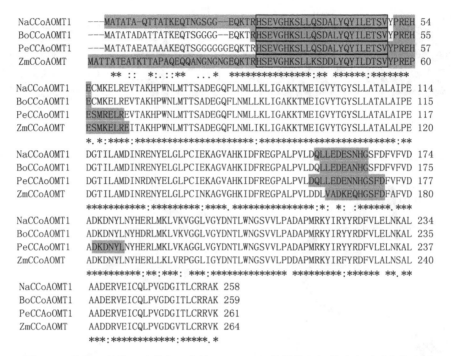

```
NaCCoAOMT1   ---MATATA-QTTATKEQTNGSGG--EQKTRHSEVGHKSLLQSDALYQYILETSVYPREH 54
BoCCoAOMT1   ---MATATADATTATKEQTSGGGG--EQKTRHSEVGHKSLLQSDALYQYILETSVYPREH 55
PeCCAoOMT1   ---MATATAEATAAAKEQTSGGGGGGEQKTRHSEVGHKSLLQSDALYQYILETSVYPREH 57
ZmCCoAOMT    MATTATEATKTTAPAQEQQANGNGNGEQKTRHSEVGHKSLLKSDDLYQYILDTSVYPREP 60
                ** ::  *:.::**  ...*  ***************:** ******:*******
NaCCoAOMT1   ECMKELREVTAKHPWNLMTTSADEGQFLNMLLKLIGAKKTMEIGVYTGYSLLATALAIPE 114
BoCCoAOMT1   ECMKELREVTAKHPWNLMTTSADEGQFLNMLLKLIGAKKTMEIGVYTGYSLLATALAIPE 115
PeCCAoOMT1   ESMRELREVTAKHPWNLMTTSADEGQFLNMLLKLIGAKKTMEIGVYTGYSLLATALAIPE 117
ZmCCoAOMT    ESMKELREITAKHPWNLMTTSADEGQFLNMLIKLIGAKKTMEIGVYTGYSLLATALALPE 120
             *.*:****:**********************:**************************:**
NaCCoAOMT1   DGTILAMDINRENYELGLPCIEKAGVAHKIDFREGPALPVLDQLLEDESNHGSFDFVFVD 174
BoCCoAOMT1   DGTILAMDINRENYELGLPCIEKAGVAHKIDFREGPALPVLDQLLEDEANHGSFDFVFVD 175
PeCCAoOMT1   DGTILAMDINRDNYELGLPCIEKAGVAHKIDFREGPALPVLDQLLEDENNHGSFDFVFVD 177
ZmCCoAOMT    DGTILAMDINRENYELGLPCINKAGVGHKIDFREGPALPVLDDLVADKEQHGSFDFAFVD 180
             ***********:*********:****.*****************:*: *: :******.***
NaCCoAOMT1   ADKDNYLNYHERLMKLVKVGGLVGYDNTLWNGSVVLPADAPMRKYIRYYRDFVLELNKAL 234
BoCCoAOMT1   ADKDNYLNYHDRLMKLVKVGGLVGYDNTLWNGSVVLPADAPMRKYIRYYRDFVLELNKAL 235
PeCCAoOMT1   ADKDNYLNYHERLMKLVKAGGLVGYDNTLWNGSVVLPADAPMRKYIRYYRDFVLELNKAL 237
ZmCCoAOMT    ADKDNYLNYHERLLKLVRPGGLIGYDNTLWNGSVVLPDDAPMRKYIRFYRDFVLALNSAL 240
             **********:**:***: ***:************** *********:****** **.**
NaCCoAOMT1   AADERVEICQLPVGDGITLCRRAK 258
BoCCoAOMT1   AADERVEICQLPVGDGITLCRRAK 259
PeCCAoOMT1   AADERVEICQLPVGDGITLCRRVK 261
ZmCCoAOMT    AADDRVEICQLPVGDGVTLCRRVK 264
             ***:************:*****.*
```

图 2-25　慈竹、绿竹、毛竹和玉米的 *CCoAOMT* 基因编码氨基酸序列无序化分析

阴影区表示氨基酸无序化区域；方框部分表示无序化保守区域

7. 不同植物 *CCoAOMT* 基因编码蛋白的亚细胞定位分析

通过 PSORT 预测可知，植物 *CCoAOMT* 基因编码蛋白大多数定位于叶绿体基质中，少数定位于线粒体内膜和嵴之间的间隙中，极少数定位于内质网中（葡萄的 *CCoAOMT* 基因编码蛋白）。表 2-8 仅列出慈竹、绿竹、毛竹和玉米 *CCoAOMT* 基因编码蛋白的亚细胞定位情况。这 4 种植物 *CCoAOMT* 基因编码蛋白定位于叶绿体基质、叶绿体类囊体腔、叶绿体类囊体膜、线粒体内膜和嵴之间的间隙、线粒体内外膜之间的间隙、线粒体内膜、线粒体外膜的概率不尽相同，慈竹和毛竹 *CCoAOMT* 基因编码蛋白定位于叶绿体基质的概率最高，而绿竹和玉米定位于线粒体内膜和嵴之间的间隙中概率最高。从而推断，慈

表 2-8　慈竹、绿竹、毛竹、玉米 *CCoAOMT* 基因编码蛋白亚细胞定位分析（%）

亚细胞定位	慈竹	绿竹	毛竹	玉米
叶绿体基质	86.8		86.8	53.5
叶绿体类囊体腔	52.3		47.1	
叶绿体类囊体膜	57.1		52.4	
线粒体内膜和嵴之间的间隙	74.2	63.2	49.2	77.1
线粒体内外膜之间的间隙		33.1		45.0
线粒体内膜		33.1		45.0
线粒体外膜		33.1		

竹和毛竹 *CCoAOMT* 基因编码蛋白定位于叶绿体基质的可能性最大，绿竹和玉米 *CCoAOMT* 基因编码蛋白定位于线粒体内膜和嵴之间的间隙的可能性最大。

（四）讨论与结论

利用 *CCoAOMT* 基因调节植物木质素合成的研究获得了令人满意的结果。反义抑制 *CCoAOMT* 基因的转基因烟草与杨树，不仅木质素含量降低，伴随 S/G 增加，木质素结构更为疏松，更易于去除。目前尚未发现转基因植物出现非正常生长。利用反义 RNA 技术，在拟南芥、烟草、百日草、杨树、火炬松等植物中已实现该基因对木质素合成的调控效应，而在竹类植物中未见报道。本研究成功克隆了一个慈竹 *CCoAOMT* 基因，该序列编码 258 个氨基酸，分子质量约为 28.861kDa，理论等电点为 5.33，二级结构中α-螺旋占 42.25%，β-转角占 8.91%，延伸链占 15.89%，无规卷曲占 32.95%。在 GenBank 上注册号为 JF742462，命名为 *NaCCoAOMT1*，其可能与慈竹木质素生物合成有关，其序列特征的研究，为今后利用基因工程手段培育新型竹材奠定了基础。但是慈竹是大型丛生竹，组织培养再生体系的建立一直是一个难点，至今未见报道，其遗传转化和基因改良育种也受到限制。因此，需尽快研究出一套慈竹的组织培养体系。

蛋白质无序化特性是反映蛋白质功能的一个重要指标。无序化蛋白质/区域是指在体外模拟的生理条件下缺乏刚性的三维结构的蛋白质/区域，是多种动态互变结构的集合。本研究发现，在系统发生树中亲缘关系最近的慈竹、绿竹和毛竹的 *CCoAOMT* 基因编码的整个氨基酸序列中，有 1 个无序化保守区域，即 HSEVGHKSLLKSDDLY-QYILDTSV，进一步证实了蛋白质无序化区域在进化上具有保守性，但是其无序化区域个数、长度和所占比例不同。蛋白质无序化区域与物种进化的具体关系有待进一步深入研究。

植物蛋白质的亚细胞定位的预测，可为进一步研究该基因编码蛋白质的功能和结构提供理论依据。慈竹和毛竹 *CCoAOMT* 基因编码蛋白定位于叶绿体基质的概率最高，如果该基因定位于叶绿体基质，可以使用叶绿体转化系统进行遗传转化研究；绿竹和玉米 *CCoAOMT* 基因编码蛋白定位于线粒体内膜和嵴之间的间隙中概率最高，这可能是由于植物合成部位及行使生理功能所需的反应环境存在差异，也可能与蛋白质的结构、理化性质和功能不同有关，具体原因有待进一步探究。

四、慈竹 *C4H* 基因克隆及其生物信息学分析

肉桂酸-4-羟化酶（cinnamate-4-hydroxylase，C4H）属于细胞色素 P450 单加氧化酶中的 CYP73A 亚家族，催化肉桂酸生成香豆酸。本研究以慈竹为材料，利用 RACE 技术对其 *C4H* 基因进行克隆，并对其进行生物信息学方面的分析，以期为慈竹 *C4H* 基因在大型工业用丛生竹遗传改良中的应用提供理论依据。

（一）材料与方法

1. 材料

以四川省绵阳市西南科技大学后山慈竹嫩茎为材料，将其剪成小段，液氮中保存，

放置于–80℃超低温冰柜中。

2. 主要试剂与菌种

LA-*Taq* DNA 聚合酶、DL2000 DNA marker、T$_4$-DNA 连接酶、pMD19-T 载体、X-Gal、IPTG，均购自 TaKaRa 公司；植物总 RNA 提取试剂盒、普通质粒小提取试剂盒均购自 TIANGEN 公司；胶回收试剂盒购自 Omega Bio-tec 公司；RevertAid First Strand cDNA Synthesis Kit 反转录试剂盒、*Eco*RⅠ、*Hind*Ⅲ限制性内切酶，均购自 MBI（Fermentas）公司；大肠杆菌 DH5α 为本实验室保存。

3. 方法

（1）总 RNA 的提取与 cDNA 链的合成

慈竹嫩茎的总 RNA 的提取与 cDNA 链的合成方法同本节慈竹 *4CL* 基因保守区扩增。

（2）慈竹 *C4H* 基因保守区克隆

参照其他物种的 *C4H* 基因保守区，设计慈竹 *C4H* 基因保守区的简并引物，引物序列如下。上游引物（P1）：5′- C AGG CAC TAC AGG TTT GCC NAA RGG NGT -3′；下游引物（P2）：5′- A TCC AAT GTC TCC AGT RTG NAG CCA NCC -3′。R 代表 A，G 任一种；N 代表 A，C，G，T 任一种。引物由北京奥科生物技术有限责任公司合成。

PCR 由 TaKaRa 公司的 LA-*Taq* DNA 聚合酶反应试剂盒提供的试剂进行，采用 TD-PCR（touchdown PCR）技术，扩增程序为：①95℃变性 30s；②70℃退火 30s；③72℃延伸 90s；循环①～③，以后每个循环的退火温度降低 1℃，共 5 个循环；④95℃变性 30s；⑤56℃退火 30s；⑥72℃延伸 90s；循环④～⑥，以后每个循环的退火温度降低 1℃，共 5 个循环；⑦95℃变性 30s；⑧65℃退火 30s；⑨72℃延伸 90s；循环⑦～⑨，25 个循环；最后 72℃延伸 10min。

PCR 产物与 pMD19-T 载体（TaKaRa 公司）连接，进行序列测定（TaKaRa 公司）。利用 NCBI（http://www.ncbi.nih.gov）的 Blast 在线工具对序列进行比对分析。

（3）慈竹 *C4H* 基因 3′RACE 和 5′RACE PCR 克隆

根据克隆得到的慈竹 *C4H* 基因保守区序列，利用 Primer Premier 5.0 软件设计 3′RACE 引物。3 Anchor：5′- GAC CAC GCG TAT CGA TGG CTC A -3′。上游引物 1（L11）：5′- CGG TTG CGA CCA ACA ACA CG -3′。上游引物 2（L12）：5′- GTC TGT ACT CCA GCG GGT TG -3′。以慈竹嫩茎 cDNA 为模板，3 Anchor 和 L11 为引物进行第一轮反应。反应条件为：95℃变性 30s，58℃退火 30s，72℃延伸 90s，30 个循环；72℃延伸 10min 结束。再以 3′RACE 第一轮的 PCR 产物为模板，以 3 Anchor 和 L12 为引物进行第二轮反应，反应条件与第一轮反应相同。

根据克隆得到的 *C4H* 基因保守区序列，设计 5′RACE 引物。上游引物 1（L21）：5′-TTC GGG TTC TCC CCA TCC AC -3′。上游引物 2（L22）：5′-TGA CCA GGC TGC GGT GCG T-3′。下游引物 1（R21）：5′-CTG TGT GTG CTG CCG CTG TT -3′。下游引物 2（R22）：5′-TGC CGC TGT TCC ACA TCT ACT CG -3′。

由 TaKaRa 公司的 5′RACE 试剂盒提供的试剂合成环化 cDNA，以此为模板，用 L21 和 R21 为引物进行第一轮反应，用 L22 和 R22 为引物进行第二轮反应，反应条件同

3′RACE。3′RACE 和 5′RACE PCR 产物和 T 载体相连，测序。

（4）慈竹 *C4H* 基因全长的克隆

根据克隆得到的慈竹 *C4H* 基因的 3′端和 5′端序列，利用 Primer Premier 5.0 软件设计慈竹 *C4H* 基因的全长引物，引物序列如下。上游引物（P1）：5′- GCC GCC GCC ATG GAC CTT CT -3′。下游引物（P2）：5′- CAC TCC AGA ATC CAG ACT CG -3′。以反转录生成的 cDNA 为模板，采用 LA-*Taq* DNA 聚合酶进行全长序列扩增。PCR 条件如下：95℃变性 30s，60℃退火 30s，72℃延伸 2min，30 个循环；72℃延伸 10min 结束。

PCR 扩增产物与 pMD19-T 载体（TaKaRa 公司）连接，测序。

（5）慈竹 *C4H* 基因全长序列的生物信息学分析

1）*C4H* 基因系统发生树的构建：系统发生树的构建方法同本节 *C3H* 基因系统发生树的构建。

2）*C4H* 基因编码蛋白的一级结构分析：*C4H* 基因编码蛋白的一级结构分析方法同本节 *C3H* 基因编码蛋白的一级结构分析。

3）*C4H* 基因编码蛋白的二级结构分析：*C4H* 基因编码蛋白的二级结构分析方法同本节 *C3H* 基因编码蛋白的二级结构分析。

4）*C4H* 基因编码蛋白的三级结构分析：*C4H* 基因编码蛋白的三级结构分析方法同本节 *C3H* 基因编码蛋白的三级结构分析。

5）*C4H* 基因编码蛋白的无序化特性分析：*C4H* 基因编码蛋白的无序化特性分析方法同本节 *C3H* 基因编码蛋白的固有无序化特性分析。

（二）结果与分析

1. 慈竹 *C4H* 基因全长克隆及其编码氨基酸序列分析

利用 RACE 技术克隆得到一条长度约为 1500bp 的 cDNA 片段（图 2-26），经序列测定与分析表明，这条片段为慈竹 *C4H* 基因，全长为 1573bp（图 2-27）。通过 ORF finder

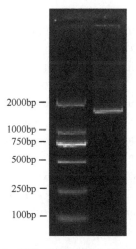

图 2-26　慈竹 *C4H* 基因全长扩增结果

软件分析，其 ORF 位于核苷酸序列的 13～1536 区域，总长为 1524bp，编码 507 个氨基酸（图 2-27），该基因命名为 *NaC4H*（GenBank 登录号为 JN571418）。利用 NCBI 的 Blastp 查找 *NaC4H* 基因保守域，经过 Pfam14.0 程序分析，可获得序列的保守域。结果表明，*NaC4H* 基因有一个保守区域，其为细胞色素 P450 结构域（图 2-28）。

```
1      ATTGCCGCCGCCATGGACCTTCTCTTCCTGGAGAAGCTCCTCGTCGGCCTCTTCGCGTCCGTGGTGGTCGCGATCGCCGTGTCCAAGATC
           M  D  L  L  F  L  E  K  L  L  V  G  L  F  A  S  V  V  V  A  I  A  V  S  K  I

91     CGCGGCCGCAAGCTCCGGCTGCCGCCAGGGCCCCTCCCCGTGCCCATCTTCGGGAAACTGGCTGCAGGTCGGCGACGACCTCAACCACCGC
           R  G  R  K  L  R  L  P  P  G  P  L  P  V  P  I  F  G  N  W  L  Q  V  G  D  D  L  N  H  R

181    AACTTGGCGGCGCTGGCCCGCAAGTTCGGCGAGATCTTCCTCCTCCGCATGGGGCAGCGCAACCTGGTGGTGGTCTCCTCCCCGCCGCTG
           N  L  A  A  L  A  R  K  F  G  E  I  F  L  L  R  M  G  Q  R  N  L  V  V  V  S  S  P  P  L

271    GCGGCGCGAGGTGCTGCACGCAGGGCGTGGAGTTCGGCTCCCGCACCCGCAACGTGGTGTTCGACATCTTCACCGGCAAGGGCCAGGAC
           A  R  E  V  L  H  T  Q  G  V  E  F  G  S  R  T  R  N  V  V  F  D  I  F  T  G  K  G  Q  D

361    ATGGTGTTCACCGTGTACGGCGACCACTGGCGCAAGATGCGGCGCATCATGACGGTGCCCTTCTTCACCAACAAGGTGGTGCAGCAATAC
           M  V  F  T  V  Y  G  D  H  W  R  K  M  R  R  I  M  T  V  P  F  F  T  N  K  V  V  Q  Q  Y

451    CATCCCGGGTGGGAGGCCGAGGCCGCCGCCGTCGTGGAAGCCGTCCGCGCCGACACCAAGGCGGCCACCGAGGGCGTCGTGCTCCGCCGC
           H  P  G  W  E  A  E  A  A  A  V  V  E  A  V  R  A  D  T  K  A  A  T  E  G  V  V  L  R  R

541    CACCTGCAGCTCATGATGTACAACAACATGTACCGCATCATGTTCGACCGGCGGTTCGAGAGCATGGACGACCCCCTGTTCCTCCGCCTC
           H  L  Q  L  M  M  Y  N  N  M  Y  R  I  M  F  D  R  R  F  E  S  M  D  D  P  L  F  L  R  L

631    AGGGCGCTCAACGGCGAGCGCAGCCGCCTCGCGCAGAGCTTCGAGTACAACTACGGCGACTTCATCCCCATCCTCCGCCCGGTTCCTCCGC
           R  A  L  N  G  E  R  S  R  L  A  Q  S  F  E  Y  N  Y  G  D  F  I  P  I  L  R  P  F  L  R

721    GGCTACCTCAAGACCTGCAAGGAGGTTAAGGAGACCCGCCTCAAGCTGTTCAAGGATTTCTTCCTGGAGGAGAGGAAGAAGCTGGCGAGC
           G  Y  L  K  T  C  K  E  V  K  E  T  R  L  K  L  F  K  D  F  F  L  E  E  R  K  K  L  A  S

811    ACCAGGCCCATGGACAGCAGCGGCCTCAAGTGCGCCATTGATCACATCCTGGAGGCGCAGCAGAAGGGGGAGATCAACGAGGACAACGTA
           T  R  P  M  D  S  S  G  L  K  C  A  I  D  H  I  L  E  A  Q  Q  K  G  E  I  N  E  D  N  V

901    CTGTACATCGTCGAGAACATCAACGTTGCCGCGATCGAGACGACGCTGTGGTCGATCGAGTGGGCGATCGGGGAGCTGGTGAACCACCCG
           L  Y  I  V  E  N  I  N  V  A  A  I  E  T  T  L  W  S  I  E  W  A  I  G  E  L  V  N  H  P

991    GAGATCCAGCGGAAGCTGCGGCACGAGCTGGACGAGGTGCTGGGCCCAGGCGCACCAGATCACCGAGCCGGACGCGCACAAGCTCCCCTAC
           E  I  Q  R  K  L  R  H  E  L  D  E  V  L  G  P  G  H  Q  I  T  E  P  D  A  H  K  L  P  Y

1081   CTGCAGGCCGTCATCAAGGAGACGCTGCGGCTGCGTATGGCCATCCCGCTGCTGGTGCCCCACATGAATCTCCACGACGCCAAGCTCAGC
           L  Q  A  V  I  K  E  T  L  R  L  R  M  A  I  P  L  L  V  P  H  M  N  L  H  D  A  K  L  S

1171   GGCTACGACATCCCGGCCGAGAGCAAGATCCTCGTCAACGCCTGGTACCTCGCCAACAACCCGACCAGTGGAAGCGGCCCGAGGAGTTC
           G  Y  D  I  P  A  E  S  K  I  L  V  N  A  W  Y  L  A  N  N  P  D  Q  W  K  R  P  E  E  F

1261   CGGCCGGAGAGGTTCCTTGAGGAGGAGAAGCACGTGGAGGCCAACGGCAACGACTTCAGGTACCTGCCCTTCGGCGTCGGCCGCAGGAGC
           R  P  E  R  F  L  E  E  E  K  H  V  E  A  N  G  N  D  F  R  Y  L  P  F  G  V  G  R  R  S

1351   TGCCCCGGCATCATCCTCGCGCTGCCCATCCTCGGCATCACCATCGGCCGCCTCGTGCAGAACTTCGAGCTGCTGCCCGCCGCCCGGGCAG
           C  P  G  I  I  L  A  L  P  I  L  G  I  T  I  G  R  L  V  Q  N  F  E  L  L  P  P  P  G  Q

1441   GACAAACTCGACACCGCCGAGAAGGGTGGGCAGTTCAGCTTCCACATCTTGAAGCATTCCAACATCGTGGCCAAGCCAAGAGCGTTAGAA
           D  K  L  D  T  A  E  K  G  G  Q  F  S  L  H  I  L  K  H  S  N  I  V  A  K  P  R  A  L  E

1531   CACTGAGCAGGGCTTGCTATCGAGTCTGGATTCTGGAGTGAAT
           H  *
```

图 2-27　慈竹 *C4H* 基因（*NaC4H*）全长序列及编码氨基酸序列
"*"表示终止密码子

图 2-28　*NaC4H* 基因编码蛋白的保守区结构域

2. *C4H* 基因系统发生树的构建

利用 Mega4 软件构建了 *C4H* 基因系统发生树（图 2-29）。利 DNAMAN 软件对其进行多重序列比对，结果表明，慈竹 *NaC4H* 和绿竹 *BoC4H* 基因的相似性最高，为 98.42%；慈竹 *NaC4H* 基因与燕麦 *HvC4H* 基因也有较高的相似性，为 90.14%。从系统发生树可见，慈竹与绿竹、燕麦的 *C4H* 基因有很近的进化关系。根据系统发生树的结果，以下研究只针对慈竹、绿竹和燕麦的 *C4H* 基因进行分析。

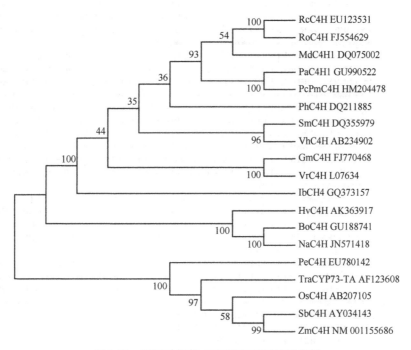

图 2-29　不同种植物 *C4H* 基因的系统进化树

3. 慈竹 *NaC4H* 基因与绿竹和燕麦的 *C4H* 基因编码的氨基酸序列比对

利用 EBI 在线的 ClustalW2 对慈竹 *NaC4H*、绿竹和燕麦的 *C4H* 基因编码氨基酸进行序列多重比对（图 2-30）。根据比对结果发现，这三条氨基酸序列保守性较强，具有典型的细胞色素 P450 的结构特征；慈竹 *NaC4H* 基因和绿竹 *BoC4H* 基因编码的氨基酸总数相同，都比燕麦多两个氨基酸。

4. 慈竹 *NaC4H* 基因与绿竹和燕麦的 *C4H* 基因编码蛋白的理化性质分析

慈竹、绿竹和燕麦 *C4H* 基因编码的分子质量几乎一致；慈竹 *NaC4H* 基因编码的碱性氨基酸和绿竹的相同，都比燕麦的多一个；*NaC4H* 基因编码的酸性氨基酸比绿竹和燕麦的都多一个；*NaC4H* 基因编码蛋白的理论等电点在三者中为最低，其等电点都大于 9（表 2-9）。由此可知，编码的碱性氨基酸的总数比酸性氨基酸总数多，则该蛋白表现为碱性蛋白，说明慈竹 *NaC4H* 基因编码蛋白与绿竹和燕麦 *C4H* 基因编码的蛋白都是碱性蛋白，而且编码的碱性氨基酸的总数比酸性氨基酸的总数多得越多，其蛋白的理论等电点就越大。

```
NaC4H    MDLLFLEKLLVGLFASVVVAIAVSKIRGRKLRLPPGPLPVPIFGNWLQVGDDLNHRNLAA   60
BoC4H    MDLLFLEKLLVGLFASVVVAIAVSKIRGRKLRLPPGPLPVPIFGNWLQVGDDLNHRNLAA   60
HvC4H    MDFVFVEKLLLAAVVGAIVVSKIRGRKLRLPPGPIPVPIFGNWLQVGDDLNHRNLAA     60
         **:.:*:.*:***.****.:*.:** **.********.*:************.*******

NaC4H    LARKFGEIFLLRMGQRNLVVVSSPPLAREVLHTQGVEFGSRTRNVVFDIFTGKGQDMVFT   120
BoC4H    LARKFGEIFLLRMGQRNLVVVSSPPLAREVLHTQGVEFGSRTRNVVFDIFTGKGQDMVFT   120
HvC4H    MARKFGEVFLLRMGQRNLVVVSSPPLAREVLHTQGVEFGSRTRNVVFDIFTGEGQDMVFT   120
         :******:*********************************************:******

NaC4H    VYGDHWRKMRRIMTVPFFTNKVVQQYHPGWEAEAAAVVEAVRADTKAATEGVVLRRHLQL   180
BoC4H    VYGDHWRKMRRIMTVPFFTNKVVQQYHPGWEAEAAAVVDAVRADPKAATEGVVLRRHLQL   180
HvC4H    VYGDHWRKMRRIMTVPFFTNKVVQQYRPGWEAEAAFVVDNVRADPRAATEGVVLRRHLQL   180
         *************************** ***: **** . :***** .:**********

NaC4H    MMYNNMYRIMFDRRFESMDDPLFLRLRALNGERSRLAQSFEYNYGDFIPILRPFLRGYLK   240
BoC4H    MMYNNMYRIMFDRRFESMDDPLFLRLRALNGERSRLAQSFEYNYGDFIPILRPFLRGYLK   240
HvC4H    MMYNNMYRIMFDRRFESMDDPLFLRLRALNGERSRLAQSFEYNYGDFIPILRPFLRGYLR   240
         *************************************************************:

NaC4H    TCKEVKETRLKLFKDFFLEERKKLASTRPMDSSGLKCAIDHILEAQQKGEINEDNVLYIV   300
BoC4H    TCKEVKETRLKLFKDFFLEERKKLASSKPMDSSGLKCAIDHILEAQQKGEINEDNVLYIV   300
HvC4H    LCKEVKETRLKLFKDYFLDERKKLASTKAMDNNGLKCAIDHILEAEQKGEINEDNVLYII   300
         *************:**:*.**:* :*.:.**:.*************:**********:

NaC4H    ENINVAAIETTLWSIEWAIGELVNHPEIQRKLRHELDEVLGPGHQITEPDAHKLPYLQAV   360
BoC4H    ENINVAAIETTLWSIEWAIGELVNHPEIQRKLRHELDAVLGPGHQITEPDTHKLPYLQAV   360
HvC4H    ENINVAAIETTLWSIEWGLAELVNHPEIQQKLRDEMDAVLGVGHQITEPDTHRLPYLQAV   360
         *****************.:*:*********:***.*:*.***.*******:*:*******

NaC4H    IKETLRLRMAIPLLVPHMNLHDAKLSGYDIPAESKILVNAWYLANNPDQWKRPEEFRPER   420
BoC4H    IKETLRLRMAIPLLVPHMNLHDAKLSGYDIPAESKILVNAWYLANNPDQWKRPEELRPER   420
HvC4H    IKETLRLRMAIPLLVPHMNLHDAKLAGYNIPAESKILVNAWFLANNPEQWKRPDEFRPER   420
         *************************:**:*************:*****:*****.*:****

NaC4H    FLEEEKHVEANGNDFRYLPFGVGRRSCPGIILALPILGITIGRLVQNFELLPPPGQDKLD   480
BoC4H    FLEEEKHVEANGNDFRYLPFGVGRRSCPGIILALPILGITIGRLVQNFELLPPPGQDKLD   480
HvC4H    FLEEEKHVEANGNDFRYLPFGVGRRSCPGIILALPILGITIGRLVQNFVLSPPPGQDKLD   480
         ************************************************* * *********

NaC4H    TAEKGGQFSLHILKHSNIVAKPRALEH   507
BoC4H    TAEKGGQFSLHILKHSNIVAKPRALEL   507
HvC4H    TTEKGGQFSLHILKHSTIVAKPRVF--   505
         *:**************.*****:
```

图 2-30　慈竹 *NaC4H* 基因与绿竹和燕麦的 *C4H* 基因的 ClustalW2 氨基酸序列多重比对
"*" 表示保守氨基酸位点

表 2-9　慈竹、绿竹和燕麦的 *C4H* 基因编码蛋白序列理化性质

基因名称	编码的氨基酸	分子质量/kDa	碱性氨基酸个数	酸性氨基酸个数	理论等电点
NaC4H	507	58.13	68	61	9.08
BoC4H	507	57.98	68	60	9.16
HvC4H	505	57.97	67	60	9.12

5. 慈竹 *NaC4H* 基因与绿竹和燕麦的 *C4H* 基因编码蛋白的疏/亲水性分析

利用 ProtScale 软件的 Kyte and Doolittle 算法，对慈竹 *NaC4H* 基因与绿竹和燕麦 *C4H* 基因编码蛋白疏/亲水性进行预测，正值越大表示越疏水，负值越大表示越亲水，介于+0.5 到–0.5 之间的主要为两性氨基酸。结果表明，慈竹 *NaC4H* 基因与绿竹和燕麦 *C4H* 基因编码蛋白大约在 17、17 和 14 区域，具有很强的疏水性，409 区域都具有很强的亲水性，其总亲水性平均系数分别为 0、0、0.078，预测这三种蛋白质分别为中性蛋白、中性蛋白和疏水性蛋白。

6. 慈竹 *NaC4H* 基因与绿竹和燕麦的 *C4H* 基因编码蛋白的二级结构分析及亚细胞定位

利用 SOPMA 软件预测慈竹、绿竹和燕麦的 *C4H* 基因编码蛋白二级结构（表 2-10）。慈竹 *NaC4H* 基因与绿竹和燕麦的 *C4H* 基因编码蛋白的二级结构中，都含有丰富的 α-螺旋和无规卷曲，β-转角和延伸链的含量较少；其中慈竹 *NaC4H* 基因编码蛋白的 α-螺旋比绿竹和燕麦的 *C4H* 基因编码蛋白的 α-螺旋少，β-转角比绿竹和燕麦的 *C4H* 基因编码蛋白的多，但延伸链比绿竹少而比燕麦多，无规卷曲比绿竹和燕麦的 *C4H* 基因编码蛋白的多。

表 2-10　慈竹、绿竹和燕麦的 *C4H* 基因编码蛋白的二级结构分析

二级结构	慈竹	绿竹	燕麦
α-螺旋	252（49.70%）	254（50.10%）	266（52.67%）
β-转角	25（4.93%）	20（3.94%）	21（4.16%）
延伸链	56（11.05%）	61（12.03%）	52（10.30%）
无规卷曲	174（34.32%）	172（33.93%）	166（32.87%）

利用 PSORT 软件对慈竹 *NaC4H* 基因与绿竹和燕麦的 *C4H* 基因编码蛋白进行的亚细胞定位预测可以得出，这三种植物的 *C4H* 基因编码的蛋白质亚细胞定位于内质网（膜）、细胞膜、高尔基体和内质网（腔），其所占的比率分别为 0.685、0.640、0.460 和 0.100，由此可见，都以定位于内质网（膜）上的概率为最高，因此可以推断这三种植物的 *C4H* 基因编码的蛋白质定位于内质网（膜）上的可能性最大。

7. 慈竹 *NaC4H* 基因与绿竹和燕麦的 *C4H* 基因编码蛋白的三级结构预测

利用 CPHmodels 建模服务器对慈竹、绿竹和燕麦的 *C4H* 基因编码蛋白进行三维建模。从图 2-31 可以看出，慈竹、绿竹和燕麦的 *C4H* 基因编码蛋白三级结构相似，均含有丰富的 α-螺旋和无规卷曲，还有少量的 β-转角、延伸链。由此可看出其蛋白折叠空间结构构象的变化。

8. 慈竹 *NaC4H* 基因与绿竹和燕麦的 *C4H* 基因编码氨基酸的无序化分析

利用在线程序 FoldIndex（http://bioportal.weizmann.ac.il/fldbin/findex）对慈竹 *NaC4H* 基因与绿竹和燕麦的 *C4H* 基因编码氨基酸进行无序化特性分析（图 2-32）。结果表明，三种植物中含有 5 个无序化保守区域，分别为 LRGYL、VKET、LKLFKDF、STRPM 和

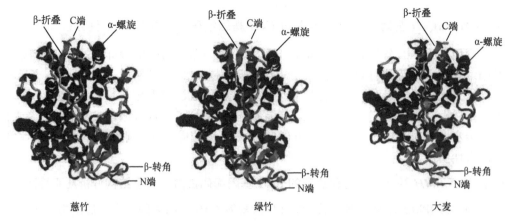

β-折叠　C端　α-螺旋　β-转角　N端　慈竹
β-折叠　C端　α-螺旋　β-转角　N端　绿竹
β-折叠　C端　α-螺旋　β-转角　N端　大麦

图 2-31　三种植物 *C4H* 基因编码蛋白的三级结构（另见图版）

```
NaC4H    MDLLFLEKLLVGLFASVVVAIAVSKIRGRKLRLPPGPLPVPIFGNWLQVGDDLNHRNLAA  60
BoC4H    MDLLFLEKLLVGLFASVVVAIAVSKIRGRKLRLPPGPLPVPIFGNWLQVGDDLNHRNLAA  60
HvC4H    MDFVFVEKLLVGLLAAVVGAIVVSKIRGRKLRLPPGPIPVPIFGNWLQVGDDLNHRNLAA  60
         **::*:***************.**.********************:************.*

NaC4H    LARKFGEIFLLRMGQRNLVVVSSPPLAREVLHTQGVEFGSRTRNVVFDIFTGKGQDMVFT  120
BoC4H    LARKFGEIFLLRMGQRNLVVVSSPPLAREVLHTQGVEFGSRTRNVVFDIFTGKGQDMVFT  120
HvC4H    MARKFGEVFLLRMGQRNLVVVSSPPLAREVLHTQGVEFGSRTRNVVFDIFTGEGQDMVFT  120
         :*****:*************************************************.******

NaC4H    VYGDHWRKMRRIMTVPFFTNKVVQQYHPGWEAEAAAVVEAVRADTKAATEGVVLRRHLQL  180
BoC4H    VYGDHWRKMRRIMTVPFFTNKVVQQYHPGWEAEAAAVVDAVRADPKAATEGVVLRRHLQL  180
HvC4H    VYGDHWRKMRRIMTVPFFTNKVVQQYRPGWEAEAAFVVDNVRADPRAATEGVVLRRHLQL  180
         *************************:******* **:*. ****.:*************

NaC4H    MMYNNMYRIMFDRRFESMDDPLFLRLRALNGERSRLAQSFEYNYGDFIPILRPFLRGYLK  240
BoC4H    MMYNNMYRIMFDRRFESMDDPLFLRLRALNGERSRLAQSFEYNYGDFIPILRPFLRGYLK  240
HvC4H    MMYNNMYRIMFDRRFESMDDPLFLRLRALNGERSRLAQSFEYNYGDFIPILRPFLRGYLR  240
         ****************************************************** *****

NaC4H    TCKEVKETRLKLFKDFFLEERKKLASTRPMDSSGLKCAIDHILEAQQKGEINEDNVLYIV  300
BoC4H    TCKEVKETRLKLFKDFFLEERKKLASSKPMDSSGLKCAIDHILEAQQKGEINEDNVLYIV  300
HvC4H    LCKEVKETRLKLFKDYFLDERKKLASTKAMDNNGLKCAIDHILEAEQKGEINEDNVLYII  300
         ***************:**:*******::.**..************:***************:

NaC4H    ENINVAAIETTLWSIEWAIGELVNHPEIQRKLRHELDEVLGPGHQITEPDAHKLPYLQAV  360
BoC4H    ENINVAAIETTLWSIEWAIGELVNHPEIQRKLRHELDAVLGPGHQITEPDTHKLPYLQAV  360
HvC4H    ENINVAAIETTLWSIEWGLAELVNHPEIQQKLRDEMDAVLGVGHQITEPDTHRLPYLQAV  360
         *****************.:.*********:***.*:*.***.*********:*:*******

NaC4H    IKETLRLRMAIPLLVPHMNLHDAKLSGYDIPAESKILVNAWYLANNPDQWKRPEEFRPER  420
BoC4H    IKETLRLRMAIPLLVPHMNLHDAKLSGYDIPAESKILVNAWYLANNPDQWKRPEELRPER  420
HvC4H    IKETLRLRMAIPLLVPHMNLHDAKLAGYNIPAESKILVNAWFLANNPEQWKRPDEFRPER  420
         *************************:**:*************:*****:*****:*:****

NaC4H    FLEEEKHVEANGNDFRYLPFGVGRRSCPGIILALPILGITIGRLVQNFELLPPPGQDKLD  480
BoC4H    FLEEEKHVEANGNDFRYLPFGVGRRSCPGIILALPILGITIGRLVQNFELLPPPGQDKLD  480
HvC4H    FLEEEKHVEANGNDFRYLPFGVGRRSCPGIILALPILGITIGRLVQNFVLSPPPGQDKLD  480
         **************************************************** * ********

NaC4H    TAEKGGQFSLHILKHSNIVAKPRALEH  507
BoC4H    TAEKGGQFSLHILKHSNIVAKPRALEL  507
HvC4H    TTEKGGQFSLHILKHSTIVAKPRVF--  505
         *:*************.*.*****. :
```

图 2-32　慈竹 *NaC4H* 与绿竹和燕麦的 *C4H* 基因的 ClustalW2 氨基酸序列无序化分析
阴影区为氨基酸无序化区域；方框部分为无序化保守区域

VNAWYLANNPDQWKRPEEFRPERFLEEEKHVEA。在系统发生树中，亲缘关系最近的慈竹、绿竹和燕麦的 *C4H* 基因编码的整个氨基酸序列中，其无序化区域个数、长度和所占比例不同。慈竹 *NaC4H* 基因编码的整个氨基酸序列中无序化区域有 6 个，最长的无序化区域长度为 33 个氨基酸，总的无序化氨基酸数目为 62 个，无序化的比例达 12.2%；绿竹 *BoC4H* 基因的整个氨基酸序列中无序化区域有 5 个，最长的无序化区域长度为 33 个氨基酸，总的无序化氨基酸数目为 57 个，无序化的比例达 11.2%；燕麦 *HvC4H* 基因的整个氨基酸序列中无序化区域有 5 个，最长的无序化区域长度为 33 个氨基酸，总的无序化氨基酸数目为 61 个，无序化的比例达 12.1%。由此可知，慈竹 *NaC4H* 基因编码的整个氨基酸序列的无序化程度最高，其次是燕麦，最低的是绿竹。此外，慈竹 *NaC4H* 基因的整个氨基酸序列中无序化区域比绿竹、燕麦 *C4H* 基因的整个氨基酸序列中无序化区域多 1 个，其为 ERKKL（图 2-32）。

（三）结论

本研究利用 RACE 技术，克隆获得了慈竹 *C4H* 基因全长序列。该序列长 1524bp，编码 507 个氨基酸（命名为 *NaC4H*）。*NaC4H* 基因编码的氨基酸序列中有一个保守区域，即细胞色素 P450 结构域。该基因已在 GenBank 上注册，基因序列登录号为 JN571418。在系统发生树中，慈竹 *NaC4H* 和绿竹的 *C4H* 基因的相似性最高，为 98.42%；慈竹 *NaC4H* 基因与燕麦的也有较高的相似性，为 90.14%。*NaC4H* 基因编码的蛋白为中性蛋白；其编码蛋白很可能定位在内质网（膜）上，其编码蛋白含有无序化区域。

五、慈竹 *COMT* 基因克隆及其生物信息学分析

咖啡酸-*O*-甲基转移酶（caffeic acid-*O*-methyltransferase，COMT）是木质素合成途径中的另一个关键酶，参与 S 木质素的合成，催化咖啡酸、5-羟基松柏醛和 5-羟基松柏醇甲基化，分别生成阿魏酸、芥子醛和芥子醇。本研究以慈竹为材料，利用 RACE 技术对其 *COMT* 基因进行克隆，并对其进行生物信息学方面的分析，以期为慈竹 *COMT* 基因在大型工业用丛生竹遗传改良中的应用提供理论依据。

（一）材料

以四川省绵阳市西南科技大学后山慈竹嫩茎为材料，将其剪成小段，液氮中保存，带回实验室，放置于–80℃超低温冰柜中。

（二）方法

1. 慈竹 *COMT* 基因全长的克隆

慈竹嫩茎总 RNA 提取及 cDNA 链的合成方法同本节慈竹 *4CL* 基因保守区扩增。

根据登录在 GenBank 上的绿竹的 *COMT* 基因的核苷酸序列，使用 Primer Premier 5.0 软件设计克隆慈竹 *COMT* 基因的全长引物。引物序列如下。上游引物（T1）*COMT*: 5′-AACACCCACTTCCTCCACAC-3′。下游引物（T2）*COMT*: 5′-GACCACGCGTATCGATGGCTCA-3′。引物由生工生物工程（上海）股份有限公司合成。

以反转录所得的 cDNA 为模板，扩增慈竹 *COMT* 基因的全长序列。PCR 反应由 LA-*Taq* DNA 聚合酶反应试剂盒提供的试剂进行，采用 TD-PCR 技术扩增。

PCR 程序如下：95℃，3min；95℃ 30s，60℃ 30s，72℃ 90s，30 个循环；72℃延伸 10min；4℃保持。

PCR 产物与 pMD19-T 载体（TaKaRa 公司）连接，进行序列测定（TaKaRa 公司）。利用 NCBI（http：// www. ncbi. nih. gov）的 Blast 在线工具对序列进行比对分析。

2. 慈竹 *COMT* 基因生物信息学分析

（1）*COMT* 基因发生树的构建

系统发生树的构建方法同本节 *C3H* 基因系统发生树的构建。

利用慈竹（*Neosinocalamus affinis*，JN837484）、绿竹（*Bambusa oldhamii*，EF495248）、玉米（*Zea mays*，AY323283）、拟南芥（*Arabidopsis thaliana*，AY081565）、桉树（*Eucalyptus globulus*，X74814）、高粱（*Sorghum bicolor*，AF387790）、紫苜蓿（*Medicago sativa*，M63853）、甘蔗（*Saccharum officinarum*，AJ231133）、高羊茅（*Festuca arundinacea*，AF153824）、黑麦（*Lolium perenne bispecific*，AF010291）数据构建进化树。

（2）慈竹 *COMT* 基因编码的氨基酸序列与绿竹、玉米等植物 *COMT* 基因编码的氨基酸多序列比对

将 GenBank 数据库中搜索得到的绿竹、毛竹、玉米、黑麦、高羊茅、高粱、甘蔗、紫苜蓿、桉树、拟南芥的全长 *COMT* 基因氨基酸序列进行比对分析，方法同本节中慈竹 *CCoAOMT* 基因编码的氨基酸序列与绿竹、毛竹、玉米 *CCoAOMT* 基因编码的氨基酸多序列比对。

（3）慈竹、绿竹和玉米等植物 *COMT* 基因编码蛋白的一级结构分析

COMT 基因编码蛋白的一级结构分析方法同本节 *C3H* 基因编码蛋白的一级结构分析。

（4）慈竹、绿竹、玉米等植物 *COMT* 基因编码蛋白的二级结构分析

COMT 基因编码蛋白的二级结构分析方法同本节 *C3H* 基因编码蛋白的二级结构分析。

（5）慈竹与绿竹 *COMT* 基因编码蛋白的三级结构分析

COMT 基因编码蛋白的三级结构分析方法同本节 *C3H* 基因编码蛋白的三级结构分析。

（6）慈竹、绿竹和玉米等植物 *COMT* 基因编码蛋白的无序化特性分析

COMT 基因编码蛋白的无序化特性分析方法同本节 *C3H* 基因编码蛋白的固有无序化特性分析。

（7）慈竹、绿竹、玉米等植物 *COMT* 基因编码蛋白的亚细胞定位分析

COMT 基因编码蛋白的亚细胞定位分析方法同本节不同植物 *CCoAOMT* 基因编码蛋白的亚细胞定位分析。

（三）慈竹 *COMT* 基因克隆及其生物信息学分析

1. 慈竹 *COMT* 基因克隆

根据绿竹 *COMT* 设计引物，即 T1 和 T2，以慈竹嫩茎 cDNA 为模板，PCR 扩增得到慈竹 *COMT* 基因全长片段（图 2-33）。测序结果分析表明，该基因序列全长 1378bp，编码 360 个氨基酸，该序列中包含有起始密码子 ATG、终止密码子 TAG 和 polyA 的结构

（图 2-34）。将测序结果输入 NCBI 去载体后进行多序列比对，发现其与绿竹、玉米等多种物种的 *COMT* 基因有很高的同源性，其中与绿竹的同源性最高达 98%，这表明从慈竹中克隆所得到的片段属于 *COMT* 基因家族。将所获序列提交 GenBank，注册号为 JN837484，命名为 *NaCOMT*。

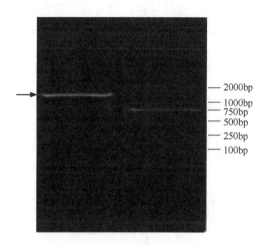

图 2-33　慈竹 *COMT* 基因全长 PCR 扩增的结果

```
   1                                ATTAACACCCACTTCCTCCACACCACCACCAGCCGCGGAGAG
  43 ATGGGTTCCACCGCCGCCGACATGGCCGCCGCCGCGGACGAGGAGGCGTGCATGTACGCG
     M  G  S  T  A  A  D  M  A  A  A  A  D  E  E  A  C  M  Y  A
 103 ATGCAGCTGGCGTCGTCGTCGATCCTGCCGATGACGCTCAAGAACGCCATCGAGCTGGGC
     M  Q  L  A  S  S  S  I  L  P  M  T  L  K  N  A  I  E  L  G
 163 CTGCTGGAGATCCTGGTGGGCGCCGGCGGGAAAGCGCTGTCGCCGGCGGAGGTGGCGGCG
     L  L  E  I  L  V  G  A  G  G  K  A  L  S  P  A  E  V  A  A
 223 CTGCTGCCGTCCACGGCCAACCCGGACGCGCCGGCCATGGTGGACCGCATGCTGCGGCTC
     L  L  P  S  T  A  N  P  D  A  P  A  M  V  D  R  M  L  R  L
 283 CTGGCCTCGTACAACGTCGTGTCGTGCGTGGTGGAGGAGGGCAAGGACGGCCGCCTCGCC
     L  A  S  Y  N  V  V  S  C  V  V  E  E  G  K  D  G  R  L  A
 343 CGCCGGTACGGCCCCGCGCCGGTGTGCAAGTGGCTCGCCCCCAACGAGGATGGCGTCTCC
     R  R  Y  G  P  A  P  V  C  K  W  L  A  P  N  E  D  G  V  S
 403 ATGGCCGCCCTCGCCCTCATGAACCAGGACAAGGTCCTCATGGAGAGCTGGTACTACCTG
     M  A  A  L  A  L  M  N  Q  D  K  V  L  M  E  S  W  Y  Y  L
 463 AAGGACGCGGTCCGTGACGGCGGCATCCCGTTCAACAAGGCGTACGGGATGACGGCGTTC
     K  D  A  V  R  D  G  G  I  P  F  N  K  A  Y  G  M  T  A  F
 523 GAGTACCACGGCACGGACCCGCGCTTCAACCGCGTCTTCAACGAGGGCATGAAGAACCAC
     E  Y  H  G  T  D  P  R  F  N  R  V  F  N  E  G  M  K  N  H
 583 TCCATCATCATCACCAAGAAGCTCCTCGAATTCTACACCGGCTTCGACGGCGTTGGCACC
     S  I  I  I  T  K  K  L  L  E  F  Y  T  G  F  D  G  V  G  T
 643 CTCGTCGACGTCGGCGGCGGCATCGGTGCCACCCTCCACGCCATCACCTCCAAGTACCCG
     L  V  D  V  G  G  G  I  G  A  T  L  H  A  I  T  S  K  Y  P
 703 CACATAAWAGGCATCAACTTCGACCTCCCCCACGTCATCTCCGAGGCGCCGCCGTTCCCG
     H  I  X  G  I  N  F  D  L  P  H  V  I  S  E  A  P  P  F  P
 763 GGCGTGCAGCACGTCGGAGGCAACATGTTCGAGAAGGTGCCCTCCGGCGACGCCATCCTC
     G  V  Q  H  V  G  G  N  M  F  E  K  V  P  S  G  D  A  I  L
 823 ATGGAGTGGATCCTCCACGACTGGAGCGACGAGCACTGCGCGACGCTGCTCAAGAACTGC
     M  E  W  I  L  H  D  W  S  D  E  H  C  A  T  L  L  K  N  C
 883 TATGATGCGCTCCCGGCCCACGGCAAGGTGATCATCGTGGAGTGCATCCTGCCGGTGAAC
     Y  D  A  L  P  A  H  G  K  V  I  I  V  E  C  I  L  P  V  N
 943 CCGGAGGCGACGCCCAAGGCGCAGGGGGTGTTCCACGTCGACATGATCATGCTCGCACAC
     P  E  A  T  P  K  A  Q  G  V  F  H  V  D  M  I  M  L  A  H
1003 AACCCTGGCGGCAAAGAGAGGTACCAGAGGGAGTTTGAGGAGCTCGCTAGGGGCGCGGGG
     N  P  G  G  K  E  R  Y  Q  R  E  F  E  E  L  A  R  G  A  G
1063 TTCGCCAGCGTCAAGGCCACCTACATCTACGCCACCGCGTGGGCCATCGAGTTCATCAAG
     F  A  S  V  K  A  T  Y  I  Y  A  T  A  W  A  I  E  F  I  K
1123 TAGATCGATCCATCGATCAAGGTCTCAGCCTCTGAGGATGTGTGCGTTCGATCCAACAAT
1183 GCTATGTCTCCTAGCACCTGAGAATTCCTCTTGTTGCTGCTCCTGGCCGCATTTGTACTT
1243 TAGCTTGGTTTCTGCTGGTCTCTCCTCCTTAATTTTCTCTGGTTCTGAAGTATTGTTATT
1303 CTGAGTTCTAATGGTTGTGTTGTCAGCTCGATATGTATCATTAATGATACTCAAGGTTAC
1363 AAAAAAAAAAAAAAAA
```

图 2-34　慈竹 *COMT* 基因全长序列及编码的氨基酸序列

2. 慈竹 *COMT* 基因生物信息学分析

（1）慈竹与其他植物 *COMT* 基因系统发生树的构建

利用 Mega4 软件构建 *COMT* 基因的系统发生树（图 2-35）。结果表明，*NaCOMT* 基因与绿竹和玉米的亲缘关系较近，而与桉树、拟南芥、紫苜蓿等双子叶植物亲缘关系较远，这与植物中单子叶植物、双子叶植物的分类大体一致，表明基因和植物的进化过程密切相关。

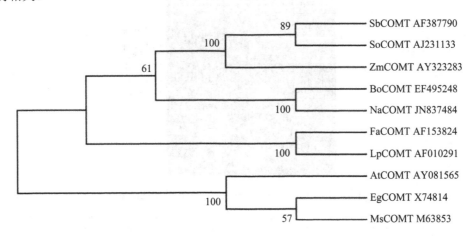

图 2-35　*NaCOMT* 基因编码氨基酸与其他植物的 *COMT* 基因编码的氨基酸的聚类分析

（2）慈竹、绿竹和玉米等植物 *COMT* 基因编码的氨基酸多序列比对

多序列比对结果显示（图 2-36），与双子叶不同，禾本科植物 *COMT* 基因编码的氨基酸在 12～15 位少了 4 个氨基酸；慈竹 *COMT* 基因编码的氨基酸与禾本科植物绿竹、玉米 *COMT* 基因编码的氨基酸有高度的同源性，其中与绿竹的同源率最高，仅 11 个位点发生了变异（N→K，S→A，T→A，L→R，R→H，I→V，Y→H，Q→H，K→X，K→E，E→Q）。

（3）慈竹、绿竹和玉米等植物 *COMT* 基因编码蛋白的一级结构比对分析

利用 NCBI 的 ORF finder 程序预测发现，该基因含有一个完整的阅读框，起始密码子 ATG 位于第 43～45bp，终止密码子 TGA 位于第 1123～1125bp，含有一个 1083bp 的读码框，编码一个包含 360 个氨基酸的蛋白。生物信息学分析结果表明，*NaCOMT* 的 cDNA 全长 1378bp，分子质量约为 38.97kDa，理论等电点为 5.38。预测其氨基酸序列包含 29 个酸性氨基酸残基（Asp+Glu），41 个碱性氨基酸残基（Arg+Lys），总亲水性平均系数为 0.079。从表 2-11 可以看出，禾本科植物 *COMT* 基因编码的蛋白分子质量在 38.69～39.94kDa，碱性氨基酸残基明显多于酸性氨基酸残基，这表明该蛋白表现为碱性蛋白。

利用 ProtScale 软件的 Kyte and Doolittle 算法对慈竹与绿竹、毛竹和玉米 *CCoAOMT* 基因编码蛋白进行疏/亲水性预测，正值越大表示越疏水，负值越大表示越亲水，介于+0.5 到−0.5 之间的主要为两性氨基酸。结果表明，这些植物中，黑麦 *COMT* 基因编码蛋白疏水性最强，拟南芥 *COMT* 基因编码蛋白亲水性最强。

```
SbCOMT   MGSTAEDVAAV-----ADEEACMYAMQLASSSILPMTLKNALELGLLEVLQKDA---GKAL  53
SoCOMT   MGSTAEDVAAV-----ADEEACMYAMQLASASILPMTLKNALELGLLEVLQAEAPA-GKAL  55
ZmCOMT   MGSTAGDVAAV-----VDEEACMYAMQLASSSILPMTLKNAIELGLLEVLQKEAGGGKAAL  56
BoCOMT   MGSTAADMAAA-----ADEEACMYAMQLASSSILPMTLKNAIELGLLEILVGAG---GNAL  53
NaCOMT   MGSTAADMAAA-----ADEEACMYAMQLASSSILPMTLKNAIELGLLEILVGAG---GKAL  53
FaCOMT   MGSTAADMAAS-----ADEEACMFALQLASSSILPMTLKNAIELGLLEILVAAG---GKSL  53
LpCOMT   MGSTAADMAAS-----ADEDVALFALQLASSSVLPMTLKNAIELGLLEILVAAG---GKSL  53
EgCOMT   MGSTGSETQMTPTQVSDEEANLFAMQLASASVLPMVLKAAIELDLLEIMAKGP--GAFL  58
MsCOMT   MGSTG-ETQITPTHISDEEANLFAMQLASASVLPMVLKSALELDLLEIIAKGP--GAQI  57
AtCOMT   MGSTA-ETQLTPVQVTDDEAALFAMQLASASVLPMALKSALELDLLEIMAKN----GSPM  55
         ****.  :      *::.  ::*:*:****:*:*** ** *:**.***::       :

SbCOMT   AAEEVVARLPVAPTNP-AAADMVDRILRLLASYDVVKCQMED-KDGKYERRYSAAPVGKW  111
SoCOMT   APEEVVARLPVAPTNP-DAADMVDRMLRLLASYDVVKCQMED-KDGKYERRYSAAPVGKW  113
ZmCOMT   APEEVVARMPAAPSDPAAAAAMVDRMLRLLASYDVVRCQMED-RDGRYERRYSAAPVCKW  115
BoCOMT   SPAEVVAALLP-STANP-DAPAMVDRMLRLLASYNVVSCVVEEGKDGRLSRRYGPAPVCKW  111
NaCOMT   SPAEVVAALLP-STANP-DAPAMVDRMLRLLASYNVVSCVVEEGKDGRLARRYGPAPVCKW  113
FaCOMT   TPTEVVAAKLP-SAANP-EAPDMVDRMLRLLASYNVVTCLVEEGKDGRLSRSYGAAPVCKF  111
LpCOMT   TPTEVVAAKLP-SAVNP-EAPDMVDRILRLLASYNVVTCLVEEGKDGRLSRSYGAAPVCKF  111
EgCOMT   SPGEVAAQLP--TQNP-EAPVMLDRIFRLLASYSVLTCTLRNLPDGKVERLYGLAPVCKF  115
MsCOMT   SPIEIASQLP--TTNP-DAPVMLDRMLLACYIILTCSVRTQQDGKVQRLYGLATVAKY  114
AtCOMT   SPTEIASKLP--TKNP-EAPVMLDRILRLLTSYSVLTCSNRKLSGDGVERIYGLGPVCKY  112
         :. *:.:  :* .   :*  *. *:**::***.* :: *  ..  ** *..  .* *:

SbCOMT   LTPNEDGVSMAALALMNQDKVLMESWYYLKDAVLDGGIPFNKAYGMTAFEYHGTDPRFNR  171
SoCOMT   LTPNEDGVSMAALTLMNQDKVLMESWYYLKDAVLDGGIPFNKAYGMTAFEYHGTDPRFNR  173
ZmCOMT   LTPNEDGVSMAALALMNQDKVLMESWYYLKDAVLDGGIPFNKAYGMTAFEYHGTDARFNR  175
BoCOMT   LTPNEDGVSMAALALMNQDKVLMESWYYLKDAVLDGGIPFNKAYGMTAFEYRGTDPRFNR  171
NaCOMT   LAPNEDGVSMAALALMNQDKVLMESWYYLKDAVRDGGIPFNKAYGMTAFEYHGTDPRFNR  171
FaCOMT   LTPNEDGVSMAALALMNQDKVLMESWYYLKDAVLDGGIPFNKAYGMTAFEYHGTDPRFNR  171
LpCOMT   LTPNEDGVSMAALALMNQDKVLMESWYYLKDAVLDGGIPFNKAYGMSAFEYHGTDPRFNR  171
EgCOMT   LVKNEDGVSIAALNLMNQDKILMESWYYLKDAVLEGGIPFNKAYGMTAFEYHGTDPRFNK  175
MsCOMT   LVKNEDGVSISALNLMNQDKVLMESWYHLKDAVLDGGIPFNKAYGMTAFEYHGTDPRFNK  174
AtCOMT   LTKNEDGVSIAALCLMNQDKVLMESWYHLKDAILDGGIPFNKAYGMSAFEYHGTDPRFNK  172
         *  *******.:**  * *:**** ***** ::** :* :*  ***.  ***:** ****

SbCOMT   VFNEGMKNHSVIITKKLLEFYTGFDESVSTLVDVGGGIGATLHAITSHHSHIRGVNFDLP  231
SoCOMT   VFNEGMKNHSVIITKKLLEFYTGFEG-VSTLVDVGGGIGATLHAITSHHPQIKGINFDLP  232
ZmCOMT   VFNEGMKNHSVIITKKLLDFYTGFEG-VSTLVDVGGGVGATLHAITSRHPHISGVNFDLP  234
BoCOMT   VFNEGMKNHSIIITKKLLEFYTGFDG-VGTLIDVGGGIGATLYAITSKYPQIKGINFDLP  230
NaCOMT   VFNEGMKNHSIIITKKLLEFYTGFDG-VGTLVDVGGGIGATLHAITSKYPHIXGINFDLP  230
FaCOMT   VFNEGMKNHSIIITKKLLELYHGFQG-LGTLVDVGGGVGATVAAIAAHYPAIKGVNFDLP  230
LpCOMT   VFNEGMKNHSIIITKKLLELYHGFQG-LGTLVDVGGGVGATVAAIAAHYPAIKGVNFDLP  230
EgCOMT   IFNRGMSDHSTITMKKILETYKGFEG-LETVVDVGGGTGAVLSMIVAKYPSMKGINFDLP  234
MsCOMT   VFNKGMSDHSTITMKKILETYTGFEG-LKSLVDVGGGTGAVINTIVSKYPTIKGINFDLP  233
AtCOMT   VFNNGMSDHSTITMKKILETYKGFEG-LTSLVDVGGGIGATLMIVSKYPNLKGINFDLP  231
         :**.**.:** * **:**  *:* **: :  :::****** **.: **.:.. * *:****

SbCOMT   HVISEAPPFPGVQHVGGDMFKSVPAGDAILMKWILHDWSDAHCATLLKNCYDALPEKGGK  291
SoCOMT   HVISEAPPFPGVQHVGGDMFKSVPAGDAILMKWILHDWSDAHCATLLKNCYDALPENG-K  291
ZmCOMT   HVISEAPPFPGVRHVGGDMFKSVPAGDAILMKWILHDWSDAHCATLLKNCYDALPENG-K  293
BoCOMT   HVISEAPPFPGVQHVGGNMFEKVPSGDAILMKWILHDWSDEHCATLLKNCYDALPAHG-K  289
NaCOMT   HVISEAPPFPGVQHVGGNMFEKVPSGDAILMEWILHDWSDEHCATLLKNCYDALPAHG-K  289
FaCOMT   HVISEAPQFPGVTHVGGDMFKEVPSGDAILMKWILHDWSDQHCATLLKNCYDALPANG-K  289
LpCOMT   HVISEAPQFPGVTHVGGDMFKEVPSGDAILMKWILHDWSDQHCATLLKNCYDALPANG-K  289
EgCOMT   HVIEDAPPLPGVKHVGGDMFVSVPKGDAIFMKWICHDWSDDHCAKFLKNCYDALPNIG-K  293
MsCOMT   HVIEDAPSYPGVEHVGGDMFVSIPKADAVFMKWICHDWSDEHCLKFLKNCYEALPDNG-K  292
AtCOMT   HVIEDAPSHPGIEHVGGDMFVSVPKGDAIFMKWICHDWSDEHCVKFLKNCYESLPEDG-K  290
         ***.:** **: *****:** .:* .*:**:*:** ***** ** .:*****::** * *

SbCOMT   VIVVECVLPVTTDAVPKAQGVFHVDMIMLAHNPGGRERYEREFRDLAKAAGFSGFKATYI  351
SoCOMT   VIIVVECVLPVNTEAVPKAQGVFHVDMIMLAHNPGGRERYEREFHDLAKGAGFSGFKATYI  351
ZmCOMT   VIVVECVLPVNTEATPKAQGVFHVDMIMLAHNPGGKERYEREFRELAKGAGFSGFKATYI  353
BoCOMT   VIIVECILPVNPEATPKAQGVFHVDMIMLAHNPGGKERYEREFEELARGAGFASVKATYI  349
NaCOMT   VIIVECILPVNPEATPKAQGVFHVDMIMLAHNPGGKERYQREFEELARGAGFASVKATYI  349
FaCOMT   VVLVECILPVNPEAKPSSQGVFHVDMIMLAHNPGGRERYEREFEALARGAGFTGVKSTYI  349
LpCOMT   VVLVECILPVNPEANPSSQGVFHVDMIMLAHNPGGRERYEREFQALARGAGFTGVKSTYI  349
EgCOMT   VIVAECVLPVYPDTSLATKNVIHIDCIMLAHNPGGKERTQKEFETLAKGAGFQGFQVMCC  353
MsCOMT   VIVAECILPVAPDSSLATKGVVHIDVIMLAHNPGGKERTEKEFEDLAKGAGFQGFKVHCN  352
AtCOMT   VILAECILPETPDSSLSTKQVVHVDCIMLAHNPGGKERTEKEFEALAKASGFKGIKVVCD  350
         *::.**:** .:   :: *.*:* ***********:** ::**. **:.:** ..: 

SbCOMT   YANAWAIEFIK--  362
SoCOMT   YANAWAIEFIK--  362
ZmCOMT   YANAW--------  358
BoCOMT   YATAWAIEFIK--  360
NaCOMT   YATAWAIEFIK--  360
FaCOMT   YANAWAIEFTK--  360
LpCOMT   YANAWAIEFTK--  360
EgCOMT   AFGTHVMEFLKTA  366
MsCOMT   AFNTYIMEFLKKV  365
AtCOMT   AFGVNLIELLKKL  363
```

图 2-36　*NaCOMT* 与绿竹和玉米等植物 *COMT* 基因编码的氨基酸的 ClustalW 氨基酸序列多重比对

标记的氨基酸为慈竹、绿竹 *COMT* 基因编码的氨基酸的不同位点

表 2-11　慈竹、绿竹和玉米等植物 *COMT* 基因编码蛋白的理化性质分析

基因名称	编码序列/bp	残基个数	分子质量/kDa	酸性氨基酸残基个数	碱性氨基酸残基个数	理论等电点	总亲水性平均系数
NaCOMT	1083	360	38.97	29	41	5.38	0.079
BoCOMT	1083	360	39.03	30	41	5.25	0.079
ZmCOMT	1077	358	38.86	32	43	5.48	0.002
LpCOMT	1083	360	38.69	28	39	5.37	0.109
FaCOMT	1083	360	38.76	29	40	5.47	0.086
EgCOMT	1101	366	39.91	32	41	5.52	0.081
MsCOMT	1098	365	39.94	33	42	5.67	0.021
SbCOMT	1089	362	39.57	34	46	5.46	−0.008
SoCOMT	1089	362	39.58	31	46	5.23	−0.020
AtCOMT	1092	363	39.61	36	45	5.62	−0.026

（4）慈竹、绿竹、玉米等植物 *COMT* 基因编码蛋白的二级结构分析

利用 SPOMA 程序预测蛋白质的二级结构，*NaCOMT* 编码的蛋白由 360 个氨基酸组成，其中 176 个氨基酸可能形成α-螺旋，32 个氨基酸可能形成β-转角，49 个氨基酸可能形成延伸链，103 个氨基酸可能形成无规卷曲。从表 2-12 中可以看出，慈竹、绿竹、玉米、黑麦、高羊茅、高粱、甘蔗、紫苜蓿、桉树、拟南芥的 *COMT* 基因编码蛋白二级结构中都含有丰富的α-螺旋（alpha helix）和无规卷曲（random coil）、少量的β-转角（beta turn）和延伸链（extended strand），不含有其他结构。

表 2-12　慈竹、绿竹和玉米等植物 *COMT* 基因编码蛋白序列二级结构分析

基因名称	α-螺旋	延伸链	β-转角	无规卷曲
NaCOMT	176	49	32	103
BoCOMT	174	53	23	110
ZmCOMT	172	52	23	111
LpCOMT	172	56	27	105
FaCOMT	174	55	28	103
EgCOMT	162	53	35	116
MsCOMT	160	56	25	124
SbCOMT	176	55	31	100
SoCOMT	171	54	25	112
AtCOMT	163	54	25	121

（5）慈竹与绿竹 *COMT* 基因编码蛋白的三级结构分析

在慈竹的 *COMT* 基因编码蛋白三级结构中，含有丰富的α-螺旋和无规卷曲，少量的β-转角和延伸链；与绿竹相比，慈竹 11 个位点发生了变异，从图 2-37 中可以看到由此造成的三级构象的变化。

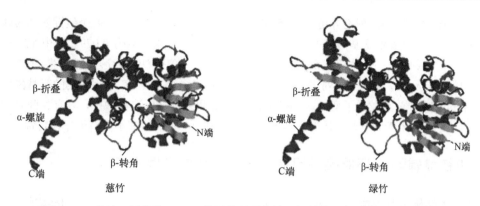

图 2-37　慈竹、绿竹的 *COMT* 基因编码蛋白的三级结构同源建模（另见图版）

（6）慈竹、绿竹和玉米等植物 *COMT* 基因编码蛋白的无序化特性分析

利用在线程序 FoldIndex 分析绿竹、毛竹、玉米、黑麦、高羊茅、高粱、甘蔗、紫苜蓿、桉树、拟南芥 *COMT* 基因编码蛋白的无序化特性。结果表明，在这些植物中只有甘蔗 *COMT* 基因编码蛋白含有 1 个无序化保守区域，即 CQMED，其余的都不具有无序化特性。

（7）慈竹、绿竹和玉米等植物 *COMT* 基因编码蛋白的亚细胞定位分析

通过 PSORT 预测可知，这些植物中，大部分 *COMT* 基因编码蛋白定位于叶绿体基质的可能性最大（表 2-13）。定位于叶绿体类囊体腔、叶绿体类囊体膜、线粒体内膜和嵴之间的间隙的概率不尽相同，慈竹、绿竹、黑麦、高羊茅、紫苜蓿、高粱和拟南芥 *COMT* 基因编码蛋白定位于叶绿体基质的概率为最高，而甘蔗和玉米定位于细胞质基质中的概率为最高，从而推断，慈竹 *COMT* 基因编码蛋白定位于叶绿体基质的可能性最大，具体结果有待进一步研究。

表 2-13　植物 *COMT* 基因编码蛋白亚细胞定位分析（%）

物种名称	叶绿体基质	叶绿体类囊体腔	叶绿体类囊体膜	线粒体内膜和嵴之间的间隙	微体（过氧化物酶体）	细胞质基质
慈竹	83.4	33.5	40.2		13.5	
绿竹	83.4	33.5	40.2	10.0		
玉米	40.0			10.0	16.2	45.0
黑麦	84.7	38.8	44.9		36.9	
高羊茅	84.7	38.8	44.9		38.3	
桉树	52.1		28.1	20.1		45.0
紫苜蓿	82.9	31.5	38.4	10.0		
高粱	48.9		23.4		46.0	45.0
甘蔗	40.0			10.0	42.8	45.0
拟南芥	53.7		30.6		30.0	45.0

（四）结论

慈竹 *COMT* 基因 cDNA 全长序列为 1378bp，其编码一个包含 360 个氨基酸的蛋白，分

子质量约为 38.97kDa，理论等电点为 5.38。预测其氨基酸序列包含 29 个酸性氨基酸残基（Asp+Glu），41 个碱性氨基酸残基（Arg+Lys），总亲水性平均系数为 0.079。其中 176 个氨基酸可能形成α-螺旋，32 个氨基酸可能形成β-转角，49 个氨基酸可能形成延伸链，103 个氨基酸可能形成无规卷曲。多序列比对结果发现：慈竹与绿竹 *COMT* 基因编码的氨基酸同源率最高，仅 11 个位点发生了变异。FoldIndex 分析结果发现：所选物种中，只有甘蔗 *COMT* 基因编码蛋白质含有 1 个无序化保守区域，即 CQMED，其余的都不具有无序化特性。

六、肉桂酰辅酶 A 还原酶基因克隆及其生物信息学分析

肉桂酰辅酶 A 还原酶（cinnamoyl-CoA reductase，CCR）可还原 3 种羟基肉桂酸的 CoA，生成相应的肉桂醛，是催化木质素特异途径第一个重要的关键酶（Lacombe et al.，1997）。该反应被看作调节碳素流向木质素潜在的控制点。已有研究表明，*CCR* 在很多植物中基本均是以基因家族的形式存在的。通过反义下调 *CCR* 基因表达 35%，可以使挪威云杉木质素含量降低 8%，与转基因杨树一样拥有更低的 Kappa 值，有利于造纸（Wadenbäck et al.，2008）；Goujon 等（2003）研究发现反向抑制 *CCR* 基因的转基因拟南芥中，*CCR* 活性残留约 20%，木质素含量降低 50%，木质部中木质素沉积量减少，次生细胞壁结构松弛；Douglas 和 Snyder（1979）研究发现，如果下调 CCR 活性并使其降到最低程度，植物体内木质素含量也降低到最低，由此表明 CCR 是木质素生物合成的限速酶之一。因此，本研究以慈竹为材料，利用 RACE 技术对其 *CCR* 基因进行克隆，并对其进行生物信息学方面的分析，以期为慈竹 *CCR* 基因在大型工业用丛生竹遗传改良中的应用提供理论依据。

（一）材料

以四川省绵阳市西南科技大学后山慈竹嫩茎为材料，将其剪成小段，液氮中保存，放置于–80℃超低温冰柜中。

（二）主要试剂与菌种

LA-*Taq* DNA 聚合酶、DL2000 DNA marker、T₄-DNA 连接酶、pMD19-T 载体、X-Gal、IPTG，均购自 TaKaRa 公司；植物总 RNA 提取试剂盒、普通质粒小提取试剂盒，均购自 TIAN GEN 公司；胶回收试剂盒购自 Omega Bio-tec 公司；RevertAid First Strand cDNA Synthesis Kit 反转录试剂盒、*Eco*R I、*Hind* III限制性内切酶，均购自 MBI（Fermentas）公司；大肠杆菌 DH5α 为本实验室保存。

（三）方法

1. 总 RNA 的提取与 cDNA 链的合成

慈竹嫩茎的总 RNA 的提取与 cDNA 链的合成方法同本节慈竹 *4CL* 基因保守区扩增。

2. 慈竹 *CCR* 基因保守区的克隆

（1）慈竹 *CCR* 基因保守区的 PCR 用引物

参照其他物种中已经克隆得到的 *CCR* 基因保守区，利用 Primer Premier 5.0 软件设计

慈竹 *CCR* 基因保守区的简并引物，引物序列如下。上游引物（F1）：5′- GCC GAC CTC CTC GAC TAC GAC -3′。下游引物（R1）：5′- CTT TCT CCT GGA GGC TCT TC -3′。引物由生工生物工程（上海）股份有限公司合成。

（2）慈竹 *CCR* 基因保守区的 PCR 体系

PCR 由 TaKaRa 公司的 LA-*Taq* DNA 聚合酶反应试剂盒提供的试剂进行，扩增反应在 Bio-Rad 公司的 PTC-200 PCR 自动扩增仪上面进行，反应体系（20μL）如下。

2×GC buffer I	10μL
dNTP mixture（每种 2.5mmol/L）	3.2μL
F1 引物（10μmol/L）	1μL
R1 引物（10μmol/L）	1μL
反转录生成的 cDNA（模板）	1μL
LA-*Taq* DNA 聚合酶（5U/μL）	0.25μL
ddH$_2$O	3.55μL

（3）慈竹 *CCR* 基因保守区的 PCR 程序

CCR 基因保守区扩增片段 PCR 程序：①95℃　3min（预变性）；②95℃　30s（变性）；③58℃　30s（退火）；④72℃　2min（延伸）；循环②～④，30 个循环；⑤72℃　10min（延伸）；⑥4℃　保持（结束）。

3. 慈竹 *CCR* 基因的 5′RACE PCR 扩增

（1）慈竹 *CCR* 基因 5′RACE PCR 用引物

根据克隆得到的 *CCR* 基因保守区序列，利用 Primer Premier 5.0 软件设计 5′RACE 引物，如表 2-14 所示。引物由生工生物工程（上海）股份有限公司合成。

表 2-14　扩增 *CCR* 基因的 5′RACE 特异引物

引物名称	引物序列（5′→3′）
GSP	GACGGCGTTGGCGAACTTGCTG
NGSP	CACCGCCTTGCCGTAGCAGTAC
UPM（short）	CTAATACGACTCACTATAGGGGC
NUP	AAGCAGTGGTATCAACGCAGAGT

（2）慈竹 *CCR* 基因 5′RACE PCR 体系

PCR 由 TaKaRa 公司的 LA-*Taq* DNA 聚合酶反应试剂盒提供的试剂进行，扩增反应在 Bio-Rad 公司的 PTC-200 PCR 自动扩增仪上面进行，先后进行两轮反应，反应体系（50μL）如下。

第一轮 5′RACE 的反应体系（50μL）：

2×GC buffer I	25μL
dNTP mixture（每种 2.5mmol/L）	8μL
UPM（short）（10μmol/L）	5μL
Out 引物（GSP）（10μmol/L）	2μL
反转录得到的 cDNA	2μL

LA-*Taq* DNA 聚合酶（5U/μL）	0.5μL
ddH$_2$O	7.5μL

第二轮 5'RACE 的反应体系（50μL）：

2×GC buffer Ⅰ	25μL
dNTP mixture（每种 2.5mmol/L）	8μL
NUP（10μmol/L）	2μL
Inn 引物（NGSP）（10μmol/L）	2μL
Out 产物	1μL
LA-*Taq* DNA 聚合酶（5U/μL）	0.5μL
ddH$_2$O	11.5μL

（3）慈竹 *CCR* 基因 5'RACE 的 PCR 程序

5'RACE 第一轮和第二轮 PCR 扩增程序如下：①95℃ 3min（预变性）；②95℃ 30s（变性）；③60℃ 30s（退火）；④72℃ 1.5min（延伸）；循环②～④，30 个循环；⑤72℃ 10min（延伸）；⑥4℃ 保持（结束）。

4. 慈竹 *CCR* 基因全长的 PCR 扩增

（1）慈竹 *CCR* 基因全长的 PCR 用引物

根据克隆得到的慈竹 *CCR* 基因的 5'端序列，利用 Primer Premier 5.0 软件设计慈竹 CCR 基因的全长引物，引物序列如表 2-15 所示。引物由生工生物工程（上海）股份有限公司合成。

表 2-15　*CCR* 全长引物

引物名称	引物序列（5'→3'）
CCR5race（F）	GCTGCCGAGCGGCTTATCCT
3reverse（R）	GACCACGCGTATCGATGGCTCA

（2）慈竹 *CCR* 基因全长的 PCR 体系

PCR 由 TaKaRa 公司的 LA-*Taq* DNA 聚合酶反应试剂盒提供的试剂进行，扩增反应在 Bio-Rad 公司的 PTC-200 PCR 自动扩增仪上面进行，反应体系（20μL）如下。

2 × GC buffer Ⅰ	10μL
dNTP mixture（每种 2.5mmol/L）	3.2μL
正向引物（F）（10μmol/L）	1μL
反向引物（R）（10μmol/L）	1μL
反转录得到的 cDNA	1μL
LA-*Taq* DNA 聚合酶（5U/μL）	0.25μL
ddH$_2$O	3.55μL

（3）慈竹 *CCR* 基因全长的 PCR 程序

慈竹 *CCR* 基因全长的 PCR 程序如下：①95℃ 3min（预变性）；②95℃ 30s（变性）；③58℃ 30s（退火）；④72℃ 2min（延伸）；循环②～④，30 个循环；⑤72℃ 10min（延伸）；⑥4℃ 保持（结束）。

5. 慈竹 *CCR* 基因 PCR 产物和 T 载体连接、酶切验证、序列测定

（1）慈竹 *CCR* 基因 PCR 产物和 T 载体连接

T 载体采用 pMD19-T 载体（TaKaRa 公司），按下列反应体系（10μL）加样。PCR 自动扩增仪中 16℃连接 16h，4℃条件 2h。

10×T$_4$ buffer	1μL
T$_4$-DNA 连接酶	1μL
pMD19-T 载体（10ng/μL）	1μL
回收产物（50ng/μL）	3μL
ddH$_2$O	4μL

（2）酶切验证

将提取的质粒按下面的酶切体系（20μL）在 37℃条件下反应 2h，用 0.8%的琼脂糖凝胶检测结果，如果有预期大小的目的片段和空载体片段的出现，说明所检测的质粒是重组质粒。

10×M buffer	2μL
*Eco*R I	1μL
*Hin*d III	1μL
酶切质粒（500ng/μL）	3μL
ddH$_2$O	13μL

（3）序列测定

将确定含有重组质粒的菌液，送交上海英骏生物技术有限公司测序。

（四）结果与分析

1. 慈竹 *CCR* 保守区克隆

结合温度梯度 PCR 筛选得到的最佳退火温度，使用反转录 cDNA 为模板扩增 *CCR* 保守区，其电泳结果如图 2-38 所示，扩增得到长度约为 700bp 的条带。

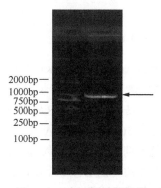

图 2-38　*CCR* 保守区扩增

通过蓝白斑筛选，选取白色单菌落，按照质粒提取试剂盒的方法提取质粒。将提取的质粒经双酶切后，得到预期大小的目的 DNA 片段（图 2-39）。然后将酶切验证正确的含目的片段的重组质粒的菌液送去测序。

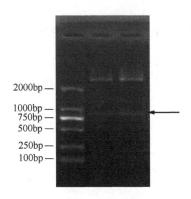

图 2-39　重组质粒的双酶切

　　将测序得到的序列，提交到 NCBI 的 Vecscreen 程序中，去除掉载体序列，得到无载体污染的克隆序列。该慈竹 *CCR* 保守区序列长度为 770bp，其核酸序列如图 2-40 所示（上、下游实线框标记序列的引物匹配位点）。

```
ATTGCCGACCTCCTCGACTACGACGCCATCTGCCGCGCCGTCGCGGGCTGCCACGGC
GTCTTCCACACCGCCTCCCCCGTCACCGACGACCCCGAGCAAATGGTGGAGCCGGCG
GTGAGGGACACGGAGCACGTGATAAACGCGGCAGCGGAGGCCGGCACGGTGCGGCG
GGTGGTGTTCACGTCGTCGATCGGCGCCGTCACCATGGACCCCAACCGCGGGCCCGA
CGTGGTCGTCGACGAGTCGTGCTGGAGCGACCTCGAGTTCTGCAAGAAAACCAGGAA
CTGGTACTGCTACGGCAAGGCGGTGGCGGAGCAGGCCGCGAGGGACGCGGCGGGC
AGCCGACGGTGAACGCCAGCATCGCGCACATCCTCAAGTACCTCGACGGCTCGGCCA
GCAAGTTCGCCAACGCCGTCCAGGCCTACGTCGACGTCCGCGACGTCGCCGACGCCC
ACCTCCGCGTCTTCGAGTCCCCCACCGCCTCCGGCCGCTACCTCTGCGCCGAGCGCG
TCCTCCACCGCGAGGACGTCGCCGATCCTCGGCTAAGCTCTTCCCCGAATACCCCG
TCCCCACCAGGTGCTCCGACGAAGTGAACCCGCGGAAGCAGCCGTACAAGATGTCCA
ACCAGAAGCTCCGGGATCTCGGGCTCGAGTTTCGGCCGGTGAGCCAGTCGCTGTACG
AGACAGTGAAGAAGCCTCCAGGAGAAAGAAT
```

图 2-40　*CCR* 保守区核酸序列

　　Blast N 分析表明，该克隆序列编码的氨基酸序列和毛竹、柳枝稷、水稻、高粱等物种中 100 条 CCR 氨基酸序列高度相似，相似度均在 98%。因此，确定克隆得到的序列为慈竹 *CCR* 基因的保守区序列。

2. 慈竹 *CCR* 基因的 5′RACE PCR 扩增

　　根据 SMARTer™ RACE cDNA Amplification Kit 原理要求设计 5′RACE 特异性引物，并按该试剂盒说明书要求，由慈竹嫩茎 RNA 反转录得到 5′RACE 特异 cDNA 模板。以上述特异模板按试剂盒说明书提供方法，经两轮 5′RACE PCR 扩增，获得 5′RACE 产物；经琼脂糖凝胶电泳分析得到长度约 362bp 的 cDNA 片段（图 2-41）。

　　通过蓝白斑筛选，选取白色单菌落，按照质粒提取试剂盒的方法提取质粒。将提取的质粒经双酶切后，得到预期大小的目的 DNA 片段，如图 2-42 所示。然后将酶切验证正确的含目的片段的重组质粒的菌液送去测序。

　　将测序返回的序列提交到 NCBI 的 Vecscreen 程序中，去掉载体序列，得到无载体污染的 5′RACE 克隆序列，保存正确序列以备后用。通过分析，测序结果中 CCR 的 5′RACE 只有 1 条是目的片段。

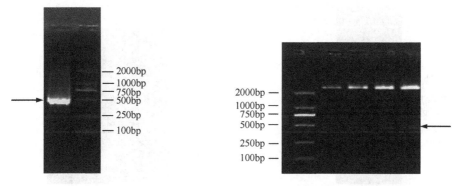

图 2-41　*CCR* 5′RACE 扩增　　　　　　　图 2-42　重组质粒的双酶切

　　CCR 核酸序列及其编码的氨基酸序列如图 2-43 所示（上、下游实线框标记序列的引物匹配位点，灰色标记的 ATG 为起始密码子）。

```
aagcagtggtatcaacgcagagtac
26   atgggcctgaaggcgctggacggcgctgccgagcggcttatcctctgcaaggcggacctcctcgactacgacgcc
     M  G  L  K  A  L  D  G  A  A  E  R  L  I  L  C  K  A  D  L  L  D  Y  D  A
101  atccgcgacgccgtcgcgggctgccacggcgtcttccacaccgcctccccgtcaccgacgaccctgagcaaatg
     I  R  D  A  V  A  G  C  H  G  V  F  H  T  A  S  P  V  T  D  D  P  E  Q  M
176  gtagagccggcggtgaggggcacggagtacgtgatgaacgcggcggtggaggccggcacggtgcggcgggtggtg
     V  E  P  A  V  R  G  T  E  Y  V  M  N  A  A  V  E  A  G  T  V  R  R  V  V
251  ttcacgtcgtcgatcggcgccgtcaccatggaccccaaccgcgggcccgacgtggtcgtcgacgagtcgtgctgg
     F  T  S  S  I  G  A  V  T  M  D  P  N  R  G  P  D  V  V  D  E  S  C  W
326  agcgacctcgagttctgcaagaaaaccaggaactggtactgctacggcaaggcggtgaat 385
     S  D  L  E  F  C  K  K  T  R  N
```

图 2-43　*CCR* 5′RACE 核酸及氨基酸序列

3. 慈竹 *CCR* 全长基因的克隆

　　慈竹嫩茎总 RNA 反转录获得的 cDNA，通过用设计的慈竹 *CCR* 全长基因引物 PCR 扩增后，扩增得到长度约 1000bp 大小的 cDNA 片段（图 2-44）。

　　通过蓝白斑筛选，选取白色单菌落，按照质粒提取试剂盒的方法提取质粒。将提取的质粒经双酶切后，得到预期大小的目的 DNA 片段，如图 2-45 所示。然后将酶切验证正确的含目的片段的重组质粒的菌液送去测序。

　　测序结果提交到 NCBI 的 ORF finder 程序，得到序列的编码序列（coding sequence，CDS），结果为 *CCR* 基因编码序列长度为 756bp，编码 251 个氨基酸。Blast N 比对分析表明，其与毛竹 *CCR* 同源性最高（95%），其次是柳枝稷 *CCR*（93%）、高粱 *CCR*（91%），由此确定克隆得到的序列是慈竹 *CCR* 基因，其全长序列及编码的氨基酸序列如图 2-46 所示（上、下游实线框标记序列的引物匹配位点，灰色标记的 ATG 为起始密码子，*为终止密码子）。

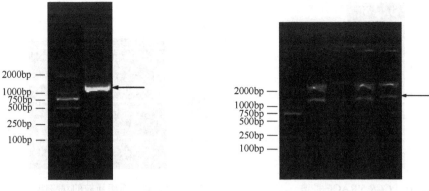

图 2-44　*CCR* 基因全长扩增　　　　　图 2-45　重组质粒的双酶切

ATT GCTGCCGAGCGGCTTATCCT CTGCAAGGCGGACCTCCTCGACTACGACGCCATCCGCGACGCCGTCGCGGGCTG
CCACGGCGTCTTCCACACCGCCTCCCCCGTCACCGACGACCCTGAGCAA

127　atggtagagccggcggtgaggggcacggggtacgtgatgaacgcggcggtggaggccggcacggtgcggcgggtg
　　　M　V　E　P　A　V　R　G　T　G　Y　V　M　N　A　A　V　E　A　G　T　V　R　R　V

202　gtgttcacgtcgtcgatcggcgccgtcaccatggaccccaaccgcgggcccgacgtggtcgtcgacgagtcgtgc
　　　V　F　T　S　S　I　G　A　V　T　M　D　P　N　R　G　P　D　V　V　V　D　E　S　C

277　tggagcgacctcgagttctgcaagaaaaccaggaactggtactgctacggcaaggcgacggcggagcaggcggcg
　　　W　S　D　L　E　F　C　K　K　T　R　N　W　Y　C　Y　G　K　A　T　A　E　Q　A　A

352　tgggacgcggcgcggcagcgcggcgtggacctggttgtggtgaacccggtgctggtgatcggcccgctgctgcag
　　　W　D　A　A　R　Q　R　G　V　D　L　V　V　V　N　P　V　L　V　I　G　P　L　L　Q

427　ccgacggtgaacgccagcatcacgcacatcctcaagtacctcgacggctcggccagcaagttcgccaacgccgtc
　　　P　T　V　N　A　S　I　T　H　I　L　K　Y　L　D　G　S　A　S　K　F　A　N　A　V

502　caggcctacgtcgacgtccgcgacgtcgccgacgcgcacctccgcgtcttcgaggcccccgccgcctccggccgc
　　　Q　A　Y　V　D　V　R　D　V　A　D　A　H　L　R　V　F　E　A　P　A　A　S　G　R

577　tacctctgcgccgagcgcgtcctccaccgcgaggacgtcgtccgcatcctcgccaagctcttccccgagtacccc
　　　Y　L　C　A　E　R　V　L　H　R　E　D　V　V　R　I　L　A　K　L　F　P　E　Y　P

652　gtcccccaccaggtgctccgacgagaagaacccgcggaagcagccgtacaagatgtcgaaccagaagctccgggac
　　　V　P　T　R　C　S　D　E　K　N　P　R　K　Q　P　Y　K　M　S　N　Q　K　L　R　D

727　atcgggctcgagttccggccggtgaaccagtcgctgtacgagacggtgaagagcctccaggagaaaggccaccg
　　　I　G　L　E　F　R　P　V　N　Q　S　L　Y　E　T　V　K　S　L　Q　E　K　G　H　L

802　ccggtgctccacgagcagccggagccgaagaaggaggctcccgccaccgagttgcagggtggtattgccatccga
　　　P　V　L　H　E　Q　P　E　P　K　K　E　A　P　A　T　E　L　Q　G　G　I　A　I　R

877　gcgtga 882
　　　A　*

GGAAGAAATCATAAGAAAAGCAAGCGGTGTCATACTGTACTGTCCTGTAACCTAGTGTTTGCTGGGTGTCATCCAAGCTG
TATAAAAAAAAAAAAAAAAAAA TGAGCCATCGATACCGTGGTC ATCGTCGACTGCAGCATGCAGCTCGTATCATGGTCATAG

图 2-46　*CCR* 基因全长核酸序列

（五）结论

通过 RACE 技术，最终获得 1 条 *CCR* 基因 cDNA 全长序列，该序列长度为 1042bp，包含完整的编码序列（CDS），编码序列长度为 756bp，编码 251 个氨基酸，命名为 *NaCCR*，其注册号为 JQ669677。

七、慈竹木质素关键酶基因组织表达分析

（一）材料与方法

1. 材料

以四川省绵阳市西南科技大学校内田间生长的成熟慈竹为材料，于 2011 年 8 月 28 日分别取未展开叶，展开叶，笋（笋高为 70cm，横截面直径 3cm）的上部、中部、下部（图 2-47），茎（茎长为 55cm，横截面直径 0.9cm）的上部、中部、下部（图 2-48）。将上述组织切成小块，分别置液氮中暂时保存，放于 –80℃超低温冰柜长期保存。

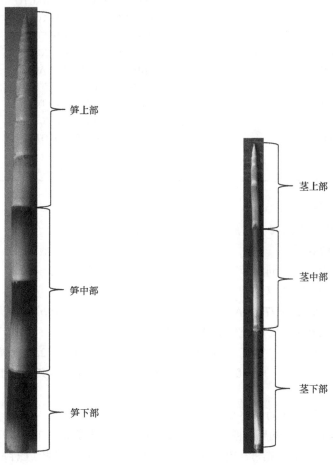

图 2-47　慈竹笋（另见图版）　　　　图 2-48　慈竹茎（另见图版）

2. 主要试剂

LA-*Taq* DNA 聚合酶、Reverse Transcriptiase M-MLV（反转录酶）均购自 TaKaRa 公司，RNA prep pure 植物总 RNA 提取试剂盒购自天根生化科技（北京）有限公司。

3. 方法

（1）半定量 RT-PCR 的引物

根据克隆得到的慈竹 *Na4CL*（GenBank 登录号为 EU327341）、*NaCCoAOMT*（GenBank 登录号为 JF742462）、*NaCOMT*（GenBank 登录号为 *JN837484*）、*NaC4H*（GenBank 登录号为 JN571418）、*NaC3H*（GenBank 登录号为 JF693629）基因的 3′序列，利用 Primer Premier 5.0 软件分别设计其半定量 RT-PCR 引物；根据慈竹持家基因 *Tublin* 序列设计 RT-PCR 内参引物（表 2-16）。引物由生工生物工程（上海）股份有限公司合成。

表 2-16　RT-PCR 引物设计

引物名称	引物序列（5′→3′）
Na4CL F	TAGGACAGGGCTATGGGATG
Na4CL R	ATGCAAATCTCCCCTGACTG
NaCOMT F	GACGCTGCTCAAGAACTGCTAT
NaCOMT R	CGATGGATCGATCTACTTGATG
NaCCoAOMT1 F	GTCACCGCCAAGCACCCAT
NaCCoAOMT1 R	AGAGCGTGTTGTCGTAGCC
NaC3H F	GAGATGGACCGTGTTGTTGG
NaC3H R	TGTTCGTGCTGGCCTTGTG
NaC4H F	CATCCTCGGCATCACCATC
NaC4H R	CAAGCCCTGCTCAGTGTTCT
Tublin F	AACATGTTGCCTGAGGTTCC
Tublin R	GTTCTTGGCATCCCACATCT

（2）RNA 的提取

总 RNA 的提取方法同本节慈竹 *4CL* 基因保守区扩增。

（3）cDNA 的合成

cDNA 链的合成方法同本节慈竹 *4CL* 基因保守区扩增。

（4）半定量 RT-PCR 程序

Na4CL、*NaCCoAOMT1*、*NaCOMT*、*NaC3H*、*NaC4H*、*Tublin* 基因的 RT-PCR 扩增反应体系都为 20μL，反应程序如下：①95℃　3min（预变性）；②95℃　30s（变性）；③58℃　30s（退火）；④72℃　90s（延伸）；循环②～④，25 个循环（*Na4CL*、*NaCCoAOMT1*、*NaCOMT*），30 个循环（*NaC3H*、*NaC4H*）；⑤72℃　10min（延伸）；⑥4℃　保持（结束）。

（5）半定量 RT-PCR 的电泳检测

PCR 扩增产物在 1.0% 的琼脂糖凝胶中电泳（缓冲液为 0.5×TBE）。首先，*Tublin* 基因的 PCR 产物以相同上样量电泳，根据每次电泳条带亮度的强弱调 *Tublin* 基因的上样量，使得其电泳条带亮度达到同一亮度，记录此时各组织 PCR 产物各自的上样量。然后，以各组织同一水平使用

的上样量对 *Na4CL*、*NaCCoAOMT1*、*NaCOMT*、*NaC3H*、*NaC4H* 基因进行电泳分析。

（二）结果分析

Na4CL 基因在笋上部和茎上部表达量最高，在未展开叶、笋中部和茎中部表达量次之，在完全展开叶、笋下部和茎下部表达量最弱。这表明慈竹 *Na4CL* 基因主要在笋上部和茎上部表达（图 2-49）。

NaCCoAOMT1 基因在未展开叶、笋上部和中部、茎的上部和中部的表达量较高，在完全展开叶、笋下部和茎下部的表达量较低，尤其是在茎下部的表达量更低，表明 *NaCCoAOMT1* 基因的表达主要在较幼嫩的组织。在茎上部和中部间的表达量、笋上部和中部间的表达量差异不明显（图 2-49）。

NaCOMT 基因在未展开叶、完全展开叶、笋的中部和茎的中部表达量较高，而在笋的上部和下部、茎的上部和下部的表达量较弱（图 2-49）。

NaC3H 基因在笋中部和笋下部、茎上部和中部及下部的表达量，明显高于在未展开叶、完全展开叶和笋上部的表达量，表明 *NaC3H* 基因主要在茎和笋中表达，而且在茎不同部位的表达没有明显差异（图 2-49）。

NaC4H 基因在未展开叶、完全展开叶、笋中部和下部、茎中部和下部的表达量较高，且差异不明显，而在笋上部和茎上部的表达量相对较弱（图 2-49）。

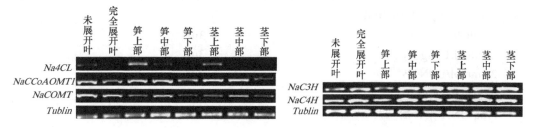

图 2-49　*Na4CL*、*NaCCoAOMT1*、*NaCOMT*、*NaC3H*、*NaC4H* 基因的半定量 RT-PCR 结果

第四节　慈竹木质素关键酶 *4CL* 基因功能验证

利用 RACE 技术首次克隆到慈竹的 *4CL* 全长 cDNA 序列（Genbank：EU327341），而该基因的功能和调控研究尚未见报道。RNAi 是普遍存在于动物界和植物界的一种防御反应。运用 RNAi 来诱导基因表达的沉默已成为研究基因功能的强有力工具。本研究通过将慈竹的 *4CL* 基因（*Na4CL*）与其他植物的 *4CL* 基因序列比对，设计引物从慈竹 cDNA 中扩增其中约 600bp 的保守区片段，利用 pSK-int 中间载体构建该基因的 shRNA 表达载体，并转化模式植物烟草，研究 *4CL* 基因下调后对烟草木质素生物合成的效应和功能，为造纸用竹的遗传改良奠定基础。

一、慈竹 *4CL* 基因 RNAi 表达载体的构建

（一）材料

慈竹幼笋（采自四川农业大学成都竹园，液氮速冻后于–80℃超低温冰柜保存），

pMD19-T 载体、大肠杆菌 DH5α 菌株、pSK-int 质粒、pBI121 质粒由本实验保存。

（二）试验方法

1. 总 RNA 的提取和慈竹 cDNA 的合成

慈竹幼笋总 RNA 的提取与 cDNA 链的合成方法同本节慈竹 *4CL* 基因保守区扩增。

2. 慈竹 *4CL* 基因 RNAi 目标片段的扩增

（1）引物设计

根据 *Na4CL*（Genbank：EU327341）全长 cDNA 序列分析，和 pSK-int、pBI121 常用酶切位点分析，选定 *Na4CL* 的 cDNA 序列的 660～1264 共 605bp 为目标序列，利用 Primer Premier 5.0 设计带相应酶切位点的引物 P1F/P1R 和 P2F/P2R，分别扩增 *4CL* RNAi 的 1 号和 2 号片段，引物序列如下。P1F（*Hind* Ⅲ）:5′-AAGCTTGTGGATGGGGAGAACCC GAACC-3′。P1R（*Apa* Ⅰ/*Bam*H Ⅰ）:5′-GGGCCCGGATCCGCCAGCCGTCCTTGTCAATGG-3′。P2F（*Eco*R Ⅰ）:5′-GAATTCGTGGATGGGGAGAACCCGAACC-3′。P2R（*Sac* Ⅰ）:5′-GAG CTCGCCAGCCGTCCTTGTCAATGG-3′。

（2）*4CL* 基因 RNAi 目的片段的 PCR 扩增

以反转录生成的 cDNA 作为模板，在 PTC-200 PCR 自动扩增仪上扩增 *Na4CL* 基因目标片段，反应体系为 30μL。

10×PCR buffer	3μL
25mmol/L MgCl₂	3μL
2.5mmol/L dNTP	2μL
模板（cDNA）	1μL
rTaq DNA 聚合酶	1μL
P1F/ P1R（P2F/ P2R）	各 1μL
无菌水	18μL

PCR 扩增反应条件为：①95℃初变性 3min；②95℃变性 30s；③55℃退火 30s；④2℃延伸 50s；循环②～④，共 35 个循环；⑤72℃延伸 10min，结束。

（3）慈竹 *4CL* 基因 RNAi 目标片段的克隆与测序

将 1 号和 2 号 PCR 扩增反应产物经 1%琼脂糖凝胶电泳（缓冲液为 1×TAE，电压为100V）检测产物，在紫外灯下分别切下所需的片段，按胶回收试剂盒（Omega Bio-tec 公司）提供的操作步骤进行目的片段的回收。将回收产物点样 2μL 进行琼脂糖凝胶电泳，检测回收产物的浓度，分别按照摩尔比 4∶1 的比例与克隆载体 pMD19-T 载体在 PCR 仪中 16℃连接过夜，然后进行转化、阳性克隆的筛选、质粒提取和酶切验证、序列测定及分析。

3. 中间表达载体 pSK-*4CL*-RNAi 的构建

（1）pSK-*4CL* 重组质粒的构建

用 *Eco*R Ⅰ/*Sac* Ⅰ 对 pMD19-2 和 pSK-int（图 2-50）进行双酶切，电泳检测酶切产物

并切胶回收相应目的片段和载体片段，将回收的 2 号片段和线性的 pSK-int 质粒进行定向连接，连接产物转化大肠杆菌感受态，涂布于含有 100μg/mL 氨苄青霉素（Amp⁺）的 LB 平板上，进行阳性克隆的筛选。阳性克隆经过质粒双酶切验证后命名为 pSK-*4CL*。

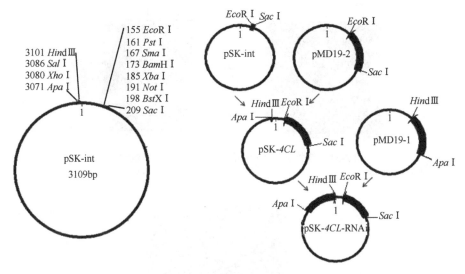

图 2-50　中间载体 pSK-int 环形质粒及 pSK-*4CL*-RNAi 构建

（2）中间表达载体 pSK-*4CL*-RNAi 的构建

用 *Hind* Ⅲ/*Apa* Ⅰ双酶切 pSK-*4CL* 和 pMD19-1，回收酶切产物进行定向连接并转化，对阳性克隆进行质粒 PCR 和双酶切验证得到带有正反向重复 *Na4CL* 目标片段的载体，命名为 pSK-*4CL*-RNAi。pSK-*4CL*-RNAi 构建示意图见图 2-50。

4. 植物表达载体 pBI-*4CL*-RNAi 的构建

用 *Sac* Ⅰ和 *Bam*H Ⅰ分别对 pBI121 和 pSK-*4CL*-RNAi 进行双酶切，电泳检测并回收酶切产物进行定向连接并转化，涂布于含有 100μg/mL 卡那霉素的 LB 平板上筛选阳性克隆子，对阳性克隆进行质粒 PCR 和双酶切鉴定，正确的阳性克隆标记为 pBI-*4CL*-RNAi。

（三）结果与分析

1. 慈竹总 RNA 的提取和 *4CL* 基因 RNAi 目标片段的扩增

通过 Trizol 一步法，得到了高质量的慈竹幼笋总 RNA，用琼脂糖凝胶电泳检测发现降解较少（图 2-51A），经紫外分光光度计测定，总 RNA 的 OD_{260}/OD_{280} 值为 1.8～2.0。以该 RNA 反转录获得的 cDNA 为模板，用引物 P1F/ P1R 和 P2F/ P2R 分别扩增并获得了 *4CL* 基因目标片段，电泳检测扩增产物为 600bp 左右，与预期大小相符（图 2-51B）。

2. 慈竹 *4CL* 基因 RNAi 目标片段的克隆

将 PCR 扩增得到的带有不同酶切位点的目标片段回收后与克隆载体 pMD19-T 载体连接，获得重组质粒 pMD19-*4CL*（pMD19-1 和 pMD19-2）。以引物 P1F/P1R 和 P2F/P2R 分别对阳性克隆进行菌液 PCR 鉴定，电泳检测 PCR 产物，在 600bp 左右出现特异目标条带，提取质粒进行相应双酶切验证，1～3 号克隆的质粒酶切后均出现相应载体条带和约 600bp 目的条带，大小与预期一致，4 号克隆酶切后片段大小不正确，为假阳性（图 2-52）。

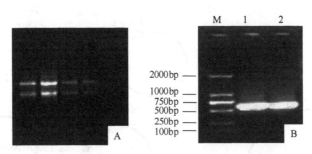

图 2-51　慈竹总 RNA 提取及目的片段 PCR 电泳图

M. DL2000 DNA marker；1. 1 号 PCR 产物（P1F/ P1R）；2. 2 号 PCR 产物（P2F/ P2R）

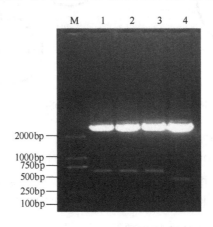

图 2-52　pMD19-*4CL* 电泳图

M. DL2000 DNA marker

3. 慈竹 *4CL* 基因 RNAi 目标片段的序列分析

将连有目标片段的重组质粒 pMD19-1 和 pMD19-2 送交上海英骏生物技术有限公司进行全序列测序，利用 DNAMAN 软件对测序结果进行序列分析。测序结果表明，克隆的序列在核苷酸序列上与 GenBank 登录的慈竹 *4CL* 基因（EU327341）600～1264bp 只有 5 个碱基的差别，同源性达 99%，可以确定克隆到的片段是慈竹 *4CL* 基因的一部分（图 2-53）。

利用 DNAMAN 软件将扩增片段与 GenBank 中发表的三条烟草 Nt4CL 基因（*Nt4CL*、*Nt4CL1*、*Nt4CL2*）进行多重比对，同源性达 84.08%，故可以选用烟草作为该 600bp 片段构建的 RNAi 载体的表达植物，多重比对结果如图 2-53 所示。

4. 中间表达载体 pSK-*4CL*-RNAi 的构建与鉴定

本研究采用在目标片段 3′端和 5′端分别引入不同酶切位点，将目标片段分别以正反向插入到 pSK-int 中间载体中约 200bp 的 intron 两端的多克隆位点处，获得带有正反向重复序列的 pSK-*4CL*-RNAi 中间表达载体，再将构建好的含正反向目的片段和 intron 的约 1.4kb 的酶切片段一起插入到 pBI121，构建 RNAi 植物双元表达载体，用于植物转化（图 2-54）。

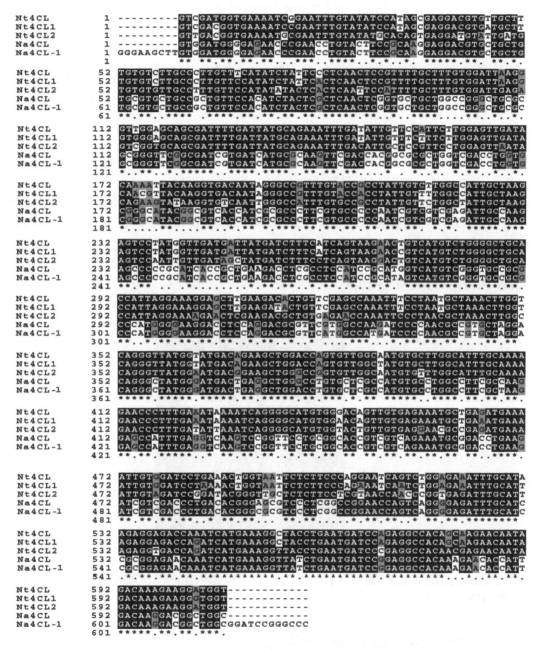

图 2-53　慈竹 *4CL* 基因 RNAi 干涉片段和烟草 *4CL* 多重比对

烟草 *4CL* 基因（GenBank：D43773，U50845，U50846）；*Na4CL* 是慈竹 *4CL* 基因（GenBank：EU327341）；*Na4CL*-1 是本实验克隆的 RNAi 的目标片段（P1F/ P1R）；"＊"表示保守氨基酸；"·"表示非保守的替换

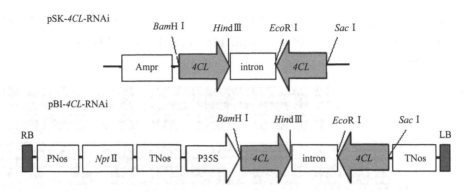

图 2-54　慈竹 *4CL* 基因 RNAi 中间表达载体和植物双元表达载体图

　　用 *Sac* I 和 *Eco*R I 双酶切 pMD19-2，回收 600bp 酶切产物与相同酶切的中间载体 pSK-int 定向连接，使 *Na4CL* 目标片段插入到 pSK-int 载体 intron 的一端，载体命名为 pSK-*4CL*（图 2-50），经 *Sac* I 和 *Eco*R I 双酶切并电泳检测，得到载体条带和 600bp 目的 条带（图 2-55），将该 pSK-*4CL* 载体和 pMD19-1 质粒经 *Hind*III 和 *Apa* I 双酶切，回收该 600bp 目标片段反向插入到 pSK-int 载体 intron 的另一端，得到带有正反向重复 *Na4CL* 目标片段的载体 pSK-*4CL*-RNAi。经 *Sac* I 和 *Bam*H I 双酶切验证，得到约 1.4kb 的酶切 片段，与理论大小相符（图 2-55）。

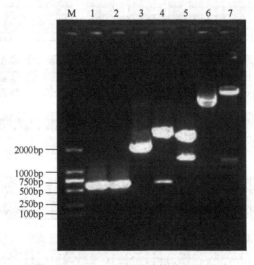

图 2-55　RNAi 表达载体构建电泳图谱

M. DL2000 DNA marker；1. PCR 产物（引物 P1F/P1R）；2. PCR 产物（引物 P2F/P2R）；3. pSK-int 质粒；4. *Eco*R I /*Sac* I 双酶切 pSK-*4CL*；5. *Sac* I /*Bam*H I 双酶切 pSK-*4CL*-RNAi；6. pBI121 质粒；7. *Sac* I /*Bam*H I 双酶切 pBI-*4CL*-RNAi

5. 植物表达载体 pBI-*4CL*-RNAi 的构建与鉴定

　　用 *Sac* I 和 *Bam*H I 双酶切中间表达载体 pSK-*4CL*-RNAi 和植物表达载体 pBI121，回收带有正反向重复 *Na4CL* 目标片段和载体定向连接，构建植物双元表达载体 pBI-*4CL*-RNAi。经 *Sac* I 和 *Bam*H I 双酶切验证，得到与预期一致的约 1.4kb 酶切片段，证明慈竹 *4CL* 基因 RNAi 植物双元表达载体构建成功（图 2-55）。

（四）结论

4CL 是木质素合成途径中的一个关键酶，在烟草、拟南芥、美洲山杨、毛白杨等植物中已实现基因调控木质素，而在竹类植物中未见报道。慈竹是西南地区主要的竹种，优良的纤维材料，降低其木质素含量具有巨大的经济效益和环境效益。本研究室克隆到慈竹 4CL 基因的 cDNA 序列，希望通过生物技术手段调控 4CL 基因的表达，实现竹种改良，而慈竹是大型丛生竹，组织培养再生体系的建立一直是一个难点，至今未见报道，其遗传转化和基因改良育种也因此受到限制。因此，本研究选择 Na4CL 基因 660～1264bp 位点 605bp 作为 RNAi 靶向序列，该片段是慈竹 Na4CL 基因保守区序列，经 DNAMAN 软件分析，该 604bp 序列的 GC 含量为 49.7%，将该片段与 GenBank 中发表的三条烟草 Nt4CL 基因进行多重比对，同源性达 84.08%，故可以选用烟草作为该片段构建的 RNAi 载体的表达植物，验证该 RNAi 载体的功能。本研究利用农杆菌介导法将 pBI-4CL-RNAi 表达载体导入模式植物烟草，得到一批 PCR 检测阳性的转基因植株，为该表达载体和该基因的功能验证，以及日后转入大型丛生竹的表达奠定了基础。

二、pBI-4CL-RNAi 转化烟草的研究

（一）试验材料

根癌农杆菌 EHA105（以下简称农杆菌 EHA105）、烟草烤烟品种 K326 无菌苗由本研究室保存，pBI-4CL-RNAi 质粒由本研究室构建，植物激素[激动素（kinetin，KT）、2,4-D 等]。

（二）试验方法

1. pBI-4CL-RNAi 质粒转化农杆菌 EHA105

（1）农杆菌 EHA105 感受态细胞的制备

1）取 -80℃保存的农杆菌 EHA105 甘油菌种在含 50mg/L 利福平的 YEB 平板上划线，28℃培养两天。

2）在超净台中挑取平板上的单菌落于 3mL 含 50mg/L 利福平的 YEB 液体培养基中，28℃水浴恒温振荡器培养两天。

3）用移液枪吸取 1mL 菌液放入 100mL 含 50mg/L 利福平的 YEB 液体培养基中扩大培养，28℃，150r/min 水浴恒温振荡，使 OD_{600} 值达 0.4～0.6。

4）将培养菌液在冰上放置 20min 后，4℃，4000r/min 离心 10min，彻底弃上清液。

5）加入 20mL 预冷的 0.1% $CaCl_2$（0.22μm 滤器过滤除菌）溶液，重悬菌体，冰浴 20min。

6）4℃，4000r/min 离心 10min，彻底弃上清液，用 4mL 含 15%甘油的 $CaCl_2$ 溶液重悬菌体，分装于预冷的 1.5mL 离心管中（100μL/管），液氮速冻后于 -80℃超低温冰柜中保存。

（2）冻融法转化农杆菌感受态

1）取 3μL 构建好的 pBI-4CL-RNAi 质粒于感受态细胞中，轻轻混匀后冰浴 30min。

2）放入液氮中处理 1min，37℃保温 5min。

3）加入 YEB 液体培养基 900μL，于 28℃恒温振荡器中振荡培养 4h（150r/min）。

4）低速瞬时离心收集菌体，弃 800μL 上清液后，重悬菌体，涂布于含有 50mg/L 利福平和 100mg/L 卡那霉素的 YEB 平板上，28℃培养两天。

（3）阳性克隆的筛选和鉴定

将平板上的单克隆划线并于含利福平和卡那霉素的 YEB 液体培养基中培养，取菌液作为模板，以 pBI-*4CL*-RNAi 质粒为阳性对照，未转化农杆菌为阴性对照，用特异引物 P1F/P1R 对转化子进行菌落 PCR 验证。

2. 叶盘法转化烟草

参照 Horsh 的叶盘法侵染烟草品种 K326。

3. 抗性再生植株的分化与生根筛选

将共培养两天的烟草叶片转至含有 75mg/L 的卡那霉素和 500mg/L 羧苄青霉素的 RMOP 诱导培养基[MS+维生素 B_1（vitamin B_1，VB_1）1mg/L+萘乙酸（naphthylacetic acid，NAA）0.1mg/L+6-苄氨基腺嘌呤（6-benzylaminopurine，6-BA）1mg/L +肌醇 100mg/L，蔗糖 30g/L，琼脂 7g/L，pH5.8]上，光照培养诱导再生植株，温度控制在 25℃左右。

抗性苗长至 3cm 左右，转至含有 75mg/L 的卡那霉素和 500mg/L 羧苄青霉素的生根培养基（MS，蔗糖 30g/L，琼脂 6g/L，pH5.8）中诱导生根。

待抗性苗长出强壮的根系，将苗取出培养室放自然光照和气温下炼苗 2～3 天，洗净根部琼脂后移栽至营养钵中，待苗适应土壤后带土移栽至大盆。

4. 转基因烟草植株的验证

（1）抗性苗叶片基因组 DNA 提取

采用常规方法。

（2）转基因烟草 *NPT II* 基因的 PCR 检测

设计并合成 *NPT II* 基因（卡那霉素）177～669bp 约 500bp 的引物，以烟草基因组 DNA 为模板，进行 PCR 扩增。引物序列如下。*NPT II*（F）：5′-TGAATGAACTGCAGGACGAG-3′。*NPT II*（R）：5′-AGCCAACGCTATGTCCTGAT-3′。

PCR 扩增反应体系如下。

10×PCR buffer	3μL
25mmol/L MgCl$_2$	3μL
2.5mmol/L dNTP	2μL
模板（菌液）	1μL
rTaq DNA 聚合酶	1μL
NPT II（R/F）	各 1μL
无菌水	18μL

PCR 扩增反应条件为：①95℃预变性 3min；②95℃变性 30s；③60℃退火 30s；④72℃延伸 50s；循环②～④，共 30 个循环；⑤72℃延伸 5min，结束。

5. 转基因烟草植株半定量 RT-PCR

烟草总 RNA 采用植物总 RNA 提取试剂盒提取，cDNA 的合成由 MBI（Fermentas）公司的 RevertAid First Strand cDNA Synthesis Kit 反转录试剂盒提供的试剂进行。以 cDNA 为模板，用烟草 *Actin* 和 *Na4CL1* 引物进行 PCR 扩增。将 *Actin* 亮度调为一致，再采用相同模板量进行烟草 *Na4CL1* 片段的扩增，并用琼脂糖凝胶电泳检测 PCR 产物。烟草 *Actin* 和 *Na4CL1* 引物序列如下。*Na4CL1*（F）：5'-ACCATAGCCACAATGCCAAT-3'。*Na4CL1*（R）：5'-CGTCAACATCACACCTTTCG-3'。*Actin*（F）：5'-TACAACGAGCTTCGTGTTGC-3'。*Actin*（R）：5'-TTGATCTTCATGCTGCTTGG-3'。

6. 组织化学染色

参照 Strivastava 方法进行转基因烟草植株茎部组织化学染色（Wiesner 反应）。选取根上 5cm 处茎部做徒手切片，将切片置载玻片上，用 2% 的间苯三酚溶液染色 2min，再用 50% 盐酸封片，用数码相机和显微镜拍照。

7. 转基因烟草植株木质素含量的测定

参考乙酰溴法测定转基因烟草植株的木质素含量，每个样品重复三次，并对数据进行显著性分析。

8. 转基因烟草植株 4CL 活性的测定

（1）粗酶液的提取

称取烟草植株叶片和茎 1g 于液氮中研磨成粉，加入 100mmol/L Tris·HCl 缓冲液（pH7.5，含 0.2% β-巯基乙醇）1mL，充分混匀后于冰上静置 30min，4℃ 12 000r/min 离心 30min，取上清液至新管中备用。

（2）4CL 活性测定

参照 Knobloch 的方法，取粗酶液进行转基因烟草植株叶片和茎部的 4CL 活性测定。反应体系如下。

10mmol/L 4-香豆酸	5μL
50 mmol/L ATP	12.5μL
25 mmol/L MgCl$_2$	25μL
6 mmol/L CoA	8.3μL
粗酶液	50μL

100mmol/L Tris·HCl 缓冲液补足体系至 250μL

将反应体系混匀后置 30℃ 水浴中反应 10min，加入 10μL 乙酸终止反应，测定 333nm 处吸光度。定义每 10min 在 333nm 处的吸光度变化 0.1 所需酶量为一个单位。计算酶活性，单位为 nkatal/mg。

（三）结果分析

1. pBI-*4CL*-RNAi 质粒转化农杆菌

以筛选培养基上的单克隆菌液作为模板，以 pBI-*4CL*-RNAi 质粒为阳性对照，未转化农杆菌菌液为阴性对照，用特异引物 P1F/P1R 对转化子进行菌液 PCR 验证。电泳检测 PCR 产物，在 600bp 处出现特异目的条带，未转化农杆菌没有该条带（图 2-56），证明 pBI-*4CL*-RNAi 质粒已经转入农杆菌中。

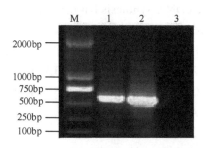

图 2-56　含 pBI-*4CL*-RNAi 质粒农杆菌的菌液 PCR 电泳图

M. DL2000 DNA marker；1. 农杆菌阳性克隆菌落 PCR；2. 阳性对照（pBI-*4CL*-RNAi 质粒 PCR）；3. 阴性对照（未转化农杆菌 PCR）

2. 转基因烟草 *NPT II* 基因的 PCR 检测

经农杆菌侵染后的烟草叶片在 20 天左右分化出芽点，一个月抗性苗长至 3cm 左右，转至生根培养基（图 2-57）。移栽成活后，进行阳性转基因植株检测。以叶片基因组 DNA 作模板，以 *NPT II*（F/R）引物进行 PCR 扩增和电泳检测，有 500bp 卡那霉素抗性目的条带的即为转基因阳性植株。从图 2-57D 可知，3～7 号均为阳性植株，与质粒阳性对照相同，在 500bp 处有与预期一致的特异性条带，而对照植株无特异条带，初步证明 pBI-*4CL*-RNAi 已整合到 3～7 号植株的基因组中。

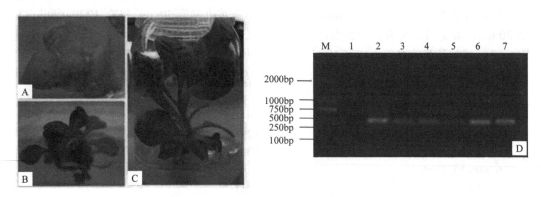

图 2-57　转基因烟草卡那霉素抗性株获得及 PCR 检测分析

A～C: 转基因烟草卡那霉素抗性株获得（另见图版）；D: M. DL2000 DNA marker；1. 阴性对照植株 PCR；2. 阳性对照（pBI-*4CL*-RNAi 质粒 PCR）；3～7. 卡那霉素抗性转基因烟草 PCR

3. 转基因烟草的半定量 RT-PCR

半定量 RT-PCR 的结果表明，与对照（CK）相比，5 号、7 号及 9～14 号烟草 *4CL1* 目的条带显著减弱，而 1 号和 8 号条带亮度却略高于对照，2 号、4 号稍减弱，3 号没有明显变化（图 2-58）。由此证明，pBI-*4CL*-RNAi 载体已经成功干涉了 5 号、7 号及 9～14 号烟草的内源 *4CL1* 基因的表达。

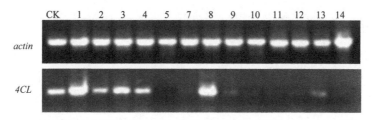

图 2-58　转基因烟草 *4CL1* 的半定量 RT-PCR 电泳图

4. 组织化学染色

在 Wiesner 反应中，间苯三酚对木质素中的醛类物质特异性染色，木质化的部位会被染成红色，红色的深浅可以粗略反映木质化部位的木质素含量。统一取根以上 5cm 的茎部切片进行 Wiesner 染色。结果表明，转基因植株和对照植株在相同高度的木质部均被染成红色，但红色深浅有明显区别，转基因植株染色较对照植株浅，且木质部范围也小于对照（图 2-59），可以粗略判断出转基因植株木质部木质素含量低于对照植株。

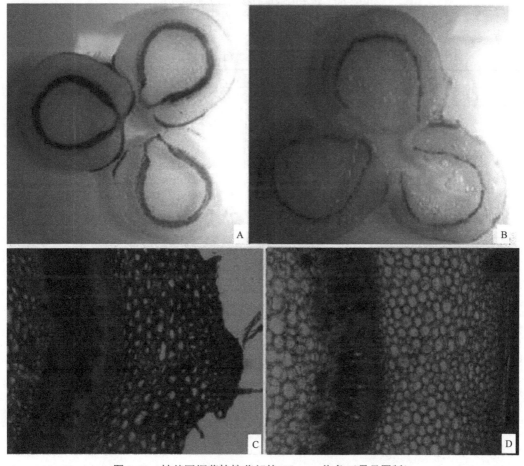

图 2-59　转基因烟草植株茎部的 Wiesner 染色（另见图版）
A. 对照植株茎部切片染色数码照片；B. 转基因植株茎部切片染色数码照片；C. 对照植株茎部切片染色显微镜照片；
D. 转基因植株茎部切片染色显微镜照片

5. 木质素含量的测定

转基因烟草植株移栽至盆中，生长 5 个月后，高度为 0.3～0.5m，外观形态、颜色和生物量与对照植株没有区别，并不影响其生长（图 2-60）。对转基因烟草和对照植株叶片和茎干进行木质素含量分析，结果见表 2-17。

图 2-60　转基因烟草的移栽（另见图版）
A. 移栽到营养体的转基因烟草；B. 移栽至大盆中的对照植株；C. 移栽至大盆中的转基因烟草

表 2-17　转基因烟草植株木质素含量和 4CL 活性显著性分析表

植株编号	木质素含量/%		4CL 活性/（nkatal/mg）	
	叶部	茎部	叶部	茎顶端
CK	11.54aA	18.28aA	9.90bB	4.31bcAB
1	11.21abAB	16.89abAB	9.78bB	3.92dC
2	9.37gEF	14.33defCD	5.95hF	3.50eD
3	10.15deCDE	13.97defCD	6.33hF	4.46abAB
4	10.30cdCD	15.48bcdBC	7.93fDE	4.13cdBC
5	9.51fgEF	16.62bcBC	9.44cB	3.39eDE
6	9.61efgDEF	13.80defCD	8.09efD	3.22efDEF
7	9.40gEF	13.68efD	7.45gE	2.99fFG
8	10.73bcBC	16.20bcBC	13.73aA	4.62aA
9	9.49fgEF	15.39cdeBCD	8.79dC	2.72gG
10	9.98defCDEF	15.28cdBCD	8.09efD	3.08fEF
11	9.22gF	13.11fD	8.41deCD	2.70gG
12	9.77defgDEF	14.96cdeBCD	6.29hF	3.46eD
13	9.98defCDEF	18.28bcBC	10.02bB	3.45eD
14	10.07deCDE	15.48bcdBCD	9.45cB	2.65gG

注：小写字母代表 0.05 差异显著水平；大写字母代表 0.01 差异显著水平

转基因植株的茎部木质素和叶部木质素含量均略小于对照植株，除 1 号转基因植株与对照植株在 0.05 和 0.01 水平上无显著性差异外，其他转基因植株与对照植株的差异均达到显著性。茎部木质素含量的降低幅度为 7.6%～28.3%（图 2-61），叶部木质素含量的降低幅度为 2.9%～20.1%（图 2-62）。木质素含量降低最多的是 11 号植株，茎部和叶部木质素含量的降幅均最高，茎部木质素含量降低了 28.3%，叶部木质素含量降低了 20.1%。

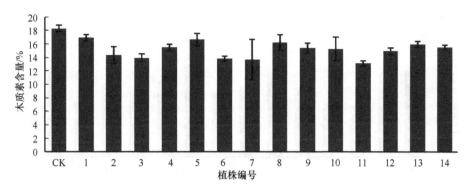

图 2-61　转基因烟草茎部木质素含量

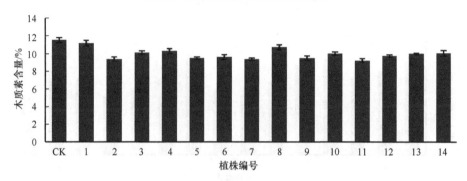

图 2-62　转基因烟草叶部木质素含量

6. 转基因烟草 4CL 活性测定

由表 2-17、图 2-63 和图 2-64 可知，除 3 号和 8 号植株茎部 4CL 活性高于 CK 外，其他转基因植株均小于对照植株；而 3 号和 8 号植株均与对照植株在 0.01 水平上无显著性差异。在 4CL 活性降低的转基因植株中，4 号植株与 CK 无显著性差异，其他均有显著性差异，降低幅度为 9.0%～38.5%。降低最多的是 14 号（2.65nkatal/mg），比对照植株（4.31nkatal/mg）下降 38.5%。

除 8 号转基因植株叶部 4CL 活性显著大于对照植株以外，13 号转基因植株也略大于对照植株，但差异不显著，其他转基因植株叶部 4CL 活性均小于 CK，除 1 号转基因植株外，其他均达到显著性水平。叶部 4CL 活性降幅为 1.2%～39.9%，下降最多的是 2 号，比对照降低了 39.9%；其次是 12 号，降低了 36.5%。

综上所述，通过 RNAi 技术抑制慈竹 4CL 基因在烟草中的表达，对烟草的 4CL 活性普遍具有下调作用，对烟草茎部和叶部木质素含量均有明显下调作用。

（四）讨论与结论

慈竹是西南地区主要的竹种，纤维素含量较高，是优良的造纸材料，但是在造纸工业中为脱除木质素需加入大量强酸、强碱，造成资源耗费的同时加重了环境污染，降低其木质素含量具有巨大的经济效益和环境效益。本研究在克隆到慈竹 Na4CL 基因的全长 cDNA 序列的基础上，构建其 RNAi 载体，希望通过 RNAi 技术调控 4CL 基因的表达，

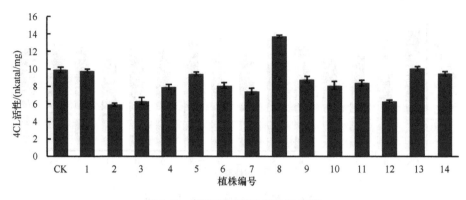

图 2-63　转基因烟草叶部 4CL 活性

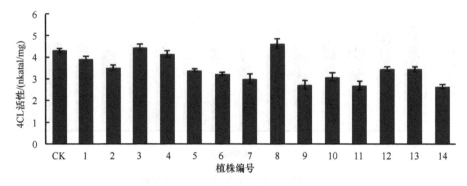

图 2-64　转基因烟草茎部 4CL 活性

获得木质素含量降低或成分改变易于去除木质素的转基因植株，为竹种改良奠定基础。但慈竹是大型丛生竹，组织培养再生体系的建立一直是一个难点，至今未见报道，其遗传转化和基因改良育种也受到限制。本研究在探索梁山慈竹的遗传转化的同时，将该 RNAi 载体转化模式植物烟草。研究中选用的 RNAi 目的片段是 *Na4CL* 基因 600～1264bp 位点约 600bp 保守区序列，利用 DNAMAN 软件将该片段与 GenBank 中发表的三条烟草 *Nt4CL* 基因进行多重比对，同源性达 84.08%，故从理论上可以选用烟草作为该 600bp 片段构建的 RNAi 载体的表达植物，验证该 RNAi 载体的功能，为该载体转入竹中做前期准备。

在以往 *4CL* 基因调控研究中，多采用反义 RNA 技术，已在多种植物中得到木质素含量降低的转基因植株。赵艳玲（2003）将从刺槐中克隆的定位于形成层表达的 GRP1.8 启动子与毛白杨 *4CL1* 基因连接构建 GRP1.8-anti-*4CL1* 融合基因导入烟草植物，转基因烟草的木质素含量较对照平均降低了 13.7%。李金花（2005）采用叶盘法农杆菌遗传转化杨树，获得的转基因杨树木质部中木质素含量降低 10%～40%，*4CL* 活性降低了 10%～50%，且转基因植株的形态和生长发育未见异常。Lee 等（1997）采用反义技术获得 *4CL* 基因下调的转基因拟南芥，其木质素含量下降 30%，*4CL* 活性降低了 50%～92%。

本研究采用 RNAi 技术将融合 35S 启动子和慈竹 *4CL* 基因 600～1264bp 干涉片段的 RNAi 双元表达载体利用农杆菌介导法转化烟草，并得到 14 株 PCR 阳性转基因植株。对转基因烟草木质素含量、4CL 活性、组织化学染色的一系列研究表明，转基因植株的木质素有显著降低，茎木质素含量较对照降低高达 28.3%，叶木质素含量下降高达 20.1%；茎 4CL 活性降低最高达 38.5%，叶 4CL 活性降低最高达到 39.9%。木质素含量和 4CL 活性的下降幅度接近于 4CL 相关文献报道的下降幅度，获得了较好的干涉效果。

对转基因烟草半定量 RT-PCR 研究表明，并非所有植株的 4CL1 都被干涉掉，且干涉效果也有差异。由于烟草 4CL 为家族基因，本研究只对 4CL1 作了半定量分析，未研究 4CL2、4CL3 的变化，本研究中的慈竹 4CL RNAi 片段在烟草体内对哪一个 4CL 基因干涉作用最大，目前尚不清楚，有待进一步深入研究。

木质素含量降低最多的转基因植株并非是 4CL 活性降低最低的，可见木质素含量和 4CL 活性并不表现出一一对应的关系。因为植物木质素生物合成是一个多基因调控的复杂代谢网络，下调其中某个基因的表达时，可能会引起合成途径中的其他基因的补偿效应。

第五节　慈竹 4CL 基因农杆菌遗传转化梁山慈竹的研究

竹类植物在分子标记（Dong et al.，2011b；Tang et al.，2010）、功能基因的分离与鉴定（Zhou et al.，2011）等方面研究取得了一定的进展，但仍滞后于如水稻、玉米、小麦等禾本科农作物。由于竹子本身很难开花的特殊生物学特性，限制了竹子遗传改良进程。近年来在调控木质素合成酶基因克隆（金顺玉等，2010；胡尚连等，2009）、纤维素合成酶基因克隆（张智俊等，2010；杜亮亮等，2010）等方面的研究取得了一定的进展，但仍未见遗传转化竹的相关报道。梁山慈竹（Dendrocalamus farinosus）为竹亚科牡竹属植物，是四川省本土大型丛生竹种之一，耐寒性较强，是优质高产纸浆用材的原料，具有较好的水土保持作用，能够明显地减少地表径流和泥沙侵蚀。长期以来对梁山慈竹的研究主要集中在竹材解剖研究（方伟等，1998）、退耕还林中的水土保持效应研究（笪志祥等，2007）、纤维及造纸性能研究（张喜，1995）、遗传多样性（蒋瑶等，2008）及愈伤组织诱导与植株再生（Hu et al.，2011）等方面，而遗传转化方面的研究至今尚未见报道，这也严重制约了基因工程在竹遗传改良方面的应用。本研究室采用 RACE 技术已克隆到慈竹（Neosinocalamus affinis）的 4CL 全长 cDNA 序列（GenBank：EU327341）（胡尚连等，2009），并已构建好具有降低木质素含量的 PBI121-4CL-RNAi 表达载体（周建英等，2010），同时也建立了梁山慈竹愈伤组织培养与植株再生体系（Hu et al.，2011），为本书研究奠定了良好的基础。鉴于此，本书以梁山慈竹种子成熟胚的愈伤组织为材料，采用农杆菌介导法将构建好的 PBI121-4CL-RNAi 表达载体导入梁山慈竹愈伤组织，通过研究影响梁山慈竹遗传转化的因素，建立农杆菌遗传转化梁山慈竹的方法，获得转基因植株，为梁山慈竹遗传转化研究奠定基础，为竹功能基因组学研究提供一个研究平台。

一、材料与方法

（一）植物材料

以梁山慈竹两种类型的成熟胚愈伤组织（第一种类型为淡黄色、颗粒状、疏松易碎的胚性愈伤组织；第二种类型为有绿色芽点的颗粒状胚性愈伤组织）作为转化受体。

（二）主要培养基

用于梁山慈竹愈伤组织侵染的培养基：基本培养基为改良的愈伤组织诱导培养基（MS2）（Hu et al., 2011），侵染培养基由液体 MS2、稀释后的农杆菌菌液和 100μmol/L 的乙酰丁香酮组成。

共培养的培养基：由固体 MS2 培养基和 100μmol/L 的乙酰丁香酮组成。

抗性筛选培养基：由固体 MS2、55mg/L 卡那霉素和 500mg/L 羧苄青霉素组成，筛选 30 天后，抗性愈伤组织转接到固体 MS2+300mg/L 羧苄青霉素的继代培养基上。

芽诱导培养基：当抗性愈伤组织分化出绿色芽点时，将其转接到用于诱导芽分化的固体培养基（MA1）（Hu et al., 2011）上，同时加入 300mg/L 羧苄青霉素。

生根培养基：当芽长到 3～5cm 高时，将其转接到含 100mg/L 羧苄青霉素的生根培养基（Hu et al., 2011）上，进行根的诱导。

（三）根癌农杆菌菌株及质粒

农杆菌菌株 EHA105，采用冻融法，将周建英等（2010）构建好的 PBI121-*4CL*-RNAi 质粒转化农杆菌 EHA105，该质粒携带 *4CL* 基因和抗卡那霉素的 *NPT Ⅱ* 选择基因。

（四）农杆菌的活化

挑取已转入 pBI121-*4CL*-RNAi 质粒的农杆菌，在含有 50mg/L 利福平和 100mg/L 卡那霉素的 LB 平板上划线，在 28℃培养箱中培养两天，挑单菌于 3mL 摇菌管中，28℃摇动培养两天，以菌液为模板，采用周建英（2010）设计的引物，在 PTC-200 PCR 自动扩增仪上分别扩增正向 *Na4CL*-F 和反向 *Na4CL*-R 基因目标片段约 600bp（图 2-65），电泳验证正确的菌液保存备用。

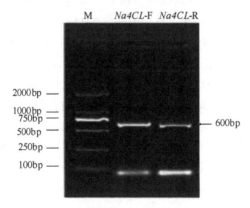

图 2-65　pBI121-*4CL*-RNAi 农杆菌菌液 PCR 验证

M. DL 2000 DNA marker

（五）农杆菌介导的遗传转化梁山慈竹愈伤组织的方法

1. 卡那霉素抗性筛选浓度的确定

将梁山慈竹第一种类型的愈伤组织接种在含 15mg/L、35mg/L、55mg/L、75mg/L、

100mg/L 卡那霉素的 MS2 培养基上，共 5 个处理，每个处理三次重复，每次 30～40 块愈伤组织。30 天后统计愈伤组织褐化率，以确定抗性筛选时卡那霉素的使用浓度。经试验，卡那霉素以 55mg/L 为宜。

2. 外植体的筛选

用含有 PBI121-*4CL*-RNAi 质粒的农杆菌遗传转化两种不同类型的愈伤组织，在 MS2+55mg/L 卡那霉素+500mg/L 羧苄青霉素的固体培养基上筛选 30 天后，观察并统计其褐化率，选择适宜的转化受体。

3. 预培养时间的确定

以预培养 0 天、4 天、8 天、15 天的第一种类型的愈伤组织作为受体材料，在 OD_{600}=0.2 的菌液中，110r/min、28℃的条件下侵染 20min，然后接种在表面加有一层无菌滤纸的共培养基上，25℃黑暗培养两天。再将其置于 MS2+55mg/L 卡那霉素+500mg/L 羧苄青霉素的固体培养基上，共 4 个处理，每个处理三次重复，每次 30～40 块愈伤组织。筛选培养 30 天，观察并统计愈伤组织褐化率，选择合适的预培养时间。

4. 农杆菌菌液浓度与侵染时间的确定

将已确定较适宜预培养天数的第一种类型愈伤组织，分别在 OD_{600} 值为 0.05、0.20、0.50 的菌液中和 110r/min、28℃的条件下侵染 10min、20min、30min，然后将其接种在表面加有一层无菌滤纸的共培养基上，25℃黑暗培养两天，再将其置于 MS2+55mg/L 卡那霉素+500mg/L 羧苄青霉素的固体培养基上，每个处理三次重复，每次 30～40 块愈伤组织。筛选培养 30 天，观察并统计愈伤组织褐化率，确定抗性愈伤组织获得率较高的组合。

5. 共培养时间、温度及方式的确定

将已确定较适宜预培养天数的第一种类型愈伤组织，分别在 OD_{600} 值为 0.05、0.2、0.5 的菌液中和 110r/min、28℃的条件下侵染 20min 后，分别在 25℃、28℃条件下，将其接种在表面加有一层无菌滤纸和不加的共培养基上，分别黑暗培养 2 天、3 天，然后将其置于 MS2+55mg/L 卡那霉素+500mg/L 羧苄青霉素的固体培养基上，每个处理三次重复，每次 30～40 块愈伤组织。抗性筛选 30 天，确定最佳共培养时间、温度和方式。

6. 抗性愈伤组织筛选与植株再生

共培养结束后，将愈伤组织转接到抗性筛选培养基上，然后将筛选 30 天的抗性愈伤组织转入含有 300mg/L 卡那霉素的 MS2 培养基上继代培养，每 2～3 周继代一次，将培养至泛绿的愈伤组织转接到芽诱导分化培养基上，待芽长至 3～5cm 后，将其转接到生根培养基上。

（六）PCR 与 RT-PCR 检测

以筛选培养两个月的抗性愈伤组织及其抗性植株为材料，分别在液氮中迅速研磨后，采用 TIANGEN 试剂盒分别提取 DNA 和 RNA。扩增 *NPTII* 全长引物序列 F: AGAGGCTAT

TCGGCTATGACTG；R：ACTCGTCAAGAAGGCGATAGAA。扩增 *4CL* 基因引物序列为F：TAGGACAGGGCTATGGGATG；R：ATGCAAATCTCCCCTGACTG。扩增 *Tublin* 内参基因引物序列 F：AACATGTTGCCTGAGGTTCC；R：GTTCTTGGCATCCCACATCT。序列由生工生物工程（上海）股份有限公司合成。

NPT II PCR 检测：PCR 扩增体系为 20μL。反应程序为：95℃预变性 3min；95℃变性 30s，65℃退火 30s，72℃延伸 50s，35 个循环；72℃延伸 5min。取 PCR 产物 5μL 在 1%琼脂糖凝胶上进行电泳检测。

RT-PCR 检测：选择已导入 *4CL* 基因的愈伤组织和植株的 RNA 为模板，由 TaKaRa 公司的 Reverse Transcriptase M-MLV（RNase H⁻）反转录试剂盒提供的试剂，进行 cDNA 合成反应，然后通过 Bio-Rad 公司的 PTC-200 PCR 自动扩增仪进行扩增，反应体系为 20μL，42℃保温 1.5h，70℃保温 15min，停止反转录反应，取出合成的 cDNA 产物，−20℃ 条件下保存。*4CL* 基因、*Tublin* 基因的 RT-PCR 扩增反应体系都为 20μL，取 2μL cDNA 模板，反应程序为：95℃ 3min；95℃ 30s，56℃ 30s，72℃ 45s，30 个循环；72℃ 10min。PCR 产物在 1%琼脂糖凝胶上进行电泳。

二、结果与分析

（一）卡那霉素抗性筛选浓度的确定

卡那霉素浓度的敏感性试验结果表明，随着浓度不断提高，没有转基因的梁山慈竹第一种类型愈伤组织表现出明显褐化现象，由表 2-18 可知，卡那霉素对梁山慈竹愈伤组织具有强烈的抑制作用，30 天后，在卡那霉素浓度为 55mg/L 的培养基上，愈伤组织的褐化率为 48%；卡那霉素浓度为 100mg/L 的培养基上，62%的愈伤组织褐化死亡。由于竹愈伤组织再生植株较难，因此，本研究以 55mg/L 的卡那霉素作为抗性筛选浓度。

表 2-18　卡那霉素对梁山慈竹第一种类型愈伤组织的作用

卡那霉素的浓度/（mg/L）	愈伤组织的褐化率/%
15	27（±3.65）
25	34（±2.95）
35	36（±3.17）
55	48（±2.18）
75	53（±0.31）
100	62（±4.37）

（二）外植体的筛选

在遗传转化过程中，受体材料的类型十分重要。用含有 PBI121-*4CL*-RNAi 质粒的农杆菌遗传转化两种不同类型的愈伤组织后，共培养 2～3 天，第二种类型的愈伤组织，虽然其抗性愈伤组织率为 50%，但是在诱导芽分化时，其易受农杆菌和抗生素的影响，大部分褐化死亡，不适合作转化受体；淡黄色、颗粒状和疏松易碎的愈伤组织在抗性培养基上筛选时，抗性愈伤组织获得率可达 90%。因此，第一种类型的愈伤组织是较好的遗传转化受体。

（三）外植体预培养时间对愈伤组织遗传转化的影响

在遗传转化过程中，受体材料的状态也很重要。选择淡黄色、颗粒状、疏松易碎、生长分裂旺盛的胚性愈伤组织作为转化受体材料。通过试验结果表明，以预培养 8 天、生长良好的愈伤组织为受体材料，更有利于遗传转化（图 2-66）。

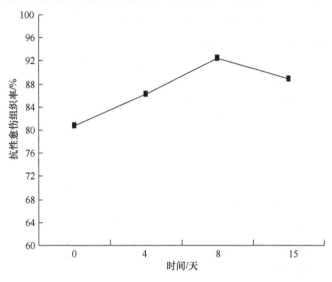

图 2-66　外植体预培养对遗传转化的影响

（四）农杆菌菌液浓度、侵染时间对愈伤组织遗传转化的影响

农杆菌接种侵染的过程是农杆菌侵入植物组织并吸附在植物细胞上的过程，侵染时间越久，农杆菌吸附在植物细胞上的数量也就越多。而在本研究中，菌液浓度过高、侵染时间过长，梁山慈竹抗性愈伤组织获得率呈降低趋势（图 2-67）。所以，对梁山慈竹愈伤组织侵染时，农杆菌浓度以 $OD_{600}=0.05$ 和 $OD_{600}=0.2$ 较为适宜，侵染时间为 20min。

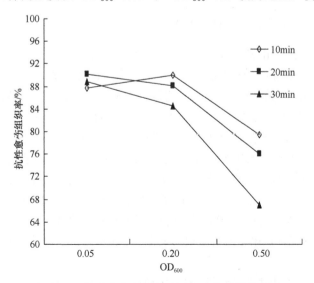

图 2-67　菌液浓度和侵染时间对遗传转化的影响

（五）共培养时间、温度及方式对愈伤组织遗传转化的影响

共培养时间的长短对遗传转化有着很大的影响。本研究表明，菌液浓度越高，共培养的时间越久，愈伤组织褐化越严重，抗性愈伤组织率也越低（图 2-68），且周围有农杆菌生长，没有褐化的愈伤组织表面呈暗黄色。侵染后的愈伤组织分别在 25℃、28℃ 条件下共培养时，愈伤组织褐化程度较低的共培养温度是 25℃，且在共培养基表面加一层无菌滤纸，能有效抑制农杆菌的生长和减少愈伤组织的褐化。在共培养 2 天时，OD_{600}=0.05 侵染愈伤组织 20min 时，可获得较高的抗性愈伤组织率（90%）。在共培养 3 天时，随菌液浓度的增加，抗性愈伤组织率也在降低。通过对影响抗性愈伤组织率的共培养时间、温度及方式的研究，认为以较低菌液浓度 OD_{600}=0.05 侵染的愈伤组织，并在表面加有一层无菌滤纸的共培养基上生长，25℃ 暗培养 2 天，可以获得较高的抗性愈伤组织率。

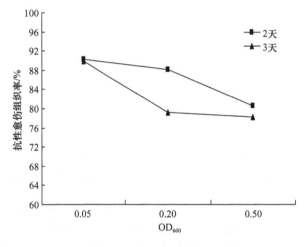

图 2-68　共培养时间对遗传转化的影响

（六）转基因植株的获得与 RT-PCR 检测

将预培养 8 天的梁山慈竹第一种类型胚性愈伤组织，在 OD_{600}=0.05 的菌液中、110r/min、28℃ 侵染 20min，25℃ 暗培养 2 天后（图 2-69A），转接到含有 55mg/L 卡那霉素的筛选培养基上筛选 30 天（图 2-69B），获得抗性愈伤组织，经 PCR 检测，pBI-*4CL*-RNAi 质粒已导入愈伤组织内（图 2-70）。将已导入 *4CL* 基因的抗性愈伤组织转入诱导芽的 MA1 培养基上（图 2-69C），诱导 30 天后，可以获得丛生芽（图 2-69D），待丛生芽长至 3~5cm 时（图 2-69E），将其转入生根培养基，经过 20~30 天的诱导（图 2-69F），可产生 1~8 条根，获得梁山慈竹抗性植株（图 2-69G）。经 PCR 检测，扩增出约 750bp 的目的条带，证明 pBI-*4CL*-RNAi 质粒已转入梁山慈竹抗性小植株内（图 2-70），表明已获得转 *4CL* 的梁山慈竹小植株，转化效率为 9%，将获得的转基因植株移栽至小盆中生长（图 2-69H）。在本研究中，羧苄青霉素对梁山慈竹生根影响很大，转基因植株的根比未转基因（图 2-69 I）的短。

以转慈竹 *4CL* 基因抗性愈伤组织和再生植株的 cDNA 为模板，分别用 *4CL* 和 *Tublin*

引物进行 RT-PCR 扩增，如图 2-71 所示，转基因愈伤组织和植株中均可获得特异性扩增产物，但与未转基因的对照相比，其表达量明显降低，说明采用 RNAi 技术将慈竹 *4CL* 基因导入梁山慈竹愈伤组织和再生植株后，能有效抑制梁山慈竹转基因愈伤组织和植株的内源 *4CL* 基因的表达水平。

图 2-69　梁山慈竹愈伤组织遗传转化与植株再生（另见图版）

A. 愈伤组织共培养；B. 抗性愈伤组织筛选；C. 抗性愈伤组织分化；D. 抗性芽的诱导；E. 抗性芽的生长；F. 抗性芽的生根；G. 转基因植物；H. 转基因植株移栽；I. 未转基因植株的根（左）和转基因植株的根（右）

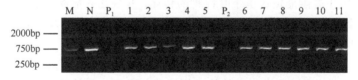

图 2-70　转慈竹 *4CL* 基因抗性愈伤组织和再生植株的 PCR 检测

M. DL 2000 DNA marker；N. 质粒 DNA（阳性对照）；P₁. 未转化愈伤组织 DNA（阴性对照）；1～5. 转基因愈伤组织；P₂. 未转基因植株 DNA（阴性对照）；6～11. 转基因植株

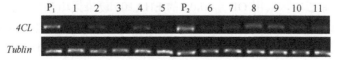

图 2-71　转慈竹 *4CL* 基因的愈伤组织和再生植株的 RT-PCR 检测

P₁. 未转化愈伤组织 cDNA（阴性对照）；1～5. 转基因愈伤组织；P₂. 未转基因植株 cDNA（阴性对照）；6～11. 转基因植株；*Tublin* 为内参

三、讨论与结论

外植体的类型（Shen et al.，1993）、预培养（Lawrence and Koundal，2000；Xu et al.，2009）、菌株类型（Hiei et al.，1994）、菌液浓度（Swain et al.，2010）、侵染时间（Barik et al.，2005）、共培养时间（Zhao et al.，2002；Ishida et al.，1996）和温度（Frame et al.，2002；Fullner et al.，1996）等对遗传转化效率有很大影响。本研究在菌液浓度 $OD_{600}=0.05$ 的条件下，采用 EHA105 侵染梁山慈竹成熟胚愈伤组织 20min，获得较好的转化效果。不同的菌株类型对不同类型植物的作用不同，王宏芝等（2004）认为高毒性的菌株 EHA105 对小麦具有更强的侵染力；在陶传涛等（2008）的研究中，使用 EHA105 侵染玉米未成熟胚愈伤组织 20min，获得了较高转化率，但是菌液浓度为 $OD_{600}=0.6$，远高于本研究使用 $OD_{600}=0.05$ 的浓度；而 Ozawa（2009）的研究采用 $OD_{600}=0.04$ 的 EHA101 侵染水稻愈伤组织，获得了较高转化率。由此可见，不同的禾本科植物对农杆菌的敏感性不同，因此，寻找适宜的菌株类型及菌液浓度和侵染时间的组合十分重要。

已有研究表明，20～25℃共培养可提高转化效率（Frame et al.，2002；Fullner et al.，1996）。本研究在共培养时，25℃暗培养 2 天，不同于 He 等（2006）的 21℃和 Hiei 等（1994）的 22℃的结论。关于共培养时间，一般认为 2～3 天为佳（Zhao et al.，2002；Ishida et al.，1996）。本研究认为共培养方式也是影响转化效率的重要因素，在固体共培养基表面加一层无菌滤纸，能有效抑制农杆菌的生长，这样也兼顾了愈伤组织的生长温度（25℃），而不用降低共培养温度来防止农杆菌过度生长。Ozawa（2009）的研究表明，侵染后的水稻愈伤组织，在用液体培养基浸湿的三层滤纸上，25℃暗培养 3 天，转化效果比共培养在固体培养基上更好。

Cheng（2004）认为乙酰丁香酮能有效促进农杆菌对一些植物的转化，尤其是单子叶植物。Mohri 等（1997）在日本白桦的转化中报道，加入 100μmol/L 乙酰丁香酮可使转化率提高 8 倍，在农杆菌与外植体共培养的培养基中加入乙酰丁香酮，可提高转化效率，也有在侵染液中加入乙酰丁香酮取得很好的转化效果的报道（Owensl and Smigockia，1988）。鉴于乙酰丁香酮能促进单子叶植物的转化，并且在共培养基中或侵染液中加入乙酰丁香酮能起到很好的促进作用，本研究在侵染液和共培养基中均加入了 100μmol/L 的乙酰丁香酮，也取得很好的转化效果。

本研究通过农杆菌介导法成功地将慈竹 4CL 基因导入梁山慈竹愈伤组织中，并筛选出转基因植株。在整个过程中，高效的组织培养和再生体系的建立是重要因素之一。对影响农杆菌介导梁山慈竹愈伤组织遗传转化效率因素（菌液浓度、侵染时间、共培养时间和温度及方式等）的研究表明，菌液浓度、侵染时间、共培养方式对愈伤组织的存活和转化效果有明显影响，采用 $OD_{600}=0.05$ 的 EHA105 侵染梁山慈竹愈伤组织 20min，在表面加有一层无菌滤纸的共培养基上，25℃暗培养 2 天，抗性愈伤组织的获得率高达 90%，转化效率为 9%。不同的植物对卡那霉素的敏感性不同，在本研究中，卡那霉素的使用浓度 55mg /L 要比水稻（500mg/L）（Dekeyser et al.，1999）、小麦（100mg/L）（贺杰等，2010）等禾本科植物的低，但是，卡那霉素强烈抑制梁山慈竹愈伤组织根芽分化。在今后的研究中，还需要进一步摸索防褐化条件，减少抗性愈伤组织的死亡；进一步优化移栽条件，提高转基因植株成活率。

　　本研究采用 RT-PCR 技术已证明，在已获得的梁山慈竹转基因愈伤组织和植株中，其内源 *4CL* 基因的表达水平得到抑制，这些结果有助于进一步分析转基因植株 *4CL* 活性、木质素含量及其组分的变化，为有效筛选减少木质素含量或改变木质素组成的梁山慈竹提供了可行途径。尽管在转录水平上对转基因梁山慈竹植株进行了检测，但在今后的研究中，还需采用 Western blot 对转基因植株的蛋白质进行分析，以检测在翻译水平上的转基因表达量。

第六节　植物木质素生物合成转录调控及生物信息学分析

　　木质素在抵御植物病害袭击、抗击外来侵袭、维持植物正常生长等方面发挥着巨大的作用，具有十分重要的生物学功能（Baucher et al., 1998）。但是在造纸工业中，植物木质素含量过高会影响纸张质量及造成环境污染（Ruben et al., 2008）。因此，培育木质素含量低的植物新品种具有重大意义。

　　近年研究结果表明，MYB 转录因子、NAC 转录因子（NAM、ATAF1/2、CUC2）、LIM 转录因子（LIN-11、ISL-1 和 MEC-3）和 *BP*（brevipedicellus）基因等都与植物的次生细胞壁合成有关（Zhao and Dixon, 2011）。例如，火炬松中的 *PtMYB1*、*PtMYB4* 和 *PtMYB8*（Patzlaff et al., 2003），古尼桉树中的 *EgMYB2*（Goicoechea et al., 2005）和毛果杨中的 *PtrMYB3* 和 *PtrMYB20*（McCarthy et al., 2010）都可以上调木质素单体的合成途径。三个 NAC 转录因子，NST1、NST2 和 NST3（SND1）在拟南芥中都可以调控整个次生细胞壁合成过程（Zhong et al., 2008）。NtLIM 在烟草中可以上调木质素生物合成关键酶基因 *PAL*、*4CL* 和 *CAD* 的表达（Kawaoka and Ebinuma, 2001），BP 可以绑定木质素生物合成关键酶基因 *COMT* 和 *CCoAOMT* 启动子中的 AC 元件，使 BP 突变时木质素沉积增加，*BP* 过表达时木质素沉积减少，起下调作用（Giovanni et al., 2003）。但是有关对木质素生物合成起上调和下调作用的 MYB 转录因子、NAC 转录因子、LIM 转录因子和 *BP* 基因的生物信息学分析鲜见报道。

　　因此，本书主要针对 NCBI 提供的对木质素生物合成起调控作用的有代表性的转录因子和基因为材料，对其系统进化树、保守基序及三级结构进行分析，同时结合已报道且功能已验证的转录因子和基因构建维管植物整个次生细胞壁生物合成的调控遗传网络，目的在于探讨对植物木质素生物合成起上调和下调作用的转录因子及基因的相关生物信息，为进一步通过基因工程手段克隆对植物木质素起调控作用的相关转录因子及其功能研究奠定基础。

一、材料与方法

　　数据资料来源于美国国立生物技术信息中心 NCBI（http://www.ncbi.nlm.nih.gov/）核苷酸数据库。5 个对木质素生物合成起掌控开关作用的转录因子，17 个 MYB 类转录因子及 *BP* 基因和 NtLIM 转录因子的物种来源、Genebank 登录号、组织水平表达模式、主要功能及参考文献见表 2-19。

表 2-19 转录因子及基因的物种名称、GenBank 登录号、组织水平表达模式、主要功能及参考文献

基因名称	物种名称	GenBank 登录号	组织水平表达模式	主要功能	参考文献
AtMYB83	拟南芥（*Arabidopsis thaliana*）	NM_111685.2	纤维、维管	次生细胞壁 *NAC* 的直接目标；作为冗余掌控开关激活次生细胞壁生物合成；同时 T-DNA 敲除引起次生细胞壁增厚减少；过表达导致异常次生细胞壁沉积	Zhao and Dixon，2011；McCarthy et al.，2009；Zhong et al.，2010
EgMYB2	古尼桉树（*Eucalyptus gunnii*）	AJ576023.1	次生木质部	木材中次生细胞壁生物合成的转录激活物；过表达导致纤维和维管中次生细胞壁的增厚且改变木质素外形	Zhao and Dixon，2011；Goicoechea et al.，2005；Zhong et al.，2010a；Zhong and Ye，2007
AtMYB46	拟南芥（*Arabidopsis thaliana*）	NM_121290.2	纤维束间纤维、木质纤维、维管	次生细胞壁 *NAC* 的直接目标；作为冗余掌控开关激活次生细胞壁生物合成；T-DNA 敲除引起纤维和维管中增厚减少；过表达导致异常次生细胞壁沉积	Zhao and Dixon，2011；Zhong et al.，2010a；Zhong and Ye，2007；Zhong et al.，2007
PtMYB4	火炬松（*Pinus taeda*）	AY356371.1	次生木质部	木材中次生细胞壁生物合成的转录激活物；过表达会导致异常木质素沉积	Zhao and Dixon，2011；Zhong et al.，2010a；Zhong and Ye，2007；Patzlaff et al.，2003
AtMYB26	拟南芥（*Arabidopsis thaliana*）	NM_112243.2	花药	花药药室内壁中次生细胞壁生物合成的转录激活物；T-DNA 敲除引起花药药室内壁中次生细胞壁增厚减少；过表达导致异常次生细胞壁沉积	Zhao and Dixon，2011；Zhong et al.，2010a；Zhong and Ye，2007；Yanga et al.，2007
AtMYB61	拟南芥（*Arabidopsis thaliana*）	NM_100825.4		过表达导致异常木质素沉积	Zhao and Dixon，2011
PtMYB8	火炬松（*Pinus taeda*）	DQ399057.1	次生木质部	木材中次生细胞壁生物合成的转录激活物；过表达导致异常木质素沉积	Zhao and Dixon，2011；Zhong et al.，2010a；Bomal et al.，2008
AtMYB85	拟南芥（*Arabidopsis thaliana*）	NM_118394.2	形成次生细胞壁	木质素生物合成的转录激活物；过表达导致异常木质素沉积	Zhao and Dixon，2011；Zhong et al.，2008；Zhong et al.，2010a
PtMYB1	火炬松（*Pinus taeda*）	AY356372.1	形成次生细胞壁	木质素生物合成的转录激活物；过表达导致异常木质素沉积	Zhao and Dixon，2011；Patzlaff et al.，2003；Zhong et al.，2010
AtMYB32	拟南芥（*Arabidopsis thaliana*）	NM_119665.2		直接结合到 AC 元件然后抑制木质素生物合成基因；通过下调 COMT 基因的表达，使木质素减少	Zhao and Dixon，2011；Preston et al.，2004
AtMYB4	拟南芥（*Arabidopsis thaliana*）	NM_120023.2		直接结合到 AC 元件然后抑制木质素生物合成基因；烟草中通过下调 4CL、C4H、CAD 基因的表达，使木质素减少	Zhao and Dixon，2011；Jin et al.，2000
ZmMYB31	玉米（*Zea mays*）	NM_001112479.1		过表达导致木质素减少	Zhao and Dixon，2011；Fornalé et al.，2006

续表

基因名称	物种名称	GenBank 登录号	组织水平表达模式	主要功能	参考文献
ZmMYB42	玉米（Zea mays）	NM_001112539.1		直接结合到 AC 元件然后抑制木质素生物合成基因；通过下调 HCT、F5H、4CL、C4H 基因的表达，使木质素减少	Zhao and Dixon，2011；Sonbol et al.，2009
NtMYBBJS1	烟草（Nicotiana tabacum）	AB236951.1		直接结合到 AC 元件然后激活木质素生物合成基因；通过上调 PAL 和 4CL 基因的表达，使木质素增加	Zhao and Dixon，2011；Gális et al.，2006
AtMYB58	拟南芥（Arabidopsis thaliana）	NM_101514.2	纤维、维管	木质素生物合成的转录激活物；直接结合到 AC 元件然后激活木质素生物合成基因；通过上调 C4H 和 COMT 基因的表达使木质素增加；过表达导致异常木质素沉积	Zhao and Dixon，2011；Zhong et al.，2010a；Zhou1 et al.，2009
AtMYB63	拟南芥（Arabidopsis thaliana）	NM_106569.3	纤维、维管	木质素生物合成的转录激活物；直接结合到 AC 元件然后激活木质素生物合成基因；过表达导致异常木质素沉积	Zhao and Dixon，2011；Zhong et al.，2008；Zhong et al.，2010a
PttMYB21a	欧洲山杨与颤杨杂交品种（Populus tremula×Populus tremuloides）	AJ567345.1		直接结合到 AC 元件然后抑制木质素生物合成基因；通过下调 CCoAOMT 基因的表达使木质素减少	Zhao and Dixon，2011；Karpinska et al.，2004
VND6	拟南芥（Arabidopsis thaliana）	NM_125632.1	维管	在导管中激活次生细胞壁生物合成的掌控开关；抑制其功能会引起维管中次生细胞壁增厚的减少；过表达导致异常次生细胞壁沉积	Zhao and Dixon，2011；Zhong et al.，2010a；Zhong and Ye，2007；Kubo et al.，2005
VND7	拟南芥（Arabidopsis thaliana）	NM_105851.1	维管	在导管中激活次生细胞壁生物合成的掌控开关；抑制其功能会引起维管中次生细胞壁增厚的减少；过表达导致异常次生细胞壁沉积	Zhao and Dixon，2011；Zhong et al.，2010a；Zhong and Ye，2007；Kubo et al.，2005
NST3（SND1）	拟南芥（Arabidopsis thaliana）	NM_103011.1	维管束间纤维、木质纤维	在纤维中激活次生细胞壁生物合成的冗余掌控开关；同时 T-DNA 敲除引起纤维中次生细胞壁增厚减少；通过激活 F5H 基因的表达使木质素增加；过表达导致异常次生细胞壁沉积	Zhao and Dixon，2011；Zhong et al.，2010a；Zhong and Ye，2007；Zhonga et al.，2006；Mitsuda et al.，2007；Zhong et al.，2007
NST2	拟南芥（Arabidopsis thaliana）	NM_116056.1	花药、其他器官	在花药药室内壁中激活次生细胞壁生物合成的冗余掌控开关；同时 T-DNA 敲除引起花药药室内壁中次生细胞壁增厚减少；过表达导致异常次生细胞壁沉积	Zhao and Dixon，2011；Zhong et al.，2010a；Zhong and Ye，2007；Zhong et al.，2010b
EgWND1	古尼桉树（Eucalyptus gunnii）	HQ215846.1	次生木质部	木材中次生细胞壁生物合成的转录激活物；过表达导致异常次生细胞壁沉积	Zhong et al.，2010a；Zhong et al.，2010b

续表

基因名称	物种名称	GenBank 登录号	组织水平表达模式	主要功能	参考文献
BP（brevi-pedicellus）	拟南芥（*Arabidopsis thaliana*）	AF482994.1		直接结合到 AC 元件然后抑制木质素生物合成基因；通过下调 *CCoAOMT*、*COMT* 基因的表达使木质素减少	Zhao and Dixon，2011；Mele et al.，2003
NtLIM	烟草（*Nicotiana tabacum*）	AB079512.1	在茎秆中优势表达	缺失后在茎秆木质部减少木质素含量；直接结合到 AC 元件然后激活木质素生物合成基因；通过上调 *PAL*、*CAD*、*4CL* 基因的表达使木质素增加	Zhao and Dixon，2011；Zhong and Ye，2007；Kawaoka and Ebinuma，2001；Kawaoka et al.，2000

（一）转录因子系统进化树的构建

利用 Mega4 软件，对 NCBI 数据库中搜索得到的对木质素有调控作用的转录因子和基因全长序列进行系统进化树的构建。采用邻接法（neighbor-joining）构建系统进化树，对生成的系统进化树进行 Bootstrap 校正，得到最终的系统进化树。

（二）转录因子保守基序的分析

利用在线 MEME 软件版本 4.8.0（http://meme.sdsc.edu）对转录因子和基因的氨基酸序列进行保守基序分析。利用 SMART 软件（http://smart.embl-heidelberg.De）和 Pfam 软件（http://pfam.sanger.ac.uk databases）注解基序（Hu et al.，2010）。

（三）转录因子编码蛋白的三级结构分析

三级结构的预测是蛋白质结构预测的重点，主要有以下几种方法：同源模建、折叠识别和从头预测法（Bballa and Iyengar，1999）。利用 ExPaSy 工具中的 CPHmodels 程序进行同源模建，并利用高级结构预测软件 RasMol 对各转录因子和基因编码的蛋白三维结构进行分析。

二、结果与讨论

（一）转录因子和基因系统发生树的构建及分析

由图 2-72 可看出，MYB 转录因子可分成 11 个类群，其中有 7 个大类群，4 个小类群。对植物木质素生物合成起促进作用的转录因子拟南芥 AtMYB83 和冈尼桉 EgMYB2、拟南芥 AtMYB46、火炬松 PtMYB4、拟南芥 AtMYB26 组成一类。不仅因为它们共为木质素生物合成激活物，而且拟南芥 AtMYB46 是冈尼桉 EgMYB2 和火炬松 PtMYB4 的同系物（Bomal et al.，2008），同时 AtMYB46 和 AtMYB83 都为次生细胞壁 MYB 掌控开关，且二者同时调控木质素抑制物的表达。AtMYB26 也聚于此类，一方面因为它也是能调控整个次生细胞壁的掌控开关，另一方面它与其余调控次生细胞壁的掌控开关相比更是 *MYB* 家族中一员。这一类 MYB 转录因子又与木质素激活物拟南芥 AtMYB61 和作为拟南芥 AtMYB46 同系物的火炬松 PtMYB8 聚合成一类，再与互为同系物的木质素激活物拟南芥 AtMYB85 和火炬松 PtMYB1 组成一类（Bomal et al.，2008）。同为木质素抑制物的拟南芥 AtMYB32、拟南芥 AtMYB4、玉米 ZmMYB31、玉米 ZmMYB42 共存于一个分支下，可能因为这 4 种转录因子都属于 R2R3-*MYB* 家族中的亚族 4，共性较高。同为木质素激活物的拟南芥 AtMYB58、拟南芥 AtMYB63、烟草 NtMYBBJS1 组成一类，而 AtMYB58 和 AtMYB63 与 AtMYB85 和 PtMYB1 同样被次生细胞壁 MYB 掌控开关所调控。

作为 AtMYB52 同系物的杂交杨树 PttMYB21a 单独成一类（Zhao and Dixon，2011），又与 MYB 转录因子聚为一大类，说明其作为下游转录因子与次生细胞壁 NAC 掌控开关、次生细胞壁 MYB 掌控开关、木质素激活物和木质素抑制物都有所不同，但仍保留有 MYB 保守区。维管植物次生细胞壁 *NAC* 掌控开关 *VND6*、*VND7*、*NST3*（*SND1*）、*NST2* 和冈尼桉 *EgWND1* 共存于一个分支下，说明其高度保守。它们与 MYB 类转录因子相聚较远，在调控木质素生物合成时二者的功能也存在一定差异。例如，在调控木质素抑制物时，*MYB46* 会强烈激活抑制物 *MYB7* 和 *MYB32* 的转录，而 NAC 次生细胞壁增厚的启动因子（NAC secondary wall thickening promoting factor，*NST*）不会（Ko et al.，2009）。最后相对 MYB 转录因子亲缘关系最远的 *BP* 基因和烟草 NtLIM 转录因子组成一类。NAC 掌控开关转录因子、*BP* 基因和 NtLIM 转录因子最终都与 MYB 类转录因子聚为一大类可能是因为所有的基因及转录因子都与木质素调控相关。

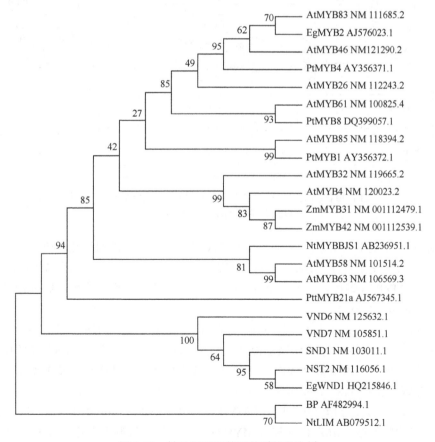

图 2-72 转录因子和基因的系统发生树

（二）植物木质素生物合成转录调控

近年来研究发现 MYB 转录因子、NAC 转录因子、LIM 转录因子和 *BP* 基因等都与木质素生物合成的调控有关，表明木质素生物合成的转录激活和抑制是由许多转录因子和基因的组合激活或抑制作用所调控的。本书根据近年的研究成果，构建了维管植物次生细胞壁生物合成的转录调控遗传网络（图 2-73），可以分为 11 个转录调控模块。具体分析如下。

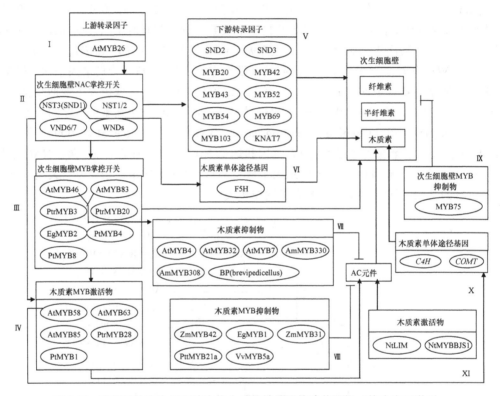

图 2-73　维管植物次生细胞壁生物合成的转录调控遗传网络（箭头表示激活，
以直线结尾的线条表示抑制）

转录调控模块 Ⅰ 为上游转录因子拟南芥 AtMYB26，其可以调控花药药室内壁的次生细胞壁生物合成整个程序。有研究表明，*NST1* 和 *NST2* 的启动子区域包含 *MYB* 结合位点，也许能被 AtMYB26 调控。但是，AtMYB26 是否调控花序茎秆的次生细胞壁加厚仍旧未知（Yanga et al.，2007）。

转录调控模块 Ⅱ 为次生细胞壁 NAC 掌控开关，包括 NST1、NST2、NST3（即 SND1）和它们的同系物 VND6、VND7 及功能同源物 WND，它们通过次生细胞壁 MYB 掌控开关、下游转录因子、木质素 MYB 激活物及木质素单体途径基因调控整个次生细胞壁生物合成。有研究表明，NST 转录因子直接调控下游 MYB 掌控开关 AtMYB46 和 AtMYB83（Zhao et al.，2010），如果次生细胞壁 MYB 掌控开关 AtMYB46 没有表达，NST 也不能激活次生细胞壁加厚，AtMYB46 和 AtMYB83 对控制次生细胞壁有更重要的作用（Zhong et al.，2007；Zhonga et al.，2006）。在拟南芥中，NST1 和 NST3（即 SND1）重复调控茎秆的次生细胞壁生物合成，促进花药次生细胞壁的形成时，NST1 和 NST2 功能重复（Mitsuda et al.，2007；Mitsuda et al.，2005）。次生细胞壁掌控开关 NST3（即 SND1）可以激活 AtMYB58 和 AtMYB63，同时它能直接调控不包含 AC 元件的木质素单体途径基因 $F5H$ 直接合成木质素（Zhao et al.，2010）。VND6 和 VND7 能直接上调 AtMYB46（McCarthy et al.，2009；Mitsuda et al.，2007）。杨树次生细胞壁 NAC 掌控开关 PtrWNDs 直接调控 AtMYB46 和 AtMYB83 的同系物及功能同源物 PtrMYB3 和 PtrMYB20 的表达（Zhong et al.，2010b）。

转录调控模块Ⅲ为次生细胞壁 MYB 掌控开关，它包括 AtMYB46、AtMYB83、PtrMYB3、PtrMYB20、EgMYB2、PtMYB4 和 PtMYB8。它们被次生细胞壁 NAC 掌控开关调控后，一方面自身调控次生细胞壁，另一方面通过木质素 MYB 激活物和木质素抑制物对木质素含量带来影响。有研究表明，AtMYB46 会强烈激活抑制物 $AtMYB7$ 和 $AtMYB32$ 的转录（Zhao et al.，2010）。

转录调控模块Ⅳ为木质素 MYB 激活物，包括 AtMYB58、AtMYB63、AtMYB85、PtrMYB28 和 PtMYB1，它们被次生细胞壁 MYB 掌控开关调控后，通过调控木质素生物合成关键酶基因上的 AC 元件增加木质素含量。有研究表明，AtMYB58 可直接调控木质素单体途径基因 $C4H$ 和 $COMT$，也许基因中包含的 AC 元件是更萎缩退化的（Zhou et al.，2009）。

转录调控模块Ⅴ为下游转录因子 SND2、SND3、MYB20、MYB42、MYB43、MYB52、MYB54、MYB69、MYB103 和 KNAT7。被次生细胞壁 NAC 掌控开关调控后它们可直接对次生细胞壁中的纤维素、半纤维素和木质素进行调控。

转录调控模块Ⅵ为不包含 AC 元件的木质素单体途径基因 $F5H$，它可被次生细胞壁掌控开关 NST3（即 SND1）激活，从而直接调控木质素生物合成（Zhao et al.，2010）。

转录调控模块Ⅶ为木质素抑制物 AtMYB4、AtMYB32、AtMYB7、AmMYB308、AmMYB330 和 BP（brevipedicellus），它们可以通过木质素单体途径基因上的 AC 元件降低木质素含量。有研究表明，AtMYB4 是 AmMYB308 和 AmMYB330 的同系物（Zhao and Dixon，2011）。

转录调控模块Ⅷ为木质素 MYB 抑制物 EgMYB1、ZmMYB42、PttMYB21a 和 VvMYB5a，也可以通过木质素单体途径基因上的 AC 元件降低木质素含量。有研究表明，$VvMYB5a$ 在烟草中过表达时，两个 $CCoAOMT$ 基因的表达被下调，导致在花药细胞中木质素纤维部分丢失，开裂被延迟（Deluc et al.，2006）。

转录调控模块Ⅸ为次生细胞壁 MYB 抑制物 MYB75，对整个次生细胞壁生物合成起到抑制作用，而 MYB75 是怎样抑制次生细胞壁生物合成和是否 MYB75 被次生细胞壁生物合成掌控开关 NST1/NST2/NST3 和 MYB46/MYB83 所调控，仍需进一步研究（Bhargava et al.，2010）。

转录调控模块Ⅹ为 AC 元件更萎缩退化的木质素单体途径基因 $C4H$ 和 $COMT$，它们被 AtMYB58 调控后直接激活木质素的生物合成（Zhou et al.，2009）。

转录调控模块Ⅺ为同样通过木质素单体途径基因上的 AC 元件增加木质素含量的木质素激活物 NtLIM 和 NtMYBBJS1。

结合表 2-19 中各转录因子和基因的主要功能及以上分析，可以看出对木质素起激活作用的转录因子大多数都通过 AC 元件调控所有木质素单体途径基因的表达，与之相比，对木质素起抑制作用的转录因子及基因对木质素单体途径基因的调控更有选择性。例如，AtMYB32 通过 *COMT* 调控木质素（Preston et al.，2004）；AtMYB4 通过 *4CL*、*C4H* 和 *CAD* 调控木质素（Jin et al.，2000）；ZmMYB42 通过 *HCT*、*F5H*、*4CL* 和 *C4H* 调控木质素（Sonbol et al.，2009）；PttMYB21a 通过 *CCoAOMT* 调控木质素（Karpinska et al.，2004）；VvMYB5a 也通过 *CCoAOMT* 调控木质素（Deluc et al.，2006）；*BP* 通过 *CCoAOMT* 和 *COMT* 调控木质素（Mele et al.，2003）。同时，各大转录调控模块的分类和作用也可以大体解释系统进化树的分类。

（三）转录因子和基因保守基序的分析

　　用 MEME 软件分析转录因子和基因蛋白质中保守基序，它们的分类与系统进化树非常相似（图 2-74）。不论木质素激活物还是抑制物，MYB 转录因子都具有保守基序 1；除 PttMYB21a 外，MYB 转录因子都具有保守基序 3。它们是两种不同的 MYB 的 DNA 结合域 SANT 基序。PttMYB21a 缺失了共有的保守基序 3，而有保守基序 16 和 18。有研究表明，PttMYB21a 对杂交白杨 *CCoAOMT* 基因的表达起负调控作用（Karpinska et al.，2004）。

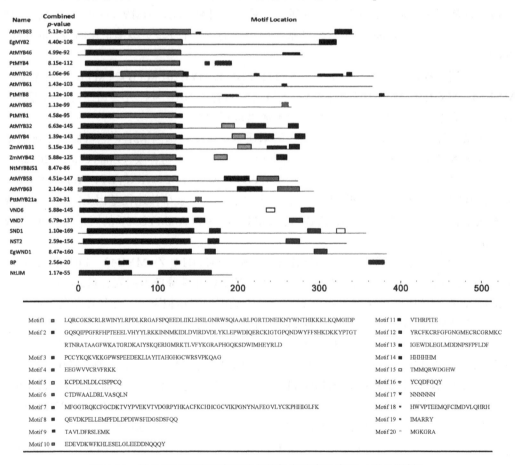

图 2-74　转录因子及基因编码蛋白的保守基序及序列（另见图版）

除了所有的 MYB 转录因子有相同的基序 1、3 外，部分 MYB 转录因子之间仍有共性。例如，三个次生细胞壁 MYB 掌控开关 AtMYB83、EgMYB2 和 AtMYB46 都具有基序 13；PtMYB4、PtMYB8、PttMYB21a 及 BP 都有基序 18，其原因尚且未知；木质素 MYB 激活物 AtMYB26、AtMYB58 和 AtMYB63 都有基序 8；AtMYB61、PtMYB8、AtMYB85、PtMYB1、AtMYB4、AtMYB32、ZmMYB31 和 ZmMYB42 都有基序 11，说明它们在进化中更为保守；同属于 R2R3-MYB 家族中的亚族 4 的木质素抑制物 AtMYB4、AtMYB32、ZmMYB31 和 ZmMYB42 都有基序 5 和 9，除 ZmMYB42 外，它们还有共同基序 12，说明这三个木质素抑制物功能更为相似。有研究表明，ZmMYB42 在拟南芥中过表达可下调木质素单体途径中的 *HCT*、*F5H*、*C4H* 和 *4CL* 基因的表达（Sonbol et al.，2009）。在所有 MYB 转录因子中，NtMYBBJS1 是很特殊的一个。它仅有两个 MYB 的 DNA 结合域 SANT 基序，但它在培养的烟草 BY-2 细胞中可以上调 *PAL* 和 *4CL* 基因的表达（Gális et al.，2006），其机制还有待研究。

对木质素起掌控开关作用的转录因子 VND6、VND7、NST3（SND1）、NST2 和 EgWND1 都有相同基序 2、4 和 6，其中基序 2 为 NAM 基序，相对保守。有研究表明，这可能归因为强大的进化选择压力。因为次生细胞壁中包含的导管和纤维对维管植物在陆地生存非常关键，因此次生细胞壁合成机制只有很小的进化空间（Zhong et al.，2010a）。

BP 和 NtLIM 的保守基序与上述两大类都不相同。NtLIM 中含有两个 LIM 基序 7。有研究表明，烟草中的 NtLIM 调控 *PAL*、*4CL* 和 *CAD* 基因的表达（Kawaoka and Ebinuma，2001）。BP 由基序 14、17 和 18 组成，研究表明它可绑定 *COMT* 和 *CCoAOMT* 基因的启动子而起调控作用（Mele et al.，2003）。

保守基序分析结果与系统进化树的分类及转录调控遗传网络都较为相似。

（四）转录因子和基因编码蛋白的三级结构预测

利用 CPHmodels 建模服务器对转录因子和基因编码蛋白进行三维建模，由图 2-75 可看出有三大类转录因子。第一大类是木质素抑制物 ZmMYB31、ZmMYB42 和木质素激活物 EgMYB2，它们均含有丰富的 α-螺旋和无规卷曲，还有少量的 β-转角。第二大类是掌控调节木质素生物合成开关的 VND6、VND7、NST3（SND1）、NST2 和 EgWND1，它们均含有丰富的 β-折叠和无规卷曲，还有少量的 α-螺旋、β-转角。其中 NST3（SND1）与其他相似的转录因子多一个 α-螺旋，这也许与它能调控不包含 AC 元件的木质素单体途径基因 *F5H* 的表达有关（Ko et al.，2009）。VND6 和 EgWND1 比其他类似转录因子少一个 α-螺旋的原因还有待进一步研究。第三大类是除 *BP* 基因、AtMYB63、NtLIM 转录因子和上述两大类后剩余的转录因子。它们均含有丰富的 α-螺旋和无规卷曲，还有少量的 β-转角、β-折叠。其中 *AtMYB26* 比其他类似的转录因子多两个 β-折叠，有研究表明，在花药药室内壁中 *AtMYB26* 通过次生细胞壁 NAC 掌控开关 NST1 和 NST2 调控整个次生细胞壁生物合成（Yanga et al.，2007），这两者或许相关。PtMYB1 比其他类似转录因子多一个 β-折叠，其原因还有待研究。

通过分析这三大类转录因子编码蛋白的三级结构可以发现，其分类与系统进化树、转录调控遗传网络和保守基序分类都不相同，即使来自于同一植物或者具有相同功能的转录因子也有差异。例如，次生细胞壁 MYB 掌控开关 AtMYB58 和 AtMYB63 来自于同一植物，同为通过 AC 元件增加木质素含量的木质素激活物，但三级结构却差异很大。

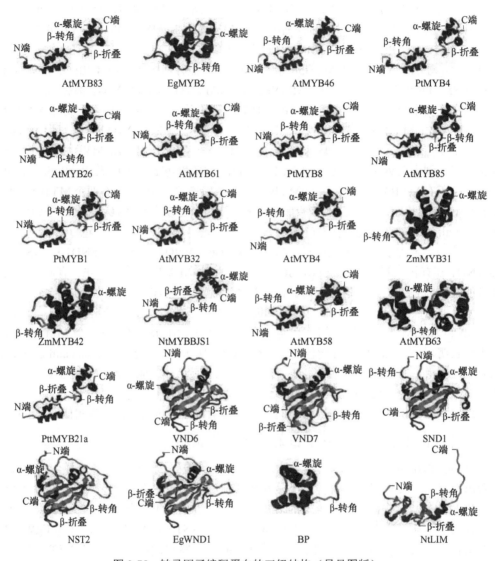

图 2-75　转录因子编码蛋白的三级结构（另见图版）

综上所述，大多数的 MYB 转录因子保守性不强，而 NAC 转录因子却有较强保守性。Zhong 等（2008）的报道表示，因为次生细胞壁的成分半纤维素和木质素在不同维管植物中调控不同生物合成基因和路径的表达，虽然 MYB 转录因子仍可以激活同样的目的基因去行使相同的功能，但它们要变异去适应这种分歧，所以从结构上很难看出共同点或差异（Zhong et al.，2010a）。

三、结论

植物转录因子的研究是功能基因组学研究的一个重要内容，也是当前生物科学研究领域的热点。转录因子调控下游基因的表达，是调节各种生理活动的关键环节。本书利用生物信息学方法对调控植物木质素生物合成的转录因子和基因进行了分析和预测，同时分析维管植物次生细胞壁生物合成转录调控遗传网络，从中得到转录因子和基因不同成员之间的相互关系和演化历程。

首先，木质素抑制物对木质素单体途径基因的选择性比木质素激活物更强。其次，绝大多数 MYB 转录因子都共有两个 *MYB* DNA 结合域 SANT 基序，但仍差距较大。所有的次生细胞壁 *NAC* 掌控开关都有共同基序 2、4 和 6，其中基序 2 为 NAM 基序。再次，发现能调控整个次生细胞壁生物合成掌控开关的 AtMYB26 转录因子较为重要和特殊。最后，从系统进化树、转录调控遗传网络、保守基序和三级结构分类中总结出次生细胞壁 NAC 掌控开关相对保守，而 MYB 转录因子保守性不强。

植物木质素生物合成不仅受转录因子和基因的调控，还受环境中的胁迫、植物激素、糖、光和生物钟等因素相互串扰控制，它们的反应机制还不清楚。所以植物木质素生物合成的调控还需要进一步的研究。因此，本书为下一步开展对植物木质素生物合成有调控作用的转录因子和基因的研究打下了重要基础。

第三章 纤维素相关合成酶基因研究

第一节 研究背景

纤维素是自然界中分布最广、含量最多的一种由 D-葡萄糖通过β-1,4-糖苷键连接而成的大分子多糖,是地球上最丰富的生物大分子和重要的可再生资源。植物资源,如树木、棉花、亚麻、苎麻、甜菜渣、谷物茎秆和竹等,是纤维素的主要来源。

植物纤维素的生物合成是β-1,4-葡糖苷链起始、延伸和中止的过程。目前普遍认为 UDP-Glc(二磷酸尿苷葡萄糖)是纤维素生物合成的底物(Olivier et al., 2006)。应用冰冻蚀刻技术研究发现,在质膜上有呈六瓣玫瑰花结状结构的复合体,这个复合体由 CESA 蛋白和与它们绑定的成分组成,称为纤维素合成酶复合体,用于植物纤维素的生物合成。这些复合体是直径为 25～35nm 的六聚体,玫瑰花结状六聚体的每个亚基(纤维素合成酶亚基)合成 6 条葡萄糖链,形成具有 36 条链的微纤丝(Crowell et al., 2010)。

高等植物初生细胞壁中,纤维素微纤丝的直径为 3nm,由 36 根β-1,4-葡糖苷链平行排列而成,是植物细胞壁的核心部分(Serge and Daniel, 2010)。纤维素微纤丝占细胞壁干重的 20%～30%,约占细胞壁体积的 15%。

人们最早从醋酸杆菌中克隆得到纤维素合成酶基因,在此基础上,通过科学家的努力,在棉花中发现了第一个植物纤维素合成酶基因。随后在草本植物中发现纤维素合成酶基因,如拟南芥(*Arabidopsis thaliana*)中发现 10 个、玉米 12 个、大麦 8 个、马铃薯 4 个;木本植物,如在欧洲颤杨中发现 7 个、火炬松 3 个、桉树 6 个、辐射松 11 个;非草非木植物,如在绿竹中发现 10 个和毛竹中发现 3 个。由此看来,植物纤维素合成酶基因以多基因家族的形式存在,参与纤维素合成酶复合体的合成。

竹纤维具有多类型网络状结构,属于绿色和环境友好纤维,与棉花和其他木质纤维相比,它有更好的渗透性、吸水性、抗张强度和抗生物与非生物胁迫的特性。因此,近年来,非木质的竹纤维在纺织和造纸工业得到了广泛应用。一般而言,只有竹纤维细长、长宽比值大和纤维组织比量高,才能成为造纸和纺织的好原料,但竹纤维多属厚壁纤维,如何通过遗传改良,有效改变其纤维壁腔比和提高纤维间的结合力,仍是一个亟待解决的问题。由于竹子很难开花,采用传统的方法对其进行遗传改良具有很大的局限性。基因工程和分子生物学技术的长足发展,为竹子纤维的遗传改良提供了可行的途径,而有关竹纤维发育及其调控基因方面的研究仍十分滞后。因此,开展竹子生长发育过程中与纤维素形成相关基因的研究十分必要,这方面为竹纤维质量和/或数量遗传工程改良的研究奠定良好基础。

相对于其他植物而言,竹类植物纤维发育相关基因的研究十分滞后。Rai 等(2011)研究发现 52 个与印度簕竹纤维发育相关的表达序列标签(EST),其中一些 EST 在棉花纤维发育中也有报道,通过对 13 个竹纤维特异 EST 与有关文献报道中棉花的比较,发现一些 EST 与纤维的起始、伸长和成熟有关，有 3 个 EST 在棉花中不存在。通过对印度籁竹纤维不同发育时期的相关 EST 的表达分析，发现一些与竹纤维的起始、伸长和成熟有关的 EST。这些研究为其他的竹种纤维发育基因的研究提供了理论依据。2009 年，何沙娥以毛竹笋为植物材料，构建了第一个毛竹笋全长 cDNA 文库（何沙娥，2009）。通过 PCR 对文库进行筛选，获得两个纤维素合成酶亚基的基因，均含有全长的 ORF，命名为 *PeCesA11* 和 *PeCesA12*。通过氨基酸序列比对分析后发现：*PeCesA11* 和 *PeCesA12* 均具有植物 *CesA* 编码的氨基酸序列的典型结构，即含有保守区、可变区、锌指结构和跨膜区。运用 Q-RT-PCR 方法对 *PeCesA11* 和 *PeCesA12* 基因的表达量进行测定，结果发现，*PeCesA11* 和 *PeCesA12* 基因在毛竹根、茎、叶及笋中均有表达，但各部位的表达量不一致，其中毛竹笋上部相对于 *Actin* 基因的表达量最低，茎中的相对于 *Actin* 基因的表达量最高。除此之外，2010 年，Chen 等（2010）还克隆得到绿竹 10 个 *CesA* 基因序列。但有关慈竹 *CesA* 基因克隆方面的研究未见报道，有必要对其开展研究。

第二节 绿竹与毛竹纤维素合成酶的生物信息学分析

竹作为一种在我国分布广泛的植物资源，其生长周期短、竹壁厚薄适中、纤维含量高、制浆得率高、可再生等优点使它成为一种优良的造纸原材料。纤维素是植物细胞壁的主要成分，主要由 36 根β-1,4-葡糖苷链结晶而成的小微纤丝组成。虽然自然界每年生成 1.8×10^{11}t 纤维素，但人们对纤维素及其制品需求的增加仍对植被及环境等造成了不可恢复的严重后果。因此，通过了解纤维素的生物合成机制，改善植物纤维素质量和产量，对木材的定向改良、定向培育及农业和造纸等都有十分重要的影响。

早期学者对纤维素合成酶（cellulose synthase，CesA）的研究主要从生化角度分析纤维素的生物合成，但该酶一系列不利因素导致该研究进展缓慢。近 10 年来，许多研究者从核酸着手，结合先进的分子克隆技术和生物分析手段，在醋酸杆菌（*Acetobacter aceti*）、棉花（*Gossypium hirsutum*）、拟南芥（*Arabidopsis thaliana*）、杨属（*Populus*）、桉属（*Eucalyptus*）、娑罗（*Shorea parvifolia*）、玉米（*Zea may*）、大麦（*Hordeum vulgare*）、水稻（*Oryza sativa*）、苎麻（*Boehmeria nivea*）和毛竹（*Phyllostachy edulis*）等生物合成研究方面取得了可喜的成果。尽管如此，有关竹类 *CesA* 基因的研究进展十分缓慢，且仅克隆到毛竹和绿竹的部分 *CesA* 基因，其基因的相关性质并未得到总结，相关功能也未得到验证。因此，本节从生物信息学角度分析其性质与功能，得到绿竹和毛竹 *CesA* 的一般特征，为其他竹的相关研究奠定基础。

一、材料与方法

从 GenBank 中调取克隆完整的 *CesA* 基因和蛋白序列。用下载的蛋白序列做出物种的系统进化树，确定研究物种[绿竹（*Bambusa oldhamii*）和毛竹（*Phyllostachy edulis*）]的进化地位。选取第一个获得 *CesA* 基因的醋酸杆菌作为外源参照，选取模式植物拟南芥和水稻 CesA 蛋白作为参照，利用 Mega4 软件和瑞士生物信息学研究所提供的网页生物信息学分析系列工具对绿竹和毛竹进行系统进化、组成差异、物理性质、跨膜结构和二级结构的生物信息学分析。

（一）研究数据

绿竹：*BoCesA1*（DQ020208），*BoCesA2*（DQ020209），*BoCesA4a*（DQ020211），*BoCesA5*（DQ020213），*BoCesA3a*（DQ020210），*BoCesA3b*（DQ020216），*BoCesA7*（DQ020215），*BoCesA8*（DQ020207）。毛竹：*PeCesA*（clone1）（GU176303），*PeCesA*（clone2）（GU176304），*PeCesA*（clone3）（GU176305），*PeCesA*（clone4）（GU176305），*PeCesA1*（FJ495287），*PeCesA2*（FJ475350），*PeCesA3*（FJ475351）。醋酸杆菌（*Acetobacter aceti*）：*AaCesA-a*（AB010645），*AaCesA-b*（AB010645），*AaCesA-c*（Ab010645）。拟南芥（*Arabidopsis thaliana*）：*AtCESA1*（NM_119393），*AtCESA2*（NM_120095），*AtCESA3*（NM_120599），*AtCESA4*（NM_123770），*AtCESA5*（NM_121024），*AtCESA6*（NM_125870），*AtCESA7*（NM_121748），*AtCESA8*（NM_117994），*AtCESA9*（NM_127746），*AtCESA10*（NM_128111）。水稻（*Oryza sativa*）：*OsCesA-00*（NM_001069742），*OsCesA-01*（NM_001071346），*OsCesA1-0*（NM_001061323），*OsCesA-2*（NM_001059347），*OsCesA5*（NM_001058183），*OsCesA7-2*（NM_001066022），*OsCesA8*（NM_001065838）。

（二）研究方法

1. 进化地位与组成差异分析

采用 Mega4 对研究数据进行信息综合，构建系统进化树。将下载蛋白数据按 fasta 格式要求处理后导入 Mega4 比对窗口，用其 ClustalW 功能完成比对，并将比对结果重新导回 Mega4 主界面。按下列设置构建进化树：方法邻接法（neighbor-joining）；进化参数 Bootstrap 1000 replicates；模式 Amino 为 Poisson correction；其他参数为默认值。以 Mega4.0 程序默认参数分析组成差异。

2. 物理性质分析

利用 SIB 提供的 Protparam 工具分析 CesA 蛋白的理论分子质量、理论等电点和总亲水性平均系数。

3. 跨膜结构分析

使用 SIB 提供的 TMHMM 工具分析各 CesA 蛋白跨膜结构位置及个数。

4. 二级结构分析

利用 SIB 提供的 SOPMA 工具分析各 CesA 蛋白α-螺旋、β-转角、延伸链和无规卷曲数量。

二、结果与分析

（一）*CesA* 进化关系与组成差异分析

竹类 *CesA* 具体进化关系见图 3-1，绿竹和毛竹 *CesA* 的相似蛋白均先聚为一支，再

与单子叶植物水稻 *CesA* 聚合，最后再同拟南芥 *CesA* 聚合，相比之下，醋酸杆菌的 *CesA* 同竹类 *CesA* 亲缘关系最远。植物 *CesA* 分支与醋酸杆菌 *AaCesA-a* 分支处数值为 63，说明植物和醋酸杆菌 *CesA* 差异较大。从图 3-1 可以看出，绿竹和毛竹已注册的完整 *CesA* 大多聚类于下半部，与拟南芥 *AtCesA1*、*AtCesA3*、*AtCesA10* 聚类明显，其分支上的数值大小说明其 *CesA* 发生了较多变异；而只有少部分绿竹和毛竹 *CesA* 落到上半部分支内，只与模式植物少数 *CesA* 具有较高亲缘关系，说明绿竹和毛竹中还有部分 *CesA* 基因未克隆得到完整序列，预测其功能与 *AtCesA2*～*AtCesA9* 的功能类似。

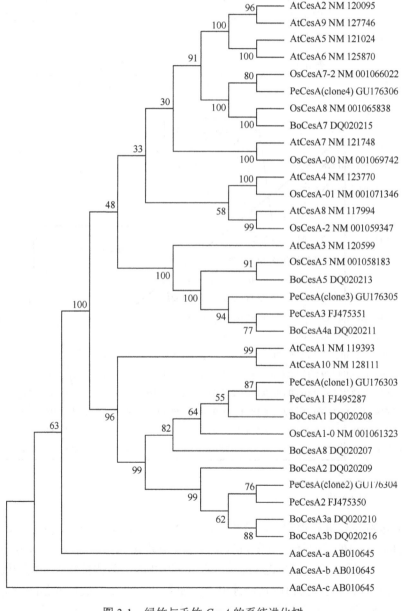

图 3-1　绿竹与毛竹 *CesA* 的系统进化树

根据图 3-1 所得结果，选择 *AaCesA-a*、*AtCesA*、*OsCesA1-0* 和所有绿竹、毛竹 *CesA* 序列进行组成差异分析（表 3-1）。首先，醋酸杆菌 *CesA* 与分析的植物 *CesA* 序列之间组成均存在较大差异，其值均在 1.329 以上，这与进化分析结果相同。其次，单子叶植物水稻 *CesA* 较双子叶植物拟南芥 *CesA* 与竹类 *CesA* 亲缘关系更近；其中 *BoCesA4a* 和 *BoCesA5* 结果不同于其他分析结果，预测它们在绿竹中发生变异。最后，表 3-1 所示 3 个差异分析结果分别为绿竹 *CesA* 之间、毛竹 *CesA* 之间和绿竹和毛竹 *CesA* 之间的组成差异，组内（绿竹或毛竹 *CesA*）数值较大说明两比对序列差异较大，若数值较小则表示其序列差异较小，可能为同一基因的不同克隆或它们具有类似功能；组间（绿竹和毛竹 *CesA*）数值较大说明两比对序列亲缘关系较远，蛋白功能差异较大，若数值较小则表明其亲缘关系近，蛋白可能具有类似功能。

表 3-1　绿竹与毛竹 *CesA* 序列组成性差异分析

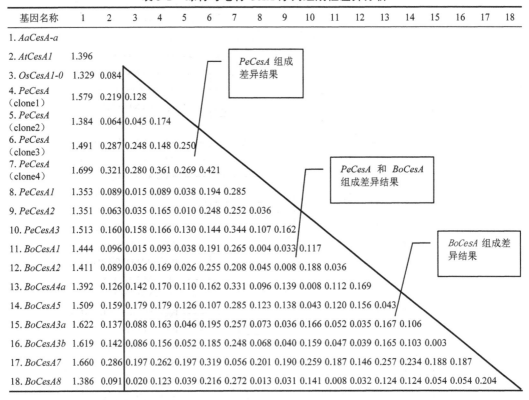

基因名称	1	2	3	4	5	6	7	8	9	10	11	12	13	14	15	16	17	18
1. *AaCesA-a*																		
2. *AtCesA1*	1.396																	
3. *OsCesA1-0*	1.329	0.084																
4. *PeCesA*（clone1）	1.579	0.219	0.128															
5. *PeCesA*（clone2）	1.384	0.064	0.045	0.174														
6. *PeCesA*（clone3）	1.491	0.287	0.248	0.148	0.250													
7. *PeCesA*（clone4）	1.699	0.321	0.280	0.361	0.269	0.421												
8. *PeCesA1*	1.353	0.089	0.015	0.089	0.038	0.194	0.285											
9. *PeCesA2*	1.351	0.063	0.035	0.165	0.010	0.248	0.252	0.036										
10. *PeCesA3*	1.513	0.160	0.158	0.166	0.130	0.144	0.344	0.107	0.162									
11. *BoCesA1*	1.444	0.096	0.015	0.093	0.038	0.191	0.265	0.004	0.033	0.117								
12. *BoCesA2*	1.411	0.089	0.036	0.169	0.026	0.255	0.208	0.045	0.008	0.188	0.036							
13. *BoCesA4a*	1.392	0.126	0.142	0.170	0.110	0.162	0.331	0.096	0.139	0.008	0.112	0.169						
14. *BoCesA5*	1.509	0.159	0.179	0.179	0.126	0.107	0.285	0.123	0.138	0.043	0.120	0.156	0.043					
15. *BoCesA3a*	1.622	0.137	0.088	0.163	0.046	0.195	0.257	0.073	0.036	0.166	0.052	0.035	0.167	0.106				
16. *BoCesA3b*	1.619	0.142	0.086	0.156	0.052	0.185	0.248	0.068	0.040	0.159	0.047	0.039	0.165	0.103	0.003			
17. *BoCesA7*	1.660	0.286	0.197	0.262	0.197	0.319	0.056	0.201	0.190	0.259	0.187	0.146	0.257	0.234	0.188	0.187		
18. *BoCesA8*	1.386	0.091	0.020	0.123	0.039	0.216	0.272	0.013	0.031	0.141	0.008	0.032	0.124	0.124	0.054	0.054	0.204	

（二）物理性质分析

对选取蛋白序列进行物理性质分析（表 3-2）可知，除两个特别蛋白[*AaCesA-a* 与 *PeCesA*（clone4）]外，选择蛋白序列所含残基个数均在 1056～1086，对应分子质量在 118.05～122.24kDa，与李益等（2008）提及 *CesA* 基因相关特性相同。由酸性和碱性氨基酸残基个数可以确定该蛋白的理论等电点。如表 3-2 所示，酸性氨基酸残基较碱性氨基酸残基多，则该蛋白表现为酸性蛋白，其等电点小于 7，残基数差异越多，等电点的值更小；反之，碱性氨基酸残基较酸性氨基酸残基多，该蛋白表现为碱性蛋白，等电点大于 8，残基数差异越少，等电点的值越大。

表 3-2　绿竹与毛竹 CesA 蛋白序列物理性质分析

基因名称	残基个数	分子质量/kDa	酸性氨基酸残基个数	碱性氨基酸残基个数	理论等电点	总亲水性平均系数
AaCesA-a	756	84.56	70	75	8.55	0.141
AtCESA1	1081	122.23	125	120	6.53	−0.236
OsCesA1-0	1076	121.26	120	117	6.68	−0.191
BoCesA1	1078	121.50	121	117	6.60	−0.199
BoCesA2	1073	120.70	122	113	6.16	−0.157
BoCesA3a	1074	120.88	122	113	6.16	−0.146
BoCesA3b	1074	120.89	122	114	6.23	−0.150
BoCesA4a	1061	118.76	115	121	8.26	−0.231
BoCesA5	1080	120.98	118	119	7.48	−0.209
BoCesA7	1086	122.24	123	125	7.61	−0.202
BoCesA8	1078	121.59	121	116	6.50	−0.186
PeCesA（clone1）	1077	121.64	119	121	7.64	−0.238
PeCesA（clone2）	1076	121.02	122	113	6.16	−0.143
PeCesA（clone3）	1056	118.05	108	120	8.62	−0.202
PeCesA（clone4）	982	111.30	104	113	8.45	−0.200
PeCesA1	1078	121.42	120	119	6.97	−0.197
PeCesA2	1070	120.60	121	114	6.31	−0.158
PeCesA3	1081	120.92	119	121	7.70	−0.227

（三）跨膜结构分析

图 3-2 是对 BoCesA3b 的跨膜结构分析，从图 3-2 可以看出，虚线代表对应位置氨基酸处于膜外。横坐标表示氨基酸残基位置，纵坐标表示残基具有相应结构的可能性；氨基酸残基的结构可能性大于 0.95 才显示其具有该结构。

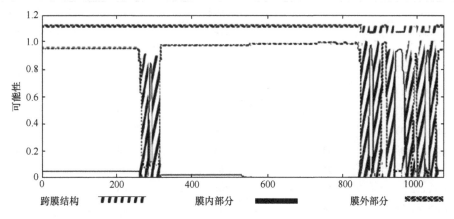

图 3-2　BoCesA3b 跨膜结构分析

由选择 CesA 跨膜结构预测结果比对图（图 3-3）可看出，大部分高等植物 CesA 在其 C 端都具有 6 个跨膜结构，在该合成酶的 N 端 300 残基处还具有 2 个跨膜结构；部分 CesA 只具有 C 端的 6 个跨膜结构，而在其 N 端不具有跨膜结构。其中 PeCesA（clone1，clone 3，clone 4）在其 C 端具有 4 个或者 5 个跨膜结构，预测其与该物种或该克隆株的特异性有关。

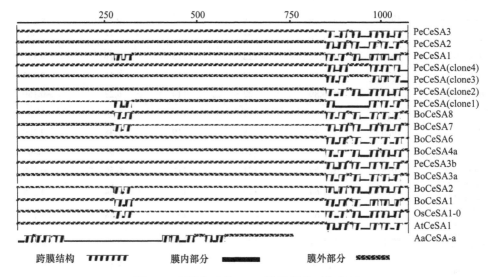

图 3-3 绿竹与毛竹 CesA 跨膜结构对比分析

（四）二级结构分析

二级结构分析结果见表 3-3，CesA 二级结构中具有α-螺旋、β-转角、延伸链和无规卷曲，不含有其他结构，如 3_{10} 螺旋、Pi 螺旋、β桥、弯曲区域等。由表 3-3 可以看出，除醋酸杆菌 CesA 外，其余 CesA 的无规卷曲含量最多，其次是α-螺旋，β-转角最少；根据α-螺旋含量可以预测高等植物 CesA 为亲水蛋白，而根据 CesA 物理性质分析也证明了此结果。

表 3-3 绿竹与毛竹 CesA 蛋白序列二级结构分析

基因名称	α-螺旋	延伸链	β-转角	无规卷曲
AaCesA-a	328	124	45	259
AtCesA1	342	152	41	546
OsCesA1-0	350	151	40	535
PeCesA（clone1）	351	165	48	513
PeCesA（clone2）	345	156	40	535
PeCesA（clone3）	359	144	41	512
PeCesA（clone3）	347	136	55	444
PeCesA1	355	167	45	511
PeCesA2	348	161	46	515
PeCesA3	347	145	46	543
BoCesA1	356	155	44	523

续表

基因名称	α-螺旋	延伸链	β-转角	无规卷曲
BoCesA2	343	163	45	522
BoCesA3a	345	161	41	527
BoCesA3b	344	163	40	527
BoCesA4a	347	132	37	543
BoCesA5	335	147	51	547
BoCesA7	357	170	67	492
BoCesA8	347	156	48	527

三、讨论与结论

由于 *CesA* 基因是一个庞大的家族，同一物种具有不同的 *CesA* 基因，各个基因之间存在着一定的序列差异，也使得其具有不同的性质。早期研究表明：CesA 是以复合体形式合成纤维素，但到目前还没有一个公认的组装模型。2002 年，Appenzeller 根据 Delmer 的观点提出，1 个复合体由 6 个亚基组成，每个复合体亚基由 6 根 CesA 多肽链组成。每根多肽链都有 8 个跨膜螺旋结构，在质膜上形成一个通道，有利于新链从此通道穿过，进入细胞壁，36 根新生链从复合体中穿出形成原纤丝。有研究表明，拟南芥 AtCesA1、AtCesA3、AtCesA6 以六瓣玫瑰花结状复合体参与初级细胞壁的形成，AtCesA4、AtCesA7、AtCesA8 形成的复合体则参与次级细胞壁的形成，且 AtCesA2、AtCesA5、AtCesA9 在某些特定的时期及部位能替代 AtCesA6 参与形成 CesA 复合体。

通过对醋酸杆菌、拟南芥、水稻、绿竹和毛竹的系统进化关系和组成性差异进行分析，已经克隆得到的绿竹和毛竹 *CesA* 基因大多参与初级细胞壁的形成，而参与次级细胞壁合成的 *CesA* 基因较少。从分析结果可以看出，绿竹和毛竹参与初级细胞壁形成的 *CesA* 除 *AtCesA1*、*AtCesA3* 的同源序列外，*AtCesA2*、*AtCesA5*、*AtCesA6*、*AtCesA9* 各只有 1 条同源序列。此外，参与次生细胞壁形成相关的 *AtCesA4*、*AtCesA7*、*AtCesA8* 分支内无明显聚类，此结果促使研究者还需通过对绿竹和毛竹不同时期和不同部位进行克隆，获得其仍未克隆到的 *CesA* 基因。

BoCesA 和 PeCesA 物理性质分析表明其等电点均在 7 附近波动，说明构成 CesA 蛋白的酸性和碱性氨基酸个数可能与形成三聚体复合物的空间结构有关，对复合物的稳定性起到一定的作用。而通过对 BoCesA 和 PeCesA 的跨膜结构分析则可以看出跨膜结构集中在蛋白 C 端，N 端只含有少数此结构，此结构表明 N 端对该蛋白起到固定作用，而 C 端才为其功能区域。CesA 蛋白只有少部分是跨膜结构，大部分结构暴露于细胞质基质和细胞外基质；而且根据总亲水性平均系数的数值也可以看出，CesA 蛋白是亲水性蛋白。此外，通过对 CesA 蛋白序列的二级结构分析表明，该蛋白二级结构表现出较强的亲水性，也证实了上述观点。

通过对绿竹和毛竹 CesA 蛋白序列的上述分析可以看出，竹类 CesA 蛋白具有如下一些基本特征：①竹类 CesA 与水稻 CesA 具有较高同源性；②竹类 CesA 理论等电点为 6.16～8.62，等电点的不同与 CesA 三聚体的稳定有一定的关系；③竹类 CesA 同样具有 5 个、6 个或 8 个跨膜结构，CesA 蛋白的 N 端起固定作用，C 端为其功能区域；④竹类

CesA 主要存在α-螺旋、β-转角（最少）、延伸链和无规卷曲（最多），不含如 3_{10} 螺旋、Pi 螺旋、β桥、弯曲区域等结构；⑤竹类 CesA 蛋白是一类亲水性蛋白。

第三节　慈竹纤维素合成酶基因克隆、表达与生物信息学研究

我国森林资源十分匮乏，森林覆盖率只有 18.21%，已有的森林资源已经不能满足造纸工业的发展，使竹纤维成为造纸工业的优良原料，并逐年增多。慈竹产量高（45 000kg/hm²）、薄壁且富含纤维（含量最高可达 52%）及纤维品质优良等特点使其成为西南地区主要的竹类造纸原料。因此，本研究以慈竹为材料，采用扩增已知同源基因技术和 cDNA 末端快速扩增技术（rapid amplication of cDNA end，RACE）的方法，克隆并获得慈竹 *CesA* 基因，通过生物信息学和 RT-PCR 分析，初步了解获得的慈竹纤维素合成酶基因的特性及其在不同组织中的表达情况，通过基因方法改良工业用竹纤维品质，为慈竹的改良与培育和基因的定量表达奠定基础。

一、试验材料

（一）植物材料

以四川省绵阳市西南科技大学校内慈竹嫩茎为材料，将其切成小块，液氮中保存，带回实验室，放置于–80℃超低温冰柜中。

（二）试验用主要试剂、菌种

rTaq DNA 聚合酶、LA-*Taq* DNA 聚合酶、DL2000 DNA marker、pMD19-T 载体、X-Gal、IPTG、*Eco*R I、*Hind* III、*Sma* I、Reverse Transcriptase M-MLV（RNase H⁻）反转录试剂盒等限制性内切酶购自 TaKaRa 公司；Trizol 试剂购买于天根生化科技（北京）有限公司；胶回收试剂盒购自 Omega Bio-tec 公司；大肠杆菌 DH5α 感受态为本实验室制备；细菌培养用胰蛋白胨和酵母提取物购自 Gene 公司；其他试剂为国产分析纯。

二、试验方法

（一）总 RNA 的提取

慈竹嫩茎的总 RNA 的提取方法同第二章第三节中的慈竹 *4CL* 基因保守区扩增。

（二）慈竹 *CesA* 基因保守区的 PCR 扩增

1. 引物

参照其他物种中已经克隆得到的 *CesA* 基因保守区，利用 Primer Premier 5.0 软件设计慈竹 *CesA* 基因保守区的简并引物，引物序列如下。上游引物（F1）：5′-AGGAAGGTCTGCTATGTACARTTYCCNCA-3′。下游引物（R1）：5′-TCTTCTGTAACTGAACCRTADATCCANCC-3′。R 代表 A，G 任一种；Y 代表 C，T 任一种；D 代表 A，G，T 任一种；N 代表 A，C，G，T 任一种。

2. PCR 体系

PCR 由 rTaq DNA 聚合酶反应试剂盒提供的试剂进行，扩增反应在 PTC-200 PCR 自动扩增仪上进行，反应体系（30μL）如下。

10×PCR buffer	3μL
dNTP mixture（每种 2.5mmol/L）	3μL
$MgCl_2$	3μL
F1 引物（10μmol/L）	1μL
R1 引物（10μmol/L）	1μL
反转录生成的 cDNA（模板）	1μL
rTaq DNA 聚合酶（5U/μL）	0.5μL
ddH_2O	17.5μL

3. PCR 条件

慈竹 *CesA* 基因保守区扩增先采用温度梯度 PCR 技术选择最佳退火温度，再以最佳退火温度进行后续 PCR 扩增，具体程序如下。

温度梯度 PCR 使用程序：①95℃ 3min（预变性）；②95℃ 30s（变性）；③60℃ 30s（退火）；④+0.0 +0.0；⑤R=3.0/s +0.0；⑥G=2.1；⑦72℃ 2min（延伸）；循环②～⑦，30 个循环（其中④～⑥为退火参数）；⑧72℃ 10min（延伸）；⑨4℃ 保持（结束）。

扩增片段 PCR 使用程序：①95℃ 3min（预变性）；②95℃ 30s（变性）；③60℃ 30s（退火）；④72℃ 1min（延伸）；循环②～④，30 个循环；⑤72℃ 10min（延伸）；⑥4℃ 保持（结束）。

4. 慈竹 *CesA* 基因的 5′RACE PCR 扩增

（1）慈竹嫩茎 5′RACE 特异 cDNA 的合成

cDNA 合成反应由 Clontech 公司的 5′RACE 试剂盒提供的试剂进行，该试剂盒基于反转录 PCR 原理进行 5′RACE 扩增。扩增反应在 Bio-Rad 公司的 PTC-200 PCR 自动扩增仪上进行。

（2）5′RACE 引物设计与合成

根据 5′RACE 原理及试验扩增要求，设计特异性巢式 PCR 引物，研究基因的对应引物名称和特异序列如表 3-4 所示。

表 3-4　5′RACE 特异引物设计结果

引物位置	引物名称	引物序列（5′→3′）
CesA2（out）	pcs3（GSF1）	CTGACCAAAGCGTTTCTCCAAGC
CesA2（inn）	pcs4（NGSF1）	CTCCAAATCAGCCTCAGTCAACA
CesA3（out）	pcs5（GSF1）	CCATCAAAGTGGAGGCAACAAAA
CesA3（inn）	pcs6（NGSF1）	TCCAGCACCTTCAACACCCTCCT
	UPM（short）	CTAATACGACTCACTATAGGGC
	NUP	AAGCAGTGGTATCAACGCAGAGT

注：引物由生工生物工程（上海）股份有限公司合成

（3）慈竹 *CesA* 基因 5′RACE PCR 体系

PCR 由 TaKaRa 公司的 LA-*Taq* DNA 聚合酶反应试剂盒提供的试剂进行，扩增反应在 Bio-Rad 公司的 PTC-200 PCR 自动扩增仪上进行，先后进行两轮反应，反应体系（50μL）如下。

第一轮 5′RACE 的反应体系（50μL）：

2×GC buffer Ⅰ	25μL
dNTP mixture（每种 2.5mmol/L）	8μL
UPM（short）（10μmol/L）	5μL
Out 引物（GSF1）（10μmol/L）	2μL
反转录得到的 cDNA	2μL
LA-*Taq* DNA 聚合酶（5U/μL）	0.5μL
ddH$_2$O	7.5μL

第二轮 5′ RACE 的反应体系（50μL）：

2×GC buffer Ⅰ	25μL
dNTP mixture（每种 2.5mmol/L）	8μL
NUP（10μmol/L）	2μL
inn 引物（NGSF1）（10μmol/L）	2μL
out 产物	1μL
LA-*Taq* DNA 聚合酶（5U/μL）	0.5μL
ddH$_2$O	11.5μL

（4）慈竹 *CesA* 基因 5′RACE 的 PCR 条件

5′RACE 第一轮 PCR 扩增条件：①95℃ 3min（预变性）；②95℃ 30s（变性）；③65℃ 30s（退火）；④72℃ 3min（延伸）；循环②～④，35 个循环；⑤72℃ 10min（延伸）；⑥4℃ 保持（结束）。

5′RACE 第二轮 PCR 扩增条件先采用温度梯度 PCR 技术选择最佳退火温度，再以最佳退火温度进行后续 PCR 扩增，具体程序如下。

温度梯度 PCR 使用程序：①95℃ 3min（预变性）；②95℃ 30s（变性）；③65.8℃ 30s（退火）；④+0.0 +0.0；⑤*R*=3.0/s +0.0；⑥*G*=2.2；⑦72℃ 3min（延伸）；循环②～⑦，25 个循环（其中④～⑥为退火参数）；⑧72℃ 10min（延伸）；⑨4℃ 保持（结束）。

确定扩增片段 PCR 使用程序：①95℃ 3min（预变性）；②95℃ 30s（变性）；③65℃ 30s（退火）；④72℃ 3min（延伸）；循环②～④，30 个循环；⑤72℃ 10min（延伸）；⑥4℃ 保持（结束）。

5. 慈竹 *CesA* 基因的 3′RACE PCR 扩增

（1）慈竹 cDNA 的合成

cDNA 合成反应仍由 TaKaRa 公司的 Reverse Transcriptase M-MLV（RNase H⁻）反转录盒提供的试剂进行，扩增反应在 Bio-Rad 公司的 PTC-200 PCR 自动扩增仪上进行，反应体系为 20μL。

（2）3′RACE PCR 引物设计与合成

根据克隆得到的慈竹 *CesA* 基因保守区序列，利用 Primer Premier 5.0 软件设计

3′RACE 引物。引物具体序列如表 3-5 所示，并将该引物交由生工生物工程（上海）股份有限公司合成。

表 3-5 3′RACE 特异性引物设计结果

引物位置	引物名	引物序列（5′→3′）
CesA2（out）	P3r3	TCAATAGGCAGGCTTTGTATG
CesA2（inn）	P3r4	AGAAGAGGGCTTTGAAGGTTAT
CesA3（out）	P3r5	TGGCATTCAAGGACCAGTTTAT
CesA3（inn）	P3r6	GGGTGTTGAAGGTGCTGGATTT
	TAnchor	GACCACGCGTATCGATGGCTCATTTTTTTTTTTTTTTV
	3Reverse	GACCACGCGTATCGATGGCTCA

注：V 代表 A，C，G 任一种

（3）慈竹 *CesA* 基因的 3′RACE PCR 体系

PCR 由 TaKaRa 公司的 LA-*Taq* DNA 聚合酶反应试剂盒提供的试剂进行，扩增反应在 Bio-Rad 公司的 PTC-200 PCR 自动扩增仪上进行，先后进行两轮反应，反应体系（50μL）如下。

3′RACE 第一轮反应体系（50μL）：

2×GC buffer I	25μL
dNTP mixture（每种 2.5mmol/L）	8μL
反转录得到的 cDNA	4μL
3Reverse（10μmol/L）	2μL
out 引物（10μmol/L）	2μL
TaKaRa LA-*Taq* DNA 聚合酶（5U/μL）	0.5μL
ddH₂O	8.5μL

3′RACE 第二轮反应体系（50μL）：

2×GC buffer I	25μL
dNTP mixture（每种 2.5mmol/L）	8μL
反转录得到的 cDNA	4μL
3Reverse（10μmol/L）	2μL
inn 引物（10μmol/L）	2μL
LA-*Taq* DNA 聚合酶（5U/μL）	0.5μL
ddH₂O	11.5μL

（4）慈竹 *CesA* 基因的 3′RACE PCR 扩增条件

3′RACE 第一轮 PCR 扩增条件：①95℃ 3min（预变性）；②95℃ 30s（变性）；③60℃ 30s（退火）；④72℃ 2.5min（延伸）；循环②~④，25 个循环；⑤72℃ 10min（延伸）；⑥4℃ 保持（结束）。

3′RACE 第二轮 PCR 扩增条件：①95℃ 3min（预变性）；②95℃ 30s（变性）；③62℃ 30s（退火）；④72℃ 2.5min（延伸）；循环②~④，30 个循环；⑤72℃ 10min（延伸）；⑥4℃ 保持（结束）。

6. 慈竹 *CesA* 基因全长的 PCR 扩增

（1）慈竹 *CesA* 基因全长的 PCR 引物设计与合成

根据克隆得到的慈竹 *CesA* 基因的 3′端和 5′端序列，利用 Primer Premier 5.0 软件设计慈竹 *CesA* 基因的全长引物，引物序列如表 3-6 所示。

表 3-6　*CesA2* 和 *CesA3* 全长引物设计

引物位置	引物名	引物序列（5′→3′）
CesA2（F）	SmaI-2P	TCCCCCGGGACGGGAGGGGTCGGCG
CesA2（R）	SacI-2T	CGAGCTCGCAGTTTTCTTCAGCAGTTTA
CesA3（F）	SmaI-3O	TCCCCCGGGGGTGAATCTTGTTTGCGCCATG
CesA3（R）	EcoRI-3T	CCGGAATTCTCTACAGTCACCCGCTTTCCT

注：实线框表示酶切位点序列，实线框 5′方向剩余碱基表示保护碱基。引物由生工生物工程（上海）股份有限公司合成

（2）慈竹 *CesA* 基因全长的 PCR 体系

PCR 由 TaKaRa 公司的 LA-*Taq* DNA 聚合酶反应试剂盒提供的试剂进行，扩增反应在 Bio-Rad 公司的 PTC-200 PCR 自动扩增仪上进行，反应体系（50μL）如下。

2×GC buffer Ⅰ	25μL
dNTP mixture（每种 2.5mmol/L）	8μL
正向引物（F）（10μmol/L）	5μL
反向引物（R）（10μmol/L）	2μL
反转录得到的 cDNA	2μL
LA-*Taq* DNA 聚合酶（5U/μL）	0.5μL
ddH$_2$O	7.5μL

（3）慈竹 *CesA* 基因全长的 PCR 条件

慈竹 *CesA* 基因全长的 PCR 条件如下：①95℃ 3min（预变性）；②95℃ 30s（变性）；③58℃ 30s（退火）；④72℃ 4min（延伸）；循环②～④，30 个循环；⑤72℃ 10min（延伸）；⑥4℃ 保持（结束）。

慈竹 *CesA* 基因保守区、5′RACE、3′RACE 和全长 PCR 产物的回收，与 T 载体连接，转化，质粒提取采用分子克隆的方法。

三、结果与结论

（一）慈竹 *CesA* 保守区克隆与生物信息学分析

1. 慈竹 *CesA* 保守区克隆

结合温度梯度 PCR 筛选得到的最佳退火温度，使用反转录 cDNA 为模板扩增 *CesA* 保守区，其电泳结果如图 3-4 所示，扩增得到长度约为 600bp 的条带。

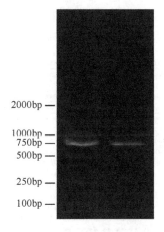

图 3-4　*CesA* 保守区克隆结果

2. 慈竹 *CesA* 保守区的菌液 PCR 结果

经蓝白斑筛选，挑取白色菌落划线摇菌。将获得的菌液直接进行菌液 PCR，并将 PCR 结果进行电泳验证（图 3-5）。对应泳道均出现长度约 550bp 的条带，初步判定上述菌液含有目的片段重组质粒，并将菌液送交上海 Invitrogen 公司测序。

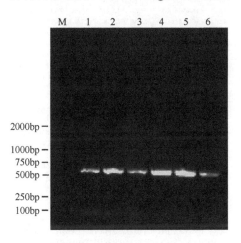

图 3-5　菌液 PCR 结果

M. DL 2000 DNA marker；1～6 克隆的质粒

3. 慈竹 *CesA* 保守区的生物信息学分析

将返回的测序结果提交至 NCBI 的 Vecscreen 程序去载体，得到无载体污染的目的序列，保存正确序列以备后用。经初步分析，克隆结果含有不同的 4 条序列，长度分别为 617bp、584bp、590bp、578bp，具体序列及命名分别如 ClustalW 比对结果中所示（图 3-6）。由该比对结果可以看出：所得 4 条序列差异较大；4 条序列只在序列的 5′端和 3′端相似度相对较高，而中间序列差异较大。结合 DNAMAN 比对分析结果（图 3-6）可以看出，4 条序列的共同相似度只有71.43%，4 条序列的相互相似度分别为 *CesA1*×*CesA2*（64.34%）、*CesA1*×*CesA3*（65.01%）、*CesA1*×*CesA4*（52.35%）、*CesA2*×*CesA3*（70.01%）、*CesA2*×*CesA4*（55.52%）、*CesA3*×*CesA4*

(52.71%)。其中 *CesA4* 与其余 3 条序列的相似度均在 55%左右，而 *CesA2* 和 *CesA3* 相似度最高（70.01%），也说明 4 条序列存在显著差异（>95%），可确定为 4 条不同序列。

```
                 简并引物：AGGAAGGTCTGCTATGTACARTTYCCNCA
CesA2   ATTAGGAAGGTCTGCTATGTACAGTTTCCTCAAAGATTTGATGGCATTGACTTGAATGAT 60
CesA3   ATTAGGAAGGTCTGCTATGTACAGTTTCCTCGAAGGTTCGATGGTATTGATAGGAATGAT 60
CesA1   ATTAGGAAGGTCTGCTATGTACAATTTCCTCAAAGATTTGATGGGATTGATCGTCATGAT 60
CesA4   ATTAGGAAGGTCTGCTATGTACAGTTTCCTCAACGATTTGAAGGCATTGATCCATCGGAT 60
        *********************** ******* * * ** ** ** *****       ***
CesA2   CGATATGCTAACCGGAACATTGTCTTCTTTGATATTAACATGAAGGGTTTAGATGGCATT 120
CesA3   CGATATGCAAACAGGAACACTGTGTTTTTTGATATTAACTTGAGGGGCCTTGATGGCATT 120
CesA1   CGATATGCCAACAGGAATGTTGTCTTTTTTGATATCAACATGAAAGGTTTGGATGGTATC 120
CesA4   CGCTATGCTAACCACAACACAGTCTTCTTTGATGTCAACATGCGCGCGCTGGATGGTATC 120
       ** ***** ***   **    ** ** ****** * *** **   *   * ***** **
CesA2   CAAGGTCCTGTGTATGTCGGAACAGGATGCTGTTTCAATAGGCAGGCTTTGTATGGCTAT 180
CesA3   CAAGGACCAGTTTATGTGGGAACTGGTTGTGTTTTCAACAGGACAGCTCTATATGGTTAT 180
CesA1   CAAGGCCCCATCTATGTTGGTACTGGATGTGTCTTTGGAAGGCAGGCATTGTATGGTTAT 180
CesA4   ATGGGACCAGTCTACGTCGGCACTGGCTGTCTGTTCCGCCGCATTGCTCTATATGGATTT 180
          ** **  * ** ** ** ** ** **    **     *    **   * ***** * *
CesA2   GA-TCCTTT------------------GTTGA----CTGAGGCTG-------ATTTGGAGC 211
CesA3   GAACCCCCC------------------GTTAAG---CAGAAGAAG-------AAGGGCGGC 213
CesA1   GATGCCCCCAAAACAAAGAAACCGCCGTCAAGGACTTGCAACTGCTGGCCCAAGTGGTGC 240
CesA4   GA-CCCTCCA----------------CGCT------CCAAGGA---------ACATAGTGG 209
        **  **                    *                        *      *
CesA2   CTAACATTATCATTAAAAGCTGCTGTGGT-GGAAGAA-AG-A-------AG---------- 252
CesA3   TTCTTGTCATCACTA-----TGTGGGGGCCGGAAGAA-GACA-------AGCA--AATCA 258
CesA1   TT-TTGCTGTTGCTG----CTGTGGTGACAGGAAGGGCAAGA-------AG--------- 279
CesA4   CTGCTGCAGCTGTTGCTTCCCCCAGAGGC-GTAAGATCAAGACTACCTCAGTTCCATCCG 268
         *           *          * *   * ***       *      **
CesA2   AAGG--ACAAGAGCTATA-TTGATAGCAA--AAACCGTGCCATGAA-GAGATCAGAATCT 306
CesA3   AAGA--AAAAGAGCT----CAGATAAGAA--AAAGTCTAACAAGCATGTGGACAG----T 306
CesA1   AAGACTACGAAACCTAAAACAGAGAAGAAGAAAAGATTGTTTTTAAGAGAGCAGAAAAT 339
CesA4   AAGAG-ACACAGGCTCTA-CGAATGGCAG----ATTTTGATGATGAGGAAATGAA----- 317
        ***   *     **      *    *    *   *           * *     *
CesA2   TCAGCTCCCATCTTCAACATGGAAGATATAGAAGAGGGCTTTGAAGGT------TATGAG 360
CesA3   TCTGTGCCAGTATTCAATCTCGAAGATATAGAGGAGGGTGTTGAAGGTGCTGGATTTGAT 366
CesA1   CAATCCCCTGCATATGCTCTTGGTGAAATTGAAGAAGGTGCTCCAGGGG------CTGAA 393
CesA4   ------CCTGTCAACATTTCCGAAGAAGTTTGGTAA---CTCGAACGTC-----CTCATC 363
              **           * ** *    *            * *
CesA2   GATGAAAGATCCTTGCTTATGTCCCAAAAGAGCTTG---GAGAAACGCTTTGGT------ 411
CesA3   GATGAGAAATCACTTCTTATGTCTCAAACGAGCTTG---GAGAAGAGATTTGGC------ 417
CesA1   AACGAAAAGGCTGGTATTGTAAATCAACAGAAGTTA---GAAAAGAAATTTGGC------ 444
CesA4   AACTCTATTCCTATTGCTGAATTCCAAGGGCGCCCGCTTGCTGATCACCCTGGTGTCAAG 423
         *    *   *      *    *** *          *    *        ***
CesA2   --CAGTCTCCAATTTTTATTGCATCCAC-CTTCATGACTCAAGGCGGCATACCACCTTCA 468
CesA3   --CAGTCCGCAGCTTTTGTTGCCTCCAC-TTTGATGGAATATGGTGGTGTTCCTCAATCT 474
CesA1   --CAGTCTTCTGTTTTTGTTGCATCTACGCTTCTTGAGA-ATGGTGGAACCCTGAAAAGT 501
CesA4   AATGGCCGTC--CTCCTGGTGCTCTCACTGTCCCTC-------GTGACCTTCTTGATGCT 474
            * *  *   *  *  ***    ** *  *           * *     *
CesA2   ACAAACCCATCCTCATTACTAAAGGAAGCTATCCATGTCATTAGTTGTGGATACGAGGAC 528
CesA3   GCAACTCCAGAATCTCTTTTGAAAGAAGCTATCCATGTCATAAGTTGTGGATATGAGGAC 534
CesA1   GCAAGTCCAGCTTCTCTGCTAAAGGAAGCTATACATGTCATCAGTTGTGGTTATGAAGAC 561
CesA4   -----TCCACAGTTGCT--------GAGGCTATTAGCGTCATATCATGCTGGTACGAAGAC 522
            ***   *    *         ** *****    *****    **  * ** ** ***
CesA2   AAGACAGAATGGGGGAAAGAGATTGGATGGATATATGGTTCAGTTACAGAAGAAAT 584
CesA3   AAATCCGAATGGGGAACTGAGATTGGATGGATATACGGTTCAGTTACAGAAGAAAT 590
CesA1   AAGACAGACTGGGGGAAAGAGATTGGATGGATATACGGTTCAGTTACAGAAGAAAT 617
CesA4   AAGACTGAGTGGGGTCAGCGTGTTGGATGGATCTATGGTTCAGTTACAGAAGAAAT 578
        **  * ** *****       ********** ** ********************
                       简并引物：GGNTGGATHTAYGGTTCAGTTACAGAAGA
```

图 3-6 4 条 *CesA* 的 ClustalW 比对结果

将 4 条 *CesA* 序列分别输入 NCBI 的 Blast N 进行序列比对分析。结果显示 4 条序列分别有不同的同源序列，分别编码不同的纤维素合成酶基因或纤维素合成酶类似基因。其具体分析结果如表 3-7 所示（主要相似物种括号内数据为该物种不同序列中的最大相似度值）。通过对 4 条 *CesA* 的 Blast X 简单分析，结果显示 *CesA1*～*CesA4* 编码保守区的氨基酸数目分别为 203 个、193 个、195 个、190 个。

表 3-7　慈竹 4 条 *CesA* 序列 Blast N 分析结果

基因名称	相似序列数	最大得分	主要相似物种
CesA1	48	965	绿竹（95%）、毛竹（92%）、玉米（91%）、水稻（89%）
CesA2	30	1002	绿竹（98%）、毛竹（95%）、玉米（91%）、水稻（88%）
CesA3	67	929	毛竹（95%）、绿竹（94%）、水稻（92%）、小麦（90%）
CesA4	16	706	水稻（89%）、高粱（88%）、大麦（87%）、玉米（86%）

4. 结论

采用 Trizol 一步法，提取得到高质量慈竹嫩茎的总 RNA，总 RNA 降解较少，蛋白残留少，浓度为 500～1200ng/μL。通过反转录得到慈竹嫩茎的 cDNA，结合温度梯度 PCR 和设计的慈竹 *CesA* 基因保守区简并引物确定 60℃为最佳退火温度，并以此为保守区扩增的退火温度。经设计体系和反应条件扩增得到 4 条慈竹 *CesA* 基因保守区序列，分别命名为 *CesA1*～*CesA4*，长度分别为 617bp、584bp、590bp、578bp。经 ClustalW 和 DNAMAN 软件分析，初步判定 4 条序列为纤维素合成酶基因家族的不同序列。4 条序列共同相似度为 71.43%，最高相互相似度为 70.01%，最低为 52.35%。经 Blast N 的同源序列比对分析确定 4 条保守区序列为纤维素合成酶基因家族的不同序列，4 条序列分别与不同物种的不同序列存在高度的同源性，同源物种主要包括禾本科的绿竹、毛竹、玉米、水稻、小麦和大麦。通过对 *CesA1*～*CesA4* 的 Blast X 分析，可以了解 4 条序列分别编码 *CesA* 基因家族的蛋白保守区。

（二）慈竹 *CesA* 基因 5′RACE 克隆与生物信息学分析

1. 慈竹 *CesA* 基因的 5′RACE PCR 扩增

根据 SMARTer™ RACE cDNA Amplification Kit 原理要求设计 5′RACE 特异性引物，并按该试剂盒说明书要求由慈竹嫩茎 RNA 反转录得到 5′RACE 特异 cDNA 模板。以上述特异模板按试剂盒说明书提供的方法，经两轮 5′RACE PCR 扩增，获得 5′RACE 产物；经琼脂糖凝胶电泳分析得到长度约 2200bp 的 cDNA 片段（图 3-7）。

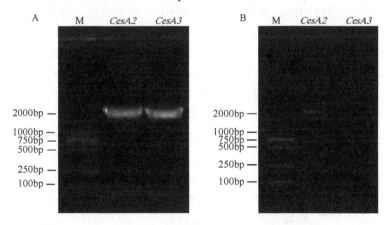

图 3-7　慈竹 *CesA* 5′RACE 扩增（A）及产物回收结果（B）
M. DL2000 DNA marker

2. 慈竹 *CesA* 基因的 5′RACE PCR 产物的克隆

通过蓝白斑筛选，挑选白色单菌落，用碱裂解法提取质粒。由图 3-8 可以看出，*Eco*R I 和 *Hin*d Ⅲ双酶切得到了约 2.5kb 大小的 pMD19-T 空载体和各种不同长度的 DNA 片段，选择有酶切结果的重组克隆体送交测序。

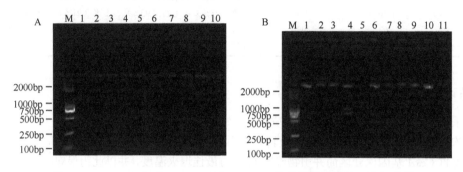

图 3-8　*CesA2*（A）和 *CesA3*（B）5′RACE 片段重组质粒的双酶切结果
A. 1～10. *CesA2* 质粒双酶切；B. 1～11. *CesA3* 质粒双酶切
M. DL2000 DNA marker

3. 慈竹 *CesA* 基因的 5′RACE PCR 产物的生物信息学分析

送交测序的不同克隆子经 3 次测定将全序列测通，将克隆序列提交 NCBI 的 Vecscreen 程序中，去掉载体序列，得到无载体的 5′RACE 克隆序列，保存正确序列以备后用。通过分析，测序结果中 *CesA2* 和 *CesA3* 的 5′RACE 都只有 1 条目的条带，分别标记为 5-2 和 5-3。DNAMAN 程序分析表明，5-2 长度为 2253bp，5-3 长度为 2389bp。

序列 5-2 及其编码的氨基酸序列如图 3-9 所示，上、下游实线框标记序列为引物匹配位点，序列标记出的 ATG 为起始密码子，虚线框标记氨基酸为保守区正向引物设计用的保守氨基酸位点（见保守区引物设计）。该序列编码 *CesA2* 保守区 5′方向有效碱基 2083bp（上游引物到下游引物之间），包括 5′非翻译区 136bp 和编码序列 1947bp（保守区上游 649 个氨基酸）。

对克隆序列 5-2 进行 Blast X 比对分析。Blast X 分析表明，该克隆序列编码的氨基酸序列和绿竹、毛竹、玉米等其他物种中 100 条 CesA 氨基酸序列高度相似，氨基酸比对得分分值均在 200 以上，确定克隆到了慈竹 *CesA2* 基因的 5′端序列。

序列 5-3 及其编码的氨基酸序列如图 3-10 所示，上、下游方框标记序列为引物匹配位点，序列标记出的 ATG 为起始密码子，虚线框标记氨基酸为保守区正向引物设计用的保守氨基酸位点（见保守区引物设计）。该序列编码 *CesA3* 保守区 5′方向有效碱基 2311bp（上游引物到下游引物之间），包括 5′非翻译区 196bp 和编码序列 2115bp（保守区上游 705 个氨基酸）。

对克隆序列 5-3 进行 Blast X 比对分析。Blast X 分析表明，该克隆序列编码的氨基酸序列和毛竹、水稻、玉米等其他物种中 100 条 CesA 氨基酸序列高度相似，氨基酸比对得分分值均高于 200，确定克隆到了慈竹 *CesA3* 基因的 5′端序列。

```
1
TAGGGCGAATTGGGTACCGGGCCCCCCCTCGAGGTCGACGGTATCGATAAGCTTGATATCGA
ATTCCCAATACTAAGCAGTGGTATCAACGCAGAGTACATGGGGGCTCGCTCTCTCTCTCTCT
TAAGCCTTGACAGTGCGCGTTGTGTAAGAGGGAAGTGGAGGAGAGGGGAAGCGGCATTGATC
GACCCGGGACGGGAGGGGTCGGCG
```

```
211  atggcggcgaacgccgggatggtcgccggctcgcgcgacggggtc
     M  A  A  N  A  G  M  V  A  G  S  R  D  G  V
256  gtcacgatccgccacgatggcgatggggccgccaagccgctg
     V  T  I  R  H  D  G  D  G  A  A  A  K  P  L
301  aagaatgtgaacgaacagatctgtcaaatttgtggcgacactgtt
     K  N  V  N  E  Q  I  C  Q  I  C  G  D  T  V
346  gggctctcagccacgggcgatgtcttcgtctgcaacgagtgt
     G  L  S  A  T  G  D  V  F  V  A  C  N  E  C
391  gccttcccagtttgtcggccttgctatgagtatgagcgcaaggat
     A  F  V  C  R  P  C  Y  E  Y  E  R  K  D
436  gggaatcagtgctgcccccaatgcaagactagatacaagaggcac
     G  N  Q  C  C  P  Q  C  K  T  R  Y  K  R  H
481  aaagggagcccacgagttccaggagacgaggaggaggaggatgtt
     K  G  S  R  V  P  G  D  E  E  E  D  V
526  gatgattggacaacgaattcaattataagcaggcaatacaaa
     D  D  L  D  N  E  F  N  Y  K  Q  G  N  S  K
571  ggccagcagtggcagctgcaggctcaagcaggagtgttgataca
     G  Q  Q  W  Q  L  Q  A  Q  G  E  D  V  D  I
616  ttgtcatcttctcggcatgaaccgcatcataggattccacgtttg
     L  S  S  S  R  H  E  P  H  H  R  I  P  R  L
661  acaagtgggcagcagatttctggagattgtcagaccctcgaaggactg
     T  S  G  Q  Q  I  S  G  D  I  P  D  A  S  P
706  gatcgccactctatccgcagcccaacatcaagctatgttgatcca
     D  R  H  S  I  R  S  P  T  S  Y  V  D  P
751  agcattccagttcctgtgaggattgtggaccctcgaaggacttg
     S  I  P  V  P  V  R  I  V  D  P  S  K  D  L
796  aattcttatgggctggtagtgtgacatcggtgaaagaaggtggag
     N  S  Y  G  L  G  S  V  D  W  K  E  R  V  E
841  agctggagagtaaacaggagaaaaatatggtacatgtgaccaat
     S  W  R  V  K  Q  E  K  N  M  V  H  V  T  N
886  aaatatccagacgaagggaaaggggatattgaggctggcatcgtca
     K  Y  P  A  E  G  K  G  D  I  E  G  T  G  S
931  aatggtgaagatctgcaaatggttgatgatgcacggcgacctcta
     N  G  E  D  L  Q  M  V  D  D  A  R  L  P  L
976  agccgcatatgcctataccgccaatcagctgaaccttatcga
     S  R  I  V  P  I  P  A  N  Q  L  N  L  Y  R
1021 gtagtgatcattctccggcttatcatcctgctcttcttccag
     V  V  I  I  L  R  L  I  I  L  C  F  F  Q
1066 tatcgtataactcatccagtatggacgctttatgagtttatggcctt
     Y  R  I  T  H  P  V  W  D  A  Y  G  L  W  L
1111 gtatcgtgtatctgtcgaagtttggtttgctcgtgcttggctcttg
     V  S  V  I  C  E  V  W  F  A  L  S  W  L  L
1156 gatcagttccaaagtggtatctatcaaccgtgaaacttaccttg
     D  Q  F  P  K  W  Y  P  I  N  R  E  T  Y  L
1201 gataggcttgcattgagatatgataggregagagagagatatagatcaggccatcgcag
     D  R  L  A  L  R  Y  D  R  E  G  E  P  S  Q
```

```
1246 ctggctccaattgatgtcttgttcagtacggtggacccacttaag
     L  A  P  I  D  V  F  V  S  T  V  D  P  L  K
1291 gaacctctctgatcaccgccaatactgtttgtccattcttgct
     E  P  L  I  T  A  N  T  V  L  S  I  L  A
1336 gtggattacctgttgacaaagtatcatgctatgtttctgatgat
     V  D  Y  P  V  D  K  V  S  C  Y  V  S  D  D
1381 ggttcagctatgttgacagaagctctaagtgaaactgcagaa
     G  S  A  M  L  T  F  E  A  L  S  E  T  A  E
1426 tttgccagaaagttgggttccctttcaaaaagcaccacattgaa
     F  A  R  K  W  V  P  F  C  K  K  H  H  I  E
1471 cccagggctccgaatttatttgctcaaaagatagattccta
     P  R  A  P  E  F  Y  F  A  Q  K  I  D  Y  L
1516 aaggacaaaatccaacttctttgtgaaagaaagcgtgcaatg
     K  D  K  I  Q  P  S  F  V  K  E  R  R  A  M
1561 aaggaggagtatgaagaattcaagtacgaatcaatgccccttgtt
     K  R  E  Y  E  E  F  K  V  R  I  N  A  L  V
1606 gcgaagacagcaaagacctgaagaggagcagtggacatggagtggactgaccagg
     A  K  A  Q  K  V  P  E  E  G  W  T  M  A  D
1651 ggcactccttggcctgggaataacccaagagatcatcctggaatg
     G  T  P  W  P  G  N  N  P  R  D  H  P  G  M
1696 atccaggttttcttgggccacagtggtggcctgactgatgg
     I  Q  V  F  L  G  H  S  G  G  L  D  T  D  G
1741 aatgagttgccacgacttgtttatgtctctcgtgaaaagaggcca
     N  E  L  P  R  L  V  Y  V  S  R  E  K  R  P
1786 ggcttccagcatcacaagaaggctggccatgaatgctttgatt
     G  F  Q  H  H  K  K  A  G  A  M  N  A  L  I
1831 cgtgtactgctgtcctaacaaatggcgcttacctctttaatgtg
     R  V  S  A  V  L  T  N  G  A  Y  L  L  N  V
1876 gattgtgatcactacttcaatagcagcaaagctcttagagaggca
     D  C  D  H  Y  F  N  S  S  K  A  L  R  E  A
1921 atgtgctttatgatggacccagctcttggtcgtaaaacttgctat
     M  C  F  M  M  D  P  A  L  G  R  K  T  C  Y
1966 gtccagtttccacaaagatctgatggcattgacttgaatgatcga
     V  Q  F  P  Q  R  S  D  G  I  D  L  N  D  R
2011 tatgctaaccgtaatatcgtcttctttgatattaacatgaagggt
     Y  A  N  R  N  I  V  F  F  D  I  N  M  K  G
2056 ttagatggcattcaaggtcctgtgtatgtcggaacaggatgctgt
     L  D  G  I  Q  G  P  V  Y  V  G  T  G  C  C
2101 ttcaataggcaggccttgtatggctatgatccttgttgactgag
     F  N  R  Q  A  L  Y  G  Y  D  P  L  L  T  E
2146 gctgatttggaggtattggagaattccatcaggccgggggatcca
     A  D  L  E  S  I  G  N  S  C  S  P  G  D  P
2191 ctagttctagaggtgctgaaccgccggctggagctccagcttttgt
     L  V  L  E  R  P  P  P  R  W  S  S  S  F  C
2236 tccctttag 2244
     S  L  *
```

图 3-9　序列 5-2 及其编码的氨基酸序列

通过以上研究，利用 5′RACE 技术成功克隆了慈竹 *CesA2* 和 *CesA3* 的 5′端基因片段 5-2 和 5-3，测序结果表明两条序列长度均超过 2200bp。序列分析表明，两条获得序列均包括起始密码子 ATG 和部分 5′非翻译区在内的 5′端序列。

　　5′RACE 结果中虚线框标记氨基酸为保守区简并引物设计所用位点，*CesA2* 和 *CesA3* 保守区氨基酸与其他物种的完全一样，说明此位点为植物 *CesA* 的保守位点。但比较简并引物序列和 5′RACE 序列对应位点发现除简并碱基外还有部分碱基（引物 5′端）不完全一致，说明慈竹纤维素合成酶位点的碱基偏好与其他物种存在差异，属于特异性位点。综上所述，通过 5′RACE 克隆得到 *CesA2* 和 *CesA3* 的 5′端，其中包括保守区部分序列。

　　结论：以克隆得到的慈竹 *CesA* 基因保守区序列为基础，按 SMARTer™ RACE cDNA

Amplification Kit 引物设计原理获得 5′RACE 特异引物。以慈竹嫩茎总 RNA 反转录的 cDNA 为模板，通过 5′RACE 技术克隆得到了两条包括 ATG 起始密码子在内的慈竹 *CesA* 基因 5′端序列，分别命名为 5-2 和 5-3。其中，5-2 编码 *CesA2* 保守区 5′方向有效碱基 2083bp，包括 5′非翻译区 136bp 和编码序列 1947bp（共编码 689 个氨基酸）；5-3 编码 *CesA3* 保守区 5′方向有效碱基 2311bp，包括 5′非翻译区 196bp 和编码序列 2115bp（共编码 705 个氨基酸）。

```
1
CAGTGAATTCGAGCTCGGTACCCGGGGATCCTCTAGAGATTAAGCAGTGGTATCAACGCAGAGT
ACATGGGGGTAGTAGTAGCACTCCCGCGGCCACCTCCACTCCCAAACTCCGCGTCCTTGGAGC
CTCCCGGGGAGGACTCGAGCGCGGGATGCGGTGCTGATCCGTGCTCGGATCTTGGTGGAGCTGA
GCTGACCGAGCTGGGTTCTCGGCGCGGGTGAATCTTGTTTGCGCC
```

```
 238  atggaggcgacgcggaggctgtgaagtcggggaggctcgggggc
      M  E  G  D  A  E  A  V  K  S  G  R  L  G  G

 283  gggcagctgtgccagatctgcggcgacggtgtgggcaccacggcg
      G  Q  L  C  Q  I  C  G  D  G  V  G  T  T  A

 328  gaggcgacgtcttcgccgtctgctgccggttcccggtc
      E  G  D  V  F  A  A  C  D  V  C  G  F  P  V

 373  tgccggccctgctacgagtacgagcgcaaggacggcacccaggcc
      C  R  P  C  Y  E  Y  E  R  K  D  G  T  Q  A

 418  tgcccgcagtgcaagaccaagtacaagcgccacaaagggagccca
      C  P  Q  C  K  Y  K  Y  K  R  H  K  G  S  P

 463  ccgatccgtgggggaggagggtgatgacactgatgctgatgatgcc
      P  I  R  G  E  E  G  D  D  T  D  A  D  D  A

 508  agtgacttcaactaccctgcatctggcaacgatgaccagaagcag
      S  D  F  N  Y  P  A  S  G  N  D  Q  K  Q

 553  aagattgctgacaggatgcgcagctggtgcatgaatgctggggt
      K  I  A  D  R  M  R  S  W  C  M  N  A  G  G

 598  ggcggtgatgttggccgccccaagtatgacagtggtgagatcggg
      G  G  D  V  G  R  P  K  Y  D  S  G  E  I  G

 643  ctcaccaagtatgacagtggcggagatccttcgaggatatcccgt
      L  T  K  Y  D  S  G  E  I  P  R  G  Y  I  P

 688  tcagtcactaatagccagatctcgggagaaatcctggagcctcc
      S  V  T  N  S  Q  I  S  G  E  I  P  G  A  S

 733  cctgatcatcatatgatgtccctactggtggcaagcgt
      P  D  H  H  M  M  S  P  T  G  N  I  G  K  R

 778  gttccgtttccctacgtgaatcattcaccaaacccatcaagggag
      V  P  F  P  Y  V  N  H  S  P  N  P  S  R  E

 823  ttctctggtagcattggtaatgttgcctggaaagaaagagttgat
      F  S  G  S  I  G  N  V  A  W  K  E  R  V  D

 868  ggctgaaaatgaagcaggataagggtgcaattcccatgactaat
      G  W  K  M  K  Q  D  K  G  A  I  P  M  T  N

 913  ggcacaagcattgctccctctgaaggtcggggagttggtgacatt
      G  T  S  I  A  P  S  E  G  R  G  V  G  D  I

 958  gatgcatctactgattacaacatggatgatgccttattgaatgat
      D  A  S  T  D  Y  N  M  D  D  A  L  L  N  D

1003  gaaactcgccagcctctctctagaaaagttccccttccttcatcct
      E  T  R  Q  P  L  S  R  K  V  P  L  P  S  S

1048  aggataacatatcgttacagaatggttattgtgctcagtggtgttt
      R  I  N  P  Y  R  M  V  I  V  L  R  L  I  V

1093  ctaagcatcttcctgcactaccgtatcacaaatcctgtacgtaat
      L  S  I  F  L  H  Y  R  I  T  N  P  V  R  N

1138  gcatacctattgtggctttctatctgttatcgtgttggtttt
      A  Y  P  L  W  L  L  S  V  I  C  E  I  W  F

1183  gctttgtcctggatattggatcagttcccgaagtggttccaatc
      A  L  S  W  I  L  D  Q  F  P  K  W  F  P  I

1228  aaccgtgagacttacctgatagactggctttaaggtatgaccga
      N  R  E  T  Y  L  D  R  L  A  L  R  Y  D  R

1273  gaaggtgaaccatctcagttggctgttgatattttcgtcagt
      E  G  E  P  S  Q  L  A  A  V  D  I  F  V  S
```

```
1318  acagtcgaccccatgaaggagcctcctcttgtcactgccaatgcg
      T  V  D  P  M  K  E  P  P  L  V  T  A  N  A

1363  gtgttatccattcttgctgtggattaccctgtggacaaggtctct
      V  L  S  I  L  A  V  D  Y  P  V  D  K  V  S

1408  tgctatgttctgacgatggagctgctgcaatgcttgatgca
      C  Y  V  S  D  D  G  A  A  M  L  T  F  D  A

1453  ttggctgagacttcagagtttgctagaaaatgggtaccattcgtt
      L  A  E  T  S  E  F  A  R  K  W  V  P  F  V

1498  aagaagtataacgttgaacccagagctcctgagtggtacttttgc
      K  K  Y  N  V  E  P  R  A  P  E  W  Y  F

1543  cagaaaattgattacttgaaagacaaagttcacccttcatttgtt
      Q  K  I  D  Y  L  K  D  K  V  H  P  S  F  V

1588  aaagaccgccgggccatgaagagagaatatgaagaattaaagtt
      K  D  R  R  A  M  K  R  E  Y  E  E  F  K  V

1633  agggtaaatggcctgttgctaaggcacaaaaagtccctgaggaa
      R  V  N  G  L  V  A  K  A  Q  K  V  P  E  E

1678  ggatggatcatgcaagagggcacgccatggccaggaaacaatacc
      G  W  I  M  Q  D  G  T  P  W  P  G  N  N  T

1723  agggaccatcctggcatgattcaggttttccttggtcatagtggt
      R  D  H  P  G  M  I  Q  V  F  L  G  H  S  G

1768  ggccttgataccgaggtgaatgagcttccccgtttggtttatgtg
      G  L  D  T  E  G  N  E  L  P  R  L  V  Y  V

1813  tctcgtgagaagcgtccgtttccagcatcacaagaaaggctggt
      S  R  E  K  R  P  G  F  W  H  H  K  K  A  G

1858  gccatgaatgctctcgttcgtgtctcagctgttcttaccaatgga
      A  M  N  A  L  V  R  V  S  A  V  L  T  N  G

1903  caatacatgttgaatcttgattgtgatcactatatcaacaacagc
      Q  Y  M  L  N  L  D  C  D  H  Y  I  N  N  S

1948  aaggctccgcggaagctatgtgcttccttatggatccaaaccta
      K  A  L  R  E  A  M  C  F  L  M  D  P  N  L

1993  ggaaggagtgtgtgctatgttcagttcccacaaaggttcgatggt
      G  R  S  V  C  Y  V  Q  F  P  Q  R  F  D  G

2038  attgataggatcgatatgcaaacactgtgtttttt
      I  D  R  N  D  R  Y  A  N  R  N  T  V  F  F

2083  gatattaacttgaggggccttgatggcattcaaggaccagtttat
      D  I  N  L  R  G  L  D  G  I  Q  G  P  V  Y

2128  gtgggaactggttgtgttttcaaccgtactctatatgggtat
      V  G  T  G  C  V  F  N  R  T  A  L  Y  G  Y

2173  gaaccccccagttaagcagaagaagaaaggcggcttcttgtcatca
      E  P  P  V  K  Q  K  K  K  G  G  F  L  S  S

2218  ctatgtgggggccggaagaagcaagcaaatcaaagaaaaagac
      L  C  G  G  R  K  K  T  S  K  S  K  K  S

2263  tcagataagaaaaagtctaacaagcatgtggacagttctgtgcca
      S  D  K  K  K  S  N  K  H  V  D  S  S  V  P

2308  gtattcaatctcgaagatataagaggaggtgttgaaggtgctgga
      V  F  N  L  E  D  I  E  E  G  V  E  G  A  G

2353  aatctctag 2361
      N  L  *
```

图 3-10　序列 5-3 及其编码的氨基酸序列

（三）慈竹 *CesA* 基因 3′RACE 克隆与生物信息学分析

1. 慈竹 *CesA* 基因的 3′RACE PCR 扩增

以设计的 Tanchor 为反转录引物，用保存的慈竹嫩茎总 RNA 为模板获得特异的 3′RACE cDNA。将该 cDNA 作为模板，用表 3-5 设计的引物分别扩增 *CesA2* 和 *CesA3* 两条保守区的 3′RACE。两个反应经两轮 PCR 扩增后均得到约 1500bp 大小的 cDNA 片段。扩增产物电泳结果如图 3-11 所示。

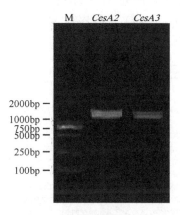

图 3-11　慈竹 *CesA* 基因 3′RACE PCR 扩增结果
M. DL2000 DNA marker

2. 慈竹 *CesA* 基因的 3′RACE PCR 产物的克隆

通过蓝白斑筛选，挑选白色单菌落，用碱裂解法提取质粒。图 3-12 为质粒经 *Eco*R I 和 *Hin*d III双酶切后的电泳图，其中 2～5 为 *CesA2* 双酶切结果，6～9 为 *CesA3* 双酶切结果。从图 3-12 中可以看出，双酶切结果均得到了约 2.5kb 大小的 pMD19-T 载体和总大小约为 1500bp 的目的 DNA 片段。将酶切验证含目的片段的重组质粒送交测序。

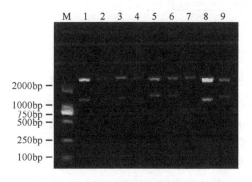

图 3-12　*CesA2* 和 *CesA3* 3′RACE 片段重组质粒的双酶切结果
M. DL2000 DNA marker

3. 慈竹 *CesA* 基因的 3′RACE PCR 产物的生物信息学分析

CesA2 和 *CesA3* 经正反两次测序获得 3′RACE 完整结果，分别得到两条序列，编号

分别为 21、22、31、33。将上述 4 条序列提交 NCBI 的 Vecscreen 程序中，去掉载体序列，得到无载体的目的序列，保存正确序列以备后用。经 DNAMAN 初步分析，结果表明序列 21 和序列 22 存在高度相似性，相似度为 94.42%；序列 31 和序列 33 存在高度相似性，相似度为 94.95%。

对序列 21 和序列 22 分析结果表明，序列 21 和 22 均与绿竹和毛竹存在高度同源性（绿竹 *BoCesA3a* 和 *BoCesA3b*，毛竹 *CesA2*）；序列 31 和序列 33 均与毛竹和绿竹存在高度同源性（绿竹 *BoCesA4a* 和 *BoCesA4b*，毛竹 *CesA11* 和 *CesA12*）。由此可以确定序列 21 和序列 22 为同一克隆的序列，序列 31 和序列 33 为同一克隆的序列，并根据其各自序列同源性的最大识别度（max ident）选择序列 21（96%）（图 3-13）和序列 31（97%）作为后续分析及应用序列（图 3-14）。

```
   1    AATACTAGAA GAGGGCTTTG AAGGTTATGA GGATGAAAGA TCCCTGCTTA TGTCCTAAAA
  61    GAGCTTGGAG AAACGCTTTG GTCAGTCTCC AATTTTTATT GCATCCACCT TCATGACTCA
 121    AGGCGGCATA CCACCTTCAA CAAACCCATC CTCATTACTA AAGGAAGCTA TCCATGTCAT
 181    TAGTTGTGGA TACGAGGACA AGACAGAATG GGGGAAAGAG ATTGGATGGA TATATGGTTC
 241    TGTTACTGAG TATATTCTAA CCGGGTTCAA AATGCATGCA AGAGGTTGGA TATCCATCTA
 301    CTGCATGCCA CTTCGGCCTT GCTTTAAGGG TTCTGCTCCA ATCAACCTTT CGGATCGTCT
 361    TAACCAAGTG CTCCGTTGGG CTCTTGGGTC AGTCGAAATT CTGCTTAGCA GACATTGTCC
 421    TATCTGGTAT GGTTACAATG GACGGCTAAA GCTTTTGGAG AGACTGGCCT ACATAAACAC
 481    CATTGTTTAT CCAATCACGT CCCTCCCACT TATAGCCTAC TGTGTGCTTC CTGCTATCTG
 541    TCTCCTCACC AATAAATTCA TTATTCCTGA GATTAGTAAT TATGCTGGGA TGTTCTTTAT
 601    TCTGCTTTTC GCCTCCATCT TTGCCACTGG TATTTTGGAG CTTCAATGGA GTGGTGTTGG
 661    TATTGGAGAC TGGTGGAGAA ATGAGCAGTT TTGGGTCATT GGCGGCACCT CTGCCGCATCT
 721    CTTTGCTGTG TTCCAGGGAC TATTGAAGGT CTTGGCAGGG ATTGACACAA ACTTCACTGT
 781    TACATCAAAG GCGACGGATG ATGAGGGTGA TTTCTCCGAG CTATATGTGT TCAAGTGGAC
 841    CAGTCTTCTC ATCCCCCAAC CACCGTGCTT GTCATTAACC TGTGGGTATA GTGCAGGAGT
 901    ATCGTACGCT ATTAACAGTG GTTACCAATC CTGGGGTCCG CTTTTCGGTA AGCTTTTCTT
 961    CTCAATCTGG GTGATCCTCC ATCTTTACCC TTTCCTAAAG GGTCTCATGG GGAGACAGAA
1021    CCGCACTCCA ACCATTGTCA TTGTCTGGTC CATCCTCCTT GATTCCATAT TCTCAGTGCT
1081    GCGGGTGAAG ATCGATCCTT TCATATCTCC TACCCAGAAA GCCGTCTCCC TGGGGCAGTG
1141    CGGTGTAAAC TGCTGAAGAA AACTGCTTGC TGTATTGGAA CTCGGCACGG TCTCGATCAA
1201    CTTCTACCCC CCCCCCCCCT CGTGTAAATA CCAGATGTGG TTAGATGTTA TTCTGTTAGT
1261    AGATGGAGAA GATGTGTCTT CTAAATTATG CCGCTGGTCG TTAGCTTCTT CAGTGCATCA
1321    ACTGTTTATT GCGTAGCACC AGCTGTTGCC TGACATGAAC CTGGTTAGTA CATGTACACT
1381    ATGGACTCTT GTGATGATGT TATTTATATA GGGAGATTTA ATCAAAAAAA AAAAAAATGA
1441    GCCATCGATA CGCGTGGTCA GTATTG
```

图 3-13　序列 21 核苷酸序列
黑框部分为引物

序列 21 和序列 31 长度分别为 1466bp 和 1479bp。结合序列 21 和序列 31 的保守区序列初步分析确定：序列 21 的保守区序列与 *CesA2* 的 3′RACE 序列的保守区序列相同（二者均与 *BoCesA3a* 和 *BoCesA3b* 具有高度同源性）；序列 31 的保守区序列与 *CesA3* 的 3′RACE 序列的保守区序列相同（二者均与 *BoCesA4a* 和 *BoCesA4b* 具有高度同源性）。根据序列 21 和序列 31 的 Blast X 初步分析，序列 21 的 1466bp 碱基编码 *CesA2* 的 3′方向 384 个氨基酸和 313bp 的完整非翻译区；而序列 31 的 1479bp 碱基则编码了 *CesA3* 的 3′方向 382 个氨基酸和 322bp 的完整非翻译区。

结论： 以克隆得到的慈竹 *CesA* 基因保守区序列为基础，参照 3′RACE 扩增的方法，设计慈竹 *CesA* 基因 3′RACE PCR 引物。通过设计的 Tanchor 为反转录引物反转录慈竹

RNA 获得模板 cDNA。通过 PCR 扩增，克隆得到慈竹具有保守区的 *CesA2* 和 *CesA3* 的完整 3′RACE 序列各 1 条，分别为长度 1466bp，包括 3′方向 384 个氨基酸及 313bp 的完整非翻译区；长度 1479bp，包括 382 个氨基酸及 322bp 的完整非翻译区。

```
1     CCAATACTGG GTGTTGAAGG TGCTGGATTT GATGATGAGA AATCACTTCA TATGTCTCAA
61    ATCAGCTTGG AGAAGAGATT TGGCCAGTCT GCAGCTTTTG TTGCCTCCAC TCTGATGGAA
121   TATGGTGGTG TCCCTCAATC CGCAACTCCA GAATCTCTTC TGAAAGAAGC TATCCATGTC
181   ATAAGTTGTG GCTATCAGGA CAAGAGCGAG TGGGGAACTG AGATTGGGTG GATCTATGGT
241   TCCGTGACAG AAGATATTCT CACTGGATTC AAGATGCATG CACGAGGGTG GCGGTCAATC
301   TACTGCATGC CTAAGCGCCC AGCTTTCAAG GGATCTGCTC CCATCAATCT TTCAGATCGT
361   CTGAACCAAG TGCTTAGGTG GGCTCTAGGT TCTGTTGAAA TTCTTTTCAG CCGGCATTGT
421   CCCATATGGT ACGGCTACGG AGGACGCCTC AAGTTCTTGG AGAGATTCTC TTACATCAAC
481   ACCACCATTT ATCCATTAAC ATCAATCCCA CTTCTCATAT ATTGTGTTTT GCCTGCCATC
541   TGTCTGCTCA CCGGGAAATT CATCATCCCA GAGATTAGTA ACTTTGCTAG TATTTGGTTC
601   ATCTCTCTCT CTTCATTTCA ATTTTCGCCA CTGGTATCCT TGAGATGAGG TGGAGTGGTG
661   TTGGCATCGA TGAGTGGTGG AGGAATGAAC AGTTCTGGGT TATTGGAGGT ATCTCTGCCC
721   ATCTTTTCGC TGTCTTTCAG GGTCTTCTCA AGGTGCTTGC TGGTATCGAT ACCAACTTCA
781   CCGTCACCTC AAAGGCTTCT GATGAAGAAG GTGACTTTGC TGAGCTCTAC ATGTTCAAGT
841   GGACGACGCT TCTCATCCCG CCGACGACCA TTTTGATCAT TAACCTGGTC GGTGTCGTTG
901   CTGGTATCTC CTACGCGATC AACAGCGGCT ACCAATCATG GGGGCCGCTC TTTGGGAAGC
961   TCTTCTTTGC CTTCTGGGTG ATTGTTCACT TGTACCCATT CCTCAAGGGT CTCATGGGTA
1021  GGCAAAACCG CACACCAACC ATTGTTGTCG TCTGGGCAAT CCTCCTTGCT TCAATCTTCT
1081  CCTTGCTGTG GGTTCGCATT GATCCGTTCA CCACCCGCGT CACTGGACCA GATACCCAAA
1141  CATGTGGCAT CAACTGCTAG GAAAGCGGGT GACTGTAGAG AAAGAAAGAA ATGCTACCAA
1201  TTCTGTTTTT CAGAATACAA AAGCGCCACT GCCACCAATT GTGTTTTAAG TCATAAGGGG
1261  GTGGCTTTAT TCACAGCTAC GTACAGACCA GAGGATATCG CTTATCAGAA AGTTACTTGT
1321  GTTGATATGT GTTCTTTTCT TGATAAGTTA ATACTATTTT GTTGAGTGGC TGACAATGTC
1381  AAGGAGTTTT GTATGTTATG AAGGACACAA ATAAATTATT AGTTTGTATT CTTTCAAAAA
1441  AAAAAAAAAA ATGAGCCATC GATACGCGTG GTCAGTATT
```

图 3-14　序列 31 核苷酸序列
黑框部分为引物

（四）慈竹 *CesA* 基因全长序列的获得

1. 慈竹 *CesA* 全长基因的 PCR 扩增

慈竹嫩茎总 RNA 反转录获得的 cDNA，经过慈竹 *CesA* 全长基因引物 PCR 扩增后，扩增得到长度约 3kb 大小的 cDNA 片段（图 3-15）。为后续实验需要，在设计的引物 5′端加入了酶切位点和保护碱基序列，降低了引物与模板的特异性结合，导致在 PCR 扩增中出现了多条非特异性条带。但是非特异性条带最大片段为 500bp 左右，并不影响目的片段的回收。

2. 利用生物学软件分析获得慈竹 *CesA* 全长基因序列

将回收的 PCR 产物及扩增引物送交 Invitrogen 测序，两条序列都经 4 次测定得到测通序列，分别将返回结果命名为 T-*CesA2* 和 T-*CesA3*。将测序结果提交 NCBI 的 ORF finder

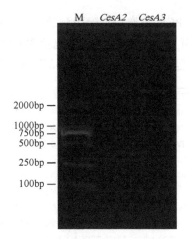

图 3-15　*CesA2* 和 *CesA3* 全长扩增结果
M. DL2000 DNA marker

程序,得到两条序列的编码序列(CDS),结果如图 3-16 和图 3-17 所示。可以看出,T-*CesA2* 基因编码序列长度为 3225bp,编码 1074 个氨基酸(含一个终止密码子);*CesA3* 基因编码序列长度为 3246bp,编码 1081 个氨基酸(含一个终止密码子)。通过对两个序列的分析,可以找出植物 *CesA* 基因两大氨基酸保守域 CYVQFPQ 和 GWIYGS,说明克隆得到的 2 条序列属于 *CesA* 基因家族,有待通过生物信息学进一步分析确定。

对测定序列进行 Blast N、Blast X 和 Blast P 分析。表 3-8 主要同源物种是在分析结果中同源性较高的 3 个物种,并选择每个物种中同源性最高的序列作代表。不同分析方法得到基本一致的结果。Blast N 分析结果表明,*CesA2* 与数据库中 100 多条已知序列同源,其中与绿竹 *CesA3* 同源性最高(99%),其次是毛竹 *CesA2*(96%)。*CesA3* 与数据库中 100 多条已知序列同源,与毛竹的 *CesA4* 同源性最高,其次是绿竹 *CesA4* 和水稻 *CesA4*。

结论:根据 5′RACE 和 3′RACE 测序结果设计全长基因引物,以反转录得到的慈竹嫩茎 cDNA 为模板,扩增慈竹 *CesA* 基因全长序列,分别得到 *CesA2* 和 *CesA3* 两条慈竹 *CesA* 基因全长序列。*CesA2* 包含了完整的 CDS,编码序列长 3222bp,编码 1073 个氨基酸和 1 个终止密码子;*CesA3* 包含了完整的 CDS,编码序列长 3246bp,编码 1081 个氨基酸和 1 个终止密码子。经 Blast N、Blast X 和 Blast P 分析,确定上述两个基因为慈竹纤维素合成酶家族基因,属于纤维素合成酶基因,命名为 *NaCesA2*(GenBank:JF796128)和 *NaCesA3*(GenBank:JF796129)。

(五)慈竹 *CesA2* 和 *CesA3* 基因的生物信息学分析

1. 试验数据与方法

（1）试验数据

慈竹(*Neosinocalamus affinis*):*NaCesA2*(JF796128),*NaCesA3*(JF796129)。拟南芥(*Arabidopsis thaliana*):*AtCesA1*(NM_119393)。水稻(*Oryza sativa*):*OsCesA1-0*(NM_001061323)。绿竹(*Bambusa oldhamii*):*BoCesA1*(DQ020208),*BoCesA2*

```
  1 atggcggcgaacgccgggatggtcgccggctcgcgcgacggggtc
    M  A  A  N  A  G  M  V  A  G  S  R  D  G  V

 46 gtcacgatccgccacgacggcgacggcgcggcggctaagccgttg
    V  T  I  R  H  D  G  D  G  A  A  A  K  P  L

 91 aagaatgtgaacgaacagatctgtcaaatttgtggcgacactgtt
    K  N  V  N  E  Q  I  C  Q  I  C  G  D  T  V

136 gggctctcagccaccggcgatgtctttgtcgcctgcaatgagtgt
    G  L  S  A  T  G  D  V  F  V  A  C  N  E  C

181 gccttcccagtttgtcggccttgctatgagtatgagcgcaaggat
    A  F  P  V  C  R  P  C  Y  E  Y  E  R  K  D

226 gggaatcagtgctgcccccaatgcaagactagatacaagaggcac
    G  N  Q  C  C  P  Q  C  K  T  R  Y  K  R  H

271 aaagggagcccacgagttccaggagacgaggaggaggaggatgtt
    K  G  S  P  R  V  P  G  D  E  E  E  E  D  V

316 gatgatttggacaacgaattcaattataagcaaggcaatagcaaa
    D  D  L  D  N  E  F  N  Y  K  Q  G  N  S  K

361 ggccagcagtggcagctgcaggctcaaggagaagatgttgatatc
    G  Q  Q  W  Q  L  Q  A  Q  G  E  D  V  D  I

406 ttgtcatcttctcggcatgaaccgcatcataggattccacgtttg
    L  S  S  S  R  H  E  P  H  H  R  I  P  R  L

451 acaagtgggcagcagatttctggagatattccagatgcttccccg
    T  S  G  Q  Q  I  S  G  D  I  P  D  A  S  P

496 gatcgccactctatccgcagcccaacatcaagctatgttgatcca
    D  R  H  S  I  R  S  P  T  S  S  Y  V  D  P

541 agcattccagttcctgtgaggattgtggacccctcgaaggacttg
    S  I  P  V  P  V  R  I  V  D  P  S  K  D  L

586 aattcttatgggcttggtagtgttgactggaaagaaagagttgag
    N  S  Y  G  L  G  S  V  D  W  K  E  R  V  E

631 agctggagagtaaacaggagaaaaatatggtacatgtgaccaat
    S  W  R  V  K  Q  E  K  N  M  V  H  V  T  N

676 aaatatccagcagaagggaaagggatattgaagggactggctca
    K  Y  P  A  E  G  K  G  D  I  E  G  T  G  S

721 aatggtgaagatctgcaaatggttgatgatgcacggctacctcta
    N  G  E  D  L  Q  M  V  D  D  A  R  L  P  L

766 agccgcatagtgcctataccccgccaatcagctgaacctttatcga
    S  R  I  V  P  I  P  A  N  Q  L  N  L  Y  R

811 gtagtgatcattctccggcttatcatcctgtgcttcttcttccag
    V  V  I  L  R  L  I  I  L  C  F  F  F  Q

856 tatcgtataactcatccagtatgggatgcttatgggttatggctt
    Y  R  I  T  H  P  V  W  D  A  Y  G  L  W  L

901 gtatctgttatttgcgaagtttggtttgccttgtcttggcttcta
    V  S  V  I  C  E  V  W  F  A  L  S  W  L  L
```

```
1621 cgtgtatctgctgtcctaacaaatggcgcttaccttcttaatgtg
     R  V  S  A  V  L  T  N  G  A  Y  L  L  N  V

1666 gattgtgatcactacttcaatagcagcaaagctcttagagaggca
     D  C  D  H  Y  F  N  S  S  K  A  L  R  E  A

1711 atgtgcttcatgatggatccagcactaggaaggaaaacttgctat
     M  C  F  M  M  D  P  A  L  G  R  K  T  C  Y

1756 gtccagtttccacaaagatctgatggcattgacttgaatgatcga
     V  Q  F  P  Q  R  S  D  G  I  D  L  N  D  R

1801 tatgctaaccggaacattgtcttctttgatattaacatgaagggt
     Y  A  N  R  N  I  V  F  F  D  I  N  M  K  G

1846 ttagatggcattcaaggtcctgtgtatgtcggaacaggatgctgt
     L  D  G  I  Q  G  P  V  Y  V  G  T  G  C  C

1891 ttcaataggcaggctttgtatggctatgatcctttgttgactgag
     F  N  R  Q  A  L  Y  G  Y  D  P  L  L  T  E

1936 gctgatttggagcctaacattatcattaaaaagctgctgtggtgga
     A  D  L  E  P  N  I  I  I  K  S  C  C  G  G

1981 agaaagaagaaggacaagagctatattgatagcaaaaaccgtgcc
     R  K  K  K  D  K  S  Y  I  D  S  K  N  R  A

2026 atgaagagatcagaatcttcagctcccatcttcaacatggaagat
     M  K  R  S  E  S  S  A  P  I  F  N  M  E  D

2071 atagaagaggcgtttgaaggttatgaggatgaaagatccttgctt
     I  E  E  G  F  E  G  Y  E  D  E  R  S  L  L

2116 atgtcccaaaagagcttggagaaacgcttggtcagtctccaatt
     M  S  Q  K  S  L  E  K  R  F  G  Q  S  P  I

2161 tttattgcatccaccttcatgactcaaggcggcataccaccttca
     F  I  A  S  T  F  M  T  Q  G  G  I  P  P  S

2206 acaaacccatcctcattactaaaggaagctatccatgtcattagt
     T  N  P  S  S  L  L  K  E  A  I  H  V  I  S

2251 tgtggatacgaggacaagacagaatggggggaaagagattggatgg
     C  G  Y  E  D  K  T  E  W  G  K  E  I  G  W

2296 atatatggttctgttactgagtatattctaaccgggttcaaaatg
     I  Y  G  S  V  T  E  Y  I  L  T  G  F  K  M

2341 catgcaagaggttggatatccatctactgcatgccacttcggcct
     H  A  R  G  W  I  S  I  Y  C  M  P  L  R  P

2386 tgctttaagggttctgctccaatcaacctttcggatcgtcttaac
     C  F  K  G  S  A  P  I  N  L  S  D  R  L  N

2431 caagtgctccgttgggctcttgggtcagtcgaaattctgcttagc
     Q  V  L  R  W  A  L  G  S  V  E  I  L  L  S

2476 agacattgtcctatctgtgtatggttacaatggacggctaaagctt
     R  H  C  P  I  W  Y  G  Y  N  G  R  L  K  L

2521 ttggagagactggcctacataaacaccattgtttatccaatcacg
     L  E  R  L  A  Y  I  N  T  I  V  Y  P  I  T
```

图 3-16　慈竹 *NaCesA2* 编码序列（GenBank：JF796128）

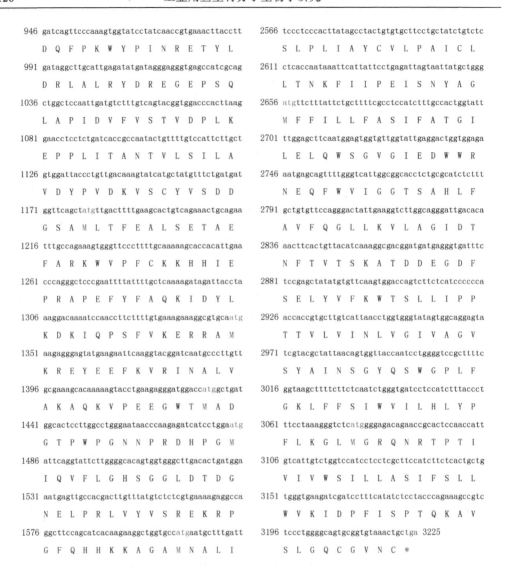

946 gatcagttcccaaagtggtatcctatcaaccgtgaaacttacctt
　　D Q F P K W Y P I N R E T Y L

991 gataggcttgcattgagatatgatagggagggtgagccatcgcag
　　D R L A L R Y D R E G E P S Q

1036 ctggctccaattgatgtctttgtcagtacggtggacccacttaag
　　L A P I D V F V S T V D P L K

1081 gaacctcctctgatcaccgccaatactgttttgtccattcttgct
　　E P P L I T A N T V L S I L A

1126 gtggattaccctgttgacaaagtatcatgctatgtttctgatgat
　　V D Y P V D K V S C Y V S D D

1171 ggttcagctatgttgacttttgaagcactgtcagaaactgcagaa
　　G S A M L T F E A L S E T A E

1216 tttgccagaaagtgggttccctttgtcaaaaagcaccacattgaa
　　F A R K W V P F C K K H H I E

1261 cccagggctcccgaattttattttgctcaaagatagattaccta
　　P R A P E F Y F A Q K I D Y L

1306 aaggacaaaatccaaccttcttttgtgaaagaaaggcgtgcaatg
　　K D K I Q P S F V K E R R A M

1351 aagagggagtatgaagaattcaaggtacggatcaatgcccttgtt
　　K R E Y E E F K V R I N A L V

1396 gcgaaagcacaaaaagtacctgaagagggatggaccatggctgat
　　A K A Q K V P E E G W T M A D

1441 ggcactccttggcctgggaataacccaagagatcatcctggaatg
　　G T P W P G N N P R D H P G M

1486 attcaggtattcttggggcacagtggtgggcttgacactgatgga
　　I Q V F L G H S G G L D T D G

1531 aatgagttgccacgacttgtttatgtctctgtgaaagaggcca
　　N E L P R L V Y V S R E K R P

1576 ggcttccagcatcacaagaaggctggtgccatgaatgctttgatt
　　G F Q H H K K A G A M N A L I

2566 tccctcccacttatagcctactgtgtgcttcctgctatctgtctc
　　S L P L I A Y C V L P A I C L

2611 ctcaccaataaattcattattcctgagattagtaattatgctggg
　　L T N K F I I P E I S N Y A G

2656 atgttcttattctgcttttcgcctccatctttgccactggtatt
　　M F F I L L F A S I F A T G I

2701 ttggagcttcaatggagtggtgttggtattgaggactggtggaga
　　L E L Q W S G V G I E D W W R

2746 aatgagcagtttgggtcattggcggcacctctgcgcatctcttt
　　N E Q F W V I G G T S A H L F

2791 gctgtgttccagggactattgaaggtcttggcagggattgacaca
　　A V F Q G L L K V L A G I D T

2836 aacttcactgttacatcaaaggcgacggatgatgagggtgattc
　　N F T V T S K A T D D E G D F

2881 tccgagctatatgtgttcaagtggaccagtcttctcatcccccca
　　S E L Y V F K W T S L L I P P

2926 accaccgtgcttgtcattaacctggtgggtatagtggcaggagta
　　T T V L V I N L V G I V A G V

2971 tcgtacgctattaacagtggttaccaatcctggggtccgctttc
　　S Y A I N S G Y Q S W G P L F

3016 ggtaagctttcttctcaatctgggtgatcctccatctttaccct
　　G K L F F S I W V I L H L Y P

3061 ttcctaaagggtctcatggggagacagaaccgcactccaaccatt
　　F L K G L M G R Q N R T P T I

3106 gtcattgtctggtccatcctcctcgcttccatcttctcactgctg
　　V I V W S I L L A S I F S L L

3151 tgggtgaagatcgatccttttcatatctcctacccagaaagccgtc
　　W V K I D P F I S P T Q K A V

3196 tccctggggcagtgcggtgtaaactgctga 3225
　　S L G Q C G V N C *

图 3-16　慈竹 *NaCesA2* 编码序列（GenBank：JF796128）（续）
"*" 为终止密码子

（DQ020209），*BoCesA4a*（DQ020211），*BOCesA5*（DQ020213），*BoCesA3a*（DQ020210），*BoCesA3b*（DQ020216），*BoCesA7*（DQ020215），*BoCesA8*（DQ020207）。毛竹（*Phyllostachy edulis*）：*PeCesA*（clone1）（GU176303），*PeCesA*（clone2）（GU176304），*PeCesA*（clone3）（GU176305），*PeCesA*（clone4）（GU176305），*PeCesA1*（FJ495287），*PeCesA2*（FJ475350），*PeCesA4*（FJ475351），*PeCesA11*（HM068510），*PeCesA12*（FJ799713）。

（2）研究方法

从 GenBank 中调取试验数据中所列纤维素合成酶（cellulose synthase，*CesA*）基因和蛋白质序列。模式植物拟南芥和水稻纤维素合成酶蛋白作为参照，利用软件 Mega4 和网页生物信息学分析工具（http://au.expasy.org）对克隆的慈竹 *CesA* 基因编码蛋白进行系统进化、物理性质、跨膜结构和二级结构的生物信息学分析。

```
   1  atggagggcgacgcggaggctgtgaagtcgggggaggcacgggggc      1666  caatacatgttgaatcttgattgcgatcactacatcaacaacagc
      M  E  G  D  A  E  A  V  K  S  G  R  H  G  G           Q  Y  M  L  N  L  D  C  D  H  Y  I  N  N  S

  46  gggcagctgtgccagatctgcggcgacggtgtgggcaccacggcg      1711  aaggctctccgggaagctatgtgcttccttatggatccaaaccta
      G  Q  L  C  Q  I  C  G  D  G  V  G  T  T  A           K  A  L  R  E  A  M  C  F  L  M  D  P  N  L

  91  gagggcgacgtcttcgccgcctgcgacgtctgcggcttcccggtc      1756  ggaaggagtgtgtctgctatgttcagttcccacaaaaggttcgatggt
      E  G  D  V  F  A  A  C  D  V  C  G  F  P  V           G  R  S  V  C  Y  V  Q  F  P  Q  R  F  D  G

 136  tgccggcccctgctacgagtacgagcgcaaggacggcaccaggcc      1801  atcgataggaacgatcgatatgcaaacaggaacactgtgttttc
      C  R  P  C  Y  E  Y  E  R  K  D  G  T  Q  A           I  D  R  N  D  R  Y  A  N  R  N  T  V  F  F

 181  tgccctcagtgcaagaccaagtacaagcgccacaaagggagccca      1846  gatattaacttgaggggccttgatggcattcaaggaccagtttat
      C  P  Q  C  K  T  K  Y  K  R  H  K  G  S  P           D  I  N  L  R  G  L  D  G  I  Q  G  P  V  Y

 226  ccgatccgtggggaggaaggtgatgacactgatgctgatgatgcc      1891  gtgggaactggttgtgtttttcaacagaacagctctatatggttat
      P  I  R  G  E  E  G  D  D  T  D  A  D  D  A           V  G  T  G  C  V  F  N  R  T  A  L  Y  G  Y

 271  agtgacttcaactaccctgcatctggcaacgatgaccagaagcag      1936  gaaccccccagttaagcagaagaagaagggcggcttcttgtcatca
      S  D  F  N  Y  P  A  S  G  N  D  D  Q  K  Q           E  P  P  V  K  Q  K  K  K  G  G  F  L  S  S

 316  aagattgctgatagatgcgcagctggcgtatgaatgctggggt      1981  ctatgtgggggccggaagaagacaagcaaatcaaagaaaaagagc
      K  I  A  D  R  M  R  S  W  R  M  N  A  G  G           L  C  G  G  R  K  K  T  S  K  S  K  K  K  S

 361  ggcggtgatgttggccgccccaagtatgacagtggtgagatcggg      2026  tcagataagaaaaagtctaacaagcatgtggacagttctgtgcca
      G  G  D  V  G  R  P  K  Y  D  S  G  E  I  G           S  D  K  K  K  S  N  K  H  V  D  S  S  V  P

 406  ctcaccaagtatgacagtggcgagatccctcgaggatacatccct      2071  gtattcaatctcgaagatatagaggaggtgttgaaggtgctgga
      L  T  K  Y  D  S  G  E  I  P  R  G  Y  I  P           V  F  N  L  E  D  I  E  E  G  V  E  G  A  G

 451  tcagtcactaacagccagatctcgggagaaattcctggagcctcc      2116  tttgatgatgagaaatcacttcttatgtctcaaacgagcttggag
      S  V  T  N  S  Q  I  S  G  E  I  P  G  A  S           F  D  D  E  K  S  L  L  M  S  Q  T  S  L  E

 496  cctgatcatcatatgatgtcccctactgggaacattggcaagcgt      2161  aagagatttggccagtccgcagcttttgttgcctccactctgatg
      P  D  H  H  M  M  S  P  T  G  N  I  G  K  R           K  R  F  G  Q  S  A  A  F  V  A  S  T  L  M

 541  gttccatttcccctatgtgaatcattcaccaaacccatcaagggag      2206  gaatatggtggtgttcctcaatctgcaactccagaatctcttttg
      V  P  F  P  Y  V  N  H  S  P  N  P  S  R  E           E  Y  G  G  V  P  Q  S  A  T  P  E  S  L  L

 586  ttctctggtagcattggtaatgttgcctggaagaaagagttgat      2251  aaagaagctatccatgtcataagttgtggatatgaggacaaatcc
      F  S  G  S  I  G  N  V  A  W  K  E  R  V  D           K  E  A  I  H  V  I  S  C  G  Y  E  D  K  S

 631  ggctggaaaataagcaggataagggtgcaattcccatgactaat      2296  gaatgggggaactgagattgggtggatctatggttctgtgacagaa
      G  W  K  M  K  Q  D  K  G  A  I  P  M  T  N           E  W  G  T  E  I  G  W  I  Y  G  S  V  T  E

 676  ggcacaagcattgctccctctgaaggtcggggagttggtgacatt      2341  gatattctcactggattcaagatgcatgcacgaggctggcggtca
      G  T  S  I  A  P  S  E  G  R  G  V  G  D  I           D  I  L  T  G  F  K  M  H  A  R  G  W  R  S

 721  gatgcatctactgattacaacatggatgatgccttattgaatgat      2386  atctactgcatgcctaagcgcccagctttcaagggatctgctccc
      D  A  S  T  D  Y  N  M  D  D  A  L  L  N  D           I  Y  C  M  P  K  R  P  A  F  K  G  S  A  P

 766  gaaactctgccagcctctctctagaaaagttcccttccttcatcc      2431  atcaatctttcagatcgtctgaaccaagtgcttaggtgggctctt
      E  T  R  Q  P  L  S  R  K  V  P  L  P  S  S           I  N  L  S  D  R  L  N  Q  V  L  R  W  A  L

 811  aggatacatcccttacagaatggtcattgttctccgattgattgtt      2476  ggttctgttgaaatttcttttcagccggcattgtcccatatggtac
      R  I  N  P  Y  R  M  V  I  V  L  R  L  I  V           G  S  V  E  I  L  F  S  R  H  C  P  I  W  Y

 856  ctaagcatcttcctgcactaccgtatcacaaatcctgtgcgtaat      2521  ggctacggaggacgcctcaagttcttggagagattctcttacatc
      L  S  I  F  L  H  Y  R  I  T  N  P  V  R  N           G  Y  G  G  R  L  K  F  L  E  R  F  S  Y  I

 901  gcatacccattgtggcttttatctgttatatgtgagatttggttt      2566  aacaccaccattatccattaacatcaatcccacttctcatatat
      A  Y  P  L  W  L  L  S  V  I  C  E  I  W  F           N  T  T  I  Y  P  L  T  S  I  P  L  L  I  Y
```

图 3-17 慈竹 *NaCesA3* 编码序列（GenBank：JF796129）

946 gctttgtcctggatattggatcagttcccgaagtggtttccaatc
ALSWILDQFPKWFPI

991 aaccgtgagacttaccttgatagactggctttaaggtatgaccga
NRETYLDRLALRYDR

1036 gaaggtgaaccatctcagttggctgctgtttgatattttcgtcagt
EGEPSQLAAVDIFVS

1081 acagtcgaccccatgaaggagcctcctcttgtcactgccaatacg
TVDPMKEPPLVTANT

1126 gtgttatccattcttgctgtggattacccttgtggacaaggtctct
VLSILAVDYPVDKVS

1171 tgctatgtatctgacgatggagctgcaatgctgacttttgatgca
CYVSDDGAAMLTFDA

1216 ttggctgagacttcagagtttgctagaaaatgggtaccattcgtt
LAETSEFARKWVPFV

1261 aagaagtataacattgaacccagagctcctgagtggtacttttgc
KKYNIEPRAPEWYFC

1306 cagaaaattgattacttgaaagacaaagttcacccttcatttgtt
QKIDYLKDKVHPSFV

1351 aaagaccgccgggccatgaagagagaataatgaagaatttaaagtt
KDRRAMKREYEEFKV

1396 agggtaaatggccttgttgctaaggcacaaaaagtccctgaggaa
RVNGLVAKAQKVPEE

1441 ggatggatcatgcaagatggcacgccatggccaggaaacaatacc
GWIMQDGTPWPGNNT

1486 agggaccatcctggaatgattcaggttttccttggtcatagtggt
RDHPGMIQVFLGHSG

1531 ggccttgataccgagggtaatgagcttccccgtttggttttatgtg
GLDTEGNELPRLVYV

1576 tctcgtgagaagcgtctggattccagcatcacaagaaagctggt
SREKRPGFQHHKKAG

1621 gccatgaatgctcttgttcgtgtctcagctgttcttaccaatgga
AMNALVRVSAVLTNG

2611 tgtgttttgcctgctatctgtctgctcaccgggaaattcatcatc
CVLPAICLLTGKFII

2656 ccagagattagtaactttgctagtatttggttcatctctctcttc
PEISNFASIWFISLF

2701 atttcaattttcgccactggtatccttgagatgaggtggagtggt
ISIFATGILEMRWSG

2746 gttggcatcgatgagtggtggaggaacgaacagttctgggttatt
VGIDEWWRNEQFWVI

2791 ggaggtgatctctgcccatctttcgctgtctttcagggtcttctc
GGISAHLFAVFQGLL

2836 aaggtgcttgctggtatcgataccaacttcaccgtcacctcaaag
KVLAGIDTNFTVTSK

2881 gcttctgatgaagaaggtgactttgctgagctctacttgttcaag
ASDEEGDFAELYLFK

2926 tggacgacgcttctcatcccgccgacgaccattttgatcattaac
WTTLLIPPTTILIIN

2971 cttgtcggtgtcgttgctggtatctcctacgcgatcaacagtggc
LVGVVAGISYAINSG

3016 taccaatcatgggggccgctctttgggaagctcttctttgccttc
YQSWGPLFGKLFFAF

3061 tgggtgattgttcacttgtacccattcctcaagggtctcatgggt
WVIVHLYPFLKGLMG

3106 aggcaaaaccgcacaccaaccattgttgtcgtctgggcaatcctc
RQNRTPTIVVVWAIL

3151 cttgcttcaatcttctccttgctgtgtgggttcgcattgatccgttc
LASIFSLLWVRIDPF

3196 accaccgccgtcactggcccagatacccaaacatgtgcatcaac
TTRVTGPDTQTCGIN

3241 tgctag 3246
C *

图 3-17 慈竹 *NaCesA3* 编码序列（GenBank：JF796129）（续）
"*" 为终止密码子

表 3-8 *CesA2* 和 *CesA3* 序列的 Blast N、Blast X 和 Blast P 分析结果

基因名称	分析方法	同源序列数	最大得分	主要同源物种
CesA2	Blast N	119	5795	*BoCesA3*（99%），*PeCesA2*（96%），*OsCesA1*（87%）
	Blast X	100	2144	*BoCesA3*（99%），*PeCesA2*（97%），*OsCesA1*（92%）
	Blast P	100	2213	*BoCesA3*（99%），*PeCesA2*（97%），*ZmCesA1*（92%）
CesA3	Blast N	146	5541	*PeCesA4*（97%），*BoCesA4*（96%），*OsCesA4*（93%）
	Blast X	100	2078	*PeCesA4*（98%），*BoCesA4*（98%），*OsCesA4*（97%）
	Blast P	100	2222	*PeCesA4*（99%），*OsCesA4*（98%），*ZmCesA4*（97%）

（3）进化地位和组成差异分析

本研究采用 Mega4 对研究数据进行信息综合，构建系统进化树。将下载蛋白质数据按 fasta 格式要求处理后导入 Mega4 比对窗口，用其 ClustalW 功能完成比对，并将比对结果重新导回 Mega4 主界面。按下列设置构建进化树：方法邻接法（neighbor-joining）；进化参数 Bootstrap 1000 replicates；模式 Amino 为 Poisson correction；其他参数为默认值。

（4）基因编码蛋白的一级结构分析

基因编码蛋白的一级结构分析方法同第二章第三节中的 *C3H* 基因编码蛋白的一级结构分析。

（5）跨膜结构分析

使用 SIB 提供的 TMHMM 工具分析各 CesA 编码蛋白跨膜结构位置及个数。

（6）基因编码蛋白的二级结构分析

基因编码蛋白的二级结构分析方法同第二章第三节中的 *C3H* 基因编码蛋白的二级结构分析。

2. 结果与分析

（1）*CesA* 之间的进化关系

慈竹纤维素合成酶氨基酸序列进化树结果如图 3-18 所示。从图 3-18 可以看出，在 NaCesA2 分支内，NaCesA2 首先与 BoCesA3a 和 BoCesA3b 小分支聚合为一支，再与 BoCesA2 聚合，最后与 PeCesA2 和 PeCesA（clone2）小分支聚合为一簇。在 NaCesA3 分支内，NaCesA3 和 BoCesA4a 的小分支与毛竹不同 CesA 的分支聚合为一簇。两者分别与参照蛋白 AtCesA1 和 OsCesA1-0 位于不同的分支内，AtCesA1 单独成为一支，OsCesA1-0 与绿竹和毛竹部分基因聚合为一簇，再与 NaCesA2 簇聚合。

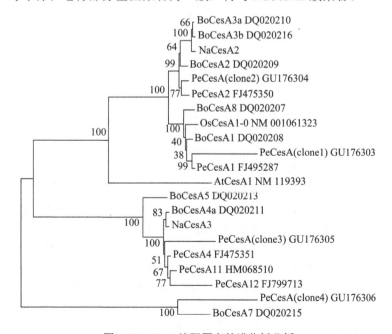

图 3-18 *CesA* 编码蛋白的进化树分析

（2）物理性质分析

克隆获得的慈竹纤维素合成酶基因 *NaCesA2* 和 *NaCesA3* 编码氨基酸残基数和分子质量与其他植物纤维素合成酶相似，编码氨基酸残基个数为 982～1086，分子质量为 111.31～122.25kDa；各条序列编码酸性和碱性氨基酸残基数则因序列不同而不同，使得序列的理论等电点不尽相同；研究的植物纤维素合成酶蛋白的总亲水性平均系数均为负值（表 3-9）。

表 3-9 *NaCesA2* 和 *NaCesA3* 编码氨基酸序列物理性质分析

基因名称	氨基酸个数	分子质量/kDa	酸性氨基酸残基个数	碱性氨基酸残基个数	理论等电点	总亲水性平均系数
NaCesA2	1074	120.91	121	113	6.26	−0.160
NaCesA3	1081	120.89	119	122	7.87	−0.228
AtCesA1	1081	122.24	125	120	6.53	−0.236
OsCesA1-0	1076	121.27	120	117	6.68	−0.191
BoCesA1	1078	121.51	121	117	6.60	−0.199
BoCesA2	1073	120.70	122	113	6.16	−0.157
BoCesA3a	1074	120.88	122	113	6.16	−0.146
BoCesA3b	1074	120.89	122	114	6.23	−0.150
BoCesA4a	1061	118.76	115	121	8.26	−0.231
BoCesA5	1080	120.98	118	119	7.48	−0.209
BoCesA7	1086	122.25	123	125	7.61	−0.202
BoCesA8	1078	121.60	121	116	6.50	−0.186
PeCesA（clone1）	1077	121.64	119	121	7.64	−0.238
PeCesA（clone2）	1076	121.03	122	113	6.16	−0.143
PeCesA（clone3）	1056	118.05	108	120	8.62	−0.202
PeCesA（clone4）	982	111.31	104	113	8.45	−0.200
PeCesA1	1078	121.43	120	119	6.97	−0.197
PeCesA2	1070	120.61	121	114	6.31	−0.158
PeCesA4	1081	120.93	119	121	7.70	−0.227
PeCesA11	1081	120.83	117	121	8.02	−0.206
PeCesA12	1066	119.33	109	119	8.51	−0.177

（3）*NaCesA* 编码蛋白结构特征分析

TMHMM 软件确定跨膜结构的要求是该位置氨基酸跨膜可能性大于 0.95。根据软件分析结果，*NaCesA2* 和 *NaCesA3* 均含有 6 个跨膜结构域，都位于两条序列的 C 端。此外，根据纤维素合成酶具有的特征结构，找出克隆 *NaCesA2* 和 *NaCesA3* 序列中对应特征位点，结果如图 3-19 和图 3-20 所示。两条序列都在 N 端含有由 40 多个氨基酸组成的锌指结构，如图 3-19 和图 3-20 中黑白相间区域所示；在其 C 端存在 6 个跨膜结构域，如图 3-19 和图 3-20 中黑色区域表示；序列中还存在两个高度变异区，分别位于序列锌指结构以后和跨膜结构域之前的序列中部，如图 3-19 和图 3-20 中灰色区域所示。除锌指结构、高度变异区和跨膜结构以外的序列主要是植物纤维素合成酶的保守区，包括 3 个与纤维素合成有关的催化位点。

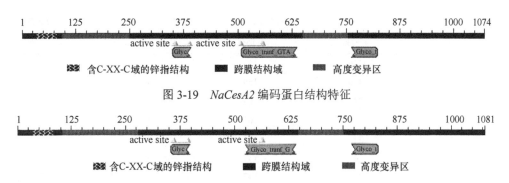

图 3-19　*NaCesA2* 编码蛋白结构特征

含C-XX-C域的锌指结构　　跨膜结构域　　高度变异区

图 3-20　*NaCesA3* 编码蛋白结构特征

（4）二级结构分析

图 3-21 和图 3-22 分别是 *NaCesA2* 和 *NaCesA3* 编码蛋白的二级结构分析结果，图中蓝色竖线代表α-螺旋；红色竖线代表延伸链；绿色竖线代表β-转角；紫色竖线代表无规卷曲。作为植物中参与纤维素合成相关的蛋白（或基因），它们的序列特征之间存在高度同源性（表 3-10）。序列二级结构分析结果表现出相同的规律，无规卷曲的含量最多，其次是α-螺旋、延伸链和β-转角含量最少；均不包含其他结构，如 3_{10} 螺旋、Pi 螺旋、β桥、弯曲区域等。

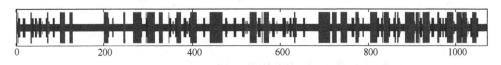

图 3-21　*NaCesA2* 编码蛋白的二级结构（另见图版）

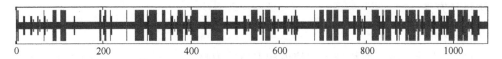

图 3-22　*NaCesA3* 编码蛋白的二级结构（另见图版）

结论：通过 *NaCesA2* 和 *NaCesA3* 同其他物种 *CesA* 的生物信息学分析可以得出，与同一亚科的绿竹和毛竹 *CesA* 亲缘关系最近，与同一科的水稻 *CesA* 亲缘关系稍远，与不同科拟南芥 *CesA* 亲缘关系最远，其编码的蛋白具有不同的理论等电点，与其他物种中 *CesA* 类似。在其 C 端都含有 6 个跨膜结构域，且存在类似于其他植物 *CesA* 的锌指结构、高度变异区和纤维素合成的活性位点；都存在α-螺旋、β-转角（最少）、延伸链和无规卷曲（最多），不含如 3_{10} 螺旋、Pi 螺旋、β桥、弯曲区域等结构。跨膜结构、物理性质和二级结构分析结果均表明，植物 *CesA* 编码蛋白为亲水性蛋白。

表 3-10　慈竹 *CesA* 氨基酸序列二级结构分析

基因名称	α-螺旋	延伸链	β-转角	无规卷曲
NaCesA2	355	156	44	519
NaCesA3	349	139	46	547
AtCesA1	342	152	41	546

续表

基因名称	α-螺旋	延伸链	β-转角	无规卷曲
OsCesA1-0	350	151	40	535
BoCesA1	356	155	44	523
BoCesA2	343	163	45	522
BoCesA3a	345	161	41	527
BoCesA3b	344	163	40	527
BoCesA4a	347	132	37	543
BoCesA5	335	147	51	547
BoCesA7	357	170	67	492
BoCesA8	347	156	48	527
PeCesA（clone1）	351	165	48	513
PeCesA（clone2）	345	156	40	535
PeCesA（clone3）	359	144	41	512
PeCesA（clone3）	347	136	55	444
PeCesA1	355	167	45	511
PeCesA2	348	161	46	515
PeCesA4	347	145	46	543
PeCesA11	346	150	48	537
PeCesA12	358	145	50	513

（六）慈竹 *CesA* 基因的半定量 RT-PCR 分析

1. 材料与方法

（1）材料

以四川省绵阳市西南科技大学校内成熟慈竹为材料，分别取以下组织作试验材料。幼笋，未去鞘长度为 30cm，取顶端最幼嫩部位（以 YS 表示）；嫩茎为竹幼嫩侧枝，取由鞘包裹的节间，颜色为白色的幼嫩部分（以 NJ 表示）；干净完全展开的竹叶（以 ZY 表示）和竹心（以 ZX 表示）。

另取实验室培养实生苗幼笋 2 根，未去鞘长度分别为 30cm 和 20cm，分别取以下部分为试验材料。高度为 30cm 笋的顶端伸长茎节间（以 J1 表示），中间茎节间（以 J2 表示），基部茎节间（以 J3 表示），所有茎节间均被鞘包裹，颜色为白色；鞘（以 Q 表示）和高度为 20cm 笋的顶端幼嫩部位（以 DS 表示）。将上述组织切成小块，分别置液氮中暂时保存，放于–80℃超低温冰柜长期保存。

（2）试验用主要试剂

rTaq DNA 聚合酶、DL2000 DNA marker、Reverse Transcriptase M-MLV（RNase H⁻）反转录试剂盒和限制性内切酶购自 TaKaRa 公司，RNA prep pure 植物总 RNA 提取试剂盒购自天根生化科技（北京）有限公司。

（3）总 RNA 的提取

慈竹总 RNA 的提取与 cDNA 链的合成方法同第二章第三节中的慈竹 *4CL* 基因保守

区扩增。

（4）*慈竹 CesA* 基因半定量 RT-PCR 扩增

1）半定量 RT-PCR 用引物。根据克隆得到的慈竹 *CesA2* 和 *CesA3* 基因的 3′序列，利用 Primer Premier 5.0 软件设计慈竹 *CesA* 基因的 RT-PCR 引物；另根据慈竹持家基因 *Tublin* 序列设计半定量 RT-PCR 引物（表 3-11），并将引物交由生工生物工程（上海）股份有限公司合成。

表 3-11　慈竹 *CesA* 和 *Tublin* 基因半定量 RT-PCR 引物设计

引物位置	引物名	引物序列（5′→3′）
CesA2（F）	21-DF	CACGTCCCTCCCACTTATA
CesA2（R）	21-DR	TTCTCCACCAGTCCTCAAT
CesA3（F）	31-DF	AACATCAATCCCACTTCTC
CesA3（R）	31-DR	ACCACTCCACCTCATCTCA
Tublin（F）	HSL6F	AACATGTTGCCTGAGGTTCC
Tublin（R）	HSL6R	GTTCTTGGCATCCCACATCT

2）慈竹 *CesA* 基因和 *Tublin* 基因的 RT-PCR 体系。为防止某些模板因浓度太高而引起非特异性扩增和半定量结果不灵敏，将反转录获得的 cDNA 适当稀释作为 RT-PCR 模板。PCR 由 TaKaRa 公司的 rTaq DNA 聚合酶试剂盒提供的试剂进行，扩增反应在 Bio-Rad 公司的 PTC-200 PCR 自动扩增仪上进行，对照（CK，用水代替模板）、*CesA* 基因和 *Tublin* 基因的 RT-PCR 均使用如下反应体系（总反应体系为 20μL），具体如下。

10×PCR buffer	2μL
dNTP mixture（每种 2.5mmol/L）	2μL
$MgCl_2$	2μL
正向引物（F）（10μmol/L）	1μL
反向引物（R）（10μmol/L）	1μL
反转录得到的 cDNA	1μL
rTaq DNA 聚合酶（5U/μL）	0.25μL
ddH_2O	10.75μL

3）慈竹 *CesA* 基因和 *Tublin* 基因的 RT-PCR 条件。

A. *Tublin* 基因的 RT-PCR 条件：①95℃ 3min（预变性）；②95℃ 30s（变性）；③56℃ 30s（退火）；④72℃ 45s（延伸）；循环②～④，25 个循环；⑤72℃ 10min（延伸）；⑥ 4℃ 保持（结束）。

B. *CesA* 基因的 RT-PCR 条件：①95℃ 3min（预变性）；②95℃ 30s（变性）；③52℃ 30s（退火）；④72℃ 30s（延伸）；循环②～④，25 个循环；⑤72℃ 10min（延伸）；⑥4℃ 保持（结束）。

4）半定量 RT-PCR 的电泳检测。PCR 扩增产物在 1.0% 的琼脂糖凝胶中电泳（缓冲液为 0.5×TBE）。首先，*Tublin* 基因的 PCR 产物以相同上样量点入凝胶中，根据每次电泳结果条带亮度的强弱调整 *Tublin* 基因的上样量，使得 *Tublin* 基因电泳条带亮度达到同一亮度，记下此时各组织 PCR 产物各自的上样量。其次，以 *Tublin* 基因同一水平使用的

上样量对 *CesA2* 和 *CesA3* 基因进行电泳分析。

2. 结果与分析

（1）RNA 提取结果

通过 RNA 提取试剂盒提取到慈竹各组织的总 RNA，进行电泳检测（图 3-23）；根据电泳结果可以看出总 RNA 降解较少，蛋白质含量少。另经紫外分光光度计检测，总 RNA 的 OD_{260}/OD_{280} 为 1.8～2.0，浓度为 200～550ng/μL。将提取 RNA 产物存于 –80℃ 超低温冰柜中，以备后用。

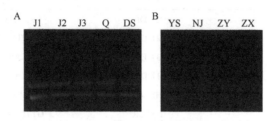

图 3-23　实生苗组织（A）和野生型组织（B）RNA 提取

（2）半定量 RT-PCR 分析 *CesA2* 和 *CesA3* 的组织表达

CesA2 和 *CesA3* 基因的半定量 RT-PCR 结果如图 3-24 所示，图中下排为内参 *Tublin* 基因在各组织中的表达情况，通过调整 PCR 产物上样量使其在各组织中的表达到达相同水平；上排则分别为 *CesA2* 和 *CesA3* 在各组织中的表达情况，其上样量与内参基因相同组织的上样量相同。

CesA2 基因表达量在各个组织中不一致：实生苗所取组织中 *CesA2* 基因都有表达，顶端茎节幼嫩部表达量最高，中间茎节幼嫩部、基部茎节幼嫩部、鞘及短笋顶端幼嫩部表达量较弱。在成熟竹组织中，展开叶不表达该基因或表达量很低，枝条茎的幼嫩部表达量最高，笋顶端幼嫩部表达量次之，竹心表达量最弱（图 3-24）。

CesA3 基因在各组织中的表达量存在差异：实生苗所取组织均表达该基因，从顶端茎节到基部茎节的表达量呈递减趋势，顶端茎节幼嫩部表达量最高，基部茎节幼嫩部表达量最低；而在鞘和短笋顶端幼嫩部中，其表达量与中间茎节幼嫩部的表达量在同一水平。在成熟竹组织中，展开叶也不表达该基因或表达量较少；该基因在笋顶端幼嫩部、竹心和枝条茎的幼嫩部组织中表达量基本一致（图 3-24）。

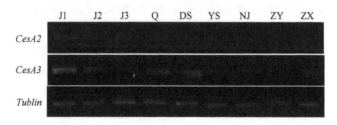

图 3-24　慈竹 *CesA2* 和 *CesA3* 基因的半定量 RT-PCR 结果

综上所述，*CesA2* 和 *CesA3* 都在茎中表达，但在幼嫩的部位表达量较高，可能对纤维形成早期起到调控作用，需待深入研究。

半定量 RT-PCR 结果可以确定一个基因在不同组织中的表达情况，虽然它没有（QPCR）结果准确，但对只确定基因具体表达部位和大致表达情况的实验是一个可靠的实验方法。本试验通过 RACE 法对克隆得到的两条 *CesA* 进行简单的表达情况检测，选用半定量 RT-PCR 方法观察这两个基因在不同组织中表达情况。

根据试验得出 *CesA2* 和 *CesA3* 基因都会在幼嫩的组织表达，而在成熟组织展开叶中却不表达或表达量很低。*CesA2* 和 *CesA3* 在各组织中的表达量各不相同，但在 30cm 长笋顶端茎节幼嫩部中表达量最高。除展开叶外，笋顶端幼嫩部、竹心和枝条茎的幼嫩部组织中均有 2 个基因不同程度的表达。

根据试验结果可推测，由于 2 个基因是由慈竹嫩茎组织中克隆得到，其基因组织表达的特异性使 *CesA2* 和 *CesA3* 基因在茎的幼嫩部表达量比在笋顶端幼嫩部表达量还高。

Chen 等对绿竹不同组织的表达分析得出，*BoCesA2*、*BoCesA5*、*BoCesA6* 和 *BoCesA7* 可能参与初生细胞壁的形成，并与绿竹的生长有密切的关系。*NaCesA2* 与 *BoCesA3* 和 *BoCesA2* 的亲缘关系比较近，*NaCesA3* 与 *BoCesA4* 和 *BoCesA5* 亲缘关系较近，可以推测 *NaCesA2* 和 *NaCesA3* 与慈竹初生细胞壁的形成及其生长有密切的关系。

结论：使用 RNA 提取试剂盒获得高质量的 RNA，总 RNA 降解较少，蛋白质含量少。经紫外分光光度计测定，总 RNA 的 OD_{260}/OD_{280} 为 1.8~2.0，浓度为 200~550ng/μL。

以反转录获得的 cDNA 为模板，设计的半定量引物进行 RT-PCR，得到组织差异表达结果：实生苗的所有组织中，*CesA2* 和 *CesA3* 基因均有表达，但表达量强弱各异，在 30cm 长笋顶端茎节幼嫩部的表达量最高。成熟竹组织中，两个基因在展开叶中均不表达或表达很弱，而笋顶端幼嫩部、竹心和枝条茎的幼嫩部组织中均有不同程度的表达。根据 *CesA* 之间的亲缘关系进化树和上述组织表达结果可以推测 *NaCesA2* 和 *NaCesA3* 与慈竹初生细胞壁的形成及其生长有密切的关系。

第四章　*SuSy* 基因研究

第一节　研 究 背 景

蔗糖是植物光合作用的主要产物,在植物体内蔗糖的裂解由转化酶和蔗糖合酶 (sucrose synthase,SuSy;E.C.2.4.1.13) 催化完成。蔗糖合酶是植物蔗糖代谢中极为重要的一种酶,既可催化蔗糖分解又可催化蔗糖合成:蔗糖 + UDP ⇌ 果糖 + UDPG,目前研究认为,该酶主要催化蔗糖分解 (Elling,1995)。SuSy 是植物细胞分化、纤维发育过程中极其关键的一种酶,在纤维素合成过程中尤为重要。在棉纤维合成的研究中发现,SuSy 在发育的棉纤维细胞中通过催化蔗糖分解成果糖和尿苷二磷酸葡萄糖 (uridine diphosphate glucose,UDPG),促进棉纤维细胞的伸长及纤维素合成 (Haigler et al.,2001)。将构建的 *SuSy* 基因反义载体导入棉花,所得转基因植株中纤维发育受到抑制,与野生型相比,转基因棉花胚珠表面的突起又少又小,且纤维长度短于野生型,表明蔗糖合酶在纤维突起和伸长中起着关键作用 (Ruan et al.,1997)。研究表明,SuSy 在次生细胞壁纤维合成过程中有以下几方面优势:①SuSy 无需额外能量就能提供 UDPG 底物,开启蔗糖合成纤维素的反应,比尿苷二磷酸葡萄糖酶(UDPGase)节省能量;②能循环利用 UDP (纤维素合成过程产物),减少其对 CesA(纤维素合成酶)的抑制;③SuSy 可附着在纤维细胞表面形成 M-SuSy,且朝向纤维素沉积的方向,进而使 UDPG 直接运到 CesA 的催化亚基上,避免 CesA 与其他代谢途径竞争 UDPG (楚鹰,2004)。

尿苷二磷酸葡萄糖焦磷酸化酶 (UDP-glucose pyrophosphorylase,UGPase;E.C. 2.7.7.9) 多分布在植物组织细胞的胞液中,但也有的分布在高尔基体、叶绿体和细胞膜上 (Becker et al.,1995;Mikami et al.,2001)。在糖代谢中 UGPase 是极其关键的一个酶,在植物体中主要与蔗糖代谢有关,能催化可逆反应:Glc-1-P + UTP ⇌ UDPG + PPi (祁超,2000)。UDPG 可作葡萄糖基供体,是活化糖的主要形式,它能参与蔗糖、细胞壁形成所需的纤维素、半纤维素等的合成,同时它的催化反应将关系到下游二糖或多糖代谢。有研究表明,与对照相比,突变酵母菌株的 UGPase 活性降低 10 倍时,其细胞壁中 β-葡聚糖含量显著下降,表明 UGPase 与细胞壁形成密切相关 (Daran et al.,1995)。在烟草中过表达紫穗槐 (*Amorpha fruticosa*) UGPase 基因,发现转基因植株中纤维素的积累急剧增多,同时细胞壁增厚且植株生长速度较快,表明 UGPase 参与细胞壁的形成 (梁海泳等,2006)。在烟草中过表达棉花与木醋酸菌 (*Acetobacter xylinus*) 的 *UGP* 基因,发现转基因植株中 *UGP* 的转录水平和活性均高于对照株,且转基因株的高度、可溶性糖类的积累及总生物量均有所增加 (Coleman et al.,2009)。

竹材纤维素含量与制浆率和纸的质量成正比,而优良竹种的选育是目前困扰我国大部分竹浆造纸企业的难题。由于竹子具有开花不确定性及开花后死亡的特殊生物学性状,很难通过有性遗传进行改良,传统的遗传育种方法很难培育出纤维素含量较高的竹类新品种，而基因工程手段为提高竹纤维素含量提供了可行的途径。目前，国内外对慈竹与梁山慈竹的研究主要集中在栽培、理化特性和遗传多样性上（胡尚连等，2012），而在分子生物学方面的研究，尤其是与纤维素合成有关基因的研究甚少。因此，本研究以慈竹笋和梁山慈竹叶为材料，利用同源克隆的方法克隆与纤维素合成有关的蔗糖合酶基因（简称 *SUS* 基因）和尿苷二磷酸葡萄糖焦磷酸化酶基因（*UGP*），对其进行生物信息学和组织表达分析及遗传转化烟草研究，为 *SUS* 和 *UGP* 基因在工业用丛生竹遗传改良中的应用奠定基础。

第二节　慈竹 *SuSy* 基因克隆与生物信息学分析

蔗糖合酶（sucrose synthase，SuSy；E.C.2.4.1.13）最早是由 Cardini 等于 1955 年在小麦（*Triticum aestivum*）胚芽中发现的，目前已证明 SuSy 是由 83～100kDa 的亚基构成的四聚体（Moriguchi and Yamaki，1988）。SuSy 是植物细胞分化、纤维发育过程中极其关键的一种酶，在纤维素合成过程中尤为重要。目前研究者已在玉米（*Zea mays*）（Mccarty et al.，1986）、马铃薯（*Solanum tuberosum*）（Salanoubat and Belliard，1987）、甘蔗（*Saccharum officinarum*）（Lingle and Dyer，2001）及棉花（*Gossypium hirsutum*）（Delmer and Amor，1995）等作物中克隆得到 *SuSy* 基因（以下简称 *SUS* 基因），但在慈竹上还未见报道。因此，开展该方面的研究十分必要。

一、试验材料与方法

（一）试验材料

以西南科技大学生命科学与工程学院资源圃里的慈竹笋为试验材料，带回实验室后剥皮，切成小块，置于液氮中，然后于–80℃超低温冰柜中保存，用于以下研究。

（二）试验用主要试剂和菌种

TaKaRa 公司：DL2000 DNA marker、LA-*Taq* DNA 聚合酶、pMD 19-T 载体、IPTG、PrimeScript®RT reagent Kit（Perfect DNA）反转录试剂盒、*Eco*R Ⅰ、*Sal* Ⅰ、*Hind* Ⅲ等。

天根生化科技（北京）有限公司：质粒小提试剂盒、X-Gal、pGM-T 载体、胶回收试剂盒。

OMEGA BIO -TEK 公司：Plant RNA Kit 试剂盒。

BioBRK 公司：Green View 染料。

GeneTech 公司：酵母提取物、琼脂糖和胰蛋白胨。

大肠杆菌 DH5α 为本试验室制备保存，其余试剂均为国产分析纯。

（三）试验方法

1. 总 RNA 的提取与 cDNA 链的合成

总 RNA 的提取与 cDNA 链的合成方法同第二章第三节中的慈竹 *4CL* 基因保守区扩增。

2. 慈竹 *SUS* 基因 cDNA 全长克隆

（1）全长 PCR 引物设计

参照 NCBI 中提供的绿竹 *SUS* 基因 *BoSUS1*、*BoSUS2*、*BoSUS3* 和 *BoSUS4* 全长片段（NCBI 序列号分别为 AF412036.3、AF412038.1、AF412037.1 和 AF412037.1），以及从慈竹笋转录组测序数据库中搜索到的 *SUS* 基因全长，用 Primer Premier 5.0 软件设计了 5 对慈竹 *SUS* 基因全长引物，引物序列见表 4-1。引物由生工生物工程（上海）股份有限公司合成。

表 4-1　慈竹 *SUS* 基因全长克隆引物

克隆的基因名称	引物名称	上游引物（5′→3′）	下游引物（5′→3′）	退火温度/℃
BeSUS1	S1	TTCTGTTCTTCTTACGGCTTGA	AACGCTCCCTTCTTCCAC	57
BeSUS2	S2	GAGTCCCGAAGTTGTGAG	AGTAGGAACCAGCAAGCA	60
BeSUS3	S3	TGCCTTCCGTTCCCTTATTC	CAGGTTTCAGCCCAGATGTT	57
BeSUS4	S4	GAGTCCCGAAGTTGTGAG	CAAACTACGGTAAACAAATCA	60
BeSUS5	S5	TCCACCAATGAAGTAGGG	CACATCAACCGAGAAAGAG	57

（2）PCR 体系与程序

采用 LA-*Taq* DNA 聚合酶反应试剂盒，以慈竹笋 cDNA 为模板，扩增慈竹 *SUS* 基因的全长序列。反应体系 50μL（加入顺序按量从多到少加入，LA-*Taq* DNA 聚合酶最后加入）。

2×GC buffer I	25μL
dNTP mixture（每种 2.5mmol/L）	8μL
cDNA 模板	2μL
上游引物（10μmol/L）	1μL
下游引物（10μmol/L）	1μL
LA-*Taq* DNA 聚合酶（5U/μL）	0.5μL
ddH$_2$O	加至 50μL

PCR 扩增程序如下。

95℃	3min	
95℃	30s	⎫
56℃	30s	⎬ 30 个循环
72℃	3min	⎭
72℃	10min	
4℃	保持	

各引物退火温度见表 4-1。

（3）PCR 产物的回收

将 PCR 产物全部加入到 1.0%琼脂糖凝胶中进行胶回收电泳，电泳完后切下目的片段，再用胶回收试剂盒（天根公司）进行回收，最后取 2μL 产物于 1.0%琼脂糖凝胶中进行电泳检测。

（4）PCR 回收产物和 T 载体连接

取回收后的 PCR 产物分别与 pGM-T 载体（天根公司）/pMD19-T 载体（TaKaRa 公

司）载体进行连接，反应体系（20μL）见表 4-2（T$_4$-DNA 连接酶最后加入）。PCR 自动扩增仪中 16℃连接 16h。

表 4-2　PCR 回收产物与 T 载体连接体系

试剂	加入量/μL				
	S1	S2	S3	S4	S5
T$_4$-DNA 连接酶	1	1	1	1	1
10×T$_4$ buffer	2	2	2	2	2
胶回收产物	7	12	6	12	5
pGM-T 载体（10ng/μL）	5	0	0	0	5
pMD19-T 载体（10ng/μL）	0	4	5	4	0
ddH$_2$O	5	1	6	1	7

（5）重组质粒的酶切验证

取适量的重组质粒用相应的限制性内切酶做酶切鉴定。与 pGM-T 载体相连接的质粒酶切用 1 号体系（20μL），与 pMD19-T 载体相连接的质粒酶切用 2 号体系（20μL）。酶切反应在 37℃条件下反应 2h。酶切完后取 5μL 酶切产物用 1%的琼脂糖凝胶电泳进行检测。

1 号酶切体系：

10×H buffer	2μL
*Eco*R Ⅰ	2μL
质粒	5μL
ddH$_2$O	11μL

2 号酶切体系：

10×M buffer	2μL
*Eco*R Ⅰ	1μL
Hind Ⅲ	1μL
质粒	5μL
ddH$_2$O	11μL

（6）测序及序列分析

将经过鉴定的含有重组质粒的菌液 1mL 送去上海英潍捷基公司测序。测序结果采用 DNAMAN 软件及 NCBI Blast 分析程序（http://www.ncbi.nlm.nih.gov/blast/）进行相似性比较。

3. 慈竹 *SUS* 基因的生物信息学分析

（1）*SUS* 基因系统进化树的构建

将下载的氨基酸数据处理成 fasta 格式后导入 Mega4 比对窗口，用邻接法（neighbor-joining）构建 *SUS* 进化树，Bootstrap 参数为 1000 replicates。

构建进化树所用的数据有欧洲桤木（*Alnus glutinosa*；*AgSUS1*，X92378）、繁穗苋（*Amaranthus cruentus*；*AcSUS1*，JQ012918）、千穗谷（*Amaranthus hypochondriacus*；*AhSUS2*，JQ012919）、鱼腥藻（*Anabaena* sp.；*ASUSA*，AJ010639）、拟南芥（*Arabidopsis thaliana*；*AtSUS1*，NM_122090；*AtSUS2*，NM_124296；*AtSUS3*，NM_116461；*AtSUS4*，NM_114187；*AtSUS5*，NM_123077；*AtSUS6*，NM_001198461）、绿竹（*Bambusa oldhamii*；*BoSUS1*，AF412036；*BoSUS2*，AF412038；*BoSUS3*，AF412037；*BoSUS4*，AF412039）、甜菜（*Beta vulgaris*；*BvSS1*，EF660856；*BvSS2*，AY457173）、红叶藜（*Chenopodium rubrum*；*CrSUS1*，X82504）、菊苣（*Cichorium intybus*；*CiSUS4*，DQ400357）、温州蜜柑（*Citrus unshiu*；*CitSUS1*，AB022092；*CitSUS2*，AB029401；*CitSUSA*，AB022091）、小粒咖啡（*Coffea arabica*；*CaSUS1*，AM087674；*CaSUS2*，AM087675）、中粒咖啡（*Coffea canephora*；*CcSUS2*，DQ834312）、复活草（*Craterostigma plantagineum*；*CpSUS1*，AJ131999；*CpSUS2*，AJ132000）、黄瓜（*Cucumis sativus*；*CsSUS*，HQ219669）、胡萝卜（*Daucus carota*；*DacSUS*，X75332）、铁皮石斛（*Dendrobium officinale*；*DoSUS1*，HQ856835）、康乃馨（*Dianthus caryophyllus*；*DcSUS1*，AB543810）、巨桉（*Eucalyptus grandis*；*EgSUS1*，DQ227993；*EgSUS3*，DQ227994）、树棉（*Gossypium arboreum*；*GaSUS1*，JQ995522；*GaSUS2*，JQ995523；*GaSUS3*，JQ995524；*GaSUS4*，JQ995525；*GaSUS5*，JQ995526；*GaSUS6*，JQ995527；*GaSUS7*，JQ995528）、陆地棉（*Gossypium hirsutum*；*GhSUS1*，FJ713478；*GhSUS3*，U73588）、大麦（*Hordeum vulgare*；*HvSUS1*，X69931；*HvSUS2*，X65871；*HvSUS4*，HQ650888）、甘薯（*Ipomoea batatas*；*IbSUS*，EU908020）、麻疯树（*Jatropha curcas*；*JcSUS*，KC346252）、黑麦草（*Lolium perenne*；*LpSUS*，AB232656）、番茄（*Lycopersicon esculentum*；*LeSUS*，L19762）、木薯（*Manihot esculenta*；*MeSUS*，DQ443534）、紫花苜蓿（*Medicago sativa*；*MsSUS*，EF434389）、蒺藜苜蓿（*Medicago truncatula*；*MtSUS1*，AJ131943）、水稻（*Oryza sativa*；*OsSUS1*，HQ895719；*OsSUS2*，HQ895720；*OsSUS3*，HQ895721；*OsSUS4*，HQ895722；*OsSUS5*，HQ895723；*OsSUS6*，HQ895724）、毛果杨（*Populus trichocarpa*；*PtrSUS1*，GU559729；*PtrSUS2*，GU559730；*PtrSUS3*，GU559731；*PtrSUS4*，GU559732；*PtrSUS5*，GU559733；*PtrSUS6*，GU559734；*PtrSUS7*，GU559735）、沙梨（*Pyrus pyrifolia*；*PypSUS1*，AB045710）、马铃薯（*Solanum tuberosum*；*StSUS2*，AY205084）、高粱（*Sorghum bicolor*；*SbSUS2*，JQ062976）、番茄（*Solanum lycopersicum*；*SlSUS3*，NM_001247875）、甘蔗（*Saccharum officinarum*；*SoSUS1*，JX416283；*SoSUS2*，AF263384）、小麦（*Triticum aestivum*；*TaSUS1*，AJ001117；*TaSUS2*，AJ000153）、郁金香（*Tulipa gesneriana*；*TgSUS1*，X96938）、蚕豆（*Vicia faba*；*VfSUS*，X69773）、绿豆（*Vigna radiate*；*VrSUS1*，D10266）、玉米（*Zea mays*；*ZmSH1*，NM_001111941；*ZmSUS1*，NM_001111853；*ZmSUS2*，NM_001111724；*ZmSUS3*，AY124703）、慈竹（*Bambusa emeiensis*；*BeSUS1*，KJ525746；*BeSUS2*，KJ525747；*BeSUS3*，KJ525748；*BeSUS4*，KJ525749；*BeSUS5*，KJ525750）。

（2）慈竹 *SUS* 基因编码蛋白结构域的分析

SUS 基因编码蛋白保守结构域的预测利用 SMART（http://smart.embl-heidelberg.de/）在线工具完成。

（3）不同植物 *SUS* 基因编码的氨基酸多序列比对

用 DNAMAN 和 ClustalW 程序（http://www.ebi.ac.uk/Tools/msa/clustalw2/）对不同植物 *SUS* 基因编码的氨基酸序列进行多重比对分析。

（4）不同植物 *SUS* 基因编码蛋白的一级结构分析

不同植物 *SUS* 基因编码蛋白的一级结构分析方法同第二章第三节中的 *C3H* 基因编码

蛋白的一级结构分析。

（5）不同植物 *SUS* 基因编码蛋白的二级结构分析

慈竹、绿竹、水稻和玉米 *SUS* 基因编码蛋白的二级结构分析方法同第二章第三节中的 *C3H* 基因编码蛋白的二级结构分析。

（6）慈竹、绿竹和水稻的 *SUS* 基因编码蛋白的三级结构分析

不同植物 *SUS* 基因编码蛋白的三级结构分析方法同第二章第三节中的 *C3H* 基因编码蛋白的三级结构分析。

（7）不同植物 *SUS* 基因编码蛋白的亚细胞定位分析

不同植物 *SUS* 基因编码蛋白的亚细胞定位预测用 PSORT 软件（http://www.psort.org/）完成。

二、结果分析

（一）慈竹 *SUS* 基因 cDNA 全长克隆

1. 慈竹笋总 RNA 提取

通过 OD_{260}/OD_{280} 可以判断 RNA 的提取纯度，本实验提取的 RNA 的 OD_{260}/OD_{280} 为 1.8～2.0，其纯度较高。图 4-1 为慈竹笋总 RNA 的琼脂糖凝胶电泳结果，可看出电泳结果呈典型的 28S、18S、5S 三种 RNA 带型，且各条带无明显的拖尾现象，这表明所提取的 RNA 无降解，且无 DNA 污染。将 RNA 全部反转录为 cDNA，−20℃保存，用其做后续试验的模板。

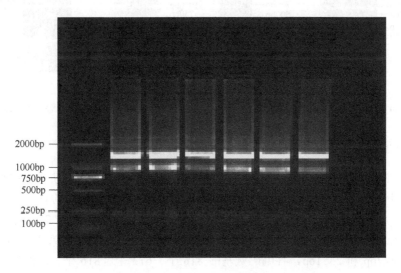

图 4-1　慈竹笋总 RNA 琼脂糖凝胶电泳结果

2. 慈竹 *SUS* 基因 cDNA 全长 PCR 扩增

分别以设计的 5 对慈竹全长引物为上、下游引物，慈竹笋 cDNA 为模板进行 PCR 扩增，其扩增产物条带大小都为 2500bp 左右（图 4-2）。

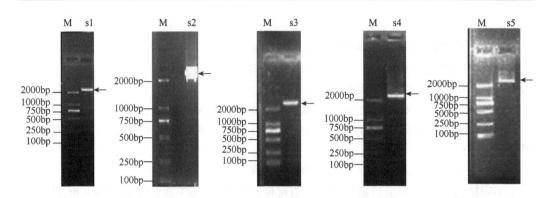

图 4-2　慈竹 *SUS* 基因 cDNA 全长扩增

M. DL2000 DNA marker；箭头所指为目标片段

3. 慈竹 *SUS* 基因 cDNA 全长 PCR 产物克隆的酶切验证

挑取白色单菌落划线摇菌，保存甘油菌和测序菌后将余下菌液用于质粒提取，对提取的质粒做酶切验证后取 5μL 产物进行电泳，其结果如图 4-3 所示。从图 4-3 中可以看出，有空载体和目的片段出现，将对应的测序菌送去上海 Invitrogen 公司测序。

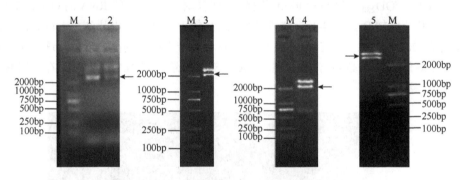

图 4-3　重组质粒的双酶切

M. DL2000 DNA marker；1. *BeSUS1*；2. *BeSUS3*；3. *BeSUS2*；4. *BeSUS4*；5. *BeSUS5*；箭头所指为目标片段

4. 慈竹 *SUS* 基因 cDNA 全长序列的获得与生物信息学分析

将克隆的核酸片段送去测序，将得到的序列片段用 DNAMAN 拼接后提交到 NCBI Blast 程序中的 Vecscreen 程序进行去载体操作，得到 5 条没有载体的目的序列。测序结果分析表明，这 5 条去载体序列长度分别为 2536bp、2117bp、2536bp、2517bp 和 2648bp，通过 ORF finder 程序得到这些序列的编码序列（CDS），其长度分别为 2451bp、1839bp、2451bp、2427bp 和 2451bp，各编码氨基酸 816 个、612 个、816 个、808 个和 816 个，分别命名为 *BeSUS1*、*BeSUS2*、*BeSUS3*、*BeSUS4* 和 *BeSUS5*，GenBank 注册号分别为 KJ525746、KJ525747、KJ525748、KJ525749 和 KJ525750。图 4-4～图 4-8 为慈竹 *SUS* 基因序列及其编码的氨基酸序列，方框标记为上、下游引物，灰色标记的为起始密码子 ATG 和终止密码子 TGA（*）。

将这 5 条去载体的核酸序列提交到 Blast 程序的 nucleotide blast 程序中进行 Blast N

比对分析，其结果显示，它们和绿竹、水稻、大麦、甘蔗、高粱、玉米等物种的 *SUS* 核酸序列高度相似。其中 *BeSUS1* 的核酸序列与 *BoSUS1* 相似性最高（达 99%），其次是 *OsSUS1* 和 *HvSUS*；*BeSUS2* 核酸序列与 *BoSUS2* 序列相似性最高（99%），其次为 *OsSUS2* 和 *SoSUS2*；*BeSUS3* 核酸序列与 *BoSUS3* 序列达 99% 的相似性，其次为 *OsSUS1* 和 *HvSUS*；*BeSUS4* 核酸序列与 *BoSUS4* 序列相似性最高（为 99%），其次分别为 *OsSUS2* 和 *SoSUS2*；*BeSUS5* 核酸序列与 *BoSUS1* 序列相似性最高（99%），其次分别为 *OsSUS1* 和 *HvSUS*（表 4-3）。以上结果可确定克隆得到的序列均为慈竹 *SUS* 基因 cDNA 全长序列。

```
ttctgttcttcttacggcttgaggatccaagaagagaatagca
44   atggggggaagctgccggcgaccgtgtcctgagccgtcagggagcgcatcggcgattccctctccgcgcaccccaatgagcttgttgccgtcttcacg
     M  G  E  A  A  G  D  R  V  L  S  R  L  H  S  V  R  E  R  I  G  D  S  L  S  A  H  P  N  E  L  V  A  V  F  T
152  aggctggtcaaccttgaaagggaatgctgcagcccaccagatcatcgctgagtacaacaacgcaatccctgaggcagagcgtgagaagctgaaggatggcgccttc
     R  L  V  N  L  G  K  G  M  L  Q  P  H  Q  I  I  A  E  Y  N  N  A  I  P  E  A  E  R  E  K  L  K  D  G  A  F
260  gaggatgtcctcagggcagcacaggaggcgatcgttatccccccatgggttgcccttgccatccgcccgaggcctggtgtctgggagtatgtgagggtcaacgtgagc
     E  D  V  L  R  A  A  Q  E  A  I  V  I  P  P  W  V  A  L  A  I  R  P  R  P  G  V  W  E  Y  V  R  V  N  V  S
368  gagctcgctgttgaggagttgagagtccctgagtacttgcagttcaaggaacagcttgttggaaggaagcacgaacaacaactttgttcttgagctggactttgagcca
     E  L  A  V  E  E  L  R  V  P  E  Y  L  Q  F  K  E  Q  L  V  E  G  S  T  N  N  N  F  V  L  E  L  D  F  E  P
476  ttcaatgcctccttccctgcctttctctgtgaagtcatggcaacggtgtgcagttcctcaacaggcacctgtcatcaaagctcttccatgataaggagagcatg
     F  N  A  S  F  P  R  S  L  S  K  S  I  G  N  G  V  D  F  L  N  R  H  L  S  S  K  L  F  H  D  K  E  S  M
584  tacccccttgctcaacttccttcgcgcgcacaactacaaggcatgactatgatgttgaacgatagaatccgcagtctcagtgctctccaaggtgctctgaggaaggct
     Y  P  L  L  N  F  L  R  A  H  N  Y  K  G  M  T  M  M  L  N  D  R  I  R  S  L  S  A  L  Q  G  A  L  R  K  A
692  gaggagcatctgtctggtctttcagcagacacctcgtactcggactccaccatagattccaggaacttggtctggagaaggtgtggggtgattgtgtcaagcgtgcg
     E  E  H  L  S  G  L  S  A  D  T  S  Y  S  D  F  H  H  R  F  Q  E  L  G  L  E  K  G  W  G  D  C  V  K  R  A
800  caggagaccatccacctcctccttcttggacccttcttgaggcccctgatccgtccacccctggagaagttccttggacaatcccaatggtgttcaatgttgtcaccctctcc
     Q  E  T  I  H  L  L  L  D  L  L  E  A  P  D  P  S  T  L  E  K  F  L  G  T  I  P  M  V  F  N  V  V  T  L  S
908  ccgcatggttactttgcccaagccaatgtctggggtatcgtgacactggaggggcaggttgtctacatttggatcaagtccgtgctatggagaatgagatgctgctg
     P  H  G  Y  F  A  Q  A  N  V  L  G  Y  P  D  T  G  G  Q  V  V  Y  I  L  D  Q  V  R  A  M  E  N  E  M  L  L
1016 aggatacaagcagcaaggtctccaacatcacaccacggattctattgtcaccagctgctccctgatgcaactggcaccacctgtggtcagcgtcttgagaaggtcctt
     R  I  K  Q  Q  G  L  N  I  T  P  R  I  L  I  V  T  R  L  L  P  D  A  T  G  T  T  C  G  Q  R  L  E  K  V  L
1124 ggcactgaacacacgcacatccttcgtgtgccattcagaactgaaaatgaatcgttcgcaaatggatctcacgtttttgaagtctggccgtacctggagactttcact
     G  T  E  H  T  H  I  L  R  V  P  F  R  T  E  N  G  I  V  R  K  W  I  S  R  F  E  V  W  P  Y  L  E  T  F  T
1232 gatgatgtggcacacgagattgctggagagctccaggccaaccctgacctgatcatcggaaactacagtgatgggaaaccttgttgcgtgcttgctcgcacacaagatg
     D  D  V  A  H  E  I  A  G  E  L  Q  A  N  P  D  L  I  I  G  N  Y  S  D  G  N  L  V  A  C  L  L  A  H  K  M
1340 ggtgttactcattgtaccattgcccatgcgcttgagaaataccaagtacccaattccgacctctactggaagaagtttgaggaccactaccacttctcatgccagttt
     G  V  T  H  C  T  I  A  H  A  L  E  K  T  K  Y  P  D  S  D  L  Y  W  K  K  F  E  D  H  Y  H  F  S  C  Q  F
1448 actactgacttgattgctatgaacacgctgacttcatcatcaccagtacttccaagagatgccggaaacaaggacaccgttcagtacgagtctcacatggca
     T  T  D  L  I  A  M  N  H  A  D  F  I  I  T  S  T  F  Q  E  I  A  G  N  K  D  T  V  G  Q  Y  E  S  H  M  A
1556 ttcacaatgcctggcctgtaccgtgttgtccatggtatcgatgtttttgaccccaagtttaacattgtctcacctggtgcggacctgtccatctacttccctttacacc
     F  T  M  P  G  L  Y  R  V  V  H  G  I  D  V  F  D  P  K  F  N  I  V  S  P  G  A  D  L  S  I  Y  F  P  Y  T
1664 gaatcgcacaagaggctcacctcctccacccagagattgaggagttgctctacagtgatgttgacaaccatgagcacaagtttgtgctgaaggacaggaacaagcca
     E  S  H  K  R  L  T  S  L  H  P  E  I  E  E  L  L  Y  S  D  V  D  N  H  E  H  K  F  V  L  K  D  R  N  K  P
1772 atcatctttctcgatggctcgtcttgaccgtgtcaagaacttgactggtctggtcgagctgtatgccggaatcctcgcctgcaagagcaggttaaccttgtggttgtc
     I  I  F  S  M  A  R  L  D  R  V  K  N  L  T  G  L  V  E  L  Y  G  R  N  P  L  Q  E  Q  V  N  L  V  V
1880 tgtggtgaccatgggcaatccatccaaggacaaggagcaggcaggctgagttccagaagatgtttgacctttatcgagcaatacaacctgaacggccacatccgctgatc
     C  G  D  H  G  N  P  S  K  D  K  E  E  Q  A  E  F  Q  K  M  F  D  L  I  E  Q  Y  N  L  N  G  H  I  R  W  I
1988 tctgctcagatgaaccgtgtccgcaatggtgagctctaccgttacatctgcgacaccaagggcgctttcgtgcagcctgcttctctacgaggctttgggcttaccgtg
     S  A  Q  M  N  R  V  R  N  G  E  L  Y  R  Y  I  C  D  T  K  G  A  F  V  Q  P  A  F  Y  E  A  F  G  L  T  V
2096 gttgagtccatgacctgcgcgcctccgacatttgcaactgcctatggtggtccggctgagatcatcgtggacggtgtgtctgtttccacattgaccctaccagggc
     V  E  S  M  T  C  G  L  P  T  F  A  T  A  Y  G  G  P  A  E  I  I  V  D  G  V  S  G  F  H  I  D  P  Y  Q  G
2204 gacaaggcctcggcgcgctgctcgtcgagttcttcgagaagtgccagcaagacccagccactggaccaagatctcccagggcgggctcagcgtattgaggagaagtac
     D  K  A  S  A  L  L  V  E  F  F  E  K  C  Q  Q  D  P  S  H  W  T  K  I  S  Q  G  G  L  Q  R  I  E  E  K  Y
2312 acctggaagctctactctgagaggctgatgaccctgacgggttacgggttctggaagcacgtgagcaacctcgagaggcggacgcgttaccttgagatg
     T  W  K  L  Y  S  E  R  L  M  T  L  T  G  V  Y  G  F  W  K  H  V  S  N  L  E  R  R  E  T  R  R  Y  L  E  M
2420 ctgtacgccctcaagtaccgcacgatggctagcactgttccattggctgttgatggagagcccctcgagcaaatga  2494
     L  Y  A  L  K  Y  R  T  M  A  S  T  V  P  L  A  V  D  G  E  P  S  S  K  *
tctgctcaatgtctcggctgaaacgtggaagaagggagcgtt
```

图 4-4　*BeSUS1* 基因 cDNA 全长序列及其编码的氨基酸序列

gagtcccgaagttgtgagcc

```
21   atggctgccaagctgactcgcccccacagtctccgtgagcgcctcagtgccacctctcctctcatcctaacgagctgattgcactgttctccaggtatgttcaccag
     M  A  A  K  L  T  R  P  H  S  L  R  E  R  L  S  A  T  F  S  S  H  P  N  E  L  I  A  L  F  S  R  Y  V  H  Q

129  ggcaaaggaatgcttcagcgccaccagctgcttgctgagtttgacgccctgattgctgctgacaaggagaagtatgcaccctttgaagacattctccgtgctgctcag
     G  K  G  M  L  Q  R  H  Q  L  L  A  E  F  D  A  L  I  A  A  D  K  E  K  Y  A  P  F  E  D  I  L  R  A  A  Q

237  gaagcaattgtgctgcccccctgggttgcacttgccatcaggccaaggcctggtgtctgggactacatacgggtgaatgttagtgagttggctgtggggggagctgagc
     E  A  I  V  L  P  P  W  V  A  L  A  I  R  P  R  P  G  V  W  D  Y  I  R  V  N  V  S  E  L  A  V  G  E  L  S

345  gtttctgagtacttggaattcaaggaacagcttgttgatggacacaccaacagcaactttgtgcttgagcttgattttgagcccttcaatgcctccttcccacgtccc
     V  S  E  Y  L  E  F  K  E  Q  L  V  D  G  H  T  N  S  N  F  V  L  E  L  D  F  E  P  F  N  A  S  F  P  R  P

453  tcaatgtccaagtccattggaaatggggtgcagttccttaaccgtcacctgtcttccaagttgttccaggacaaggaaagcctctaccccctgctgaacttcctgaaa
     S  M  S  K  S  I  G  N  G  V  Q  F  L  N  R  H  L  S  S  K  L  F  Q  D  K  E  S  L  Y  P  L  L  N  F  L  K

561  gcccataaccacaagggcacgacaatgatgctgaacgacaggattcagagccttcgtgggctccaatcagcccttagaaaggcagaagagtatcaaatgagctttcct
     A  H  N  H  K  G  T  T  M  M  L  N  D  R  I  Q  S  L  R  G  L  Q  S  A  L  R  K  A  E  E  Y  Q  M  S  F  P

669  caggacacccctactcagagttcaaccacaggttcaagagctcggccttggagaaggggttggggtgacaccgcaaagcgtgtgcttgacaccatccacttgcttctc
     Q  D  T  P  Y  S  E  F  N  H  R  F  Q  E  L  G  L  E  K  G  W  G  D  T  A  K  R  V  L  D  T  I  H  L  L

777  gatcttcttgaggcccctgatccagccaacttggagaagttccttggaactataccaatgacgttcaatgttgttatcctgtctccacacggctactttgcccaatcc
     D  L  L  E  A  P  D  P  A  N  L  E  K  F  L  G  T  I  P  M  T  F  N  V  V  I  L  S  P  H  G  Y  F  A  Q  S

885  aatgtgtttgggataccctgataccggtggtcaggttgtgtacattttagatcaagtccgcgctctggagaatgagatgcttctgaggattaagcagcaaggccttgac
     N  V  L  G  Y  P  D  T  G  G  Q  V  V  Y  I  L  D  Q  V  R  A  L  E  N  E  M  L  L  R  I  K  Q  Q  G  L  D

993  atcacccctaagatcctcattgtaaccaggctgttgcccgatgctgttgggactacatgtggccagcgtctggagaaggttattggaactgagcacacagacattctc
     I  T  P  K  I  L  I  V  T  R  L  L  P  D  A  V  G  T  T  C  G  Q  R  L  E  K  V  I  G  T  E  H  T  D  I  L

1101 cgtgttccattcagaactgagaatgggatcctccgcaagtggatctctcgttttgatgtctggccattcctggagacatacactgaggatgttgcaaacgagatcatg
     R  V  P  F  R  T  E  N  G  I  L  R  K  W  I  S  R  F  D  V  W  P  F  L  E  T  Y  T  E  D  V  A  N  E  I  M

1209 agagaaatgcaggccaagcctgatctcatcattggcaattacagtgacggcaaccttgttgccactcttcttgcgcacaaatgggagttactcagtgtaccatcgcc
     R  E  M  Q  A  K  P  D  L  I  I  G  N  Y  S  D  G  N  L  V  A  T  L  L  A  H  K  L  G  V  T  Q  C  T  I  A

1317 cacgccttggagaaaaccaaataccccaactcggacatatacttggacaaatttgacagccagtaccacttctcatgccagttcacagcggaccttattgctgataat
     H  A  L  E  K  T  K  Y  P  N  S  D  I  Y  L  D  K  F  D  S  Q  Y  H  F  S  C  Q  F  T  A  D  L  I  A  M  N

1425 cacactgatttcatcatcaccagtacattccaagaaatcgctggaagcaaggatactgtgggcaatatgagtcccacatcgccttcacccctcccgggctctaccgg
     H  T  D  F  I  I  T  S  T  F  Q  E  I  A  G  S  K  D  T  V  G  Q  Y  E  S  H  I  A  F  T  P  P  G  L  Y  R

1533 gttgtccatggcattgatgtgtgtttgatcctaagttcaacattgtctctcagatgaaccgtgttcggaatggggagttgtaccgctacatttgcgacaccaaggagta
     V  V  H  G  I  D  V  F  D  P  K  F  N  I  V  S  Q  M  N  R  V  R  N  G  E  L  Y  R  Y  I  C  D  T  K  G  V

1641 tttgtgcagcctgcattctacgaagcgtttggcctgactgtcattgagtccatgacatgcggtttgccaacaatcgcaacatgccatggtggccctgccgaaatcatt
     F  V  Q  P  A  F  Y  E  A  F  G  L  T  V  I  E  S  M  T  C  G  L  P  T  I  A  T  C  H  G  G  P  A  E  I  I

1749 gtcgatggggtgtctggtttgcacattgatccttaccacagtaacaaggctgaDPGDWCLWILEVREQPREA
     V  D  G  V  S  G  L  H  I  D  P  Y  H  S  N  K  A  D  D  P  D  W  C  L  W  I  L  E  V  R  E  Q  P  R  E  A

1857 tga 1859
     *
```

gactcgccgttacctcgagatgttctacgctctgaaataccgtagcctggccagcgccgttccattggccgtcgacggcgacgcgctgccaattagtgcggggcaagagg

cacgtttagcgggagaagcgtcggccgcgttatgatttgtttgccgtaatttacattttgtcagtcatgtctgtcgtggatgtgtactcgatgtctcagcacttggtactt

ttgcgagattttgggcagtgcttgctggttcctact

图 4-5 *BeSUS2* 基因 cDNA 全长序列及其编码的氨基酸序列

表 4-3 慈竹 *SUS* 基因序列的 Blast N 分析

基因名称	cDNA 序列长/bp	最大得分	主要同源物种
BeSUS1	2451	4512	*BoSUS1*（99%），*BoSUS3*（96%），*OsSUS1*（92%），*HvSUS*（91%）
BeSUS2	1839	2837	*BoSUS2*（99%），*BoSUS4*（96%），*OsSUS2*（92%），*SoSUS2*（91%）
BeSUS3	2451	4484	*BoSUS3*（99%），*BoSUS1*（95%），*OsSUS1*（93%），*HvSUS*（91%）
BeSUS4	2427	4488	*BoSUS4*（99%），*BoSUS2*（95%），*OsSUS2*（91%），*SoSUS2*（91%）
BeSUS5	2451	4599	*BoSUS1*（99%），*BoSUS3*（96%），*OsSUS1*（93%），*HvSUS*（91%）

att tgccttccgttcccttattc ccaaggcttgaggatccgagaggaggatagca

56 atggggggaaactgccggcgaccgtgtcctgagccgcctccacagcgtgagggagcgcatcggcgattccctctccgcccaccccaacgagctcgttgctgtcttcacg
    M G E T A G D R V L S R L H S V R E R I G D S L S A H P N E L V A V F T

164 aggctggtcaaccttggaaaggggaatgctgcagccccaccagatcatcgctgagtacaacaattcaatccctgaggcagagcgtgataagctgaaggatggcgccttt
    R L V N L G K G M L Q P H Q I I A E Y N N S I P E A E R D K L K D G A F

274 gaggatgtcctgcgggcagcacaggaggcgatcgttatcccccatgggttgcccttgccatccgcccgaggcctggtgtctgggagtatgtgagggtcaacgtgagc
    E D V L R A A Q E A I V I P P W V A L A I R P R P G V W E Y V R V N V S

380 gagctcgctgttgaggagttgagagtccctgagtacttgcagttcaaggaacagcttgtggaaggaagcaccaataacaactttgtgcttgagctggactttgtgccg
    E L A V E E L R V P E Y L Q F K E Q L V E G S T N N N F V L E L D F V P

488 ttcaatgcctccttccctcgtccttctctgtcgaagtccattggcaacggtgtgcagttcctccaacaggcacctgtcatcaaagctcttccatgacaaggagagcatg
    F N A S F P R P S L S K S I G N G V Q F L N R H L S S K L F H D K E S M

596 taccccttgctcaacttccttcgtgcacacaactacaagggcatgactatgatgttgaacgacagaatccgcagcctcagtgctctccaaggtgctctgaggaaggct
    Y P L L N F L R A H N Y K G M T M M L N D R I R S L S A L Q G A L R K A

704 gaggagcatctgtctggtctttcagcagacaccccgtactcggattccaccacaggttccaggaacttggtctggagaagggttggggtgactgtgccaagcgtgcg
    E E H L S G L S A D T P Y S D F H H R F Q E L G L E K G W G D C A K R A

812 caggagaccattcacctcctcttggacccttcttgaggcccctgatccgtccaccctggagaagttccttggaacaatcccgatggtgttcaatgttgtcatcctctcc
    Q E T I H L L L D L L E A P D P S T L E K F L G T I P M V F N V V I L S

920 ccacatggttactttgcccaagccaatgtcttggggtaccctgacaccggaggccaggttgtctacattttggatcaagtccgtgcatggaatgagatgctctg
    P H G Y F A Q A N V L G Y P D T G G Q V V Y I L D Q V R A M E N E M L L

1028 aggatcaagcagcaaggtctcaacatcatgccacggatccttattgtcaccaggttgctccctgatgcaactggcaccacctgtggtcagcgtcttgagaaggtccttt
    R I K Q Q G L N I M P R I L I V T R L L P D A T G T T C G Q R L E K V L

1136 ggcaccgagcaccatccttcgttgtccgttccttcaagcctgaaaatggaattgttcgcaaatggatctccacgtttgaagtctgcgtacctggagactttcact
    G T E H T I L R V P F R T E N G I V R K W I S R F E V W P Y L E T F T

1244 gatgatgtggcacacgagattgctggagagctccaagccaaccccgacctgatcatcgggaacтacagtgatggaaaccttgttgcatgcttgcttgcacacaagatg
    D D V A H E I A G E L Q A N P D L I I G N Y S D G N L V A C L L A H K M

1352 ggtgttactcattgtaccattgccatggcgcttgagaaaaccaagtaccccaactccgacctctactggaagaagtttgaggaccactaccacttctcatgccagttc
    G V T H C T I A H A L E K T K Y P N S D L Y W K K F E D H Y H F S C Q F

1460 actactgacttgattgctatgaaccacgccgacttcatcgtcaccagtaccttccaagagattgccggaaacaaggacaccgttggtcagtacgagtctcacatggca
    T T D L I A M N H A D F I V T S T F Q E I A G N K D T V G Q Y E S H M A

1568 ttcacaatgcctggcctgtaccgtgttgtccacagtatcgatgtttttggccccaagtttgacattgtctcacctggtcggacctgtccatctacttcccttactcc
    F T M P G L Y R V V H S I D V F G P K F D I V S P G A D L S I Y F P Y S

1676 gagtcacccaagaggctcacctccтссacccagagattgaggagttgctctacagtgatgttgacaacaatgaacacaagtttgtgctgaaggacaggaacaagcca
    E S P K R L T S L H P E I E E L L Y S D V D N N E H K F V L K D R N K P

1784 atcatcttctcgatggccaggctcgatcgtgtcaagctgactggtctggttggaaataggcctgaaccccgcgcctgcaggaggctggttaaccttgtggtttgtc
    I I F S M A R L D R V K N L T G L V E L Y G W N P R L Q E L V N L V

1892 tgtggcgaccatggcaacccatccaaggacaaggaggagcaggcgagttcaagaagatgtttgaccttattgagcaatacaacctgaatggccacatccgctggatc
    C G D H G N P S K D K E E Q A E F K K M F D L I E Q Y N L N G H I R W I

2000 tctgcgcagatgaaccgtgtccgcaatggtgagctctaccgctacattggcgacacaaggggtgcccttgtgcagcctgcttctctacgaggctttcgggctgaccgtg
    S A Q M N R V R N G E L Y R Y I G D T R G A L V Q P A F Y E A F G L T V

2108 gttgagtccatgacctgcgggtctccccgacattgcaacggcctacggtggctccggcctgagatcatcgtgcacggtgtgtcaggcttccacattgatccttaccaggt
    V E S M T C G L P T F A T A Y G G P A E I I V H G V S G F H I D P Y Q G

2216 gacaaggcctcggcgcgtgctcgtcgagttcttcgagaagtgccagcaagaccccacccactggaccaagatctcccagggcgggcttcagcgtattgaggagaaatac
    D K A S A L L V E F F E K C Q Q D P T H W T K I S Q G G L Q R I E E K Y

2324 acctggaagctctactctgagaggttgatgaccctcactggtgtttgcgggattcttggaagtacgtctccaacctcgagaggcgtgagaccgccgctaccttgagatg
    T W K L Y S E R L M T L T G V C G F W K Y V S N L E R R E T R R Y L E M

2432 ctgtacgccctcaagtaccgcaagatggctagcaccgttccattggctgttgatggagagccctcgaacaatga 2506
    L Y A L K Y R K M A S T V P L A V D G E P S N K *

tttggtcaacatctgggctgaaacctgaat

图 4-6 *BeSUS3* 基因 cDNA 全长序列及其编码的氨基酸序列

（二）慈竹 *SUS* 基因生物信息学分析

1. *SUS* 基因系统进化树的构建

为了分析慈竹 *SUS* 基因之间的进化关系，根据慈竹 *SUS* 基因编码的氨基酸序列，利用 Mega4 软件构建了慈竹 *SUS* 基因的系统进化树（图 4-9），同时以鱼腥草（*Anabaena*）*ASUS* 基因编码的氨基酸为外源对照。由图 4-9 可知，慈竹 *SUS* 基因分为两个分支，其中 *BeSUS1*、*BeSUS3* 和 *BeSUS5* 为一个分支，*BeSUS2* 和 *BeSUS4* 为另一个分支。

```
gagtcccgaagttgtgagcc
21 atggctgccaagctgactcgcctccacagtctccgtgagcgcctcggtgcctccttctcctctcatcctaatgagctgattgcactattttccaggtatgttaaccag
    M  A  A  K  L  T  R  L  H  S  L  R  E  R  L  G  A  S  F  S  S  H  P  N  E  L  I  A  L  F  S  R  Y  V  N  Q
129 ggcaaaggaatgcttcagcgtcaccagctgcttgctgagtttgatgcccttattgatgctgacaaggagaagtatgcacccttgaagacattccgtgctgctcag
    G  K  G  M  L  Q  R  H  Q  L  L  A  E  F  D  A  L  I  D  A  D  K  E  K  Y  A  P  F  E  D  I  L  R  A  A  Q
237 gaagcaattgtgctgcccccctgggttgcacttgccatcaggccgaggcctggtgtctgggactacatacgggtgaatgttagtgagttggctgtggaggagctgagt
    E  A  I  V  L  P  P  W  V  A  L  A  I  R  P  R  P  G  V  W  D  Y  I  R  V  N  V  S  E  L  A  V  E  E  L  S
345 gtttctgagtacttggcattcaaggaacagcttgttgatgacataccaacagcaactttgtgcttgagcttgattttgagccttcaatgctccttcccgcgtccp
    V  S  E  Y  L  A  F  K  E  Q  L  V  D  D  I  P  T  A  T  L  C  L  E  L  D  F  E  P  F  N  A  S  F  R  P
453 tccatgtccaagtccattggaaatggggtgcagttcctcaatcgtcacctgtcttccaagttgttccaggacaaggagagcctctaccccctgctgaacttcctgaaa
    S  M  S  K  S  I  G  N  G  V  Q  F  L  N  R  H  L  S  S  K  L  F  Q  D  K  E  S  L  Y  P  L  L  N  F  L  K
561 gctcataaccacaagggcaaagcaatgatgctgaacgacagaattcagagccttcgtgggcctccaatcagcccttagaaaggctgaagagtatctcataagcattcct
    A  H  N  H  K  G  K  A  M  M  L  N  D  R  I  Q  S  L  R  G  L  Q  S  A  L  R  K  A  E  E  Y  L  I  S  I  P
669 caggacaccccctgctcagagttcaaccaccaggttccaagagctcggcttggagaaggttggggtgacactgcaaagcgtgtacttgacaccatccacttgcttctc
    Q  D  T  P  C  S  E  F  N  H  R  F  Q  E  L  G  L  E  K  G  W  G  D  T  A  K  R  V  L  D  T  I  H  L  L
777 gatcttcttgaggcccccgatccggccaacttggagaagttccttggaactataccaatgacgttcaatgttgttatcctgtctccacatggctacttttgcccaatcc
    D  L  L  E  A  P  D  P  A  N  L  E  K  F  L  G  T  I  P  M  T  F  N  V  V  I  L  S  P  H  G  Y  F  A  Q  S
885 aatgtgttgggataccctgacaccggtggtcaggttgtgtacattttggatcaagtacgcgctttggagaatgagatgcttctgaggatcaagcagcaaggccttgac
    N  V  L  G  Y  P  D  T  G  G  Q  V  V  Y  I  L  D  Q  V  R  A  L  E  N  E  M  L  L  R  I  K  Q  Q  G  L  D
993 gtcacccctaaggtcctgattgtaaccggctgttgcctgatgctgttgggactacatgcggccagcgcctggagaaggttattggaactgagcacacagacattctc
    V  T  P  K  V  L  I  V  T  R  L  L  P  D  A  V  G  T  T  C  G  Q  R  L  E  K  V  I  G  T  E  H  T  D  I  L
1107 cgtgttccattcaggactgagaatgggatcctccgtaagtggatctctcgttttgatgtctggccattcctggagacatacactgaggatgttgcgaacgaaatcatg
    R  V  P  F  R  T  E  N  G  I  L  R  K  W  I  S  R  F  D  V  W  P  F  L  E  T  Y  T  E  D  V  A  N  E  I  M
1209 cgagaaatgcaggccaagcctgatctcatcattggtaactacagtgacggtaaccttgttgccactctgcttgcgcacaaactgggagttactcagtgtaccattgcc
    R  E  M  Q  A  K  P  D  L  I  I  G  N  Y  S  D  G  N  L  V  A  T  L  L  A  H  K  L  G  V  T  Q  C  T  I  A
1317 cacgcctggagaaaacaaaataccccaactcggacatatacttggacaaatttgacagtcagtaccacttcccatgccagttcacagcagaccttattgccatgaat
    H  A  L  E  K  Y  P  N  S  D  I  Y  L  D  K  F  D  S  Q  Y  H  F  P  C  Q  F  T  A  D  L  I  A  M  N
1425 cacactgatttcatcatcaccacgtacattccaagaaatcgctggaagcaaggacaccgtgggccaatatgagtcccaatcgcgttcactcttcctgggctctaccgg
    H  T  D  F  I  I  T  S  T  F  Q  E  I  A  G  S  K  D  T  V  G  Q  Y  E  S  H  I  A  F  T  L  P  G  L  Y  R
1533 gttgtccatggcattgatgtgtttgatcctaagttcaacattgtctctcctggagcagacatgagtgtctacttcccataccaccgagactgacaagaggctcactgcc
    V  V  H  G  I  D  V  F  D  P  K  F  N  I  V  S  P  G  A  D  M  S  V  Y  F  P  Y  T  E  T  D  K  R  L  T  A
1641 ttccacccctgaaattgaagggctcatttacagtgatgtgcagaactctgaacaccagtttgtattgaagaacaagaacaagcgatcatcttctcaatggctcgtcttg
    F  H  P  E  I  E  G  L  I  Y  S  D  V  E  N  S  E  H  Q  F  V  L  K  N  K  N  K  P  I  I  F  S  M  A  R  L
1749 accgtgtgaagaacgatgaccggtttggttgagatgtatggcaagaatgcacatctgagggatttggcaaaccttgtgattgttgctggtgaccatggcaaggagtcca
    D  R  V  K  N  M  T  G  L  V  E  M  Y  G  K  N  A  H  L  R  D  L  A  N  L  V  I  V  A  G  D  H  G  K  E  S
1857 aggacaggggaggagcaggctgagttcaagaggatagtacgtcaattgaggagtaaagttgaagggccatatccggtggatctccgctcagatgaaccgtgtttca
    K  D  R  E  E  Q  A  E  F  K  R  M  Y  S  L  I  E  E  Y  K  L  K  G  H  I  R  W  I  S  A  Q  M  N  R  V  C
1965 atggggagctgtaccgctacatttgtgacaccaaaggagtatttgtgcagccgtgcattctatgaagcgtttggcctgactgtcattgagtccatgacatgcggtttgc
    N  G  E  L  Y  R  Y  I  C  D  T  K  G  V  F  V  Q  P  A  F  Y  E  A  F  G  L  T  V  I  E  S  M  T  C  G  L
2073 caacaatcgcaacatgccatggtggccctgccgaaaatttgcgatggggtgtctggtttgcacattgatcctaccacagtgacaaggctgcagatatcttggtca
    P  T  I  A  T  C  H  G  G  P  A  E  I  I  V  D  G  V  S  G  L  H  I  D  P  Y  H  S  D  K  A  A  D  I  L  V
2181 acttcttttgagagtgcaaggaggatccaacctactgggacaagatttcacaggaggcctgaagagaatttatgagaagtacacctggaagctgtactccagagagc
    N  F  F  E  K  C  K  E  D  P  T  Y  W  D  K  I  S  Q  G  G  L  K  R  I  Y  E  K  Y  T  W  K  L  Y  S  E  R
2289 tgatgaccctgaccggtgtgtacggattctggaagtacgtgagcaacctagaagggcgcgagactcgccgctacctcgagattgttctacgctctgaaataccgcagc
    L  M  T  L  T  G  V  Y  G  F  W  K  Y  V  S  N  L  E  R  R  E  T  R  R  Y  L  E  M  F  Y  A  L  K  Y  R  S
2397 ctggcaagcgcgtgccattggcgctcgacggcgactctgtcaag tag 2447
    L  A  S  A  V  P  L  A  V  D  G  D  S  V  A  K  *
tgccggggacagaggcgccttcagcgggagaaagcgtcggccgcattatgatttgtttaccgtagtttgc
```

图 4-7　*BeSUS4* 基因 cDNA 全长序列及其编码的氨基酸序列

　　为了分析慈竹 *SUS* 基因与其他物种 *SUS* 基因在植物中系统发育进化关系，从 NCBI 中选择了单子叶植物和双子叶植物共 40 种植物的 *SUS* 基因编码的氨基酸序列，利用 Mega4 软件构建了不同植物 *SUS* 基因的系统进化树（图 4-10）。从图 4-10 可看出，*BeSUS1*、*BeSUS2*、*BeSUS3*、*BeSUS4* 和 *BeSUS5* 都属于单子叶族，与绿竹、水稻的同源性较近，与拟南芥、棉花等的亲缘关系较远，其中 *BeSUS1*、*BeSUS3* 和 *BeSUS5* 与 *BoSUS1*、*BoSUS3*、

OsSUS1 聚合为一簇（圆圈标记），而 *BeSUS2* 和 *BeSUS4* 则与 *BoSUS2*、*BoSUS4*、*OsSUS2* 聚合为一簇（三角标记）。鉴于以上结果，选取慈竹、绿竹和水稻的 *SUS* 基因进行后面的分析。

```
tccaccaatgaagtagggactttgtggcttgaggatccaagaagagaatagca
54   atggggggaagctgccggcgaccgtgtcctgagccgcctccgcagcgtcagggagcgcgatcggcgattccctctccgcgcaccccaatgagcttgttgccgtgtcttcacg
     M  G  E  A  A  G  D  R  V  L  S  R  L  R  S  V  R  E  R  I  G  D  S  L  S  A  H  P  N  E  L  V  A  V  F  T
162  aggctggtcaacctggaaagggaatgctgcagcccaccagatcatcgctgagtacaacaacgcaatccctgaggcagagcgtgagaagctgaaggatggcgccttc
     R  L  V  N  L  G  K  G  M  L  Q  P  H  Q  I  I  A  E  Y  N  N  A  I  P  E  A  E  R  E  K  L  K  D  G  A  F
270  gaggatgtgctcagggcagcacaggaggcgatcgttatcccccatgggttgcccttgccatccgcccgaggcctggtgtctggggatgtgagggtcaacgtgagc
     E  D  V  L  R  A  A  Q  E  A  I  V  I  P  P  W  V  A  L  A  I  R  P  R  P  G  V  W  E  Y  V  R  V  N  V  S
378  gagctcgctgttgaggagttgagagtccctgagtacttgcagttcaaggaacagcttgttggaaggaagcaccaacaacaacttgttcttgagctggactttgagcct
     E  L  A  V  E  E  L  R  V  P  E  Y  L  Q  F  K  E  Q  L  V  E  L  E  L  D  F  E  P
486  ttcaatgcctcctttccctcgtccttctctgtcgaagtccattggcaacggtgtgcagttcctcaacaggcacctgtcatcaaagctcttccatgataaggagagcatg
     F  N  A  S  F  P  R  P  S  L  S  K  S  I  G  N  G  V  Q  F  L  N  R  H  L  S  S  K  L  F  H  D  K  E  S  M
594  taccccttgctcaacttccttcgcgcgcacaactacaagggcatgactatgatgttgaacgacagaatccgcagtctcagtgctctccaaggtgctctgaggaaggct
     Y  P  L  L  N  F  L  R  A  H  N  Y  K  G  M  T  M  M  L  N  D  R  I  R  S  L  S  A  L  Q  G  A  L  R  K  A
702  gaggagcatctgtctggcctttcagctgaacgatacgtcctactccgacatagatTtccaggaacttggtctggagaaaggtgggtggttgattgctgccagagtgatg
     E  E  H  L  S  G  L  S  A  D  T  S  Y  S  D  F  H  H  R  F  Q  E  L  G  L  E  K  G  W  G  D  C  A  K  R  A
810  caggagaccatccacctcctcttggaccttcttgaggccccTgatccgtccaccctggagaagttccttggaacaaTcccaatggtgTtcaatgttgtcatcctctcc
     Q  E  T  I  H  L  L  L  D  L  L  E  A  P  D  P  S  T  L  E  K  F  L  G  T  I  P  M  V  F  N  V  V  I  L  S
918  ccgcatggttacttTgcccaagccaaTgtgttggggtaccccgacactggaggcaggttgtctacatttggatcaagtccgtgctatggagaaTgagatgctg
     P  H  G  Y  F  A  Q  A  N  V  L  G  Y  P  D  T  G  G  Q  V  V  Y  I  L  D  Q  V  R  A  M  E  N  E  M  L  L
1026 aggatacaagcagcaaggtctcaacatcacaccacggattcttattgtcaccggcTgctccctgatgcaactggcaccacctgtTgcagcagtcttgagaaggtcctt
     R  I  K  Q  Q  G  L  N  I  T  P  R  I  L  I  V  T  R  L  L  P  D  A  T  G  T  T  C  G  Q  R  L  E  K  V  L
1134 ggcactgaacacacgcacatcctTcgtgtgccattcagaactgaaaatggaattgttcgcaaatggatctcacgtTttgaagtctgccgtacctggagactttcact
     G  T  E  H  T  H  I  L  R  V  P  F  R  T  E  N  G  I  V  R  K  W  I  S  R  F  E  V  W  P  Y  L  E  T  F  T
1242 gatgatgtggcacacgagattgctggagagctccaggccaaccctgacctgatcatcggaaactacagtgatggaaaccttgttgcgtgcttgctgcacacaagatg
     D  D  V  A  H  E  I  A  G  E  L  Q  A  N  P  D  L  I  I  G  N  Y  S  D  G  N  L  V  A  C  L  L  A  H  K  M
1350 ggtgttactcattgtaccattgccatgcgcttgagaaaaccaagtgcccaattccgacctctactggaagaagtttgaggaccactaccacttctctatgcagttt
     G  V  T  H  C  T  I  A  H  A  L  E  K  T  K  C  P  N  S  D  L  Y  W  K  K  F  E  D  H  Y  H  F  S  C  Q  F
1458 aactactgacttgattgctatgaaccacgcagacttcatcatcaccagtaccttccaagagatcgcaggaaacaaggacacgtTggtcagtacgatctcacatgtgca
     T  T  D  L  I  A  M  N  H  A  D  F  I  I  T  S  T  F  Q  E  I  A  G  N  K  D  T  V  G  Q  Y  E  S  H  M  A
1566 ttcacaatgcctggcctgtaccgtgttgtccatggtatcgatgtttttgacccccaagttTaacatcgtctcacctggtgcggacctgtccatctactttccttacacc
     F  T  M  P  G  L  Y  R  V  V  H  G  I  D  V  F  D  P  K  F  N  I  V  S  P  G  A  D  L  S  I  Y  F  P  Y  T
1674 gagtcacacaagaggctcacctccctccacccagagattgaggagcttgctctacagtgatgttgacaaccatgagcacaagttgtgctgaagggcaggaacaagcca
     E  S  H  K  R  L  T  S  L  H  P  E  I  E  E  L  L  Y  S  D  V  D  N  H  E  K  F  V  L  K  G  R  N  K  P
1782 atcatcttctcgatgctcgtcttgaccgtgtcaagaacttgactgtggttgagctgtatggccggaatcctcgcctgcaagagctggttaaccttgtggttgttgtc
     I  I  F  S  M  A  R  L  D  R  V  K  N  L  T  G  L  V  E  L  Y  G  R  N  P  R  L  Q  E  L  V  N  L  V  V  V
1890 tgtggtgaccatggcaatccatccaaggacaagaggaggcaggctgagtTccaagaagatgtttgacccttatcgagcaatacaacctgaatggccacatccgctggatc
     C  G  D  H  G  N  P  S  K  D  K  E  E  Q  A  F  Q  K  M  F  D  L  I  E  Q  Y  N  L  N  G  H  I  R  W  I
1998 tctgctcagatgaaccgtgtccgcaatggtgagctctaccgttacatttgcgacacaaggcgctttcgtgcagcctgcttctactgaggctttggctttgtaccgtg
     S  A  Q  M  N  R  V  R  N  G  E  L  Y  R  Y  I  C  D  T  K  G  A  F  V  Q  P  A  F  Y  E  A  F  G  L  T  V
2106 gttgagtccatgacctgcggtcttccgacgtttgcaactgccatggtggtccagctgagatcatcgtggacggtgtgtctggtTtccacatcgaccccttaccaggc
     V  E  S  M  T  C  G  L  P  T  F  A  T  A  Y  G  G  P  A  E  I  I  V  D  G  V  S  G  F  H  I  D  P  Y  Q  G
2214 gacaaggcctcggctcTcgtcgagttctTtgaagttttgaaagagTgccagcaagatccsagccagacaagatctcccaggcgggctTcagGtgacgGttgaggagaagtac
     D  K  A  S  A  L  L  V  E  F  F  E  K  C  Q  Q  D  P  S  H  W  T  K  I  S  Q  G  G  L  Q  R  I  E  E  K  Y
2322 acctggaagctctactctTgaggctgatgaccctcaccggtgtTtacggattctggaagtacgtctccaacctcgagaggcgcgaacccggcgctaccttgagatg
     T  W  K  L  Y  S  E  R  L  M  T  L  T  G  V  Y  G  F  W  K  Y  V  S  N  L  E  R  R  E  T  R  R  Y  L  E  M
2430 ctgtacgccctcaagtaccgcacgatggctagcactgttccattggctgttgatggagagccctcgagcaaatga 2504
     L  Y  A  L  K  Y  R  T  M  A  S  T  V  P  L  A  V  D  G  E  P  S  S  K  *
tctgctcaatatctctcggctgaacgtgaagaggcactgaagttacttttttgtttctgtttcttggttcagagatgaagagagatttgaaatgcgttcgcgt
ttcttaggcattgctctttctcggttgatgtg
```

图 4-8　*BeSUS5* 基因 cDNA 全长序列及其编码的氨基酸序列

图 4-9　慈竹 *SUS* 基因系统进化树
以鱼腥藻 *SUS* 基因为外源基因

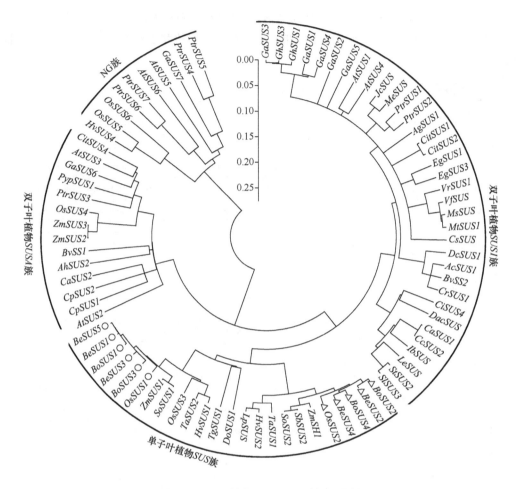

图 4-10　不同植物 *SUS* 基因系统进化树

NG 族为 new group

2. 慈竹 *SUS* 基因编码蛋白的功能域分析

用 SMART 在线软件对 *BeSUS* 的蛋白结构域进行了预测分析，分析结果如图 4-11 所示。从预测结果可知，*BeSUS1*、*BeSUS2*、*BeSUS3*、*BeSUS4* 和 *BeSUS5* 都具有两个功能域：N 端的蔗糖合成（sucrose_synth）功能域和 C 端的糖基转移（glycos_ transf_1）功能域。*BeSUS1*、*BeSUS2*、*BeSUS3*、*BeSUS4* 和 *BeSUS5* 的蔗糖合成功能域分别位于 11～559 肽段、6～527 肽段、11～559 肽段、6～551 肽段和 11～559 肽段，糖基转移功能域分别位于 561～747 肽段、513～595 肽段、561～747 肽段、553～739 肽段和 561～747 肽段。

此外，对水稻和玉米 *SUS* 基因编码蛋白也作了功能域分析（图 4-12），它们也都具有 sucrose_synth 功能域和 glycos_transf_1 功能域，其中 *OsSUS1*、*OsSUS2*、*ZmSH1* 和 *ZmSUS1* 的 sucrose_synth 功能域分别位于 11～559 肽段、6～551 肽段、6～551 肽段、11～559 肽段，glycos_transf_1 功能域分别位于 561～747 肽段、553～739 肽段、553～738 肽段、561～747 肽段。

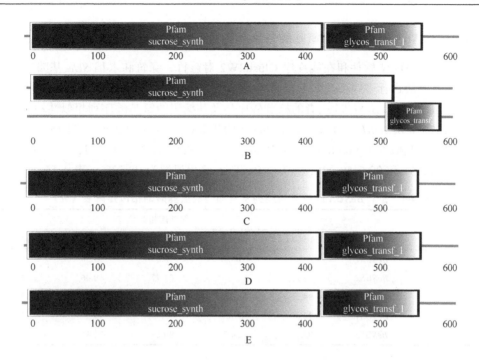

图 4-11　慈竹 SUS 氨基酸序列功能域的预测
A. *BeSUS1*; B. *BeSUS2*; C. *BeSUS3*; D. *BeSUS4*; E. *BeSUS5*

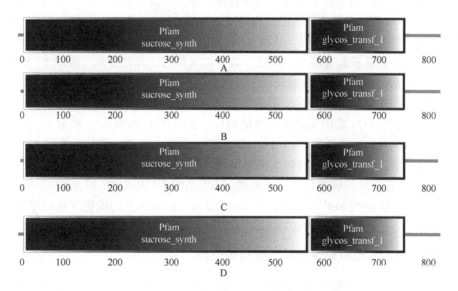

图 4-12　水稻和玉米 SUS 氨基酸序列功能域的预测
A. *OsSUS1*; B. *OsSUS2*; C. *ZmSH1*; D. *ZmSUS1*

综合以上分析结果，*BeSUS1*、*BeSUS3* 和 *BeSUS5* 与 *OsSUS1* 和 *ZmSUS1* 具有相同位置的功能域，其蔗糖合成功能域均位于 11～559 肽段，糖基转移功能域均位于 561～747 肽段；*BeSUS4* 与 *OsSUS2* 的功能域位置完全相同，蔗糖合成功能域和糖基转移功能域分别位于 6～551 肽段和 553～739 肽段。

3. 不同植物 *SUS* 基因编码的氨基酸多序列比对

利用 DNAMAN 软件和在线程序 ClustalW2 对慈竹、绿竹和水稻 *SUS* 基因的序列及其编码的氨基酸进行多序列比对分析（表 4-4，图 4-13～图 4-15）。慈竹 *SUS* 基因中，*BeSUS1*、*BeSUS3* 和 *BeSUS5* 三者的核苷酸序列及其编码的氨基酸序列相似性均较高。在核苷酸水平上，*BeSUS1* 与 *BeSUS3*、*BeSUS5* 的相似性分别为 94.23% 和 94.15%，*BeSUS3* 和 BeSUS5 的相似性为 90.68%。在氨基酸水平上，*BeSUS1* 与 *BeSUS3*、*BeSUS5* 的相似性分别为 98.65% 和 99.51%，*BeSUS3* 和 BeSUS5 的相似性为 98.53%（表 4-4）。

表 4-4　5 个 *BeSUS* 的核苷酸序列及其编码的氨基酸的相似矩阵表（%）

		氨基酸相似度				
		BeSUS1	BeSUS2	BeSUS3	BeSUS4	BeSUS5
核苷酸相似度	BeSUS1	—	68.5	98.65	93.38	99.51
	BeSUS2	56.33	—	67.77	69.06	54.07
	BeSUS3	94.23	56.86	—	92.77	98.53
	BeSUS4	74.07	69.06	73.49	—	93.38
	BeSUS5	94.15	54.7	90.68	72.36	—

从图 4-13 可以看出，*BeSUS2* 的氨基酸数目与其余 *BeSUS* 氨基酸数目相差较大，其余 4 个 *BeSUS* 编码的氨基酸序列同源性都较高，发生突变的位点较少。在它们共有的两个典型区域，即 N 端的蔗糖合成功能域和 C 端的糖基转移功能域内，分别存在 30 个和 6 个不同程度的保守氨基酸残基序列。从图 4-14 和图 4-15 可知，慈竹 *SUS* 基因与绿竹、水稻 *SUS* 基因编码的氨基酸有高度同源性，其中与绿竹的同源性最高。*BeSUS1* 和 *BeSUS5* 基因编码的氨基酸与 *BoSUS1* 基因编码的氨基酸同源性最高，*BeSUS2*、*BeSUS3* 和 *BeSUS4* 基因编码的氨基酸分别与 *BoSUS2*、*BoSUS3* 和 *BoSUS4* 基因编码的氨基酸有很高的同源率。与对应的绿竹 *SUS* 基因编码的氨基酸相比，*BeSUS1*、*BeSUS3*、*BeSUS4* 和 *BeSUS5* 基因编码的氨基酸分别有 7 个、15 个、12 个和 6 个位点突变。另外，慈竹 *SUS* 基因与水稻 *SUS* 基因编码的氨基酸也有较高的同源性，且 *BeSUS1*、*BeSUS2*、*BeSUS3*、*BeSUS4* 和 *BeSUS5* 都具有保守的磷酸化位点丝氨酸（Ser），*BeSUS1*、*BeSUS3* 和 *BeSUS5* 的为 Ser[11]，*BeSUS2* 和 *BeSUS4* 的为 Ser[10]。同时，除 *BeSUS2* 外，*BeSUS* 基因编码氨基酸序列的 C 端都具有磷酸化位点区域 SNLERRETRR。

4. 不同植物 *SUS* 基因编码蛋白的一级结构分析

慈竹 *BeSUS1*、*BeSUS3* 和 *BeSUS5* 与绿竹 *BoSUS1*、*BoSUS3*、水稻 *OsSUS1* 基因均编码 816 个氨基酸（表 4-5）。慈竹 *BeSUS4* 和绿竹 *BoSUS2*、*BoSUS4*、水稻 *OsSUS2* 基因编码的氨基酸总数一样，为 808 个氨基酸。慈竹 *BeSUS2* 基因编码的氨基酸总数比绿竹、水稻和玉米 *SUS* 基因编码的氨基酸数目都少，只有 612 个（表 4-5）。

除了 *BeSUS2* 基因编码蛋白的分子质量为 69.29kDa 外，慈竹其余 4 个 *SUS* 基因及绿竹、水稻 *SUS* 基因编码蛋白的分子质量为 91.97～92.98kDa。各 *SUS* 基因编码的碱性和酸性残基数因序列不同而异，但都是碱性氨基酸少于酸性氨基酸，表现为酸性蛋白。各

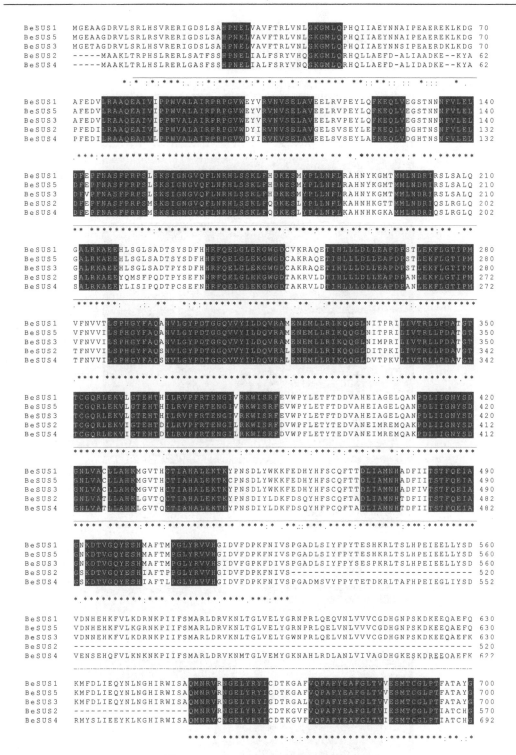

图 4-13　*BeSUS* 编码的氨基酸多重比对

"*"表示保守氨基酸；"："表示保守的替换；"."表示非保守的替换；"-"表示缺失；阴影表示保守域；
下划线"——"表示 N 端蔗糖合成功能域；虚线"-----"表示 C 端糖基转移功能域；下同

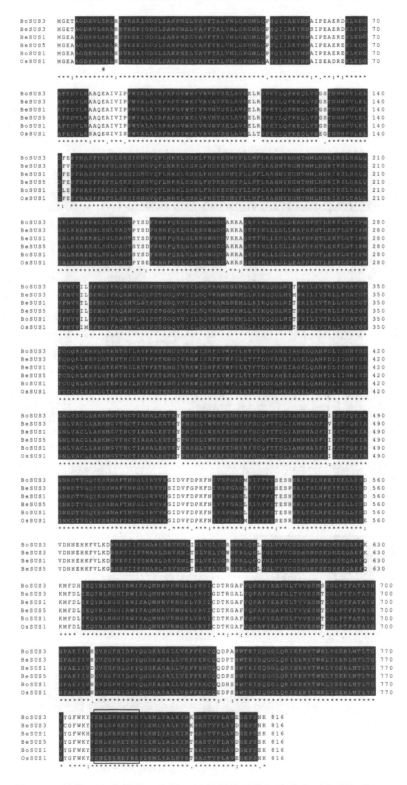

图 4-14　慈竹 *SUS* 和绿竹、水稻 *SUS* 基因编码的氨基酸序列多重比对（一）
"#"表示 N 端用于磷酸化的保守丝氨酸残基；方框内的是 C 端磷酸化区域

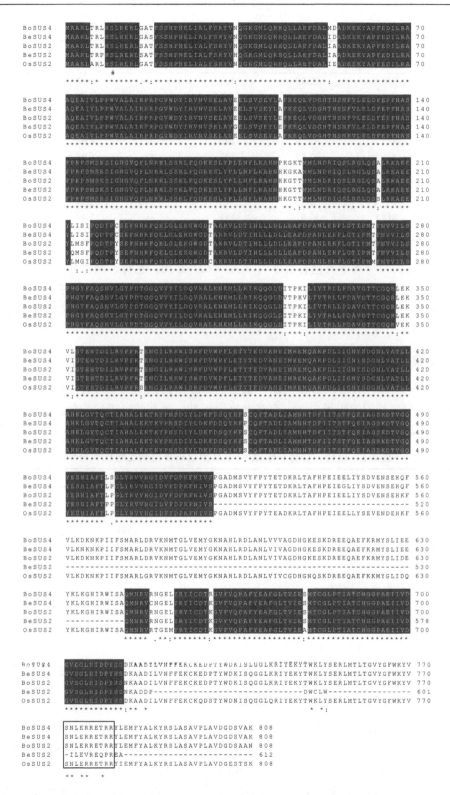

图 4-15　慈竹 *SUS* 和绿竹、水稻 *SUS* 基因编码的氨基酸序列多重比对（二）

"#" 表示 N 端用于磷酸化的保守丝氨酸残基；方框内的是 C 端磷酸化区域

表 4-5　慈竹、绿竹、水稻 SUS 基因编码蛋白的理化性质分析

基因名称	编码的氨基酸个数	分子质量 /kDa	酸性氨基酸残基个数	碱性氨基酸残基个数	理论等电点	总亲水性平均系数
BeSUS1	816	92.85	103	85	5.97	−0.450
BeSUS2	612	69.29	76	58	5.62	−0.250
BeSUS3	816	92.78	101	86	6.06	−0.261
BeSUS4	808	91.97	103	90	6.06	−0.578
BeSUS5	816	92.75	102	86	6.01	−0.261
BoSUS1	816	92.88	102	85	6.03	−0.261
BoSUS2	808	92.25	104	90	6.03	−0.578
BoSUS3	816	92.98	102	87	6.10	−0.261
BoSUS4	808	92.12	105	91	5.98	−0.595
OsSUS1	816	92.91	103	86	5.94	−0.261
OsSUS2	808	92.08	102	88	6.01	−0.517

基因编码蛋白的理论等电点也有所不同，为 5.62～6.10。慈竹、绿竹和水稻的总亲水性平均系数为−0.595～ −0.250，整个多肽链表现为亲水性。慈竹 SUS 基因家族中，BeSUS4 编码的蛋白亲水性最高，其次为 BeSUS1，而 BeSUS2、BeSUS3 和 BeSUS5 的接近，其中 BeSUS2 最低。

5. 不同植物 SUS 基因编码蛋白的二级结构分析

从慈竹、绿竹、水稻 SUS 基因编码蛋白的二级结构预测结果（表 4-6）可知，慈竹、绿竹和水稻 SUS 基因编码蛋白序列存在高度同源性，序列的二级结构分析结果表现出相同的规律，α-螺旋是含量最多的结构元件，其次是无规卷曲和延伸链，β-转角含量最少。

表 4-6　慈竹、绿竹和水稻 SUS 基因编码蛋白的二级结构分析

基因名称	α-螺旋	无规卷曲	延伸链	β-转角
BeSUS1	425	223	109	59
BeSUS2	272	197	95	48
BeSUS3	421	227	105	63
BeSUS4	432	229	102	45
BeSUS5	424	227	104	61
BoSUS1	433	220	102	61
BoSUS2	430	228	101	49
BoSUS3	427	224	108	57
BoSUS4	430	226	97	55
OsSUS1	442	214	105	55
OsSUS2	429	222	103	54

6. 不同植物 SUS 基因编码蛋白的三级结构分析

蛋白质三级结构是靠氨基酸侧链之间的氢键、疏水相互作用、静电作用和范德华力在二级结构基础上进一步盘绕与折叠形成的。从慈竹、绿竹和水稻 SUS 基因编码蛋白的三级结构（图 4-16）可知，除了 BeSUS2 编码的蛋白外，其余慈竹、绿竹和水稻 SUS 基因编码的蛋白结构较为相似，均含有大量的α-螺旋、无规卷曲和少量 β-转角，以及它们的蛋白折叠空间结构构象的变化也较为相似。

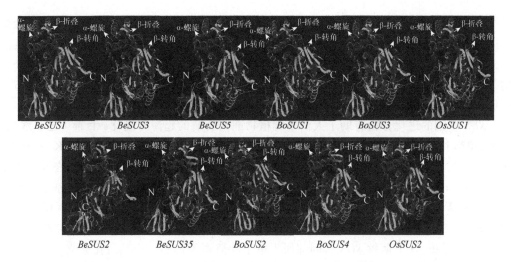

图 4-16　慈竹、绿竹和水稻 *SUS* 基因编码蛋白的三级结构预测（另见图版）

7. 慈竹 *SUS* 基因编码蛋白的亚细胞定位

　　利用在线程序 PSORT 对慈竹、绿竹和水稻 *SUS* 基因编码蛋白的亚细胞定位进行预测（表 4-7），这三种植物 *SUS* 基因编码蛋白主要定位于微体（过氧化物酶体）、细胞质、线粒体基质、线粒体内膜和线粒体内外膜之间的间隙，但是各自的概率不尽相同，*BeSUS1*、*BeSUS3*、*BoSUS1*、*BoSUS3* 和 *OsSUS1* 编码的蛋白质被定位在微体（过氧化物酶体）上的概率最大，为 48%～51%，其次是细胞质（45%）。*BeSUS2*、*BeSUS4*、*BeSUS5*、*BoSUS2*、*BoSUS4* 和 *OsSUS2* 编码的蛋白质定位于线粒体基质的概率最高（69.1%～82.4%），其次是微体（过氧化物酶体）。

表 4-7　慈竹、绿竹和水稻 *SUS* 基因编码蛋白的亚细胞定位分析（%）

基因名称	微体（过氧化物酶体）	细胞质	线粒体基质	线粒体内膜	线粒体内外膜之间的间隙
BeSUS1	51	45	44.5	13.3	—
BeSUS2	53.5	—	69.1	37.8	37.8
BeSUS3	50	45	44.5	13.3	—
BeSUS4	50.8	—	69.3	37.9	37.9
BeSUS5	49.3	—	60.6	31.1	31.1
BoSUS1	50.4	45	44.5	13.3	—
BoSUS2	54.7	—	82.4	50.4	50.4
BoSUS3	49.4	45	44.5	13.3	—
BoSUS4	51.4	—	69.3	37.9	37.9
OsSUS1	48	45	44.5	13.3	—
OsSUS2	52.3	—	69.3	37.9	37.9

三、讨论与结论

　　植物体内的蔗糖代谢对植物的生长发育有着重要作用。蔗糖合酶（SuSy）能催化可逆反应：蔗糖 + UDP ⇌ 果糖 + UDPG，但 SuSy 的主要功能还是分解蔗糖，其产物 UDPG

是纤维素合成底物。本研究通过同源克隆技术，从慈竹笋中克隆得到 5 条慈竹 SUS 全长基因，序列长度分别为 2536bp、2117bp、2536bp、2517bp 和 2648bp，各自编码氨基酸 816 个、612 个、816 个、808 个和 816 个，分子质量几乎一致（BeSUS2 编码的蛋白除外），均为酸性蛋白，理论等电点为 5.62～6.10，将这 5 条基因分别命名为 BeSUS1～BeSUS5，注册号为 KJ525746、KJ525747、KJ525748、KJ525749 和 KJ525750。

SUS 基因的进化分析有助于人们了解植物蔗糖合酶的起源与进化。目前，已从水稻、玉米、拟南芥等植物中克隆出 SUS 基因，其中水稻有 6 种 SUS 基因（Wang and Kao，1999；Hirose et al.，2008），玉米有三种（Shane and Steven，2004），拟南芥中也存在 6 种 SUS 基因（Haouazine et al.，1997）。鱼腥藻 SUS 基因是陆地植物 SUS 基因的进化基础。本研究以鱼腥藻 SUS 基因作为外源基因，构建了不同植物 SUS 基因的系统进化树（图 4-10），结果表明所有陆地植物的蔗糖合酶基因都可能是起源于 20 亿～30 亿年前的原核生物。从图 4-10 可知，5 个慈竹 SUS 基因都属于单子叶植物 SUS 族，但其进化分支不一样，其中 BeSUS1、BeSUS3 和 BeSUS5 属于以 ZmSUS1 为代表的单子叶 Group1 族，BeSUS2、BeSUS4 属于以 ZmSH1 为代表的单子叶 Group2 族。

BeSUS 基因编码的蛋白质中亲水性蛋白多于疏水性蛋白，蛋白质整体表现为亲水性，推测慈竹 SuSy 为可溶性蛋白，其亚细胞定位各不相同，大致可分为两类：BeSUS1、BeSUS3 可能定位在微体（过氧化物酶体）上，BeSUS2、BeSUS4 和 BeSUS5 可能定位在线粒体基质内。二级结构分析表明，5 个慈竹 SUS 基因编码蛋白的二级结构中含有十分丰富的 α-螺旋和无规卷曲，少量的 β-转角和延伸链，其三级结构的预测则把它们的蛋白折叠空间结构构象的变化更直观地体现出来。通过蛋白质保守功能域的分析发现，5 条慈竹 SUS 基因都具有典型的蔗糖合酶功能域，即蔗糖合成功能域和糖基转移功能域，其中蔗糖合成功能域具有催化 UDPG 和果糖合成蔗糖的功能，糖基转移功能域具有糖基化合物，如 CDP、ADP、GDP 或 UDP 的转移功能。同时，BeSUS1、BeSUS3 和 BeSUS5 的蔗糖合成功能域和糖基转移功能域的位置与 OsSUS1 和 ZmSUS1 的一样，BeSUS4 的蔗糖合成功能域和糖基转移功能域的位置与 OsSUS2 和 ZmSH1 的相同。研究表明，ZmSH1 和 ZmSUS1 分别编码同工酶 SuSy1 和 SuSy2，其中 SuSy1 与纤维素合成有关（Shane and Steven，2004）。同时，关于水稻 SUS 基因调控功能方面的研究表明，OsSUS1 与纤维素合成有关；在遭遇厌氧胁迫时，OsSUS2 表达量上升（Hirose et al.，2008）。同源性越近，蛋白结构域相同，其功能可能也相近，因此，推测 BeSUS1、BeSUS3、BeSUS4 和 BeSUS5 可能与纤维素的合成有关，同时 BeSUS4 可能响应厌氧胁迫，这还需要进一步验证。

氨基酸序列中的保守性残基对维持整个蛋白质分子的三维结构与功能有重要作用（Bajaj and Blundell，1984）。通过软件将 BeSUS 与绿竹、水稻 SUS 基因编码蛋白的氨基酸序列进行同源性比较，发现在蔗糖合成功能域和糖基转移功能域内均存在多个不同程度的保守氨基酸残基序列。此外，BeSUS 编码的氨基酸序列中还存在大多数植物 SUS 基因都具有的蔗糖合酶和膜结合的保守的磷酸化位点 Ser，且各个慈竹 SUS 基因的 Ser 位点不尽相同，BeSUS1、BeSUS3 和 BeSUS5 的为 Ser[11]，BeSUS2 和 BeSUS4 的为 Ser[10]。同时，除 BeSUS2 外，BeSUS 基因编码的氨基酸序列 C 端都有一个磷酸化位点区域 SNLERRETRR，这与 ZmSH1 编码氨基酸的 C 端磷酸化位点区域一样（周生茂等，2009）。

磷酸化定位能决定 SuSy 的细胞定位，*BeSUS1*、*BeSUS3* 和 *BeSUS5* 的磷酸化位点相同，*BeSUS2* 和 *BeSUS4* 的磷酸化位点相同，这一结果与本研究中预测的其亚细胞定位结果大致一致。同时，在植物逆境信号的识别与转导中，蛋白质的磷酸化与去磷酸化过程有着重要作用，并普遍存在于细胞的生长发育、基因表达与光合作用等过程中（何美敬，2012）。*BeSUS* 编码氨基酸的磷酸化位点的不同可能会导致其对逆境胁迫的响应不同，但慈竹 *SUS* 基因编码蛋白有何具体功能还需进一步的研究。

第三节 慈竹与梁山慈竹 *UGP* 基因克隆与生物信息学分析

随着 UGPase 从一些动植物及微生物中发现并被分离以来，*UGPase* 基因也被相继克隆出来，迄今为止，已从水稻（Abe et al.，2002）、马铃薯（Katsube et al.，1990）、香蕉（*Musa paradisiaca*）（Pua et al.，2000）、黄芪（*Astragalus membranaceus*）（Wu et al.，2002）等中克隆了 *UGPase* 基因，即 *UGP* 基因。已获得的 *UGP* 基因长度多为 1.4～1.7kb，且植物之间相似性较高，如拟南芥、马铃薯、大麦间的 cDNA 相似性高达 70%，但植物与动物及微生物间的相似性则较低（吴晓俊等，2000）。目前，研究发现大多数植物中都有两个相似性较高的 *UGP* 基因存在。

拟南芥中存在两个极其类似的 *UGP* 基因，其 C 端、N 端的结构略有差异，二者分别存在于第 3、第 5 条染色体上，编码的氨基酸各为 469 个和 470 个（Meng et al.，2008）。马铃薯中有两种 *UGP* 基因，即 *StUGPA* 和 *StUGPB*，二者之间存在 27 个碱基差异，导致了 5 个氨基酸的差异（Sowokinos et al.，2004）。Kiyozumi 等（2002）等从沙梨（*Pyrus serotina*）花粉中克隆到两个长为 1742bp 和 1807bp 的 *UGP* 基因。二者编码的氨基酸均为 485 个，且仅存在 3 个氨基酸突变。水稻基因组中也存在两个 *UGP* 基因，即 *OsUGP1*（位于第 9 条染色体）和 *OsUGP2*（位于第 2 条染色体）（Abe et al.，2002；Mu，2002），二者的核苷酸及编码的氨基酸序列的相似性各高达 81% 和 88%。在水稻中，*OsUGP1* 和 *OsUGP2* 的表达均为组成型表达，但 *OsUGP1* 的表达水平要比 *OsUGP2* 高得多。Sterky（2004）也从杨树中克隆出两个长为 1735bp 和 1740bp 的 *UGP* 基因，其核苷酸序列及其编码的氨基酸序列的相似性高达 93% 和 94%，这两个 *UGP* 基因在杨树中表达不同，在茎和叶的韧皮部、木质部和形成层只检查到 *PtUGP1*，而 *PtUGP2* 在花及根的分生组织中表达（Meng et al.，2007）。

Sanjay、Martz 和 Wu 分别将马铃薯、大麦和黄芪 *UGP* 基因转入大肠杆菌 BL 21 中进行表达并分离纯化（Wu et al.，2002；Sanjay et al.，2008；Martz et al.，2002），发现纯化得到的尿苷二磷酸葡萄糖焦磷酸化酶活性更高，表明尿苷二磷酸葡萄糖焦磷酸化酶的活化形式是单体。

Zrenner 等（1993）在马铃薯（*Solanum tuberosum*）植株中反义表达 *UGP* 基因，研究结果发现转基因马铃薯块茎中，尿苷二磷酸葡萄糖焦磷酸化酶的转录水平比对照的要低，UGPase 活性低至对照的 4%～5%，且积累量也只有对照的 2%～5%。但马铃薯块茎的干重及鲜重没有明显变化，表明植物正常生长发育只需较少的尿苷二磷酸葡萄糖焦磷酸化酶，又可能是由于两种尿苷二磷酸葡萄糖焦磷酸化酶基因中的一种表达被抑制，另一种正常表达所致。

　　梁海泳（2006）、刘文哲（2002）从紫穗槐中克隆出 *UGP* 基因并对烟草进行遗传转化，研究结果表明，转基因株生长速度快于对照株，且茎秆中纤维素的积累量也高于对照株。Coleman 等（2009）在烟草中过表达棉花与木醋酸菌（*Acetobacter xylinus*）的 *UGP* 基因，发现转基因株中 *UGP* 的转录水平和活性均高于对照株，且转基因株的高度、可溶性糖类的积累及总生物量均有所增加。

一、试验材料与方法

（一）试验材料

　　以西南科技大学生命科学与工程学院资源圃里的慈竹笋为试验材料，带回实验室后剥皮，切成小块，置于液氮中，然后于–80℃超低温冰柜中保存，用于以下研究。

　　取本实验室获得的梁山慈竹体细胞无性系 213 号植株叶片，切成小块后保存于–80℃超低温冰柜中。

（二）试验用主要试剂和菌种

　　TaKaRa 公司：DL2000 DNA marker、LA-*Taq* DNA 聚合酶、pMD19-T 载体、IPTG、PrimeScript®RT reagent Kit（Perfect DNA）反转录试剂盒、*Eco*R Ⅰ、*Sal* Ⅰ、*Hin*d Ⅲ等。

　　天根生化科技（北京）有限公司：质粒小提试剂盒、X-Gal、pGM-T 载体、胶回收试剂盒。

　　OMEGA BIO -TEK 公司：Plant RNA Kit 试剂盒。

　　BioBRK 公司：Green View 染料。

　　GeneTech 公司：酵母提取物、琼脂糖和胰蛋白胨。

　　大肠杆菌 DH5α 为本试验室制备保存，其余试剂均为国产分析纯。

（三）试验方法

1. 慈竹笋与梁山慈竹叶总 RNA 的提取与 cDNA 链的合成

　　总 RNA 的提取与 cDNA 链的合成方法同第二章第三节中的慈竹 *4CL* 基因保守区扩增。

2. 慈竹与梁山慈竹 *UGP* 基因 cDNA 全长克隆

　　（1）全长的 PCR 引物设计

　　分别参照 NCBI 中提供的两个绿竹 *UGP* 基因全长片段（NCBI 序列号：FJ715637 和 AY178448），利用 Primer Premier 5.0 软件设计慈竹和梁山慈竹的 *UGP* 基因全长引物，引物序列见表 4-8。引物由生工生物工程（上海）股份有限公司合成。

表 4-8　慈竹和梁山慈竹 *UGP* 基因全长克隆引物

基因名称	引物名称	上游引物（5′→3′）	下游引物（5′→3′）	退火温度/℃
BeUGP	NU1	CAGATCAGCGAGAACGAG	TACAGATGCACCCAGAGG	57
DfUGP	DU1	CCATCCTTTCGAAGCCTCTC	GGAATGCACACGAAAATTACAA	57

（2）PCR 扩增体系与程序

分别以慈竹笋和梁山慈竹叶的 cDNA 为模板，扩增慈竹和梁山慈竹的 *UGP* 基因全长序列。PCR 试剂由 LA-*Taq* DNA 聚合酶反应试剂盒提供，反应体系（20μL）如下（加入顺序按量从多到少加入，LA-*Taq* DNA 聚合酶最后加入）。

2×GC buffer I	10μL
dNTP mixture（每种 2.5mmol/L）	3.2μL
cDNA 模板	1μL
F4 引物（10μmol/L）	1μL
R4 引物（10μmol/L）	1μL
ddH$_2$O	3.55μL
LA-*Taq* DNA 聚合酶（5U/μL）	0.25μL

慈竹和梁山慈竹 *UGP* 基因 PCR 扩增程序如下。

95℃	3min	
95℃	30s	
57℃	30s	30 个循环
72℃	2min	
72℃	10min	
4℃	保持	

（3）胶回收产物与 T 载体的连接

T 载体为 pGM-T/ pMD19-T 载体，按表 4-9 中的反应体系（20μL）加样。PCR 自动扩增仪中 16℃连接 16h，4℃条件 2h。

表 4-9　PCR 回收产物与 T 载体连接体系

试剂	加入量/μL	
	NU1	DU1
T$_4$-DNA 连接酶	1	1
10×T$_4$ buffer	2	2
胶回收产物	4（60ng/μL）	5（36ng/μL）
pGM-T（10ng/μL）	5	0
pMD19-T（10ng/μL）	0	6
ddH$_2$O	8	6

（4）质粒 PCR 验证

以提取的质粒为模板进行 PCR 扩增，验证所提质粒是否为重组质粒。PCR 试剂由 LA-*Taq* DNA 聚合酶反应试剂盒提供，反应体系（20μL）如下（加入顺序按量从多到少加入，LA-*Taq* DNA 聚合酶最后加入）。

2×GC buffer I	10μL
dNTP mixture（每种 2.5mmol/L）	3.2μL
cDNA 模板	1μL
NU1-F 或 DU1-F 引物（10μmol/L）	1μL

NU1-R 或 DU1-R 引物（10μmol/L）	1μL
ddH₂O	3.55μL
LA-*Taq* DNA 聚合酶（5U/μL）	0.25μL

PCR 扩增程序如下。

95℃	3min
5℃	30s
57℃	30s
72℃	2min
72℃	10min
4℃	保持

25 个循环（对应 5℃、57℃、72℃ 三行）

（5）测序及序列分析

将经过鉴定的含有重组质粒的菌液 1mL 送去测序。测序结果采用 DNAMAN 软件及 NCBI Blast 分析程序（http://www.ncbi.nlm.nih.gov/blast/）进行相似性比较。

3. 慈竹和梁山慈竹 *UGP* 基因的生物信息学分析

（1）*UGP* 基因系统进化树的构建

将下载的氨基酸数据处理成 fasta 格式后导入 Mega4 比对窗口，用邻接法（neighbor-joining）构建 *SUS* 进化树，Bootstrap 参数为 1000 replicates。

构建进化树所用数据有荔枝（*Annona cherimola*；*AcUGP*，FJ664267）；紫穗槐（*Amorpha fruticosa*；*AfUGP*，AF435969）；拟南芥（*Arabidopsis thaliana*；*AtUGP1*，AY035071；*AtUGP2*，AY040042）；黄芪（*Astragalus membranaceus*；*AmUGP*，AF281081）；绿竹（*Bambusa oldhamii*；*BoUGP1*，AY178448；*BoUGP2*，FJ715637）；甜瓜（*Cucumis melo*；*CmUGP*，DQ445483）；铁皮石斛（*Dendrobium officinale*；*DoUGP*，KF711982）；巨龙竹（*Dendrocalamus sinicus*；*DsUGP*，EU195533）；牛奶子（*Elaeagnus umbellate*；*EuUGP*，JQ424792）；陆地棉（*Gossypium hirsutum*；*GhUGP*，GU067484）；大麦（*Hordeum vulgare*；*GU067484*，X91347）；红薯（*Ipomoea batatas*；*IbUGP*，EU863220）；三浅裂野牵牛（*Ipomoea trifida*；*ItUGP*，KC961954）；蒺藜苜蓿（*Medicago truncatula*；*MtUGP*，XM_003600583）；小果野蕉（*Musa acuminata*；*MaUGP*，AF203909）；水稻（*Oryza sativa*；*OsUGP1*，AB062606；*OsUGP2*，AF249880）；泡桐（*Paulownia*；*PaUGP*，EU341595）；火炬松（*Pinus taeda*；*PtUGP1*，EF619969）；美洲黑杨（*Populus deltoides*；*PdUGP*，JF748834）；欧洲山杨（*Populus tremula*；*PtrUGP1*，AY260746；*PtrUGP2*，DQ302093）；沙梨（*Pyrus pyrifolia*；*PpUGP1*，AB069658；*PpUGP2*，AB069659）；甘蔗（*Saccharum officinarum*；*SoUGP*，FJ536261）；马铃薯（*Solanum tuberosum*；*StUGPA*，U20345；*StUGPB*，D00667）；慈竹（*Bambusa emeiensis*；*BeUGP*，KJ525751）；梁山慈竹（*Dendrocalamus farinosus*；*DfUGP*，KJ525752）。

（2）慈竹和梁山慈竹 *UGP* 基因编码蛋白的功能域分析

UGP 基因编码蛋白的保守结构域的预测利用 SMART（http://smart.embl-heidelberg.de/）在线工具完成。

（3）不同植物 *UGP* 基因编码的氨基酸多序列比对

用 DNAMAN 和 ClustalW 程序（http://www.ebi.ac.uk/Tools/msa/clustalw2/）对不同植

物 *UGP* 基因编码的氨基酸序列进行多重比对分析。

（4）不同植物 *UGP* 基因编码蛋白的一级结构分析

不同植物 *UGP* 基因编码蛋白的一级结构分析方法同第二章第三节中的 *C3H* 基因编码蛋白的一级结构分析。

（5）不同植物 *UGP* 基因编码蛋白的二级结构分析

不同植物 *UGP* 基因编码蛋白的二级结构分析方法同第二章第三节中的 *C3H* 基因编码蛋白的二级结构分析。

（6）不同植物 *UGP* 基因编码蛋白的三级结构分析

不同植物 *UGP* 基因编码蛋白的三级结构分析方法同第二章第三节中的 *C3H* 基因编码蛋白的三级结构分析。

（7）不同植物 *UGP* 基因编码蛋白的亚细胞定位分析

不同植物 *UGP* 基因编码蛋白的亚细胞定位预测用 PSORT 软件（http://www.psort.org/）完成。

二、结果分析

（一）慈竹与梁山慈竹 *UGP* 基因 cDNA 全长克隆

1. 慈竹与梁山慈竹 *UGP* 基因 cDNA 全长的 PCR 扩增

分别以设计的慈竹和梁山慈竹 *UGP* 基因全长引物为上、下游引物，慈竹笋和梁山慈竹叶 RNA 反转录得到的 cDNA 为模板，进行慈竹与梁山慈竹 *UGP* 基因 cDNA 全长扩增，其扩增电泳结果如图 4-17 所示，各扩增得到一条长度约为 1500bp 的条带。

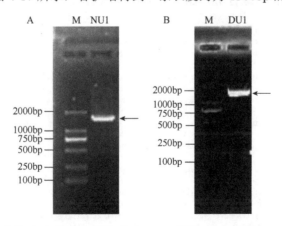

图 4-17 慈竹（A）和梁山慈竹（B）*UGP* 基因 cDNA 全长 PCR 扩增结果
M. DL2000 DNA marker；箭头所指为目标片段

2. 慈竹与梁山慈竹 *UGP* 基因 cDNA 全长重组质粒 PCR 验证

挑取白色单菌落划线摇菌，保存甘油菌和测序菌后将余下菌液用于质粒提取，对提取的质粒做 PCR 验证后电泳，电泳结果如图 4-18 所示，预期大小的目的片段出现。将对应的测序菌送去上海 Invitrogen 公司测序。

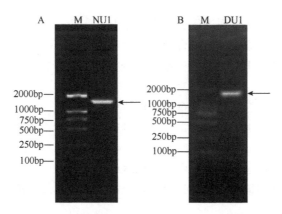

图 4-18　慈竹（A）和梁山慈竹（B）*UGP* 基因重组质粒 PCR
M. DL2000 DNA marker；箭头所指为目标片段

3. 慈竹 *UGP* 基因 cDNA 全长序列的获得

克隆的核酸片段经测序后,用 DNAMAN 拼接后各得到一条序列,将其提交到 NCBI Blast 的 Vecscreen 程序去载体后, 得到无载体污染的核酸序列, 其核酸序列及其编码的氨基酸序列如图 4-19 和图 4-20 所示,方框标出的为上、下游引物,起始密码子和终止密码子(＊)用灰色印记标出。结果显示, 这两条核酸序列长分别为 1503bp 和 1561bp。将二者序列提交 ORF finder 程序中, 找到各自的 ORF, 长度分别为 1134bp 和 1422bp, 各编码 377 个和 473 个氨基酸,将其分别命名为 *BeUGP* 和 *DfUGP*,GenBank 注册号分别为 KJ525751 和 KJ525752。

将这两条去载体的核酸序列提交到 Blast 的 nucleotide blast 程序中进行 Blast N 比对（表 4-10）。结果表明, 这两条核酸序列和绿竹、巨龙竹、水稻等物种的 *UGP* 核酸序列高度相似, 其中 *BeUGP* 与绿竹 *BoUGP1* 序列达 99%的相似性, *DfUGP* 与巨龙竹 *DsUGP*

```
cagatcagcgagaacgagaaggctgggttccaccagcctcgtgtcccgctacctcagtgggaggcggagcagatcgagtggagtaagatccagaccccgaccgatgaggtg
gtggtgccgttcgacacectcgcgccggctcccgaagatctcgacgcgaagaggaagctgctcgacaaactcgtggtgctcaagctcaacggagggctcgggacaacc
220 atgggctgcactggtcccaagtctgtcattgaagttcgcaatgggtttacatttcttgacctaatcgtgattcaaattgagtccctgaacaagaagtatgggatgcaat
    M  G  C  T  G  P  K  S  V  I  E  V  R  N  G  F  T  F  L  D  L  I  V  I  Q  I  E  S  L  N  K  K  Y  G  C  N
328 gtcccctttgcttctaatgaactcatgatatacacgaagttgttgataccaacattgaaattcacacttcatcagagccaa
    V  P  L  L  L  M  N  S  F  N  T  H  D  D  T  Q  K  I  V  E  K  Y  S  N  S  N  I  E  I  H  T  F  N  Q  S  Q
436 tatcctcgcattgttactgaagacttcttgccgcgttccaagcaaaggaaagacaggaaggatgctggtatcccccaggccatggtgatgtgttccctctcttgaat
    Y  P  R  I  V  T  E  D  F  L  P  L  P  S  K  G  K  T  G  K  D  G  W  Y  P  P  G  H  G  D  V  F  P  S  L  N
544 aacagtggaaagcttgataccttgttgtcacagggcaaggagtatgtctttgttgcaaactcagacaacttgggcgctatagttgatatcaagatcttaaaccacctg
    N  S  G  K  L  D  T  L  L  S  Q  G  K  E  Y  V  F  V  A  N  S  D  N  L  G  A  I  V  D  I  K  I  L  N  H  L
652 atccataaccagaatgaatgcatggaggttacccaaaaacctgcggatgtgtaaaggtggcaccctcatctcttatgaagaaagggtcagctcttggagatt
    I  H  N  Q  N  E  Y  C  M  E  V  T  P  K  T  L  A  D  V  K  G  G  T  L  I  S  Y  E  G  R  V  Q  L  L  E  I
760 gctcaagtccctgatgaacatgttaatgaattcaagtcaattgagaagttcaagatatttataaccaacctgtgggtgaacttgaaggccatcaagagaggctggta
    A  Q  V  P  D  E  H  V  N  E  F  K  S  I  E  K  F  K  I  F  N  T  N  N  L  W  V  N  L  K  A  I  K  R  L  V
868 gaagctgaagcactaaagatggaaatcattccaaacccaaggaagttgatggtgtgaaagtcctgcaactagaaaccgcagctggagcagcaatacggttcttcgaa
    E  A  E  A  L  K  M  E  I  I  P  N  P  K  E  V  D  G  V  K  V  L  Q  L  E  T  A  A  G  A  A  I  R  F  F  E
976 aaagcaatccgcattaatgttccccgctcaaggtttctgccagtgaaggctacatctgatttgtgtgcttggtcgagtcgatctttataccttggtcgatggctttgtc
    K  A  I  G  I  N  V  P  R  S  R  F  L  P  V  K  A  T  S  D  L  L  V  Q  S  D  L  Y  T  L  V  D  G  F  V
1084 atccgcaacccagctaggggcaaaccccggcaaacccttcaattgagctgggcctgagttcaaaaaggttgccaatttcctagccgatttaaatcaatcccgagcatt
    I  R  N  P  A  R  A  N  P  A  N  P  S  I  E  L  G  P  E  F  K  K  V  A  N  F  L  A  R  F  K  S  I  P  S  I
1192 gtcgagctt gacagcttgaaggtctctggtgatgtctggtttggctctggaattacactcaagggcaagctgaccatcgctgccaagtctggagtgaagctggagatt
    V  E  L  D  S  L  K  V  S  G  D  V  W  F  G  S  G  I  T  L  K  G  K  L  T  I  A  A  K  S  G  V  K  L  E  I
1300 ccagatggaactgtgcttgagaacaaggacatcaatggtccggagatcctga 1353
    P  D  G  T  V  L  E  N  K  D  I  N  G  P  E  D  L  *
gcaatgcttaccgccaccagttttttctgagttgcatcctcccagatctctttcgctgaggtaattcttttcgtgtgcattccgcagtgggggtcctgtgaga
ccattacagaataattgtaatcctctgggtgcatctgta
```

图 4-19　慈竹 *UGP* 基因全长序列及其编码的氨基酸序列

ccatcctttcgaagcctctccgttcgcttcgcccagccag
41 atggccgccgccgtcgctgccgccgacgacgaagctcgagaagctccgctccgccgtcgccgagctcgaccagatcagcgagaacgagaagggcggttcatcagcctc
    M A A A V A A A D E K L E K L R S A V A E L D Q I S E N E K G G F I S L
149 gtgtcgcgctacctcagcgggggaggcggagcagatcgagtggggtaagatccagaccccgaccgatgaggtggtggtgccgtacgacacctcgccgccggctcccgaa
    V S R Y L S G E A E Q I E W G K I Q T P T D E V V V P Y D T L A P A P E
257 gatctcgacgcgacgaagaagctgctcgacaaactcgtggtgctcaagctcaacgagagggctcgggacaaccatgggcgcactggtcccaagtctgtgattgaagtt
    D L D A T K K L L D K L V V L K L N E R A R D N H G R T G P K S V I E V
365 cgcaatgggtttacatttcttgaccttattgtgattcaaattgagtccctgaacaagaagtatggcaatgtccctttgcttctaatgaactccttcaacactcat
    R N G F T F L D L I V I Q I E S L N K K Y G C N V P L L L M N S F N T H
473 gacgatacgcagaagattgttgagaagtactctaactccaacattgaaattcacactttcaaccagagccaatatcctcgcattgttactgaagactacttgccactt
    D D T Q K I V E K Y S N S N I E I H I F N Q S Q Y P R I V T E D Y L P L
581 ccaagcaaaggaaagtctgggaaggatggctggtatccccaggccacggtgatgtcgttccctccttgaataacagtggaaaacttgatccttgttgtcacagggc
    P S K G K S G K D G W Y P P G H G D V F P S L N N S G K L D T L L S Q G
689 aaggagtatgtctttgttgcgaactcagacaacttgggcgctatagttgacatcaagatcttaaaccacatgatccataaccagaatgagtactgcatggaggttact
    K E Y V F V A N S D N L G A I V D I K I L N H M I H N Q N E Y C M E V T
797 ccaaaaacgttggctgatgttaaaggtggtaccctcatctcttatgaaggaagggttcagctcttggagattgcccaagtccctgatgagcatgtgaatgaattcaag
    P K T L A D V K G G T L I S Y E G R V Q L L E I A Q V P D E H V N E F K
905 tcaattgagaagttcaagattaattcaacaacttggtggaacttgaaggccatcaagaggctggtagaggtgggagaggaagcacttaagatggaaatcattccaaac
    S I E K F K I F N T N N L W V N L K A I K R L V E G E A L K M E I I P N
1013 cctaaggaggttgatggtgtgaagttctgcaactagaactcgacgagcagcgatacggttcttgacaaagcaatcggcattaacgttccccgctcaaggttc
    P K E V D G V K V L Q L E T A A G A A I R F F D K A I G I N V P R S R F
1121 ctgccagtgaaggctacatctgatttgttgcttgtgcagtctgatctttataccttggtcgatggctttgtcatcagcaacccagctagagcgaacccatcaaaccct
    L P V K A T S D L L L V Q S D L Y T L V D G F V I S N P A R A N P S N P
1229 tcaattgagcttgggcctgagttcaaaaaggttgccaatttcctggcccggttaaatccatccccagcattgtcgagcttgacgcttgaaggtctctggtgatgtc
    S I E L G P E F K K V A N F L A R F K S I P S I V E L D S L K V S G D V
1337 tggtttggctctggaattacactcaagggcaaggtgaccatcactgccaagtctggagtgaagttggagattccagatggagccgtgcttgagaacaaggacatcaat
    W F G S G I T L K G K V T I T A K S G V K L E I P D G A V L E N K D I N
1445 ggtccggaggatctgtga 1462
    G P E D L *
gcaatgcttaccaccaccggttttttctgaggacatattgcagaagccttccagatctctttcgctgagttaagtgtcttgtaattttcgtgtgcattcc

图 4-20　梁山慈竹 *UGP* 基因全长序列及其编码的氨基酸序列

表 4-10　慈竹与梁山慈竹 *UGP* 基因序列的 Blast N 分析

基因名称	cDNA 序列长/bp	最大得分	主要同源物种
BeUGP	1134	2676	*BoUGP1*（99%），*DsUGP*（94%），*BoUGP2*（95%），*OsUGP1*（92%）
DfUGP	1422	2697	*DsUGP*（98%），*BoUGP1*（96%），*BoUGP2*（95%），*OsUGP1*（92%）

相似性达 98%，确定克隆得到的序列为慈竹和梁山慈竹 *UGP* 的 cDNA 序列。

（二）慈竹和梁山慈竹 *UGP* 基因生物信息学分析

1. *UGP* 基因系统进化树的构建

为了分析慈竹、梁山慈竹 *UGP* 基因与其他物种 *UGP* 基因在植物中的系统发育进化关系，从 NCBI 中选择了单子叶植物和双子叶植物共 25 种植物 *UGP* 基因编码的氨基酸序列，利用 Mega4 软件构建了 *UGP* 基因的系统进化树（图 4-21）。从图 4-21 可以看出，*BeUGP* 和 *BoUGP1* 聚为一簇（图中圆圈所示），*DfUGP* 和 *DsUGP* 聚为一簇（图中三角所示），且这两簇和 *OsUGP1* 的亲缘关系较近。鉴于此，选择慈竹、绿竹、巨龙竹和水稻的 *UGP* 基因进行下面的一系列分析。

2. 慈竹和梁山慈竹 *UGP* 基因编码的蛋白功能域分析

采用 SMART 在线软件对慈竹和梁山慈竹 UGPase 氨基酸序列的蛋白功能域进行了预测分析，分析结果如图 4-22 所示。从预测结果可知，*BeUGP* 和 *DfUGP* 均具有一个同样的功能域：N 端的 UDPGP 功能域。BeUGP 的 UDPGP 功能域位于 1～345 肽段，DfUGP 的 UDPGP 功能域位于 29～441 肽段。此外，对 *OsUGP1* 编码的蛋白也作了功能域分析，结果表明，OsUGP1 也具有 N 端的 UDPGP 功能域，位于 26～438 肽段（图 4-22），与 BeUGP 和 DfUGP 的功能域位置有差异。

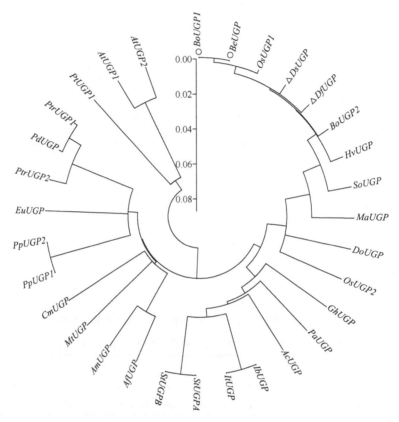

图 4-21　*UGP* 基因系统进化树

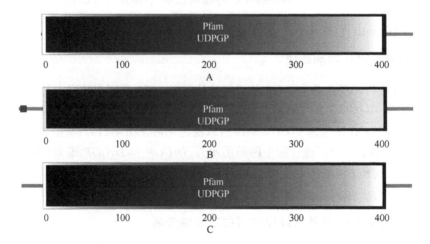

图 4-22　慈竹、梁山慈竹和水稻 UGPase 氨基酸序列功能域预测
A. BeUGP；B. DfUGP；C. OsUGP1

3. 慈竹和梁山慈竹 *UGP* 基因编码的氨基酸多重比对

利用 DNAMAN 软件和在线程序 ClustalW2 对慈竹、梁山慈竹、绿竹和水稻 *UGP* 基因的序列及其编码的氨基酸进行多序列比对分析（表 4-11 和图 4-23）。*BeUGP* 和 *DfUGP* 的核苷酸序列相似性为 84.57%，氨基酸序列相似性为 78.65%。*BeUGP* 和 *DfUGP* 与绿竹、巨龙竹和水稻 *UGP* 基因具有高度相似的核苷酸和氨基酸序列，其中 *BeUGP* 与 *BoUGP1* 的氨基酸相似性最高（79.49%），其次为 *BoUGP2*（78.94%），而 *DfUGP* 与 *DsUGP*、*BoUGP1*、*BoUGP2* 和 *OsUGP1* 的氨基酸相似性都极高，各为 99.37%、98.31%、97.04% 和 95.35%（表 4-11）。从图 4-23 可以看出，慈竹、梁山慈竹、绿竹、巨龙竹和水稻 *UGP* 基因的氨基酸高度保守，发生突变的位点较少。*BeUGP* 比 *DfUGP* 在 N 端缺少 96 个氨基酸，其余位点只有 10 个位点发生了突变，且都有保守的 5 个赖氨酸残基（Lys），其中 *DfUGP* 编码氨基酸中含有保守的 Lys 残基：Lys260、Lys326、Lys364、Lys405 和 Lys406，*BeUGP* 编码氨基酸含有保守的 Lys 残基：Lys164、Lys230、Lys268、Lys309 和 Lys310。

表 4-11　*UGP* 基因核苷酸序列及其编码的氨基酸的相似矩阵表（%）

		氨基酸相似度					
		BeUGP	*DfUGP*	*BoUGP1*	*BoUGP2*	*DsUGP*	*OsUGP1*
核苷酸相似度	*BeUGP*	—	78.65	79.49	78.94	78.65	78.72
	DfUGP	84.57	—	98.31	97.04	99.37	95.35
	BoUGP1	94.23	84.87	—	97.04	98.94	95.14
	BoUGP2	82.44	87.15	78.05	—	97.25	95.96
	DsUGP	74.07	85.16	88.96	75.67	—	95.35
	OsUGP1	94.15	81.14	84.01	76.86	85.94	—

4. 不同植物 *UGP* 基因编码蛋白的一级结构分析

慈竹、梁山慈竹及巨龙竹、水稻、绿竹 *UGP* 基因编码蛋白的分子质量、氨基酸数目及组成、理论等电点和亲/疏水性结果如表 4-12 所示。梁山慈竹 *DfUGP*、绿竹 *BoUGP1* 和巨龙竹 *DsUGP* 基因均编码 473 个氨基酸，绿竹 *BoUGP2* 编码 470 个氨基酸，水稻 *OsUGP1* 编码 469 个氨基酸，慈竹 *BeUGP* 编码的氨基酸数最少（377 个）。

除了 *BeUGP* 基因编码蛋白的分子质量为 41.68kDa 外，梁山慈竹 *UGP* 基因及绿竹、巨龙竹和水稻 *UGP* 基因编码蛋白的分子质量在 51.68～51.99kDa 变化。*UGP* 基因编码蛋白的碱性氨基酸残基个数和酸性氨基酸残基个数差不多，碱性氨基酸残基数目略少于酸性氨基酸。*BeUGP* 编码蛋白的理论等电点为 6.14，其余 *UGP* 基因编码的蛋白理论等电点均为 5.3 左右。蛋白质的亲/疏水性预测结果表明，预测的 5 条 *UGP* 基因的总亲水性平均系数均为负值，整个多肽链表现为亲水性，可推测慈竹和梁山慈竹 *UGP* 基因编码蛋白均为亲水性蛋白。

5. 不同植物 *UGP* 基因编码蛋白的二级结构分析

慈竹、梁山慈竹、绿竹、巨龙竹和水稻 *UGP* 基因编码蛋白的二级结构预测结果如表 4-13 所示。慈竹、梁山慈竹、绿竹、巨龙竹和水稻 *UGP* 基因编码蛋白序列的二级结构表现出相同的规律，都含有丰富的无规卷曲和α-螺旋，其次为延伸链，β-转角含量最少。

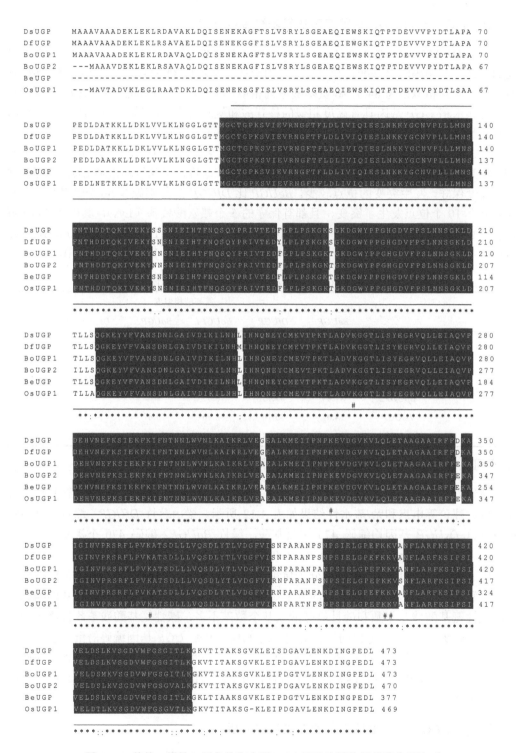

图 4-23　慈竹、绿竹、巨龙竹和水稻 *UGP* 基因编码的氨基酸多重比对

"*" 表示保守氨基酸;":" 表示保守的替换;"." 表示非保守的替换;"-" 表示缺失;阴影表示保守域;"#" 表示保守的 Lys 残基;下划线 "____" 表示 UDPGP 功能域

表 4-12　*UGP* 基因编码蛋白的理化性质分析

基因名称	编码的氨基酸个数	分子质量/kDa	酸性氨基酸残基个数	碱性氨基酸残基个数	理论等电点	总亲水性平均系数
BeUGP	377	41.68	45	42	6.14	−0.131
DfUGP	473	51.84	62	51	5.28	−0.141
BoUGP1	473	51.99	62	52	5.35	−0.149
BoUGP2	470	51.73	61	52	5.43	−0.130
DsUGP	473	51.83	62	52	5.34	−0.135
OsUGP1	469	51.68	61	52	5.43	−0.163

表 4-13　不同植物 *UGP* 基因编码蛋白的二级结构分析

基因名称	无规卷曲	α-螺旋	延伸链	β-转角
BeUGP	142	123	81	31
DfUGP	178	168	92	35
BoUGP1	174	171	93	35
BoUGP2	179	160	90	41
DsUGP	169	170	94	40
OsUGP1	179	163	88	39

6. 不同植物 *UGP* 基因编码蛋白的三级结构分析

蛋白质三级结构是靠氨基酸侧链之间的氢键、疏水相互作用、静电作用和范德华力在二级结构的基础上进一步盘绕、折叠形成的。用 SPDBV 4.10 软件对慈竹、梁山慈竹、绿竹、巨龙竹和水稻 *UGP* 基因编码蛋白进行三级结构预测（图 4-24）。由图 4-24 可知，除了 *BeUGP* 编码蛋白的三级结构有比较明显的不同外，梁山慈竹、绿竹、巨龙竹和水稻的 *UGP* 基因编码的蛋白结构较为相似，均含有大量的α-螺旋、无规卷曲和少量β-转角，还能更直观地看到它们的蛋白质折叠空间结构构象的变化。梁山慈竹、绿竹、巨龙竹和水稻 *UGP* 基因编码蛋白的三级结构可分为 N 端区域、中心区域和 C 端区域，且都有 UGPase 蛋白三级结构所特有的核苷结合环（NB-loop）和插入环（I-loop），但 *BeUGP* 的 NB-loop 有缺失。

7. 不同植物 *UGP* 基因编码蛋白的亚细胞定位分析

慈竹、梁山慈竹、绿竹、巨龙竹和水稻 *UGP* 基因编码蛋白的亚细胞定位预测结果见表 4-14。由表 4-14 可知，这 5 种植物 *UGP* 基因编码蛋白的亚细胞定位情况各不尽相同，慈竹、绿竹、巨龙竹和水稻 UGPase 定位在细胞质内的概率最大，其中慈竹 UGPase 定位在细胞质上的概率为 65.0%。梁山慈竹 UGPase 定位在线粒体基质上的概率最大，为 49.8%。由此可推测慈竹 UGPase 主要存在于细胞质中，而梁山慈竹 UGPase 则主要存在于线粒体基质中。

三、讨论与结论

UGPase 最早是在酵母细胞中发现的，目前已在较多的动植物中发现并分离纯化

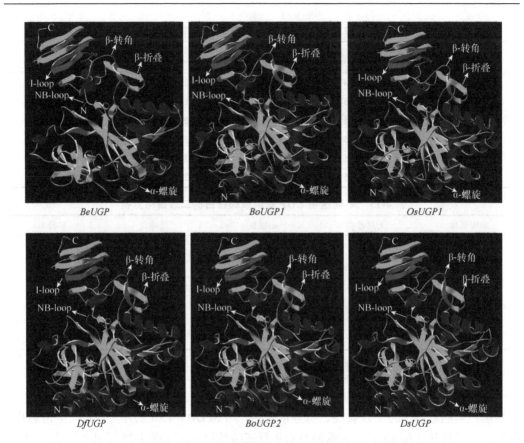

图 4-24　不同植物 *UGP* 基因编码蛋白的三级结构预测（另见图版）

表 4-14　不同植物 *UGP* 基因编码蛋白的亚细胞定位分析（%）

亚细胞定位	*BeUGP*	*DfUGP*	*BoUGP1*	*BoUGP2*	*DsUGP*	*OsUGP1*
细胞质	65.0	45.0	45.0	65.0	45.0	65.0
线粒体基质	20.0	49.8	36.0	—	36.0	—
叶绿体类囊体膜	10.0	28.0	28.0	28.0	—	28.0
内质网膜	—	—	—	—	—	—
叶绿体基质	—	—	—	20.0	—	20.0
叶绿体类囊体腔	—	—	—	20.0	—	20.0
线粒体膜间隙	—	45.1	39.0	—	30.0	—
微体（过氧化物酶体）	—	—	—	—	30.0	—

（Coleman et al.，2009），同时也从不同的动植物中克隆出 *UGP* 基因。据研究，水稻、杨树、马铃薯等植物中都存在两种 *UGP* 基因，目前已获得的 *UGP* 基因大都为 1.4～1.6kb，且同源性较高，植物与植物之间 *UGP* 基因的同源性在 70%以上（吴晓俊等，2000）。本研究通过同源克隆的方法，得到一条慈竹 *UGP* 基因和一条梁山慈竹 *UGP* 基因，序列分别长 1503bp 和 1561bp，开放阅读框为 1134bp 和 1422bp，各编码 377 个和 473 个氨基酸，将其分别命名为 *BeUGP* 和 *DfUGP*，注册号各为 KJ525751 和 KJ525752。序列相似性检

索结果表明，慈竹和梁山慈竹 *UGP* 基因序列同绿竹、巨龙竹和水稻的 *UGP* 基因序列相似性较高，其中慈竹 *UGP* 和绿竹 *UGP* 的同源性最近，梁山慈竹 *UGP* 和巨龙竹 *UGP* 同源性最近，且 *BeUGP* 和 *DfUGP* 之间也具有较高的相似性，在核苷酸水平上，相似性达84.57%，氨基酸水平上相似性为78.65%。同源性越近，其功能可能越相似。目前关于绿竹 UGPase 的功能研究未见报道，但关于 *OsUGP1* 的研究表明，其在花粉发育、种子碳水化合物的代谢和水稻生长发育中起着至关重要的作用（祝莉莉等，2011），*OsUGP1* 的抑制会导致水稻分蘖少、开花时间迟、植株矮小和生长延迟。由此可推测，*BeUGP* 和 *DfUGP* 可能有对慈竹和梁山慈竹生长发育有影响，有待深入研究。

前人研究结果表明，拟南芥和大麦 UGPase 的三级结构可分为三个主要区域，即 N 端区域、中心区域和 C 端区域，其中中心区域包含有一个核苷结合环（NB-loop），C 端区域包含一个插入环（I-loop）（连玲，2009）。在本研究中，梁山慈竹、绿竹、巨龙竹和水稻 *UGP* 基因编码蛋白的三级结构中也可分为 N 端区域、中心区域和 C 端区域，中心区域和 C 端区域也分别含有 NB-loop 环和 I-loop 环。中心区域是所有 UGPase 高度保守的一个区域，同时也是 UGPase 的活性区域，其中包括有底物结合位点和催化中心（连玲，2009）。有研究发现，在形成 UGPase 低聚体的过程中，N 端区域能直接跨过中心区域与 C 端区域靠近，进而使底物无法结合相应位点，导致其活性中心的抑制（连玲，2009）。这能解释为什么 UGPase 在植物中主要活性形式是单体，而二聚体和多聚体活性较弱或无活性。但 *BeUGP* 基因编码蛋白的三级结构中，NB-loop 有缺失，这可能导致其功能与其余几个蛋白质不同，还有待进一步研究。Katsube 等（1991）和 Kazuta 等（1993）定向突变了马铃薯 UGPase 的 5 个 Lys 残基位点（Lys263、Lys329、Lys367、Lys409 和 Lys410），结果分析表明，Lys263 和 Lys329 参与 MgPPi 或葡萄糖-1-P 的结合和 UDPG 诱导的酶的构象变化，Lys367 对维持 UGPase 的催化活性是必需的，但 Lys409 和 Lys410 则与催化无关。Eimert（1996）等对大麦的研究表明，大麦中也有相似的保守 Lys 残基的存在，分别是 Lys260、Lys326、Lys364、Lys405 和 Lys406。此外，在酵母中有两个保守 Lys 残基（Lys280 和 Lys288），且大肠杆菌中也至少存在一个保守 Lys87（吴晓俊等，2000）。本研究中得到 *DfUGP* 编码氨基酸中含有保守的 Lys 残基：Lys260、Lys326、Lys364、Lys405 和 Lys406，*BeUGP* 编码氨基酸中也含有保守的 Lys 残基：Lys164、Lys230、Lys268、Lys309 和 Lys310，它们对维持 UGPase 活性及底物结合方面发挥着重要作用。同时慈竹、梁山慈竹、绿竹、巨龙竹和水稻 *UGP* 基因编码氨基酸序列的多重比对结果表明，它们的 UDPGP 功能域中含有 9 个不同程度的保守域。在马铃薯、人、酵母、粘菌和牛的 UGPase 氨基酸序列中也发现 4 个大约 20 个氨基酸的被认为参与酶催化作用的保守域（Daran et al.，1995）。这些结果在一定程度上证明了 UGPase 在进化上的保守性。

目前，关于植物组织内 UGPase 的亚细胞定位表明，它们几乎专一定位在细胞质中，但有些物种的 UGPase 则与膜器有关，如造粉体和高尔基体（高振宇和黄大年，1988）。本研究中，慈竹、绿竹、巨龙竹和水稻 UGPase 定位在细胞质内的概率最大，其中慈竹 UGPase 定位在细胞质上的概率为 65.0%，而梁山慈竹 UGPase 定位在线粒体基质上的概率最大，为 49.8%。由此可推测慈竹 UGPase 定位在细胞质中，这与前人的研究结果相一致，而梁山慈竹 UGPase 可能定位在线粒体基质上，此前未见有关报道。关于慈竹和梁山慈竹 UGPase 的具体细胞定位还有待进一步研究。

第四节　慈竹 *SUS* 和 *UGP* 基因的组织表达模式分析

一、试验材料与方法

（一）试验材料

以慈竹笋（100cm），未展开叶，展开叶，茎的上部、中部、下部（取自西南科技大学生命科学与工程学院资源圃）和梁山慈竹叶片为试验材料。

（二）试验用主要试剂

TaKaRa 公司：DL2000 DNA marker、LA-*Taq* DNA 聚合酶、pMD19-T 载体、IPTG、PrimeScript®RT reagent Kit（Perfect DNA）反转录试剂盒、*Eco*R I、*Sal* I、*Hin*d III等。

天根生化科技（北京）有限公司：质粒小提试剂盒、X-Gal、pGM-T 载体、胶回收试剂盒、RealMasterMix（SYBR Green）试剂盒。

OMEGA BIO -TEK 公司：Plant RNA Kit 试剂盒。

BioBRK 公司：Green View 染料。

（三）试验方法

1. 慈竹各组织和梁山慈竹叶片总 RNA 的提取与 cDNA 链的合成

总 RNA 的提取与 cDNA 链的合成方法同第二章第三节中的慈竹 *4CL* 基因保守区扩增。

2. 慈竹 *SUS*、*UGP* 和 *Tublin* 基因 real-time PCR 引物设计

运用 Primer Premier5.0 软件，以测序出的慈竹 *BeSUS1*～*BeSUS5* 基因和慈竹 *UGP* 基因的全长序列为基准，分别设计这 6 个基因的 real-time PCR 引物，同时设计慈竹持家基因 *Tublin* 的 real-time PCR 内参引物（表 4-15）。

表 4-15　慈竹 *SUS*、*UGP* 和 *Tublin* 基因的 real-time PCR 引物序列

基因名称	引物名称	上游引物（5′→3′）	下游引物（5′→3′）	退火温度/℃
BeSUS1	SR1	GTGTGTCTGGTTTCCACATTGA	GCCTCTCAGAGTAGAGCTTCCA	55
BeSUS2	SR2	CATACGGGTGAATGTTAGTGAG	AAGGACGTGGGAAGGAGGC	55
BeSUS3	SR3	GAGGAGAAATACACCTGGAAGC	CATCAACAGCCAATGGAACG	55
BeSUS4	SR4	TCCCACATTGCGTTCACT	TCGGCTTGTTCTTGTTCTTC	55
BeSUS5	SR5	ACTTCCCTTACACCGAGTCAC	CCTGCCCTTCAGCACAAAC	55
BeUGP	UR1	TGCTTACCGCCACCAGTT	AGATGCACCCAGAGGATTA	55
Tublin	TR1	GCCGTGAATCTCATCCCCTT	TTGTTCTTGGCATCCCACAT	55

3. real-time PCR 引物特异性检测

以反转录得到的慈竹笋 cDNA 为模板，检测所设计各引物的特异性，所用药品由

TaKaRa 公司提供，反应体系（20μL）（加入顺序按量从多到少加入，LA-*Taq* DNA 聚合酶最后加入）。

2×GC buffer I	10μL
dNTP mixture（每种 2.5mmol/L）	3.2μL
cDNA 模板	1μL
F 引物（10μmol/L）	1μL
R 引物（10μmol/L）	1μL
LA-*Taq* DNA 聚合酶	0.25μL
ddH$_2$O	3.55μL

PCR 扩增条件如下。

95℃	180s
95℃	30s
55℃	30s ⎫ 30 个循环
72℃	90s ⎭
72℃	10min
4℃	保持

用 1.0%琼脂糖凝胶电泳鉴定 PCR 产物条带是否特异。

4. real-Time PCR 体系与程序

在 iQ5 Multicolor Real-Time PCR 自动扩增仪上进行 real-time PCR，所用试剂盒为 RealMasterMix（SYBR Green）试剂盒，每组样品重复三次，反应体系 20μL。

2.5×RealMasterMix/20×SYBR solution	9μL
上游引物（10μmol/L）	1μL
下游引物（10μmol/L）	1μL
cDNA 模板	1μL
ddH$_2$O	8μL

real-time PCR 程序如下。

95℃	90s
95℃	10s
55℃	10s ⎫ 40 个循环
68℃	15s ⎭
63/55℃	10s

5. 数据统计

以内参基因 *Tublin* 为对照，根据公式 $\Delta C_t = C_t$（目的基因）$- C_t$（内参基因），计算得到各时间点上的 ΔC_t 值，$\Delta\Delta C_t = \Delta C_t$（各时间点）$-\Delta C_t$（对照），不同时间点各待测基因转录量相对于阴性对照的变化倍数为 $2^{-\Delta\Delta C_t}$，依据此公式可计算得到慈竹 *SUS* 和 *UGP* 基因的相对转录量。

二、结果与分析

（一）RNA 纯度和完整性

提取的慈竹 RNA 经分光光度计检测，波长 OD_{260}/OD_{280} 均为 $1.9\sim2.0$，经琼脂糖凝胶电泳鉴定，28S、18S RNA 条带清晰可见，无明显降解，没有基因组 DNA 污染，符合本试验的要求。

（二）引物特异性检测

利用所设计的 real-time PCR 引物分别扩增各目的基因片段，琼脂糖凝胶电泳结果如图 4-25 所示。*Tubiln*、*BeSUS1*～*BeSUS5* 和 *BeUGP* 基因扩增片段分别为 170bp、160bp、170bp、120bp、120bp、160bp 和 150bp 左右，符合 real-time PCR 试验的要求。

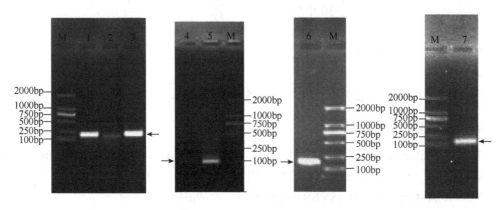

图 4-25　慈竹 *SUS* 和 *UGP*、*Tublin* 基因的 real-time 引物特异性检测结果
M. DL2000 DNA marker；1. *Tublin*；2～6. *BeSUS1*～*BeSUS5*；7. *BeUGP*

（三）慈竹 *SUS* 和 *UGP* 基因表达分析

1. 同一基因在不同组织上表达分析

用表 4-15 中的引物进行了 real-time PCR，对慈竹 *SUS* 和 *UGP* 基因在慈竹不同组织中的表达进行研究。图 4-26 表示同一基因在慈竹不同组织上的表达结果。*BeSUS1* 在展开叶和茎的上部、中部、下部的表达量远高于笋和未展开叶。*BeSUS2* 在各组织的相对表达量总的呈上升趋势，在茎下部的表达量达到最高。*BeSUS3* 的相对表达量和 *BeSUS2* 的类似，都是在茎中的表达量高于笋和叶，但随着茎组织的成熟，*BeSUS3* 的相对表达量逐渐降低。*BeSUS4* 和 *BeSUS5* 的相对表达量都是在茎下部最高，其次是未展开叶。*BeUGP* 在未展开叶和茎组织中的相对表达量显著高于其他组织，其中在茎组织中，随着组织的成熟，*BeUGP* 的相对表达量呈上升趋势。

2. 不同基因在同一组织上表达分析

图 4-27 表示不同基因在同一组织上的表达结果。慈竹笋中各基因的表达量相差不大，*BeSUS2*、*BeSUS4* 和 *BeUGP* 的表达量相当，且都高于其余三个基因。在展开叶组织

中，*BeSUS1* 表达量最高，其次为 *BeSUS2*，*BeSUS5* 的表达量最低。在茎上部和茎中部组织中，各基因的表达情况相似，均是 *BeSUS1* 和 *BeSUS2* 的表达量远高于其他几个基因。在茎下部组织中，*BeSUS2* 的表达水平最高，其次为 *BeSUS4* 和 *BeSUS1*，*BeSUS3*、*BeSUS5* 和 *BeUGP* 的表达量差别不大。

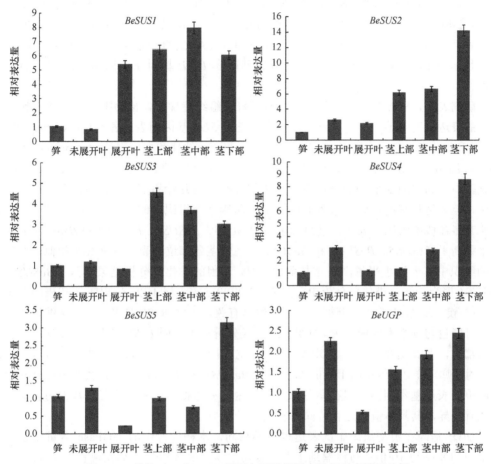

图 4-26 慈竹 *SUS* 和 *UGP* 基因在不同组织中的相对表达量分析

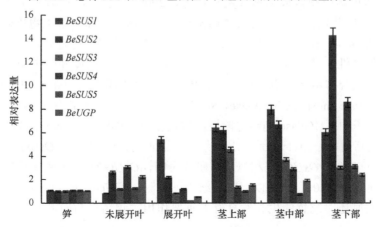

图 4-27 慈竹 *SUS* 和 *UGP* 基因在同一组织中的相对表达分析（另见图版）

三、讨论与结论

目前，实时荧光定量 PCR（real-time PCR）已广泛用于医学研究和分子生物学研究领域，主要用于基因分型、RNA 或 DNA 的绝对/相对定量分析和基因表达差异分析（张静敏，2004）。与半定量 RT-PCR 相比，real-time PCR 具有高特异性、高灵敏度、高精确性等优点，是确定基因具体表达部位和表达情况的一个可靠的实验方法，本试验选用 real-time PCR 方法观察慈竹 *SUS* 基因和 *UGP* 基因在不同慈竹组织中的表达情况。

研究表明，*SUS* 基因的表达往往具有发育和组织特异性，植物中不同 *SUS* 基因在各部位的表达情况是不一样的。例如，玉米中三个 *SUS* 基因的表达各不相同，*ZmSUS1* 在茎、叶和根中都有表达，而 *ZmSUS3* 只在胚珠、胚乳、幼芽和根中表达（Shane and Steven，2004）。温州蜜柑 *SUSA* 和 *SUS1* 基因在果实、花和叶片中的表达也有差异（Akira，2002）。本试验中，慈竹的 5 个 *SUS* 基因在笋、未展开叶、展开叶和茎上部、中部及下部中均有表达，但表达量有所不同，总体上慈竹 *SUS* 基因在茎组织中的表达量要高于其他组织，表明其多在成熟组织中表达，且总的来说 *BeSUS1*、*BeSUS2*、*BeSUS3* 和 *BeSUS4* 的表达水平要高于 *BeSUS5*。*BeSUS2* 和 *BeSUS4* 在慈竹茎各部位的表达水平变化相似，在越成熟的组织中其表达水平越高。这与前面 *SUS* 基因的进化树分析结果一致：*BeSUS2* 和 *BeSUS4* 聚为一簇。进化树分析中，*BeSUS2* 和 *BeSUS4* 属于以 *ZmSH1* 为代表的单子叶 Group2 族，*ZmSH1* 编码的蔗糖合酶与纤维素有关，推测 *BeSUS2* 和 *BeSUS4* 编码的蔗糖合酶可能也与纤维素合成有关。组织表达模式分析结果表明 *BeSUS2* 和 *BeSUS4* 均是在慈竹茎部位，尤其是在茎下部组织中高表达，这也间接巩固了前面的推测，有待进一步研究。对同属于单子叶 Group1 族的 *BeSUS1*、*BeSUS3* 和 *BeSUS5* 而言，其在未展开叶和展开叶中的表达基本相同，但在茎各部位的表达则不尽相同，表明这三个基因的表达调控模式有差异，其具体情况还有待深入研究。

UGP 基因在植物组织中的表达也各不相同，水稻盾片中的 UGPase 含量比胚、根和茎中的要高约 10 倍；马铃薯地上茎、愈伤组织、根茎和叶中都发现有 UGPase 积累，其中地上茎和根茎中积累最丰富（吴晓俊等，2000）。总之，植物非光合作用组织中 UGPase 的含量较其他组织高，尤其是储藏组织中，这与它和多糖类物质合成代谢有关（吴晓俊等，2000）。本研究中，慈竹 *UGP* 基因在各个组织中均有表达，属于组成型表达，无组织特异性，其中未展开叶和茎中的表达量较高，在展开叶中的表达量最低，也表现出在非光合作用组织中的积累量更高。在光合组织中，UGPase 主要能与蔗糖磷酸合成酶（sucrose phosphate synthase，SPS）偶联，把光合作用产生的碳用于蔗糖合成，而在非光合组织中，UGPase 则参与蔗糖降解途径将 UDPG 转变成 Glc-1-P 来满足生理代谢需要（祝莉莉等，2011）。系统进化分析结果表明，*BeUGP* 与 *OsUGP1* 的同源性较近，其功能也可能与 *OsUGP1* 相似。有研究表明，*OsUGP1* 在水稻生长发育中起着重要作用（祝莉莉等，2011）。据以上研究结果可推测 *BeUGP* 在慈竹中可能主要参与蔗糖的降解，同时还对慈竹的生长发育有着重要作用，这为以后对其功能的进一步研究提供了方向。

第五节 慈竹 *BeSUS3* 基因和梁山慈竹 *DfUGP* 基因植物过表达载体的构建

一、试验材料及方法

（一）试验用主要试剂、菌种及质粒

大肠杆菌 DH5α，农杆菌 EHA105，克隆载体 pGM-T，植物中间表达载体 pCAMBIA 1303。

（二）试验方法

1. *BeSUS3* 和 *DfUGP* 全长基因（含酶切位点）PCR 引物设计

运用 Primer Premier 5.0 软件，分别根据已克隆得到的 *BeSUS3* 和 *DfUGP* 基因的全长序列，设计含有保护碱基的酶切位点 *Sal* I 和 *Hind*III（下划线序列）的 *BeSUS3* 基因全长引物 SGF1/SGR1 和 *DfUGP* 基因全长引物 UGF1/UGR1，引物序列如下。SGF1（*Sal* I）：5′-CGC<u>GTCGAC</u>ATGGGGGGAAACTGCCGGCGAC-3′。SGR1（*Hind*III）：5′-CGC<u>AAGCTT</u>AAATCATTTGTTCGAGGGCTC-3′。UGF1（*Sal* I）：5′-ACG<u>GTCGAC</u>ATGGCCGCCGCCGTCGCTGCC-3′。UGR1（*Hind*III）：5′-CCC<u>AAGCTT</u>TGCTCACAGATCCTCCGGACC-3′。

2. *BeSUS3* 和 *DfUGP* 基因全长（含酶切位点）的扩增

分别以克隆的 *BeSUS3* 和 *DfUGP* 全长基因质粒为模板，SGF1/SGR1 和 UGF1/UGR1 为引物，使用 LA-*Taq* DNA 聚合酶反应试剂盒提供的试剂克隆 *BeSUS3* 和 *DfUGP* 全长基因（含酶切位点），反应体系为 50μL（加入顺序按量从多到少加入，LA-*Taq* DNA 聚合酶最后加入）。

2×GC buffer I	25μL
dNTP mixture（每种 2.5mmol/L）	8μL
SGF1 或 UGF1（10μmol/L）	2μL
SGR1 或 UGR1（10μmol/L）	2μL
质粒模板	3μL
LA-*Taq* DNA 聚合酶（5U/μL）	0.5μL
ddH$_2$O	加水至 50μL

PCR 程序如下。

95℃	3min	
95℃	30s	
65℃/68℃	30s	30 个循环
72℃	3min/2min	
72℃	10min	
4℃	保持	

SGF1/SGR1 和 UGF1/UGR1 引物退火温度各为 65℃和 68℃。

3. pGM-T-*BeSUS3*、pGM-T-*DfUGP* 和 pCAMBIA 1303 质粒双酶切

将提取的 pGM-T-*BeSUS3* 质粒、pGM-T-*DfUGP* 质粒和 pCAMBIA 1303 质粒分别按照下面的酶切体系进行双酶切，37℃酶切 3～4h，酶切体系（50μL）如下。

10×K buffer	7.5μL
*Hin*d Ⅲ	3μL
Sal Ⅰ	3μL
pGM-T-*BeSUS3* / pCAMBIA 1303	20μL
ddH₂O	16.5μL

4. pGM-T-*BeSUS3*、pGM-T-*DfUGP* 和 pCAMBIA 1303 质粒酶切胶回收

将上一步酶切产物用 1%琼脂糖凝胶进行电泳，电泳完后切下目的片段做胶回收。

5. pCAMBIA 1303-*BeSUS3* 和 pCAMBIA 1303-*DfUGP* 过表达载体的构建

将 *BeSUS3*、*DfUGP* 酶切胶回收产物分别和 pCAMBIA 1303 酶切胶回收产物以 3∶1 的比例进行连接并转化入大肠杆菌 DH5α，涂布于 LB 平板上（含 100μg/mL 卡那霉素），进行阳性克隆的筛选，并对阳性克隆进行菌液 PCR 和双酶切鉴定，正确的阳性克隆标记为 pCAMBIA 1303-*BeSUS3* 和 pCAMBIA 1303-*DfUGP*，并将含有重组质粒的菌液送去测序。菌液 PCR 体系（20μL）如下。

2×GC buffer Ⅰ	10μL
dNTP mixture（每种 2.5mmol/L）	3.2μL
菌液	3μL
SGF1 或 UGF1 引物（10μmol/L）	1μL
SGR1 或 UGR1 引物（10μmol/L）	1μL
LA-*Taq* DNA 聚合酶（5U/μL）	0.25μL
ddH₂O	加至 20μL

PCR 扩增程序如下。

95℃	3min	
95℃	30s	
65℃/58℃	30s	}25 个循环
72℃	3min/2min	
72℃	10min	
4℃	保持	

二、结果分析

（一）*BeSUS3* 和 *DfUGP* 基因全长（含酶切位点）的扩增

以 SGF1/SGR1 和 UGF1/UGR1 引物进行 PCR 扩增，分别从 *BeSUS3* 全长基因和

DfUGP 全长基因中扩增出（含酶切位点）大小约为 2500bp 和 1500bp 的目的片段，作为过表达载体构建的基因片段（图 4-28）。

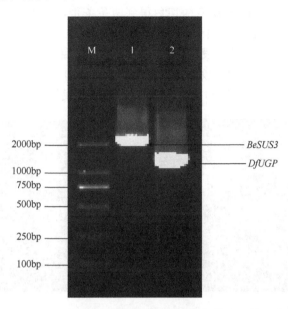

图 4-28　*BeSUS3* 和 *DfUGP* 基因全长（含酶切位点）的 PCR 扩增
M. DL2000 DNA marker；1. *BeSUS*；2. *DfUGP*；箭头所指为目标片段

（二）pGM-T-*BeSUS3* 质粒、pGM-T-*DfUGP* 质粒和 pCAMBIA 1303 质粒酶切

挑白色单菌落划线摇菌，保存甘油菌后提取质粒。对 pCAMBIA 1303 质粒和提取的 pGM-T-*BeSUS3* 质粒、pGM-T-*DfUGP* 质粒做双酶切，得到空载体和预期大小的目的片段（图 4-29）。

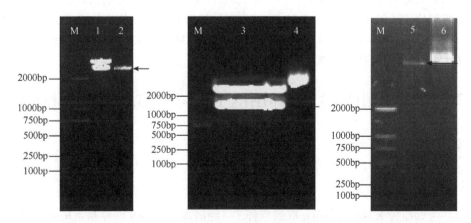

图 4-29　pGM-T-*BeSUS3* 质粒、pGM-T-*DfUGP* 和 pCAMBIA 1303 质粒酶切电泳图
M. DL2000 DNA marker；1. pGM-T-*BeSUS3* 质粒酶切片段；2. 箭头所指为 *BeSUS3* 基因全长 PCR 产物；3. 箭头所指为 pGM-T-*DfUGP* 质粒酶切片段；4. pGM-T-*DfUGP* 质粒；5. 箭头所指为 pCAMBIA 1303 酶切产物；6. pCAMBIA 1303 载体

（三）*BeSUS3* 和 *DfUGP* 基因植物过表达载体的构建

以用 *Hin*d Ⅲ和 *Sal* Ⅰ双酶切过的 pCAMBIA 1303 作为载体，分别将用相应酶双酶切

过的 *BeSUS3* 和 *DfUGP* 全长基因片段插入到载体上，接着转化 *E. coli* DH5α。提取阳性克隆质粒，并用相应的酶作双酶切验证和 PCR 验证，结果表明，含目的基因的 pCAMBIA 1303-*BeSUS3* 经 *Sal* I / *Hin*d Ⅲ双酶切后得到两条条带，分别为载体片段和大小约为 2500bp 的目的片段，而含目的基因的 pCAMBIA 1303-*DfUGP* 经 *Sal* I / *Hin*d Ⅲ双酶切后也得到两条条带，分别为载体片段和大小约为 1500bp 的目的片段（图 4-30），菌液 PCR 验证也得到了预期大小的目的片段。测序得到的序列也和克隆的基因全长一样，没有碱基变化，由此表明 *BeSUS3* 基因和 *DfUGP* 的植物过表达载体构建成功。

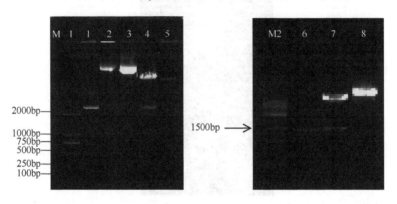

图 4-30   pCAMBIA 1303-*BeSUS3* 和 pCAMBIA 1303-*DfUGP* 表达载体构建电泳图
M1. DL2000 DNA marker；M2. DL500～12 000 DNA marker；1. *BeSUS3* 菌液验证；2，3. pCAMBIA 1303-*BeSUS3* 质粒；4. pCAMBIA 1303-*BeSUS3* 质粒双酶切；5. pCAMBIA 1303 质粒；6. *DfUGP* 菌液验证；7. pCAMBIA 1303-*DfUGP* 质粒双酶切；8. pCAMBIA 1303-*DfUGP* 质粒

三、结论

本试验根据克隆得到的 *BeSUS3* 和 *DfUGP* 基因全长序列，分别设计了二者带有保护碱基和酶切位点的过表达引物，PCR 后得到有保护碱基和酶切位点的 *BeSUS3* 和 *DfUGP* 序列，与 pCAMBIA 1303 构建出过表达载体 pCAMBIA 1303-*BeSUS3* 和 pCAMBIA 1303-*DfUGP*，为做遗传转化奠定基础。

第六节   梁山慈竹 pCAMBIA 1303-*DfUGP* 质粒转化烟草

一、试验材料及方法

（一）试验材料

烟草烤烟品种 K326 无菌苗：取烟草种子，经消毒后在 MS 培养基上培养，取其无菌苗叶片进行转化研究。

（二）菌种及质粒

农杆菌 EHA105，pCAMBIA 1303-*DfUGP* 质粒。

（三）试验方法

1. pCAMBIA 1303-*DfUGP* 质粒转化农杆菌 EHA105

（1）农杆菌 EHA105 感受态细胞的制备

1）挑取单菌落，接种于 3mL LB 液体培养基（含 50mg/L 利福平）中，100r/min、28℃培养 2 天。

2）取 1mL 菌液于 100mL LB 液体培养基（含 50mg/L 利福平）中，150r/min、28℃培养至 OD_{600} 值达 0.4～0.6。

3）冰浴 20min 后，4000r/min、4℃离心 10min，弃上清液。

4）在 20mL 预冷的 0.1% $CaCl_2$ 中重悬菌体，冰浴 20min。

5）4000r/min，4℃离心 10min，弃上清液后重悬于 4mL $CaCl_2$ 中。

6）按 100μL 的量分装后，于 −80℃保存。

（2）冻融法转化农杆菌感受态

1）取 3μL pCAMBIA 1303-*DfUGP* 质粒于农杆菌感受态中，轻弹混匀后冰浴 30min。

2）液氮处理 1min 后 37℃保温 5min。

3）于超净台中加入 900μL 不含抗生素的 LB 液体培养基，150r/min、28℃培养 4h。

4）收集菌体，弃 800μL 上清液。

5）重悬菌体于余下的上清液中，涂布于 LB 平板上（含 100mg/L 卡那霉素和 50mg/L 利福平），28℃培养 2 天。

（3）筛选与鉴定阳性克隆

用无菌牙签挑取单克隆，在 LB 平板（含 100mg/L 卡那霉素和 50mg/L 利福平）上划线，然后将牙签置于含 100mg/L 卡那霉素和 50mg/L 利福平的 LB 液体培养中，28℃，水浴培养两天。取菌液作为模板，用特异引物 P1F/P1R 对转化子进行菌落 PCR 验证，以 pCAMBIA 1303-*DfUGP* 质粒为阳性对照，未转化农杆菌为阴性对照。

2. 叶盘法转化烟草

1）挑取含有 pCAMBIA 1303-*DfUGP* 质粒的农杆菌菌落，接种于 LB 液体培养基（含 100mg/L 卡那霉素和 50mg/L 利福平）中，100r/min，28℃培养 2 天。

2）诱导液（100mL）的配制：5mL 20%葡萄糖，5mL AB 盐，2mL 0.1mol/L 磷酸缓冲液（pH 5.7），2mL MES buffer，400μL 乙酰丁香酮（AS）（10mg/mL），85.6mL 无菌水。

3）5000r/min 离心 1min，弃上清液。

4）取 1mL 诱导液冲洗菌体之后，重悬菌体于 1mL 诱导液中。

5）向 100mL 诱导液中加重悬菌体直至液体 OD_{600} 接近 0.5。

6）将烟草无菌苗叶片剪成 2cm×2cm 的小块（避开主叶脉），浸泡于含有重悬菌体的诱导液，28℃、150r/min 离心 10min。

7）于无菌滤纸上晾干叶片，然后将叶片放于含有 14.7mg/L AS 的共培养基（MS+2,4-D 0.5mg/L+KT 0.1mg/L，pH 5.8），28℃培养 2 天。

3. 抗性苗的分化与生根筛选

1）将烟草叶片转放于含 500mg/L 羧苄青霉素和 15mg/L 潮霉素（hygromycin，Hyg）的 RMOP 诱导培养基（MS + NAA 0.1mg/L + 6-BA 1mg/L + VB$_1$ 1mg/L +肌醇 100mg/L，pH 5.8）上，25℃光照培养诱导长芽。

2）待抗性苗长到约 3cm 后剪下抗性苗，转至含有 500mg/L 羧苄青霉素钠（carboxybenzylpenicillin sodium，Carb）和 15mg/L Hyg 的生根培养基（MS，pH 5.8）中诱导生根。

3）根系长出后，将抗性苗移栽到小盆栽盆中，于室内炼苗 2～3 天后移至室外。

4）待苗长至合适大小后将其移到大号花盆中。

4. 转基因烟草植株的验证

（1）抗性苗的叶片 DNA 提取

用植物基因组 DNA 提取试剂盒提取抗性苗叶片基因组 DNA。

（2）转基因烟草 hpt 基因的 PCR 检验

根据在 NCBI 中找到的潮霉素磷酸转移酶（hpt）基因序列，用 Primer Premier 5.0 软件设计 hpt 基因引物，其 PCR 产物大小约为 500bp。引物序列如下。hpt（HF）：5′-GTTGG CGACCTCGTATTGG-3′。hpt（HR）：5′-TCGTTATGTTTATCGGCACTTT-3′。

以烟草叶基因组 DNA 为模板，设计的引物为上、下游引物进行 PCR 扩增。反应体系（20μL）如下（加入顺序按量从多到少加入，LA-Taq DNA 聚合酶最后加入）。

2×GC buffer Ⅰ	10μL
dNTP mixture（每种 2.5mmol/L）	3.2μL
模板	2μL
HF 引物（10μmol/L）	1μL
HR 引物（10μmol/L）	1μL
LA-Taq DNA 聚合酶（5U/μL）	0.25μL
ddH$_2$O	加至 20μL

PCR 扩增程序如下。

95℃	3min
95℃	30s
55℃	30s
72℃	2min
72℃	10min
4℃	保持

（95℃ 30s、55℃ 30s、72℃ 2min）30 个循环

（3）转基因烟草 real-time PCR 验证

根据克隆得到的梁山慈竹 DfUGP 基因的全长序列设计 DfUGP 基因的 real-time PCR 引物，并根据梁山慈竹持家基因 Actin 序列设计 real-time PCR 内参引物。烟草叶片 RNA 的提取与 cDNA 的合成同第二章第三节的慈竹 4CL 基因保守区扩增。以烟草 Actin 和 DfUGP 的 real-time PCR 引物为引物，cDNA 为模板进行 real-time PCR 扩增。烟草 Actin

和 *DfUGP* 的 real-time PCR 引物序列如下。DfUGP（DF）：5'-AAGTCTGGAGTGAAG
TTGGA-3'。DfUGP（DR）：5'-AGATTGGAATGCACACGAAA-3'。*Actin*（AF）：5'-ATAGT
GTTTGGATTGGAGGTTC-3'。*Actin*（AR）：5'-GGATAGCCAAGATCGTATAAGG-3'。

5. 烟草光合作用测定

选晴好天气的上午 9～11 点，用美国 LI-CPR 公司生产的便携式光合作用测量仪
Li-6400，采用气体交换方法测量烟草的光合速率，每株植株重复 10 次。用 SPSS 软件对
数据进行相关性分析。

二、结果分析

（一）pCAMBIA 1303-*DfUGP* 质粒转化农杆菌

以设计的 UGF1/UGR1 引物为上、下游引物，以筛选培养基上的农杆菌单克隆菌液
为模板进行菌液 PCR 验证，其中以未转化农杆菌菌液为阴性对照，以 pCAMBIA
1303-*DfUGP* 质粒为阳性对照。各取 2μL PCR 产物于 1%的琼脂糖凝胶进行电泳，结果表
明未转化农杆菌无条带，其余均在 1500bp 处出现大小一致的目的条带（图 4-31），证明
pCAMBIA 1303-*DfUGP* 质粒已经转入农杆菌中。

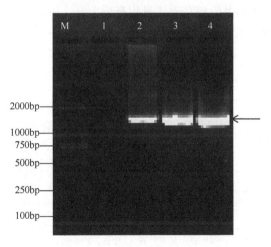

图 4-31　含 pCAMBIA 1303-*DfUGP* 质粒农杆菌的菌液 PCR 电泳
M. DL2000 DNA marker；1. 阴性对照（未转化农杆菌 PCR）；2. 阳性对照（pCAMBIA 1303-*DfUGP* 质粒 PCR）；
3、4. 农杆菌阳性克隆菌液 PCR；箭头所指为目标片段

（二）转基因烟草植株的 PCR 检验

用含有 pCAMBIA 1303-*DfUGP* 质粒的农杆菌 EHA105 侵染烟草无菌苗一个半月后，
有芽点出现在烟草叶片边缘，待抗性苗的高度达到 3cm 左右时，再将其转移到生根培养
基上生根，得到抗性苗。待抗性苗长到图 4-32A 中植株大小时取叶片做转基因植株检测。

以 *hpt*（HF/HR）引物为上、下游引物，烟草叶片基因组 DNA 为模板进行 PCR 扩增
并进行电泳检测。从图 4-32 可知，3、4 号分别代表转基因株 1 号和 2 号，其 PCR 条带
大小和质粒阳性均在 500bp 处有大小一致的条带，而对照植株（图 4-32 中 1 号）无特异

条带，表明转基因株 1 号和 2 号均是阳性转基因植株。初步证明 pCAMBIA 1303-*DfUGP* 已整合到转基因 1、2 号植株的基因组中。

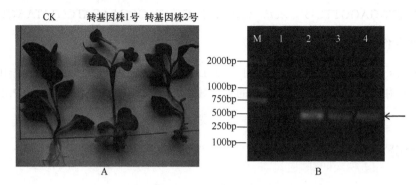

图 4-32　转基因烟草（另见图版）（A）及其潮霉素抗性 PCR 检测（B）

M. DL2000 DNA marker；1. 阴性对照；2. 阳性对照（pCAMBIA 1303-*DfUGP* 质粒 PCR）；3，4. 转基因烟草 1、2 号；箭头所指为目标片段

（三）转基因烟草植株 real-time PCR 结果

分别以对照烟草和转基因株烟草叶片 cDNA 为模板，DF/ DR 和 AF/AR 为上、下游引物进行 real-time PCR 分析（图 4-33）。与未转基因烟草对照（CK）相比，转基因株 1 号和转基因株 2 号中 UGP 基因的相对表达量均有所上升。由此可证明 *DfUGP* 基因已经在转基因烟草中成功表达，提高了 *UGP* 基因的表达量。

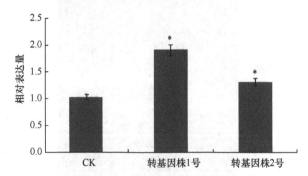

图 4-33　转基因烟草 *UGP* 的实时荧光定量表达

"*" 表示显著差异（ t 检验， $P<0.05$ ）

（四）转基因烟草植株当代初步分析

对移栽后生长 58 天（2013 年 9 月 14 日～2013 年 11 月 11 日）的转基因烟草（图 4-34）及对照进行光合作用测定（表 4-16）。转基因株 1 号和 2 号的光合速率分别为 $2.926\mu mol\ CO_2/\ (m^2 \cdot s)$ 和 $2.682\mu mol\ CO_2/\ (m^2 \cdot s)$ ，二者差异不大，显著高于 CK。转基因株 1 号和 2 号提早发育，其开花早于 CK（图 4-35）。

三、讨论与结论

本试验选择的表达载体为 pCAMBIA 1303，具有潮霉素抗性和卡那霉素抗性，其中以潮霉素作为转基因植株的筛选标记。目前，潮霉素磷酸转移酶（*hpt*）基因是植物基因工程中应用广泛的一种有效的筛选标记，它能有效地筛选转化与未转化的组织，且不会导致白化和不育等问题（曹明霞等，2002）。

转基因株2号　　　　转基因株因1号　　　　CK

图 4-34　生长 58 天的转基因烟草与 CK 植株（另见图版）

表 4-16　转基因烟草与对照株的光合速率

植株	光合速率/[μmol CO$_2$/（m^2·s）]
CK	1.275
转基因株 1 号	2.926**
转基因株 2 号	2.682**

**表示极显著差异（*t* 检验，*P*<0.01）

CK　　　　转基因株1号　　　　转基因株2号

图 4-35　转基因烟草和对照植株开花期比较（另见图版）

　　使用合适的抗生素筛选浓度可提高材料的转化率。研究表明，在用潮霉素做转化烟草的筛选标记时，潮霉素浓度为 15mg/L 时，多数烟草叶片会黄化死亡，叶片不定芽几乎不能再生，潮霉素浓度达 20mg/L 时，烟草叶片在 7～10 天全部黄化死亡（聂明珠，2003）。鉴于此，本试验中选择潮霉素浓度 15mg/L 为最佳的筛选浓度。本试验选择 pCAMBIA 1303 为表达载体，成功构建了以 35S 启动子驱动的 pCAMBIA 1303-*DfUGP* 载体，导入农杆菌后侵染烟草，最终得到两株转基因植株。转基因烟草通过 PCR 验证和 real-time PCR

实验进行检测，结果可初步证明目的基因已整合到了烟草染色体上，成功在烟草中表达。转基因烟草和 CK 当代株的光合速率测定结果表明，两株转基因烟草的光合速率显著高于 CK 的光合速率，表明 *DfUGP* 在烟草中的表达可能影响了其光合作用，同时，发现转基因烟草的开花期早于 CK 植株，推测 *DfUGP* 基因的表达可能使烟草的开花时间提前，但关于 *DfUGP* 在烟草中的表达对其光合作用和开花发育的影响机制尚不清楚，有待深入研究。同时，在以后的研究中本实验室将测定转基因烟草和 CK 的一系列生理指标，如可溶性蛋白含量、酶活性、蔗糖含量和纤维素含量等，进一步深入地研究 *DfUGP* 的功能，为利用该基因改良梁山慈竹性状，提高其纤维素含量的研究提供理论依据。

第五章　MYB 和 WRKY 转录因子的克隆
与胁迫诱导表达

第一节　研　究　背　景

MYB 为植物转录因子最大家族之一,均具有 MYB 结构域。每一个 MYB 结构域由 51～ 52 个氨基酸组成,并由 3 个保守色氨酸残基均匀隔开,使每个 MYB 结构域折叠为螺旋-转角-螺旋结构(Frampton,2004)。根据 MYB 结构域重复子(R 表示)个数,MYB 转录因子可分为 4 亚类(Rosinski and Atchley,1998;Jin and Martin,1999;Dubos et al.,2010;Zhang et al.,2012a,2012b):4R-MYB 类蛋白由 4 个 R1/R2 重复片段构成,已在拟南芥(*Arabidopsis thaliana*)(Stracke et al.,2001;Chen et al.,2006)、水稻(*Oryza sativa*)(Chen et al.,2006)中被发现,但功能未知;3R-MYB 类蛋白主要调控细胞周期和细胞分化(Haga et al.,2007);2 个 MYB 结构域的 R2R3-MYB 类蛋白(Stracke et al.,2001),广泛参与植物细胞形态发生、植物次生代谢、胁迫应答等;单一 MYB 结构域蛋白在植物器官形态建成、生理节律调控中发挥作用(Dubos et al.,2008;Lu et al.,2009;Hosoda et al.,2002),其中有些是端粒结合蛋白,在维持染色体结构中具有重要功能(Jin and Martin,1999)。

在小麦(*Triticum aestivum*)(Zhang et al.,2012 a,2012b)、拟南芥(Rabiger and Drews,2013)、杨树(*Populus tremula*)(McCarthy et al.,2010)、水稻(Park et al.,2010)、玉米(*Zea mays*)(Rabinowicz et al.,1999)等模式植物中,MYB 转录因子已经被证明参与细胞分化发育(Rabinowicz et al.,1999;Naz et al.,2013)、次生细胞壁生物合成(唐芳等,2010;McCarthy et al.,2010;Shen et al.,2012)、花青素合成(Palapol et al.,2009)、抗旱(Huang et al.,2013)、耐盐耐寒胁迫(Zhang et al.,2012 a,2012b)等多种生物学进程。竹子是重要的非木材可再生资源,以生长速度快、产量高、易加工、用途广泛、经济价值高等特点著称。近年来随着分子生物学研究手段的发展,尤其是基因组和转录组测序技术的广泛应用(Marioni et al.,2008),毛竹(*Phyllostachys edulis*)、麻竹(*Dendrocalamus latiflorus*)等竹类基因组和转录组数据已被公布,一些与木质素、纤维素生物合成,开花相关的基因,以及包括 MYB 在内的多种转录因子被报道(Liu et al.,2012a;Peng et al.,2013)。慈竹(*Bambusa emeiensis*)为中型丛生竹,其茎秆壁薄、竹节长、纤维长度高,是优良的纸浆原料(齐锦秋等,2013),是我国的优势竹种之一,主要分布在我国西南地区的四川省。本课题组利用转录组测序(RNA-Seq)技术首次对慈竹转录组进行测序分析,产生了大量慈竹笋转录组序列,为发现慈竹特征代谢合成和分解途径提供了大量候选基因,还为慈竹 SSR 和 SNP 等分子标记的开发提供了极为丰富的序列基础(数据未发表)。同时,本研究室在不同生长高度的慈竹笋中鉴定出了 MYB、WRKY、NAC、bHLH、CBF、DREB、bZIP、MADS-Box 和 HD-ZIP 等 9 种差异表达的转录因子，其中最多的是 MYB，有 36 条，但这些 MYB 均未被详细注释。

　　WRKY 蛋白是植物特有的转录因子家族（Eulgem and Somssich，2007），含有高度保守的 WRKY 域的锌指蛋白，其保守域由约 60 个氨基酸残基组成（金慧和栾雨时，2011）。根据 WRKY 结构域和锌指结构的数量将其分为 I 类、II 类、III 类（Park et al.，2006）。I 类含有两个 WRKY 结构域，II 类和 III 类只含有一个 WRKY 结构域，但它们的锌指结构不同，且根据不同的序列特征可将 II 类分为 5 个亚群（刘戈宇等，2006）。WRKY 不仅与植物的生物与非生物胁迫应答密切相关，也与植物生长发育调控有关（Tripathi et al.，2014；Rushton et al.，2012；Thao and Tran，2012）。WRKY 蛋白的表达特性为快速、瞬时、具组织特异性诱导表达（李蕾等，2005）。拟南芥（*Arabidopsis thaliana*）中，第 III 类家族中几乎所有的 WRKY 成员都与应答生物胁迫有关（李蕾等，2005）。Wu 等（2009）在水稻中过表达基因 *OsWRKY11*，发现转基因株的抗高温和抗干旱的能力远远强于野生株，说明此基因增强了水稻抗高温和干旱的耐受力。一些学者将菊花（*Chrysanthemum morifolium*）WRKY3 转入烟草中，在高盐和干旱的处理下，该基因的表达量增强，增加了脯氨酸的积累，减少 H_2O_2 和 POD 的积累，进而使烟草抗非生物胁迫能力明显增强（Liu et al.，2013）。Mochida 等（2009）在大豆中鉴定了超过 210 条假设的 *WRKY* 基因。Zhou 等（2008）利用各种非生物胁迫处理大豆，结果表明 64 条中的 24 条 *GmWRKY* 基因被干旱胁迫诱导。Qiu 和 Yu（2009）将 *OsWRKY45* 导入拟南芥中，实验结果表明此基因明显增强了植株抗干旱、高盐和抗病毒的能力。最近研究进展表明，在拟南芥中过表达 *AtWRKY30* 基因，可以在早期生长阶段增强其抗非生物胁迫的能力，因为此基因结合了相关抗胁迫基因启动子区域的 W-boxes，激活了它们的表达（Scarpeci et al.，2013）。但到目前为止，植物中每一类 WRKY 所特有的功能还未完全定义，仍需进一步探索。目前已从拟南芥（Johnson et al.，2002）、水稻（*Oryza sativa*）（Qiu et al.，2004）、小麦（*Triticum aestivum*）（刘磊，2011）、番茄（*Solanum lycopersicum*）（金慧和栾雨时，2011）、毛竹（*Phyllostachys Pubescens*）（崔晓伟，2011）等植物中克隆得到大量的 *WRKY* 基因，但在慈竹中尚未见报道。慈竹（*Bambusa emeiensis*）是我国西南地区普遍栽培的大型丛生竹种（吴晓宇等，2012），广泛用于造纸和园林绿化（段春香等，2008），在所有竹种中慈竹属于 IV 级纸浆竹（陈其兵等，2009），是重要的工业原料。但慈竹易受多种不利因素的影响而大面积减产。其中之一为真菌类感染，导致苗立枯病、枯梢病、丛枝病、竹疹病等，既影响新竹，又影响笋的生长（刘怀等，2004）。另外，温度也是影响慈竹生长的重要因素，非适宜温度可使其产量大幅度降低。

　　近年来随着基因组和转录组测序技术的广泛应用，毛竹和麻竹等竹种的基因组和（或）转录组数据已经被公布（Liu et al.，2012b；Peng et al.，2013），但慈竹的研究相对较少。本课题组利用 RNA-Seq 技术进行了慈竹笋转录组研究，为发现慈竹笋发育、特征代谢合成和分解途径等提供了大量的候选基因，还为慈竹 SSR 和 SNP 等分子标记的开发提供了极为丰富的序列基础（数据待发表）。本研究以此转录组数据为基础，筛选并克隆了其中 2 个差异表达的 *MYB* 基因和 2 个 *WRKY* 基因，并进行生物信息学和胁迫诱导表达模式分析，为了解慈竹 WRKY 生物学功能及通过基因工程手段改良竹类植物奠定了一定基础。

第二节　基于慈竹转录组的 2 个 MBY 转录因子的 克隆及胁迫诱导表达分析

一、材料和方法

（一）RNA 提取、高通量测序和 cDNA 合成

慈竹笋（露出地面 10cm、50cm、100cm 和 150cm）采自西南科技大学生命科学与工程学院资源圃（年均气温 17.2℃，年均降雨量 793.5mm），在每个高度上分别取 3 株独立的笋，分别切碎且均匀混合后于液氮中迅速研磨，采用 Plant RNA Kit 试剂盒提取总 RNA，由北京百迈客公司进行高通量测序；剩余 RNA 采用 PrimeScript®RT reagent Kit 试剂盒合成 cDNA。

（二）试剂

Plant RNA Kit 试剂盒、DNA 胶回收试剂盒购自 Omega Bio-tec 公司；PrimeScript®RT reagent Kit prefect real Time 反转录试剂盒、LA-*Taq* DNA 聚合酶反应试剂盒、T_4-DNA 连接酶、限制性内切酶、*E. coli* DH5α 感受态及 pMD-19-T 载体购自 TaKaRa 公司；质粒提取试剂盒、SYB Green I 荧光定量 PCR 试剂盒、IPTG、X-Gal、Amp^+ 购自天根生化科技（北京）有限公司；其他生化试剂和常规试剂均为超纯和分析纯。

（三）慈竹 *BeMYB1*、*BeMYB2* 基因克隆

从慈竹笋转录组数据库中筛选了 2 个 MYB 转录因子（分别命名为 BeMYB1 和 BeMYB2），采用 Primer Premier 5.0 软件设计引物（*BeMYB1*F/R，*BeMYB2*F/R，表 5-1），对慈竹 MYB 转录因子基因进行扩增。引物由生工生物工程（上海）股份有限公司合成。PCR 体系（50μL）：2×GC buffer I 25μL，dNTP mixture 8μL，cDNA 模板 2μL，F 引物和 R 引物各 1μL，LA-*Taq* DNA 聚合酶 0.5μL，ddH₂O 12.5μL。PCR 条件：95℃预变性 3min；95℃变性 30s，55℃退火 30s，72℃延伸 2.5min，30 个循环；72℃延伸 10min，4℃结束。1%琼脂糖凝胶电泳后，回收后的目的片段与 pMD19-T 载体连接，42℃热激 90s 转化感受态 *E. coli* DH5α，筛选阳性克隆并送上海英骏生物技术有限公司测序。

表 5-1　慈竹 *MYB* 基因克隆和 real-time PCR 分析所用引物

引物名	引物序列
*BeMYB1*F	5'-CGGGCATTGGATGAAGTT-3'
*BeMYB1*R	5'-T TCGTGCGTGTTGGCTAT-3'
*BeMYB2*F	5'-GCCTTCAATGGGGAGGCATTCC-3'
*BeMYB2*R	5'-TTGCCTAGATATTCTCAAAAGA-3'
BeTublin-RTF	5'-GCCGTGAATCTCATCCCCTT-3'
BeTublin-RTR	5'-TTGTTCTTGG CATCCCACAT-3'
BeMYB1-RTF	5'-GTACAGACCGTACAAGCAAACG-3'
BeMYB1-RTR	5'-GAGGTGCGGTAAGAATATGAGG-3'
BeMYB2-RTF	5'-TCAATCTGTCACCAGACAATCC-3'
BeMYB2-RTR	5'-CTGGTGCTAAATCTGTCCATGA-3'

（四）生物信息学分析

利用 ProtParam（http://web.expasy.org/protparam/）进行理化性质分析。利用 KinasePhos（http://kinasephos.mbc.nctu.edu.tw/）预测其激酶磷酸化修饰位点。利用 MEME（http://meme.nbcr.net/meme/cgi-bin/meme.cgi）对预测蛋白质序列模体进行识别。通过软件 Blast P 在线检索到与 *BeMYB1*、*BeMYB2* 同源性较高的拟南芥、水稻、小麦、玉米、毛竹的 *MYB* 家族成员。利用 MEGA5.05 软件采用邻接法（neighbor-joining）构建进化树。

（五）胁迫条件下 *BeMYB1*、*BeMYB2* 的诱导表达

采用 real-time PCR 方法进行胁迫诱导表达分析。取培养 30 天且生长状态良好的慈竹实生幼苗（蛭石+1/10 倍 Hogland 营养液培养），参考拟南芥（Shan et al.，2012）、玉米（Luan et al.，2014）、毛竹（Liu et al.，2012a）的胁迫处理方法，分别以 ABA（0μmol/L、5μmol/L、10μmol/L、50μmol/L、100μmol/L、200μmol/L）、NaCl（0mmol/L、50mmol/L、100mmol/L、150mmol/L、200mmol/L、250mmol/L）、PEG6000（0%、5%、10%、15%、20%、25%）进行预实验，每个处理重复 3 次（每个重复取 3 个独立植株）。经过胁迫处理，发现 200μmol/L ABA 处理 2 天后，叶部边缘明显变黄，而其他浓度的 ABA 处理的叶部无明显变化；250mmol/L NaCl 处理 3 天后，慈竹幼苗严重烧死，200mmol/L NaCl 处理的幼苗叶尖部位变黑，其他浓度 NaCl 处理无明显变化；20% PEG6000 处理 2 天后，幼苗叶部卷曲，25% PEG6000 处理的幼苗叶部严重卷曲干瘪，15% PEG6000 处理的幼苗无变化。因此，本试验分别以 ABA 0μmol/L、200μmol/L，NaCl 0mmol/L、200mmol/L，PEG6000 0%、20%进行胁迫处理，每个处理重复 3 次（每个重复取 3 个独立植株），分别在 0 天（未处理的对照）、1/4 天、1/2 天、1 天、2 天及 7 天取样，保存于−80℃超低温冰柜备用。采用 Plant RNA Kit 试剂盒提取 RNA，用 PrimeScript®RT reagent Kit perfect real Time 反转录试剂盒合成 cDNA。用 Primer Premier 5.0 软件设计引物（*BeMYB1*-RTF/R，*BeMYB2*-RTF/R，表 5-1），分别以胁迫处理的慈竹幼苗的叶、茎、根的 cDNA 为模板，以慈竹 *Tublin* 基因作为内参基因，在 Bio-RAD IQ Multicolor real-time PCR 仪中进行实时荧光定量反应。每个样品设 3 次生物学重复和 3 次技术重复。采用 $2^{-\Delta\Delta C_t}$ 法（Livak and Schmittqen，2001）计算基因差异表达。数据采用 Excel2010、SPSS19.0 软件进行分析处理。

二、结果与分析

（一）慈竹 *MYB* 基因的克隆及序列分析

经 PCR 扩增获得两条长度不同的 DNA 片段（图 5-1A，图 5-1B），将目的片段克隆到 pMD19-T 载体上，获得阳性克隆并测序。其中 *BeMYB1* 和 *BeMYB2* 编码序列长分别为 1899bp（编码 632 个氨基酸，图 5-1C）和 1017bp（编码 338 个氨基酸，图 5-1D）。将 *BeMYB1* 和 *BeMYB2* 序列提交至 NCBI 数据库（GenBank：KJ496128，KJ496129）。

利用 SMART 在线软件（http://smart.embl-heidelberg.de）分析预测其结构域。结果表明，*BeMYB1* 编码的蛋白 C 端有一个 MYB 结构域 $H^{511} \sim T^{564}$，具有 2 个低度重复序列，

E^{11}~N^{22} 和 P^{415}~R^{424}；而 *BeMYB2* 编码蛋白 N 端包含两个典型的 MYB 结构域 R^{13}~P^{63} 和 K^{66}~K^{114}，具有 2 个低度重复序列 S^{257}~P^{281} 和 S^{304}~G^{313}（图 5-1E）。

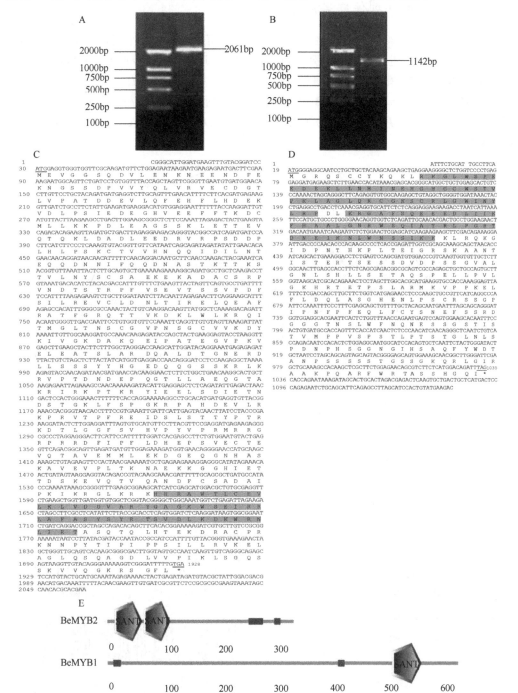

图 5-1　慈竹 MYB 基因克隆与序列分析

A，B. 分别为慈竹 *BeMYB1* 和 *BeMYB2* 基因 PCR 扩增；C. *BeMYB1* cDNA 核苷酸序列及推测的氨基酸序列；

D. *BeMYB2* cDNA 核苷酸序列及推测的氨基酸序列；"▨" 为 MYB 结构域；E. BeMYB1 和 BeMYB2 蛋白结构域预测，

"⬠" 为低重复序列

（二）慈竹 *BeMYB1*、*BeMYB2* 和其他植物 MYB 转录因子系统进化树的构建和氨基酸序列保守基序分析

　　MEGA5.05 软件构建系统进化树，对慈竹、拟南芥、水稻、小麦、玉米、毛竹等植物的 MYB 转录因子进行氨基酸序列分析（图 5-2A）。这些 MYB 转录因子聚成两大亚族，分别为 R2R3-MYB 蛋白亚族和 MYB 相关蛋白亚族。慈竹 *BeMYB1* 与小麦 *TaMYB48*（AEV91171.1）聚为一支，属 MYB 相关蛋白，表明两者相似性较高，其亲缘性较近；而慈竹 *BeMYB2* 与毛竹 *PeMYB2*（ADQ53510.1）、水稻 *OsMYB18*（CAD44612.1）聚为一支，属 R2R3-MYB 蛋白。

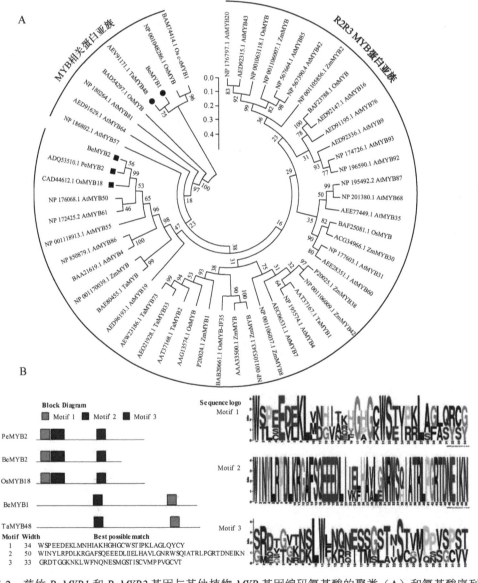

图 5-2　慈竹 *BeMYB1* 和 *BeMYB2* 基因与其他植物 *MYB* 基因编码氨基酸的聚类（A）和氨基酸序列保守基序分析（另见图版）（B）

用 MEME 软件分析这些 MYB 氨基酸序列的保守基序（图 5-2B）。其中，*BeMYB2*和 *PeMYB2*、*OsMYB18* 具有 3 个 motif，而 *BeMYB1* 和 *TaMYB48* 具有 2 个 motif。其中 motif 1 的宽度为 34，其正则表达式为 W[ST][PL][ECS]E[DV][EL]KL[MVL][ND][HG][IV][ATN][KEQR][HFY]G[HAP]G[CK]WS[TE][VI][PR][KR]L[AS][GF][LA][QS][RY][CS][GY]；motif 2 的宽度为 50，其正则表达式为 WINYLRPDLKRGAFSQEEEDLI[IV][EK][LF]HA[VA]L[GE]NRWS[QH]IATRLPGRTDNEIKN；motif 3 宽度为 33，其正则表达式为[SG][RM][DEQ][TGSV][GT][GVN][KTR][ND][SK]LW[FLY][NK][QR][NQR][EI][ST][SM][GS][SL][TA][INV]S[TC][VDG][MV][PQ][PNS][VS][SG][PC][SV][TV]。从 motif 模式图中看出，慈竹 *BeMYB1* 和小麦 *TaMYB48* 的基序序列高度相似，而慈竹 *BeMYB2* 和水稻 *OsMYB18*、毛竹 *PeMYB2* 的基序高度相似。这些结果与氨基酸的聚类分析结果（图 5-2A）相一致。

（三）慈竹 BeMYB1 和 BeMYB2 蛋白理化性质及磷酸化修饰位点分析

利用 ExPASy 网站中 ProtParam 程序分析 *BeMYB1*、*BeMYB2* 基因编码的氨基酸序列，预测得出 *BeMYB1*、*BeMYB2* 基因分别编码 632 个、338 个氨基酸组成的多肽，分子质量分别为 70.89kDa、37.08kDa，理论等电点分别为 5.98、9.33，均为不稳定蛋白。利用 KinasePhos 对 BeMYB1、BeMYB2 进行激酶磷酸化修饰位点预测，发现 BeMYB1 具有 10 个磷酸化位点，其中 6 个丝氨酸、3 个苏氨酸、1 个酪氨酸潜在磷酸化位点；BeMYB2 具有 12 个磷酸化位点，其中 10 个丝氨酸、2 个苏氨酸潜在磷酸化位点，但没有酪氨酸磷酸化位点。这表明 BeMYB1、BeMYB2 转录因子可能存在多种翻译后水平的修饰作用，以调节其自身的表达水平。

（四）慈竹 BeMYB1 和 BeMYB2 氨基酸序列的三级结构分析

利用 Phyre2.0 对慈竹 BeMYB1、BeMYB2 和小麦 TaMYB48、毛竹 PeMYB2、水稻 OsMYB18 转录因子氨基酸序列进行同源建模，并利用 Swiss-Pdb Viewer 4.01 软件导出和分析其三级结构。结果表明（图 5-3），*BeMYB1*、*BeMYB2*、*TaMYB48*、*PeMYB*、*OsMYB18* 基因编码的蛋白质均含有丰富的 α-螺旋及 β-转角，但 *BeMYB1*、*TaMYB48* 和 *BeMYB2*、*PeMYB*、*OsMYB18* 的三维结构不同。慈竹 BeMYB1 在 $Lys^{508} \sim Gly^{608}$ 位形成与 DNA 结合高级结构区域，其中 $Leu^{517} \sim Ala^{528}$、$Trp^{535} \sim Arg^{539}$、$Ser^{551} \sim Arg^{563}$、$Glu^{573} \sim Pro^{579}$、$Ser^{592} \sim Ala^{607}$ 共 5 段氨基酸序列，组成 5 个 α-螺旋贯穿于肽链中；TaMYB48 在 $Lys^{519} \sim Gly^{618}$ 位形成与 DNA 结合高级结构，其中 $Leu^{528} \sim Ala^{539}$、$Trp^{546} \sim Arg^{550}$、$Ser^{562} \sim Arg^{574}$、$Gln^{579} \sim Pro^{582}$、$Ala^{602} \sim Ala^{617}$ 共 5 段氨基酸序列构成 5 个 α-螺旋贯穿于肽链中，可见 BeMYB1 与 TaMYB48 的高级结构相似，二者组成 α-螺旋的氨基酸序列高度同源。慈竹 BeMYB2 在 $Lys^{14} \sim Gly^{131}$ 位形成与 DNA 结合高级结构区域，其中 $Pro^{19} \sim Glu^{31}$、$Ser^{38} \sim Val^{40}$、$Gly^{50} \sim Asn^{59}$、$Gln \sim Ala^{84}$、$Trp^{89} \sim Ile^{92}$、$Asn^{102} \sim Ser^{110}$ 组成 6 个 α-螺旋，$Lys^{115} \sim Lys^{119}$、$Pro^{123} \sim His^{126}$ 组成 2 个 β-折叠。PeMYB2 和 OsMYB18 的高级结构与 BeMYB2 的高级结构相似，均具有 6 个 α-螺旋和 2 个 β-折叠，三者组成 α-螺旋和 β-折叠的氨基酸序列高度同源。

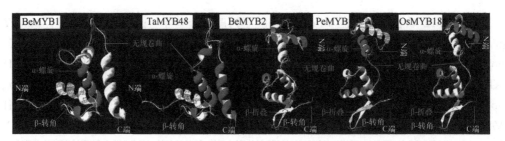

图 5-3　慈竹、毛竹、水稻和小麦 MYB 转录因子蛋白质三维建模（另见图版）

（五）慈竹 *BeMYB1*、*BeMYB2* 基因在各种胁迫下差异性表达分析

研究表明，MYB 转录因子在植物应答逆境胁迫过程中起着非常重要的作用。为研究慈竹 *BeMYB1* 和 *BeMYB2* 是否与逆境胁迫响应有关，对慈竹幼苗进行 ABA（200μmol/L）、NaCl（200mmol/L）、PEG6000（20%）胁迫处理，分析不同胁迫下 *BeMYB1* 和 *BeMYB2* 诱导表达，并对其进行差异性显著分析。如图 5-4A 所示，与未处理的对照（0 天）相比，在 ABA 处理 1/2 天和 1 天时，*BeMYB1* 叶部的表达量出现较显著上调，在 1/4 天时，其茎部表达量显著下调，在 2 天时，其根部表达量显著下调；与未处理的对照（0 天）相比，在 NaCl 处理 1/2 天和 2 天时，*BeMYB1* 叶部的表达量显著上调，在 1 天时，其茎部的表达量显著下调，1/4 天时，其根部的表达量显著下调；与未处理的对照（0 天）相比，PEG6000 处理 1/4 天、1/2 天、1 天、2 天时，*BeMYB1* 仅在茎部的表达量随胁迫时间增加出现显著下调。*BeMYB2* 基因对胁迫诱导有明显的响应：ABA 处理 1/4～1 天，与未处理的对照（0 天）相比，叶部表达先上调后下调，2 天时 *BeMYB2* 基因在叶部表达达到最

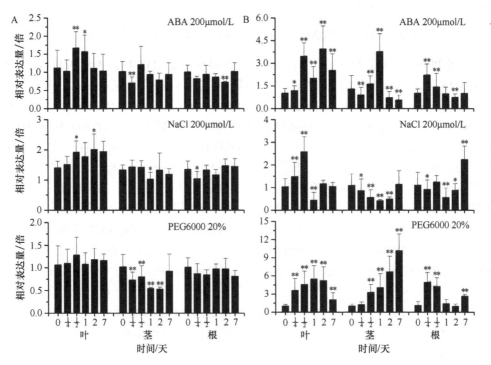

图 5-4　*BeMYB1*（A）和 *BeMYB2*（B）基因在不同胁迫条件下的表达分析

高值，为处理前的 4.5 倍，而茎、根部 *BeMYB2* 表达的峰值分别出现在 1 天和 1/4 天，为未处理的对照（0 天）的 3.5 倍和 2.5 倍；NaCl 胁迫处理 1/4 天后，*BeMYB2* 基因在叶部有显著上调，1/2 天时间点达到最高，为未处理时（0 天）的 2.5 倍，随后明显下调至未处理前水平，其在茎、根部位的表达呈现明显的先下调后上调趋势；PEG6000 模拟干旱处理时，*BeMYB2* 表达水平在叶部和茎部有明显上调，其表达的峰值分别出现在 1 天和 7 天，为未处理（0 天）的 7 倍和 10 倍左右（图 5-4B）。这些结果表明，慈竹 *BeMYB1*、*BeMYB2* 基因响应了 ABA、高盐、干旱胁迫。

三、讨论与结论

MYB 转录因子是植物中最丰富的转录因子，在拟南芥和水稻中分别至少有 204 个、208 个（Thao and Tran，2012）。而近年研究发现有些 MYB 转录因子过表达会增强转基因植株对生物及非生物胁迫的耐受性（Dubos et al.，2010）。目前有关植物 MYB 转录因子的克隆及遗传转化等研究主要集中在拟南芥（Chen et al.，2006）、杨树（McCarthy et al.，2010）、柳枝稷（*Panicum virgatum*）（Shen et al.，2012）、烟草（*Nicotiana benthamiana*）（Huang et al.，2013）、小麦（Zhang et al.，2012a，2012b）等模式植物，但对于禾本科竹亚科植物慈竹 MYB 转录因子基因克隆等研究未见报道。本书从慈竹笋转录组数据库中筛选并克隆了两条 *MYB* 序列 *BeMYB1* 和 *BeMYB2*。生物信息学分析表明，BeMYB1 与小麦 TaMYB48（AEV91171.1）的氨基酸序列同源性为 73%，均在 C 端具有一个 MYB 结构域，且具有 2 个保守的 motif1 和 motif2 基序，属于 MYB 相关蛋白；而 *BeMYB2* 与毛竹 *PeMYB2*（ADQ53510.1）、水稻 *OsMYB18*（CAD44612.1）编码的氨基酸序列同源性分别为 89%、84%；功能域及保守基序分析表明，它们同属于 R2R3-MYB 蛋白。

研究表明，有许多 MYB 转录因子参与了植物在逆境下的应答过程。厚叶旋蒴苣苔（*Boea crassifolia*）中的 *BcMYB1* 和拟南芥 *AtMYB60* 也被证实参与植物的耐旱胁迫过程（Chen et al.，2005；Cominelli et al.，2005）。在高盐胁迫下，毛竹 *PeMYB2* 基因在拟南芥中的过量表达使下游基因 *NXH1*、*SOS1*、*RD29A*、*COR15A* 等胁迫相关的 marker 基因的表达上调，增强了毛竹对盐胁迫耐受性，证明其具有胁迫应答调节功能（肖冬长等，2013）。与毛竹 *PeMYB2* 基因相似，慈竹 *BeMYB2* 也属于具有 2 个 MYB 结构域的 R2R3-MYB 类蛋白，该家族蛋白被证明广泛参与植物次生代谢与胁迫应答（Stracke et al.，2001）。Zhang 等（2012a，2012b）在鉴定小麦 60 个 *MYB* 基因在 ABA、PEG、高盐胁迫下的表达分子特性发现，在 ABA、高盐胁迫下，具有一个 MYB 结构域的小麦 *TaMYB48* 的表达表现为先上调后下调。与小麦 *TaMYB48* 基因高度同源的慈竹 *BeMYB1* 也具有一个 MYB 结构域。而单一 MYB 结构域蛋白在植物器官形态建成、生理节律调控中发挥作用（Dubos et al.，2008；Lu et al.，2009；Hosoda et al.，2002）。

本研究检测了 *BeMYB1* 和 *BeMYB2* 在高盐、干旱、ABA 胁迫下不同部位的表达量变化，结果表明：只有一个 MYB 结构域的 *BeMYB1* 基因响应了 ABA（200μmol/L）和 NaCl（200mmol/L），其在叶、茎、根部的表达量均表现出显著或极显著差异；而 PEG6000（20%）处理时，*BeMYB1* 的表达量仅在茎部有极显著差异。R2R3-MYB 类 *BeMYB2* 响应了 ABA（200μmol/L）、NaCl（200mmol/L）和 PEG6000（20%）的胁迫，尤其是 PEG6000（20%）。

BeMYB2 基因在叶、茎、根部表达量随三种胁迫时间的增加，其表达量出现明显的上调或下调趋势，大多表现为极显著差异。在 PEG6000 处理 7 天时，*BeMYB2* 茎部的表达量上调了 10 倍。结果推测 *BeMYB1* 和 *BeMYB2* 基因在响应 ABA、高盐、干旱胁迫时发挥重要作用，这与前人的研究结果相一致。

在此基础上，作者也构建了 *BeMYB1* 和 *BeMYB2* 的过量表达载体，并通过农杆菌介导转化烟草和杨树。通过对转基因植株的分析，进一步了解 BeMYB1 和 BeMYB2 转录因子的生物学功能。

第三节　慈竹 WRKY 转录因子的克隆及其胁迫诱导表达

一、材料与方法

（一）实验试剂和菌株

OMEG 植物总 RNA 提取试剂盒购自成都博瑞克生物技术有限公司；PrimerScript RT reagent Kit perferct real Time 反转录试剂盒、TaKaRa LA-*Taq* DNA 聚合酶、T₄ DNA 连接酶、PGM-T 载体、*Eco*R I 均购自天津 TaKaRa 公司；胶回收试剂盒、质粒试剂盒、DH5α 感受态细胞、IPTG、X-Gal、Amp⁺等购自天根生化科技（北京）有限公司；NaCl、PEG6000、ABA 均为国产分析纯试剂。

（二）慈竹 *WRKY* 基因的克隆

采集西南科技大学资源圃中的慈竹笋（露出地面 100cm）用于转录组高通量测序。以获得的慈竹笋转录组数据为基础，从 100cm 高的慈竹笋克隆了 2 个 *WRKY* 基因：*WRKY1* 的引物为 5′-ATGGCGGCTTCGTTAGGACTAA-3′（上游引物）和 5′-TCAGAAGAGCAGT GAGCCTGCA-3′（下游引物）；*WRKY2* 的引物为 5′-ATGGAGGAAGTGGAGGAGGCCA-3′（上游引物）和 5′-CTAAGCTTGCGCAGACTGAGTT-3′（下游引物）。采用 LA-*Taq* DNA 聚合酶（TaKaRa）进行目的基因扩增。PCR 条件：95℃预变性 3min；95℃变性 30s，60℃ 退火 30s，72℃延伸 1～1.5min，35 个循环。将 PCR 回收产物连接到 pGM-T 载体，测序分析。

（三）氨基酸多序列比对和系统进化树的构建

利用 ClustalW2 将两者编码的氨基酸序列与 GenBank 数据库中获得的毛竹、小麦的全长 *WRKY* 编码的氨基酸序列进行比对分析。利用 Mega5.2 的 Pairwise alignment 和 Multiple alignment 程序对克隆获得的慈竹 *WRKY1* 和 *WRKY2*，以及在 GeneBank 搜索得到的毛竹、小麦、水稻、拟南芥、大麦（*Hordeum vulgare*）的 151 条 *WRKY* 进行分析，再采用 Construct/Test Neibhbor-Joining Tree 生成系统进化树。利用 MEME（http://meme. nbcr.net/meme/cgi-bin/meme.cgi）对预测蛋白序列模体进行识别。

（四）WRKY 蛋白的三级结构预测

利用 ExPaSy（www.expasy.ch/tools/）工具中的 CPH models 程序在线对慈竹、毛竹、

小麦和水稻进行同源模建，再利用 RasMol 预测软件对预测的 *WRKY* 基因编码蛋白的三维结构进行分析。

（五）慈竹 *WRKY* 基因的表达模式和胁迫诱导表达分析

采用 real-time PCR 方法进行胁迫诱导表达分析。取培养 30 天且生长状态良好的慈竹实生幼苗（蛭石+1/10 倍 Hogland 营养液培养），参考拟南芥（Shan et al.，2012）、玉米（Luan et al.，2014）、毛竹（Liu et al.，2012）的胁迫处理方法，分别以 ABA（0μmol/L、5μmol/L、10μmol/L、50μmol/L、100μmol/L、200μmol/L）、NaCl（0mmol/L、50mmol/L、100mmol/L、150mmol/L、200mmol/L、250mmol/L）、PEG6000（0%、5%、10%、15%、20%、25%）进行预实验，每个处理重复 3 次（每个重复取 3 个独立植株）。经过胁迫处理，发现 200μmol/LABA 处理 2 天后，叶部边缘明显变黄，而其他浓度的 ABA 处理的叶部无明显变化；250mmol/L NaCl 处理 3 天后，慈竹幼苗严重烧死，200mmol/L NaCl 处理的幼苗叶尖部位变黑，其他浓度 NaCl 处理无明显变化；20% PEG6000 处理 2 天后，幼苗叶部卷曲，25% PEG6000 处理的幼苗叶部严重卷曲干瘪，15% PEG6000 处理的幼苗无变化。因此，本试验分别以 ABA 0μmol/L、200μmol/L，NaCl 0mmol/L、200mmol/L，PEG6000 0%、20% 进行胁迫处理，每个处理重复 3 次（每个重复取 3 个独立植株），分别在 0 天（未处理的对照）、1/4 天、1/2 天、1 天、2 天及 7 天取样，保存于–80℃超低温冰柜备用。采用 Plant RNA Kit 试剂盒提取 RNA，用 PrimeScript®RT reagent Kit perfect real Time 反转录试剂盒合成 cDNA。分别以 WRKY1F/R（5′-GGCAAGAAGGCTGTCAAG-3′；5′-ACCCCGT CGTAGGTAGTG-3′）和 WRKY2F/R（5′-TTTCCAG TCCTTCTTGTCG-3′；5′-CACTTTCC ATTCCCATCC-3′）为引物，以慈竹 *Tublin* 基因为内参（*Tublin*-F 5′-GCCGTGAACTCATCC CCTT-3′；*Tublin*-R 5′-TTGT TCTT GGCATCCCACAT-3′），在 Bio-Rad 公司的 iQ Multicolor 上进行 real- time PCR 分析，用 $2^{-\Delta\Delta C_t}$ 计算法计算其表达量（Livak and Schmittqen，2001）。

二、结果分析

（一）慈竹 *WRKY* 基因的克隆和氨基酸多序列比对

根据设计的引物，以 100cm 高的慈竹笋 cDNA 为模板，进行 PCR 扩增，获得了两个 WRKY 转录因子。测序分析结果表明，*BeWRKY1*（GenBank：KJ462124）长 570bp，编码 189 个氨基酸残基；*BeWRKY2*（GenBank：KJ462125）长 888bp，编码 295 个氨基酸残基。将克隆到的慈竹 *BeWRKY1* 和 *BeWRKY2*，与毛竹的 *PheWRKY1*（GenBank：GU944762.1）、小麦的 *TaWRKY16*（GenBank：EU665428.1）的氨基酸序列进行比对。结果表明，这 4 个 WRKY 转录因子均含有一个 WRKY 保守域结构（图 5-5，黑色框区域）。

（二）WRKY 转录因子系统进化树的构建

利用 Mega5.2 构建进化树，对慈竹、毛竹、小麦、水稻、拟南芥和大麦共计 151 条 WRKY 转录因子进行分析。所有的转录因子聚成三大类，分别为 I 类、II 类和III类。II 类又聚成II a、II b、II c、II d 及II e 5 个亚类。由图 5-6A（黑色框区域）可知，BeWRKY1

```
BeWRKY2    MEEVEEATRAAVESCHRVLALLSQFQDPAQLRSIALETDEACARFRKAVSLLSNGGGGGA  60
TaWRKY16   MEEVEEANRMAVASCHRVLGLLTQTQDPAQLRSIALGTDEACAKFRKVVSLLGNGNGNGN  60
BeWRKY1    -----------------------------------------------------------M   1
PheWRKY1   -----------------------------------------------------------M   1


BeWRKY2    AAPGGSYFRAKVVSRRQAPGFLGQKGFLDSNTPVVVLNSAHFSPSSAQVYP--RIGILDS 118
TaWRKY16   EGGGTHHFRAKLVSRRQTPGFLGQKSFLDNNTPVVVLNSAHFSTSSAQVYPSSRNSILDS 120
BeWRKY1    AASLGLNFEAFFSSYFYSSSPFLAD-----------------------------------  25
PheWRKY1   AASLGLNFEAFFSSCPYSSSPFLAD-----------------------------------  25
                  .*. .*  :: .**.:

BeWRKY2    -QSGHQIGGPFKMVQFLSAHFQ-------------------------------------- 139
TaWRKY16   SQAAHFIGGPPKLVQFLSAHFQFGDSSRYNQFQQQHQHQQQKMRAEMFKRSNSGVNLKFD 180
BeWRKY1    ------------------------------------------------------------
PheWRKY1   ------------------------------------------------------------

BeWRKY2    --------SFLSSLSMEGSVASLDAKSSSFHLISGPATSDFVNAQQAPRRRCTGRG     187
TaWRKY16   SPSGTGTMSSARSFMSSLSMDGGVASLDAKSSSFHLIGGFAMSDFVNAQQAPRRRCSGRG 240
BeWRKY1    -----------YAPNIPATAAGADFSAELDDHHPF-----------EYSPAPVFAGAG    61
PheWRKY1   -----------YAPKFPAVAA--DFSAELDDHRPS-----------EYSPAPVFAGAG    59
                         :   :  *:   .:*.   : ** :**

BeWRKY2    EDGNGKCAATGRCHCSKR-RKLRVKRSTKVPAISNKIADIPPDEYSWRKYGQKPIKGSPH 248
TaWRKY16   EDGNGKCAATGRCHCSKRSRKLRLKRTIKVPAISNKIADIPPDEYSWRKYGQKPIKGSPH 300
BeWRKY1    DDHN---EKTMSCESDEK----RVGVIGRIGFRTRSEVEILDDGFKWRKYGKKAVKNSPN 114
PheWRKY1   DDHND-NDKTMSCESEEK----RARVIGRIGFRTRSEVEILDDGFKWRKYGKKAVKNSPN 114
           **  :*               **.:*:**   :.:** ****: :*.:**

BeWRKY2    PRGYYKCSSVRGCPARKHVERCVDDPSMLIVTYEGEHNHT-------------RM     288
TaWRKY16   PRGYYKCSSVRGCPARKHVERCVDDPSMLIVTYEGEHNHT-------------RM     342
BeWRKY1    PRNYYRCS-TEGCGVKKRVERDRDDPRYVITTYDGVHKHATPGFG---AAVLKYAGNYYS 170
PheWRKY1   PRNYYRCS-TEGCGVKKRVERDGDDPCYVITTYDGVHNHATPGFGAAAAAVLQYAGNYYN 173
           **.**:*   **   .* .* :**.   :** **:* * *.*  **:.  :* :*

BeWRKY2    FTQSAQA------------ 295
TaWRKY16   FTQSAQA------------ 349
BeWRKY1    PPLSAGSFPATYSAGSLLF 189
PheWRKY1   PPLSAGSPPSAYSAGSLLF 192
           *. **
```

图 5-5　4 个 WRKY 转录因子编码的氨基酸多序列比对（另见图版）

"："表示氨基酸强相似；"."表示氨基酸弱相似；"*"表示氨基酸一致；"-"表示氨基酸缺失

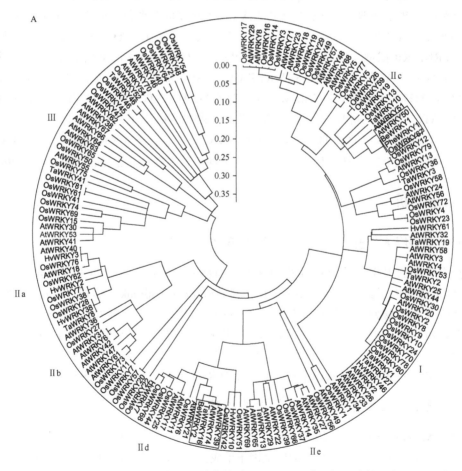

图 5-6　慈竹 *BeWRKY1* 和 *BeWRKY2* 基因与其他物种 *WRKY* 基因编码氨基酸的聚类（A）和氨基酸序列保守基序分析（另见图版）（B）

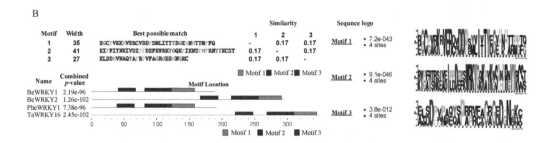

图 5-6　慈竹 *BeWRKY1* 和 *BeWRKY2* 基因与其他物种 *WRKY* 基因编码氨基酸的聚类（A）和氨基酸序列保守基序分析（另见图版）（B）（续）

与 PheWRKY1、AtWRKY50 和 OsWRKY67 聚成一小支，它们属于 Ⅱc 亚类；BeWRKY2 与 TaWRKY16、AtWRKY39 和 AtWRKY74 聚为一支，属于 Ⅱd 亚类。

　　用 MEME 软件分析这些 WRKY 氨基酸序列的保守基序（图 5-6B）。其中，*BeWRKY1* 和 *BeWRKY2*、*PheWRKY1* 和 *TaWRKY16* 均有 3 个 motif。其中 motif 1 的宽度为 35，其正则表达式为 [ER]GC[GP][AV][KR]K[HR]VER[CD][VGR]DDP[SCR][MY][LV]I[TV]TY[DE]G[EV]H[NK]H[AT][RT][MP][GP][FT][GQ]；motif 2 的宽度为 41，其正则表达式为 [KR][IV][GP][AF][IR][ST][NR][KS][EI][AV][DE]I[LP][DP]D[EG][FY][KS]WRKYG[KQ]K[AP][IV]K[GN]SP[HN]PR[GN]YY[KR]CS[ST]；motif 3 的宽度为 27，其正则表达式为 [AE][LMT][DS]D[HP][VHR][NP][AFS][EQ][QY][AS]P[AR][PR][RV][CF][AST]G[AR]G[DE]D[GH]N[GDE][KN][CDT]。从 motif 模式图中看出，*BeWRKY1* 和 *PheWRKY1*、*BeWRKY2* 和 *TaWRKY16* 结构相似，与进化树分析结果一致，它们同属于 WRKY Ⅱ 类家族。

（三）慈竹、毛竹、小麦 WRKY 蛋白三级结构预测

　　蛋白质三级结构是在二级结构基础上折叠、盘绕而成。CPH models 在线预测慈竹、毛竹和小麦的 WRKY 转录因子编码蛋白的三级结构。三个不同物种均含有丰富的 β-折叠、β-转角，无其他的结构。BeWRKY1 含有 8 个 β-折叠，7 个 β-转角；BeWRKY2 含有 6 个 β-折叠，9 个 β-转角；PheWRKY1 含有 5 个 β-折叠，7 个 β-转角；BeWRKY16 含有 6 个 β-折叠，9 个 β-转角（图 5-7）。慈竹 *BeWRKY2* 与小麦 *TaWRKY16* 编码的蛋白质的 β-折叠、β-转角数量相同，两者结构相似。慈竹 *BeWRKY1* 与 *PheWRKY1* 编码的蛋白质有相同数量的 β-转角，但慈竹的 β-折叠比毛竹多 3 个，两者结构存在一定的差别。

（四）慈竹 *BeWRKY1*、*BeWRKY2* 基因组织表达分析

　　分析 *BeWRKY1* 和 *BeWRKY2* 基因在慈竹中组织特异性表达。结果表明，这两个转录因子具有一定的组织表达特异性（图 5-8）。*BeWRKY1* 相对表达量依次为茎＞笋＞未展开叶＞完全展开叶，各个部位的相对表达量的差异较大，在茎中表达量最高。而 *BeWRKY2* 的相对表达量为完全展开叶＞茎＞未展开叶＞笋，完全展开叶的相对表达量高于其他各部位的相对表达量。

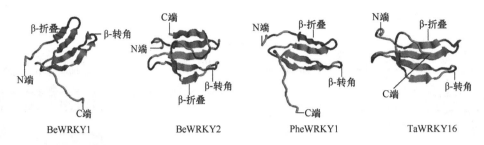

图 5-7　慈竹、毛竹和小麦 WRKY 转录因子的三级结构（另见图版）

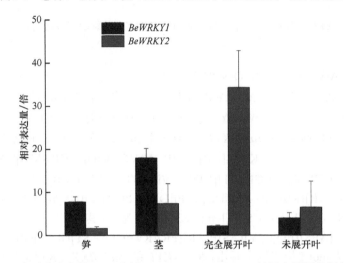

图 5-8　实时荧光定量 PCR 分析 *BeWRKY1*、*BeWRKY2* 基因在不同组织的表达

（五）胁迫处理对叶片中 *BeWRKY1* 和 *BeWRKY2* 表达的影响

用实时荧光定量 PCR 分析了在不同胁迫处理下慈竹幼苗叶片中 *BeWRKY1* 和 *BeWRKY2* 的表达情况。如图 5-9A 所示，在 NaCl（200mmol/L）和 PEG6000（20%）胁迫 6h，*BeWRKY1* 表达水平明显提高，分别是未处理的 3.3 倍和 1.5 倍，但随着胁迫时间的延长，它的表达量缓慢下降，说明此基因可能短时间内迅速参与逆境响应。在 NaCl 胁迫处理 48h 和 7 天时，*BeWRKY2* 的表达水平并没有明显变化，可见盐胁迫对 *BeWRKY2* 转录积累的影响较小；而在 PEG6000 和 ABA 胁迫处理的慈竹幼苗叶片中，*BeWRKY2* 的表达量明显下调，胁迫 12h 内，*BeWRKY2* 的表达水平降至最低，随后逐渐回升，7 天时与对照基本持平（图 5-9B），说明 *BeWRKY2* 对干旱和 ABA 胁迫更为敏感。

三、讨论与结论

WRKY 转录因子广泛存在于植物中，是近年来发现的植物体内特有的一类转录因子，其与植物的非生物及生物胁迫应答（Wu et al.，2009；Liu et al.，2013）、抗病、生长发育（Mochida et al.，2009）及衰老（Zhou et al.，2008）息息相关。近年来 WRKY 转录因子在植物抗病反应中的研究已经成为植物分子生物学领域的前沿课题。

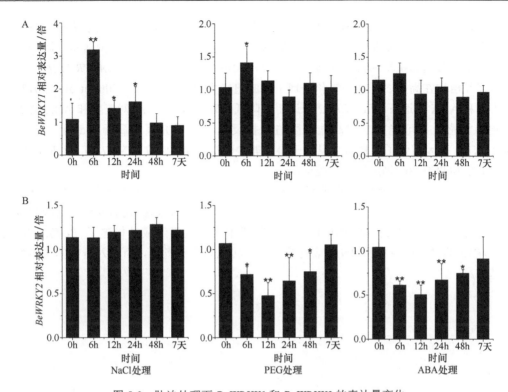

图 5-9　胁迫处理下 *BeWRKY1* 和 *BeWRKY2* 的表达量变化

本研究以慈竹转录组数据为基础，克隆了两条慈竹 *WRKY* 基因序列 *BeWRKY1* 和 *BeWRKY2*。其中 *BeWRKY1* 与已经报道的毛竹 *PheWRKY* 同源率高达 91.97%，都属于酸性蛋白；*BeWRKY2* 与小麦 *TaWRKY16* 同源率最高为 71.24%，均属于碱性蛋白。系统进化树分析表明，*BeWRKY1* 与 *PheWRKY1*、*AtWRKY50* 和 *OsWRKY67* 聚成一小支，属于Ⅱc 亚类。这一家族中的某些成员，如与 *PheWRKY1* 等，在抗病方面及抗非生物胁迫具有一定的功能。而 *BeWRKY2* 与 *AtWRKY39*、*AtWRKY74* 和 *TaWRKY16* 聚为一支，属于Ⅱd 亚类。研究表明，*AtWRKY39* 突变体种子在高温处理下萌发率降低，存活率也大大降低。反之，过表达植株对热高温胁迫耐受力增强。在高温胁迫下拟南芥 *AtWRKY39* 突变体植物中水杨酸调控的 *PR1* 和水杨酸相关的 *MBF1c* 基因均表现为下调，在过表达植株中两基因的表达增强，表明 *AtWRKY39* 正调控水杨酸和茉莉酮酸通路相互作用应答高温胁迫（Li et al.，2010）。推断这一亚类中的成员可能与抗高温干旱有关。

慈竹两个 WRKY 转录因子均有 WRKY 亚族的保守结构域，但编码的蛋白质理化参数差异较大。实时荧光定量 PCR 结果表明，*BeWRKY1* 和 *BeWRKY2* 分别在茎和完全展开叶的表达量较高，表明这两个转录因子在抗逆方面可能具有不同的功能。逆境诱导表达的结果也证实了这一推论。在 200mmol/L NaCl 和 20% PEG6000 处理下，*BeWRKY1* 在胁迫处理 6h 时表达量均明显升高，说明此基因可能短时间内迅速参与逆境响应；胁迫后期其表达量又缓慢下降至与 0h 基本持平，可能是植物体避免过度应答造成伤害的一种自我保护特性（金慧和栾雨时，2011）。研究报道多个蛋白质都参与植物抗旱和抗盐胁迫（Golldack et al.，2011），如与 *BeWRKY1* 同属于Ⅱc 亚类的 *TaWRKY10*（GenBank：

HQ700327）基因在小麦受高盐、干旱胁迫下均表现为先急剧上调后缓慢下降与 0h 持平。在过表达 *TaWRKY10* 的烟草植株中，*TaWRKY10* 通过降低 ROS 积累和激活胁迫防御相关基因的表达来提高抗旱和抗盐的能力（王晨，2013）。Babitha 等证明 *AtWRKY28* 过表达的拟南芥植物在高盐、干旱和氧化处理下抗胁迫能力明显增强（Babitha et al.，2013）。在干旱和 ABA 胁迫下，*BeWRKY2* 表达明显降低，表明 *BeWRKY2* 对干旱和 ABA 胁迫伤害更为敏感，而可能不参与高盐类胁迫保护反应。据研究报道属于 Ⅱ d 亚类的水稻 *OsWRKY11* 基因增强了水稻耐高温和干旱的能力（Wu et al.，2009）。*BeWRKY1* 和 *BeWRKY2* 的抗非生物胁迫功能仍需进一步验证。

慈竹 WRKY 转录因子的研究处于初级阶段，其功能还需要进一步深入研究。BeWRKY1 和 BeWRKY2 转录因子的克隆、信息学分析、表达模式的分析和功能初步探究可以为慈竹品种改良提供理论依据。现阶段本研究室已经成功构建了 *BeWRKY1* 和 *BeWRKY2* 的过表达载体和 RNAi 表达载体，并转化烟草和杨树，为深入研究其功能奠定了基础。

第六章 慈竹转录组研究

第一节 研究背景

转录组是特定组织或细胞在某一发育阶段或功能状态下转录出来的所有 RNA 的集合（祁云霞和刘永斌，2011）。转录组研究是以基因结构和功能研究为基础，通过高通量转录组测序（RNA-Seq）技术从整体上分析转录组，可获得大量的植物表达 RNA 水平的有关信息，可以解释基因表达和一些生命活动的内在联系，并为功能基因组学、蛋白质组学、生物学过程中的分子机制等的研究提供新的思路和方法（Marioni et al.，2008；Fullwood et al.，2009）。转录组测序技术通过近几年的飞速发展，现已广泛应用于多个物种的研究中，如苹果树（Krost et al.，2012）、蓝莓（Li et al.，2012）、丹参（Hua et al.，2011）、麻竹（Liu et al.，2012b）、软体动物（Sadamoto et al.，2012）等。Liu 等（2012b）利用 Illumina 平台对麻竹转录组测序，分析了麻竹转录组序列信息，比较了麻竹和毛竹及其他禾本科植物的转录组序列，探究了麻竹木质素合成和生长发育的分子机制。Li 等（2010）通过分析玉米叶子的转录组信息，研究了玉米的发育动力学过程。Zhang 等（2010）通过单碱基对水平上的 RNA 深度测序，揭示了水稻转录组的高度复杂性。He 等（2013）通过新一代高通量测序技术，对毛竹 mRNA 和 microRNA 表达谱进行测序分析，旨在揭示毛竹茎秆发育时快速生长的机制。Peng 等（2013）通过对毛竹不同生长高度茎秆的转录组测序，鉴定了不同时期表达的差异基因，综合分析了毛竹茎秆快速生长的内在机制。He 等和 Peng 等的报道都大大促进了毛竹的研究，为进一步阐明竹茎秆快速生长的分子机制奠定了基础。

慈竹（*Bambusa emeiensis*）为中型丛生竹，是我国的优势竹种之一，主要分布在我国西南地区，尤其是四川省，为慈竹的种植中心（曹小军等，2009）。慈竹现广泛用于造纸、家具、建筑、纺织等行业。目前，对于慈竹的研究主要集中在生长现况（刘庆等，2001）、理化特性（张帆等，2012）、基因克隆（黄胜雄等，2009）、遗传多样性（郭晓艺等，2007）等方面，而慈竹转录组方面的研究鲜见报道。本研究首次利用 RNA-Seq 技术对慈竹转录组进行测序分析，产生了大量的慈竹笋转录组序列，全面分析了慈竹笋的转录组序列信息，为发现慈竹特征性代谢合成分解途径提供了大量的候选基因，还为慈竹 SSR 等分子标记的开发提供了极为丰富的序列基础，对于慈竹的研究有很大的促进作用，尤其是对慈竹分子遗传育种及品种改良都具有重要的理论和实践意义。因此，本研究以 4 个不同生长时期的慈竹笋为材料，分别提取总 RNA 后进行转录组测序，对得到的原始数据进行统计和质量评估，经过过滤去杂质和冗余处理后，对组装得到 Unigenes 数据库进行基因的结构分析（ORF 预测和 SSR 分析），功能分析[分别与 Nr、GO、COG、KEGG、SwissProt 数据库对比，对基因的功能注释]和表达量分析。比较并筛选了 4 个不同生长时期慈竹笋的差异表达基因，对差异表达基因进行功能注释后，并进行差异基因 GO 富集层次分析和 KEGG 通路富集分析。在差异表达基因中鉴定纤维素和木质素合成途径中的功能基因，以及转录因子的差异表达基因，以期揭示纤维素和木质素合成的机制，进一步阐明竹类植物茎秆快速生长的内在机制。同时，还比较分析了慈竹与其他禾本科植物间的转录组数据库差异，以及木质素和纤维素合成途径中的功能基因和转录因子。

第二节　慈竹转录组分析

一、试验材料与方法

（一）试验材料

慈竹（*Bambusa emeiensis*）采自四川省绵阳市西南科技大学新校区内后山（东经104.96°，北纬 31.54°），其中 100cm 高的慈竹笋采集时间为 2012 年 9 月 18 日，其余三个样品为 2013 年 9 月 16 日。将 10cm、50cm、100cm 和 150cm 高的慈竹笋去外皮后，将其切成小碎块，预存于液氮中后储存在超低温冰柜（–80℃）中备用（图 6-1）。

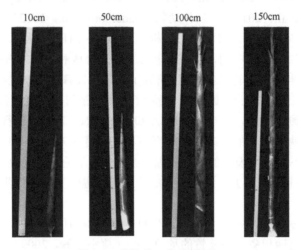

图 6-1　慈竹笋（另见图版）

（二）试验方法

1. 慈竹笋总 RNA 的提取

采用 OMEGA BIO-TEK 公司 Plant RNA Kit 试剂盒中的试剂及提取方法，分别提取10cm、50cm、100cm 和 150cm 高的慈竹笋总 RNA。

注意：全部试验过程必须戴手套和口罩，并且手套要勤换，严格按照试剂盒中的方法操作。用 DEPC 水处理并高温灭菌的无 RNase 一次性枪头和离心管。

2. 总 RNA 琼脂糖凝胶电泳

1）用洗衣粉清洗电泳槽、梳子、制胶模具，用超纯水冲洗。

2）组装好制胶模具，用 1×TAE buffer 制作 1.2% 的琼脂糖凝胶 50mL，加入 1.5μL Green

View 染料，倒入模具，静置 30min 后拔出梳子放入有 1×TAE buffer 的电泳槽中。

　　3）用移液枪吸取 2μL RNA 样品，加入 1μL 6×loading buffer，混匀后加入胶孔内。

　　4）打开电源开关，电压调至 120V，电泳 30min，用凝胶成像系统检测总 RNA 的质量。

3. 总 RNA 样品检测

　　总 RNA 样品采用 Nanodrop 检测和 Agilent Technologies 2100 Bioanalyzer 检测，测序样品要求：RNA 浓度≥250ng/μL；RNA 总量＞20μg；RNA 纯度 OD_{260}/OD_{280} 为 1.8~2.2，OD_{260}/OD_{230}≥1.0，260nm 处有正常峰值。完整性：28S/18S≥1.5，RNA Integrity Number（RIN）＞7。

4. Illumina HiSeq^{TM} 2000 测序

　　首先用 NEBNext Poly（A）mRNA Magnetic Isolation Module（NEB，E7490）富集 mRNA，将 mRNA 片段化处理，以 mRNA 片段为模板，采用随机引物法，用 NEBNext mRNA Library Prep Master Mix Set for Illumina（NEB，E6110）和 NEBNext Multiplex Oligos for Illumina（NEB，E7500）构建上机文库。制备好的文库用 1.8%琼脂糖凝胶电泳进行检测文库插入片段大小，然后用 Library Quantification Kit-Illumina GA Universal（Kapa，KK4824）进行 QPCR 定量，再在 cDNA 片段两端加上接头。检测合格的文库在 illumina cbot 上进行簇的生成，最后用 Illumina HiSeq^{TM} 2000 进行测序。

5. 信息分析流程

　　转录组测序完成后，对测序得到的原始 reads（双端序列）进行测序质量值和碱基分布检测及数据统计分析，经过去除杂质和冗余后组装得到该物种的 unigene library（unigene 库），进行数据整体质量（随机性、饱和度和比对分析）评估。为了从整体上了解 unigene 的结构、功能和表达，再基于 unigene 库进行基因结构分析（ORF 预测和 SSR 分析）、基因表达分析（覆盖度和表达量分析）、差异表达分析（筛选、聚类、注释、GO 富集层次和 KEGG 通路富集分析）、基因功能注释（GO、COG、Nr、KEGG、SwissProt 数据库）等（图 6-2）。

二、总 RNA 样品检测结果

（一）琼脂糖凝胶电泳检测

　　用 Plant RNA Kit 试剂盒提取的慈竹笋总 RNA，进行 1.2%的琼脂糖凝胶电泳检测（图 6-3）。所有 RNA 样品条带以 18S 和 28S 为主，无弥散片状和条带消失，无蛋白质和基因组污染，说明 RNA 完整性较好。

（二）Nanodrop 检测

　　Nanodrop 检测结果表明，10cm、50cm、100cm 和 150cm 高的慈竹笋总 RNA 的 OD_{260}/OD_{280} 都在 1.8~2.2，OD_{260}/OD_{230}≥1.0，且浓度和总量都达到了测序的样品要求（表 6-1）。

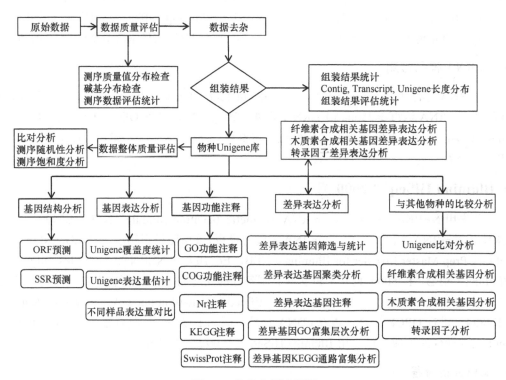

图 6-2　信息分析流程图

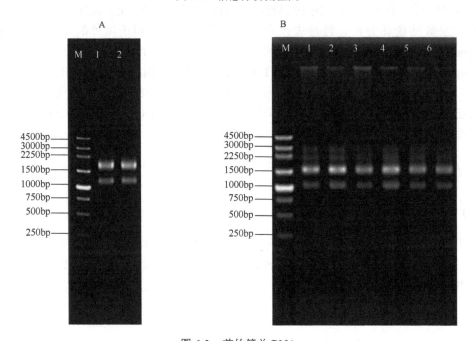

图 6-3　慈竹笋总 RNA

A. 100cm 笋两个样品总 RNA；B. 1 和 2 为 10cm 两个样品总 RNA，3 和 4 为 50cm 两个样品总 RNA，5 和 6 为 150cm 两个样品总 RNA

表 6-1 Nanodrop 检测结果

样品	浓度/（ng/μL）	体积/μL	总量/μg	OD_{260}/OD_{280}	OD_{260}/OD_{230}	RIN	28S/18S
10cm-1	1070.0	95	101.7	2.12	1.87	8.9	3.5
10cm-2	1068.5	85	90.8	2.12	1.29	8.1	0.1
50cm-1	993.0	80	79.4	2.13	1.42	9.6	2.9
50cm-2	807.0	94	75.9	2.13	1.77	9.4	2.7
100cm-1	680.0	85	57.8	1.89	1.32	9.0	2.5
100cm-2	960.0	80	76.8	1.85	1.75	9.6	2.7
150cm-1	617.5	74	45.7	2.10	2.17	9.5	2.7
150cm-2	725.5	90	65.3	2.12	1.41	7.4	0

（三）Agilent Technologies 2100 Bioanalyzer 检测

为了进一步确认 RNA 的质量，保证后续测序的准确性，将 RNA 样品又进行了 Agilent Technologies 2100 Bioanalyzer 检测（图 6-4），所有 RNA 样品 RIN 均在 7 以上，浓度≥ 250ng/μL，OD_{260}/OD_{280} 都在 1.8~2.2，OD_{260}/OD_{230}≥1.0。样品 10cm-2 和 150cm-2 样品 2100 检测积峰错误，但结合峰图和电泳结果分析样品合格，可用于后续试验。以上结果都表明所有 RNA 样品都达到了转录组测序的要求，并将每个长度的两个样品合并后进行转录组测序试验。

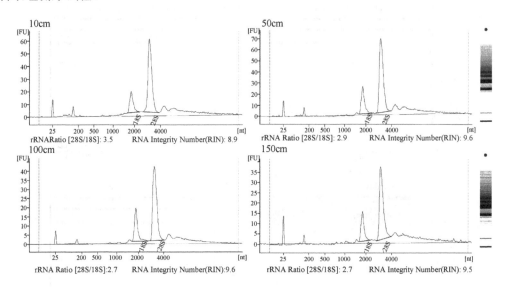

图 6-4 Agilent Technologies 2100 Bioanalyzer 检测结果

（四）讨论与结论

高通量转录组测序对 RNA 样品有较严格的要求，有研究表明，RNA 的降解会严重影响测序的质量（Martin and Wang，2011；Li et al.，2010），当 RNA 的 3′端发生降解，则无法通过 3′端的 polyA 捕获 mRNA，反转录后测序也无法得到全部的 cDNA；当 5′端发生降解，测序结果将出现明显的 3′和 5′偏向。RNA 的起始量不足时，需要增加 PCR 扩增循环数才能获得足够的量用于后续的测序，这会产生大量的冗余序列，从而影响测序的质量（Robertson et al.，2010；Grabherr et al.，2011）。因此为保证测序的准确性，对慈竹总 RNA 样品进行了琼脂糖凝胶电泳、Nanodrop 和 Agilent Technologies 2100 Bioanalyzer 检测，结果为：①RNA 条带以 18S 和 28S 为主，无弥散，无蛋白质污染；②RNA 的浓度和总量均远远大于样品要求，且 OD_{260}/OD_{280} 为 1.8～2.2，$OD_{260}/OD_{230} \geqslant 1.0$；③RNA 完整性（RIN＞7，28S/18S $\geqslant$ 1.5）较好。制备的总 RNA 完全符合转录组样品要求，可进行下一步测序试验。

三、测序数据质量评估与统计

（一）测序质量值分布检测

测序质量值用来评估碱基的测序错误率，一般碱基质量值 20（quality score 20，Q20）表示碱基的测序错误识别率为 1%，即碱基测序正确识别率为 99%；而碱基质量 30（Q30）则表示碱基的测序错误识别率为 0.1%，即碱基测序正确识别率为 99.9%。碱基质量值还与测序仪自身误差、测序药品与试剂的影响、样品浓度和纯度等多个因素有关，其值越高，对应的碱基测序错误率越低。由图 6-5 和表 6-2 可知，10cm、50cm、100cm 和 150cm 慈竹笋测序质量值大部分都分布在 20 以上，其碱基 Q20 分别为 89.12%、89.08%、92.84% 和 89.12%，且慈竹笋 4 个样品的 Q30 都在 80% 以上，表明测序质量非常可靠。

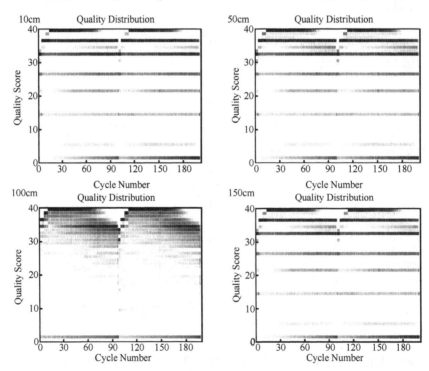

图 6-5　测序质量值的分布

（二）碱基分布检查

由图 6-6 可知，在 0～20 和 100～120，碱基含量的波动较大，这是由于 RNA-Seq 在 read 5′端前十几个碱基中会存在明显的偏向性，这种偏向性由于反转录成 cDNA 时所用

表 6-2 测序数据统计

样品	read 总数	核苷酸总数/bp	GC 含量/%	N/%	Q20/%	Q30/%
10cm	20 125 331	4 062 680 957	52.78	0.01	89.12	80.27
50cm	20 823 597	4 200 352 710	53.12	0.02	89.08	80.35
100cm	7 829 716	1 579 745 023	49.49	0.03	92.01	87.12
150cm	20 504 408	4 137 822 934	52.21	0.01	89.12	80.35

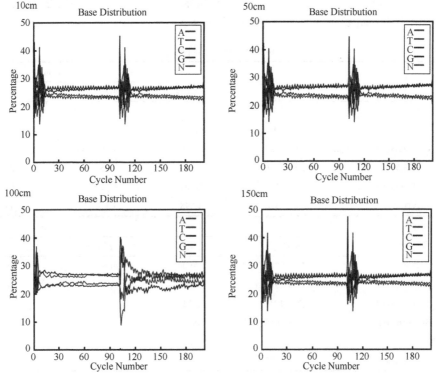

图 6-6 碱基含量的分布（另见图版）

的随机引物造成（Hansen et al.，2010），且与物种和测序环境无关，属于正常情况。而 100～120 的波动是由于后 101bp 为另一端测序 read 的碱基分布情况。

（三）测序数据产出统计

测序样品为分批送样测序，其中 100cm 笋为第一次送样测序，要求总数据量为 2Gb，其余三个样品为第二次送样测序，总数据量为 4Gb，所以通过转录组测序，一共产生 13.98Gb 的原始数据，得到 69.28×10^6 条的 read。其中 100cm 慈竹笋总碱基数为 1 579 745 023bp，read 为 7 829 716 条。10cm、50cm 和 150cm 慈竹笋总碱基数均大于 4Gb，read 数大于 20×10^6。100cm 样品 GC 含量为 49.49%，其余三个样品 GC 含量都大于 50%，产出数据中不确定碱基数所占的比例（N）都不超过 0.03%，具体测序数据统计见表 6-2。

（四）与参考基因比对分析

根据慈竹基因组的特征，采用 Blat（Kent，2002）将每个样品测序得到的 read 与参考基因进行比对，并统计比对结果（表 6-3）。10cm、50cm、100cm 和 150cm 慈竹笋匹配的 read 数分别为：11 385 142、12 085 353、4 587 098 和 11 924 778，占其 read 总数的 56.57%、58.03%、58.58% 和 58.15%，匹配的百分比均在 55% 以上。在 4 个样品匹配的 read 数中，100cm 样品完全匹配的 read 数只有 241 121，所占百分比为 5.25%，其他三个样品完全匹配 read 数所占比例均在 40% 以上。10cm、50cm 和 150cm 样品的 ≤5bp 错配 read 数所占比例都在 22% 左右，而 100cm 样品则高达 88.13%，这可能由于 100cm 的测序数据量较少，测序深度不够引起的。比对位置唯一的 read 所占比例均在 55% 左右，比对位置有多个的 read 数所占比例都在 45% 左右（表 6-3）。

表 6-3　测序数据评估统计

	10cm		50cm	
	read 数	比例/%	read 数	比例/%
总 read	20 125 331	100.00	20 823 597	100.00
匹配 read	11 385 142	56.57	12 085 353	58.03
完全匹配 read	4 679 183	41.10	4 983 836	41.23
≤5bp 错配 read	2 549 166	22.39	2 753 341	22.78
唯一匹配 read	6 149 626	54.01	6 570 979	54.37
多匹配 read	5 235 516	45.98	5 514 374	45.62

	100cm		150cm	
	read 数	比例/%	read 数	比例/%
总 read	7 829 716	100.00	20 504 408	100.00
匹配 read	4 587 098	58.58	11 924 778	58.15
完全匹配 read	241 121	5.25	5 173 859	43.38
≤5bp 错配 read	4 043 615	88.15	2 552 209	21.40
唯一匹配 read	2 618 226	57.07	6 647 970	55.74
多匹配 read	1 968 872	42.92	5 276 808	44.25

在各个样品中还有小部分 read 没有比对到参考基因序列上，可能由于数据库中缺乏完整的慈竹基因信息。以上比对结果表明，测序数据的总体比对效果较好，测序数据符合要求。

（五）RNA-Seq 整体质量评估

1. 测序随机性分析

测序随机性分析是通过匹配到参考基因上的 read 在基因上的分布情况进行评估的，即 read 的分布比较均匀，则测序随机性较好，也说明 mRNA 打断的随机性也较好。由图 6-7 可知，10cm、50cm、100cm 和 150cm 慈竹笋 read 的分布曲线均比较平缓，表明各样品整体的测序随机性较好，所得到的 read 质量较高。

2. 测序饱和度分析

测序饱和度表示测序量与检测到的表达基因数量之间的关系，随着测序量的增加，检测到的表达基因数量增加，当测序量达到一定标准时，检测到的表达基因数量就趋于

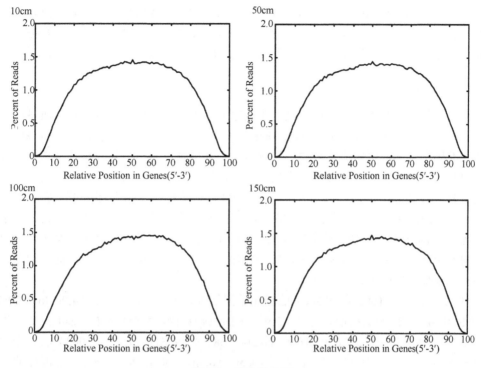

图 6-7　随机性分析

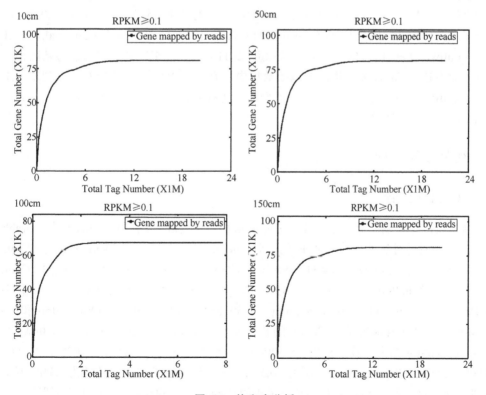

图 6-8　饱和度分析

饱和。由图 6-8 可知，10cm、50cm 和 150cm 样品测序量达到 10×10^6 时均达到饱和，而 100cm 样品测序量在 2×10^6 时就已经趋于饱和，这可能由于 100cm 的测序数据总量为 2Gb，其他三个样品为 4Gb，测序数据总量的大小决定了达到饱和时的数据量。

（六）讨论与结论

为了了解测序数据的准确性，进行了测序质量值和碱基分布检测，测序质量值分布检测表明，10cm、50cm、100cm 和 150cm 的 Q20 均在 89% 以上，Q30 均在 80% 以上，即测序准确性较高，测序质量可靠。根据碱基互补原则，理论上互补碱基分布应保持一致，但在 read 5′端前十几个碱基分布出现波动，这是由于反转录成 cDNA 时所用的随机引物造成的（Zhang et al.，2010）。陈超（2011）通过 RNA-Seq 技术研究人转录组时，发现 read 的前 10 个碱基也有较大的波动，并且 read 末端的测序质量相对较低，属于正常情况。Hansen 等（2010）的研究表明，Illumina 测序中碱基的波动主要是由随机引物的偏向性引起的，并且此现象在 SoliD 等测序仪中也存在。因此，要解决此类问题，需要在实验仪器及实验设计上进行改进。

对 10cm、50cm、100cm 和 150cm 的测序数据量进行了统计，分别得到 4.06Gb、4.20Gb、1.58Gb 和 4.14Gb 的数据量，总共 13.98Gb 的原始数据。4 个样品的 read 总数分别为 20 125 331、20 823 597、7 829 716 和 20 504 408。采用 Blat（Kent，2002）将每个样品测序得到的 read 与参考基因进行比对，10cm、50cm、100cm 和 150cm 样品匹配的 read 数分别占其 read 总数的 56.57%、58.03%、58.58% 和 58.15%，且 4 个样品的 read 在参考基因上的随机性分布较好，测序均达到饱和，表明测序质量较好。Peng 等（2013）的研究表明，毛竹与参考基因相匹配的 read 数约占其 read 总数的 50%。麻竹（Liu et al.，2012b）、梅花（Fullwood et al.，2009）和人（陈超，2011）的转录组序列数据与参考基因相比的百分比均不超过 60%。4 个样品的原始数据中仍有超过 40% 的 read 没有比对到基因上，这可能是由于基因表达过程中发生了可变剪切（石文芳，2012；陈超，2011），并且注释信息中缺乏慈竹基因注释结果。

四、组装结果统计

（一）Contig 统计

转录组测序得到的原始数据经过去除杂质和冗余处理后，利用 Trinity 软件（Grabherr et al.，2011）对经过过滤后的高质量数据进行 de novo 拼接，10cm、50cm、100cm 和 150cm 慈竹笋分别得到 4 289 977 条、4 315 596 条、2 723 977 条和 4 269 242 条没有 gap 的 Contig，总长度约为 236.86Mb、238.83Mb、133.91Mb 和 236.51Mb，平均 Contig 长度分别为 55.21bp、55.34bp、49.16bp 和 55.40bp，N50 长度分别为 55bp、56bp、50bp 和 56bp（表 6-4）。对 4 个样品转录组 Contig 的长度分布特征及所占比例（图 6-9）分析表明，4 个样品的 Contig 绝大多数分布在 0～300bp，其比例分别为 98.99%、99.00%、98.94% 和 99.00%；300～500bp 的 Congtig 均约为 0.5%；500～1000bp 的 Contig 均约为 0.3%；1000～2000bp 的 Contig 均为 0.16%；所占比例最小的 Contig 均＞2000bp，其比例都不超过 0.07%。

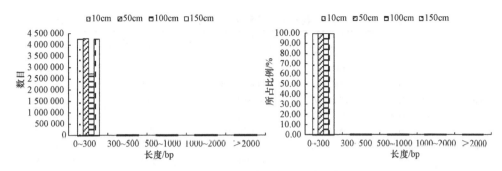

图 6-9　Contig 长度分布及所占比例

（二）Transcript 统计

随后根据 Contig 结果，利用双末端（paired-end）信息将来自同一转录本的不同 Contig 连在一起，做进一步的序列拼接，得到 Transcript（转录本序列）。10cm、50cm、100cm 和 150cm 慈竹笋分别得到 134 082 条、136 178 条、67 577 条和 133 845 条 Transcript，平均长度分别为 750.46bp、742.25bp、649.49bp 和 787.05bp（表 6-4）。Transcript 的长度分布和所占比例特征分布表明，10cm、50cm 和 150cm 的 Transcript 分布最多的区间为 200～300bp，所占比例分别为 26.49%、26.37% 和 26.00%，而 500～1000bp（均约为 25%）分布的 Transcript 要多于 300～500bp（均约为 24%），其后随着 Transcript 长度增加，所占比例减小。而 100cm 的 Transcript 都是随着长度增加，所占比例减小（图 6-10）。

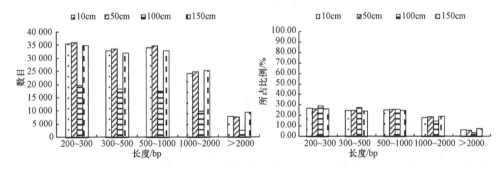

图 6-10　Transcript 长度分布及所占比例

（三）Unigene 统计

在 Transcript 聚类单元中选取最主要的转录本作为 Unigene 序列，并对 Unigene 数据进行聚类分析和进一步去冗余处理，最终得到非冗余 Unigene 库。10cm、50cm、100cm 和 150cm 慈竹笋分别得到 56 743 条、56 862 条、39 480 条和 56 404 条 Unigene，平均长度分别为 600.18bp、595.67bp、557.25bp 和 603.09bp（表 6-4）。10cm、50cm、100cm 和 150cm 慈竹笋 Unigene 的长度分布和所占比例特征均是随着长度的增加，所占比例减少，其中 200～300bp 的 Unigene 所占比例最大，分别为 38.91%、39.10%、37.15% 和 39.49%。4 个样品中大于 2000bp 的 Unigene 分别有 2312 条、2145 条、979 条和 2434 条，所占比例最小，均不超过 4.5%（图 6-11）。

表 6-4　组装结果统计

样品	类型	总数	总长度/bp	N50 长度/bp	平均长度/bp
10cm	Contig	4 289 977	236 862 050	55	55.21
	Transcript	134 082	100 623 496	1114	750.46
	Unigene	56 743	34 055 934	890	600.18
50cm	Contig	4 315 596	238 831 096	56	55.34
	Transcript	136 178	101 077 622	1 092	742.25
	Unigene	56 862	33 871 269	882	595.67
100cm	Contig	2 723 997	133 907 818	50	49.16
	Transcript	67 577	43 890 548	897	649.49
	Unigene	39 480	22 000 416	733	557.25
150cm	Contig	4 269 242	236 508 793	56	55.40
	Transcript	133 845	105 343 276	1202	787.05
	Unigene	56 404	34 016 555	908	603.09
All-Unigene		111 137	74 960 274	1121	674.49

注：N50 表示将组装片段按长度从大到小排序，并累加长度，当累加的和大于等于总长度的 50%时，最后累加的片段长度即为 N50 长度。

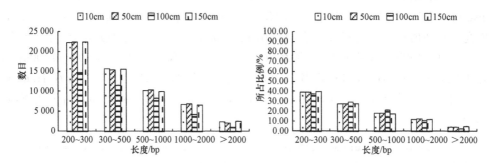

图 6-11　Unigene 长度分布及所占比例

（四）All-Unigene 统计

对于多样品的组装，由于后续的 ORF 预测、SSR 分析、表达丰度分析等都建立在同一套参考基因的基础上，因此对各样品得到的 Unigene 作进一步的聚类分析，整合得到该物种的 Unigene 数据库。经统计分析共得到 111 137 条慈竹笋 Unigene，平均长度为 674.49bp（表 6-4）。其长度分布和所占比例特征同各个样品的 Unigene 相似，都是随着长度增加，所占比例减小，其中长度在 1kb 以上的 Unigene 有 21 518 条，占 Unigene 库总数的 19.36%（图 6-12）。

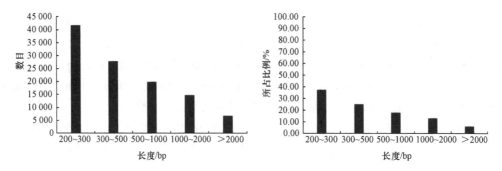

图 6-12　All-Unigene 长度分布及所占比例

（五）结论

测序得到的原始数据经过去除杂质和冗余处理后，利用 Trinity 软件（Grabherr et al.，2011）进行 de novo 拼接，10cm、50cm、100cm 和 150cm 慈竹笋分别得到 4 289 977 条、4 315 596 条、2 723 997 条和 4 269 242 条 Contig；随后利用双末端（paired-end）法做进一步的序列拼接，分别得到 134 082 条、136 178 条、67 577 条和 133 845 条 Transcript；再进行聚类分析和进一步去冗余处理，最终分别得到 56 743 条、56 862 条、39 480 条和 56 404 条 Unigene；最后作进一步的聚类分析，整合得到慈竹物种的 Unigene 数据库，共 111 137 条 Unigene，平均长度为 674.49bp。这些结果表明，在快速捕获大量转录序列时，Illumina/Solexa 测序技术是非常有效的，并且双末端（paired-end）法测序，不但增加了测序的深度，而且提高了 de novo 拼接的准确性（Fullwood et al.，2009）。

五、基因结构分析

（一）可读框预测

组装完成得到慈竹笋 Unigene 数据库后，利用 Getorf 软件（http://emboss.sourceforge.net/apps/cvs/emboss/apps/getorf.html）对 Unigene 进行可读框（open reading frame，ORF）预测，从正向和反向的前三个碱基向中间开始预测，分别遇到起始密码子和终止密码子后结束预测，从而得到 Unigene 对应的编码序列（coding sequence，CDS），由 CDS 即可得到相应的蛋白质序列。由表 6-5 可知，总共有 110 179 条 Unigene 成功预测到 ORF，占慈竹 Unigene 库的 99.14%，ORF 平均长度为 402.90bp，N50 长度为 837bp。大部分 ORF 的长度分布在 0～300bp（73 690 个，占 66.88%），其次为 300～500bp（11.45%）和 500～1000bp（11.42%）。长度在 1000～2000bp 的 ORF 有 8 663 条，占 7.86%，>2000bp 的 ORF 数为 2 629，占 2.39%（图 6-13）。

表 6-5　ORF 统计

总数	总长度/bp	N50 长度/bp	平均长度/bp
110 179	44 391 447	837	402.90

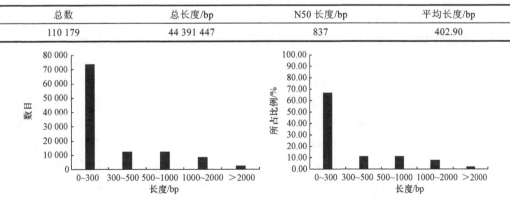

图 6-13　ORF 长度分布

（二）简单重复序列分析

研究发现，简单重复序列（simple sequence repeat，SSR）对于遗传、进化和育种等方面都有广泛的用途，3%～7%的表达基因含有 SSR 基序，主要位于 mRNA 的非翻译区内，且基因序列中的 SSR 可能有不同的假定功能（Thiel et al.，2003）。利用 MISA 软件（http://pgrc.ipk-gatersleben.de/misa/）将筛选得到的 1kb 以上的 Unigene（21 518 条）做 SSR 分析，发现 5163 条 Unigene 含有 SSR，占慈竹 Unigene 序列总数的 4.62%。单核苷酸到五核苷酸重复基序及复合重复基序均存在。771 个 Unigene 含有超过 1 个以上的 SSR，以复合形式存在的 SSR 有 305 个。SSR 中含量最多的一类是三核苷酸重复基序，有 2445 条，所占比例为 47.36%，其次是单核苷酸重复基序（1415 条，占 27.41%）和二核苷酸重复基序（1226 条，占 23.75%），最少的为五核苷酸重复基序（20 条，占 0.39%）（表 6-6）。在核苷酸的重复次数统计中，最多的为 5 次重复（占 33.29%），其次为 6 次重复（占 18.42%）和 10 次重复（占 17.37%），最少的为 9 次重复（占 3.02%）。

表 6-6　SSR 的类型统计

SSR 重复类型	重复次数							总数	比例/%
	5	6	7	8	9	10	>10		
单核苷酸	—	—	—	—	—	746	669	1415	27.41
二核苷酸	—	376	214	196	156	151	133	1226	23.75
三核苷酸	1654	563	189	39	—	—	—	2445	47.36
四核苷酸	45	12	—	—	—	—	—	57	1.10
五核苷酸	20	—	—	—	—	—	—	20	0.39
总数/条	1719	951	403	235	156	897	802	5163	—
比例/%	33.29	18.42	7.81	4.55	3.02	17.37	15.53	—	—

在 SSR 重复基序类型统计分析中（表 6-7），出现频率最高的是 A/T（1196 条，占 23.52%），其次为 CCG/CGG（904 条，占 17.77%）和 AG/CT（889 条，占 17.48%），出现频率最低的是 AAT/ATT（16 条，占 0.31%）。核苷酸的重复次数最多的为 5 次重复（1654 条，占 32.52%），其次为 6 次（939 条，占 18.46%）和 10 次（897 条，占 17.64%），最少的为 9 次（156 条，占 3.07%）。

（三）讨论与结论

可读框是 DNA 上编码一个蛋白的一段碱基序列，由于拥有特殊的起始密码子，直到可以从该段碱基序列产生合适大小蛋白质才出现终止密码子，且 ORF 的预测是能证明一个新的 DNA 序列为特定的蛋白质编码基因的部分或全部的先决条件（Maxam and Gilbert，1977）。组装完成后为了了解序列本身的信息，进行了序列 ORF 预测，总共有 110 179 条 Unigene 成功预测到 ORF，占慈竹 Unigenes 库的 99.14%，ORF 平均长度为 402.90bp。有研究表明，麻竹（Liu et al.，2012b）和毛竹（Peng et al.，2013）的 ORF 预测结果同本书的研究类似。利用 MISA 软件将 1kb 以上的 Unigene（21 518 条）做 SSR 分析，发现 5163 条 Unigene 含有 SSR，占慈竹 Unigene 序列总数的 4.62%。慈竹 Unigene 所含 SSR 所占比例要远小于毛竹（占 24%），这可能与测序取样和物种差异有关（Thiel et al.，2003）。单核苷酸到五核苷酸重复基序及复合重复基序均存在，含量最丰富的是三核苷酸重复基序，有 2445 条（占 47.36%），其次是单核苷酸重复基序，单核苷酸重复基序中出现频率最高的是 A/T（占 23.52%），二核苷酸重复基序中出现频率最高的是 AG/CT

（占 17.48%），三核苷酸重复基序中出现频率最高的是 CCG/CGG（占 17.77%）。核苷酸的重复次数最多的为 5 次重复，占 32.52%，Liu 等（2012b）和 Peng 等（2010）的研究也得到类似的结果。

表 6-7　重复基序类型统计

重复基序类型	重复次数							总数	比例/%
	5	6	7	8	9	10	>10		
A/T	——	——	——	——	——	701	495	1196	23.52
C/G	——	——	——	——	——	45	174	219	4.31
AC/GT	——	80	42	43	11	15	15	206	4.05
AG/CT	——	215	144	142	141	133	114	889	17.48
AT/AT	——	18	11	7	3	3	4	46	0.90
CG/CG	——	63	17	4	1	——	——	85	1.67
AAC/GTT	19	4	5	1	——	——	——	29	0.57
AAG/CTT	83	36	25	3	——	——	——	147	2.89
AAT/ATT	5	8	3	——	——	——	——	16	0.31
ACC/GGT	122	29	15	7	——	——	——	173	3.40
ACG/CGT	87	30	7	——	——	——	——	124	2.44
ACT/AGT	17	5	——	3	——	——	——	25	0.49
AGC/CTG	263	93	34	6	——	——	——	396	7.79
AGG/CCT	340	139	50	10	——	——	——	539	10.60
ATC/ATG	68	16	5	3	——	——	——	92	1.80
CCG/CGG	650	203	45	6	——	——	——	904	17.77
总数/条	1654	939	403	235	156	897	802	5086	
比例/%	32.52	18.46	7.92	4.62	3.07	17.64	15.77		

六、基因的功能注释与表达分析

（一）基因功能注释

为了从整体上了解慈竹笋 Unigene 数据库信息，使用 Blast（Altschul et al., 1997）将组装完成后的 All-Unigene 序列与 COG（Tatusov et al., 2000）、GO（Ashburner et al., 2000）、KEGG（Kanchisa et al., 2004）、SwissProt（Apweiler et al., 2004）和 Nr（邓泱泱等，2006）数据库比对，得到最高序列相似性的 Unigene。表 6-8 统计了获得注释信息的 Unigene 数目，111 137 条 Unigene 中，16 151 条（占 14.53%）Unigene 在 COG 数据库中有高度的匹配性；52 872 条（占 47.57%）Unigene 在 GO 数据库中有高度的匹配性；11 032 条（占 9.93%）在 KEGG 数据库中有高度的匹配性；44 552 条（占 40.09%）Unigene 在 SwissProt 数据库中与蛋白质有高度的匹配性，而 62 795 条（占 56.50%）Unigene 在 Nr 数据库中有高度的匹配性。总之，63 094 条（占 56.77%）Unigene 在 COG、GO、KEGG、SwissProt 和 Nr 数据库中被注释。

表 6-8 Unigene 的功能注释

注释数据库	数目	比例/%	300bp≤长度<1000bp	长度≥1000bp
COG	16 151	14.53	5 991	8 640
GO	52 872	47.57	23 297	19 361
KEGG	11 032	9.93	4 315	5 066
SwissProt	44 552	40.09	19 210	18 551
Nr	62 795	56.50	28 348	20 587
全部	63 094	56.77	28 491	20 599

1. GO 功能分类

GO 数据库能对基因和蛋白质进行分类和注释，它适用于各个物种（Ashburner et al., 2000）。GO 分析按照细胞组分（cellular component）、分子功能（molecular function）和生化过程（biological process）对基因进行分类。在慈竹笋 Unigene 数据库的 GO 功能分类体系中，52 872 条 Unigene 归入到三大 GO 功能分类中。上述三大功能可被划分为更详细的 62 个类别，其分别包含了 18 个、18 个和 26 个功能亚类（图 6-14）。在细胞组分功能类型中，细胞部分（cell part）、细胞（cell）和细胞器（organelle）所占比例最高，分别为 85.71%、84.85% 和 80.39%；所占比例最少的是病毒体部分（virion part），只有 0.05%。在分子功能类型中，结合（binding）和催化活性（catalytic activity）所占比例最高，分别为 68.90% 和 50.82%，最少的为化学诱导物活性（chemoattractant activity），其比例不到 0.01%。而生物学过程功能类型中细胞过程（cellular process）和代谢过程（metabolic process）所占比例最高，分别为 75.86% 和 73.31%，最少的为氮利用（nitrogen utilization），只有 1 个 Unigene 与之相关。

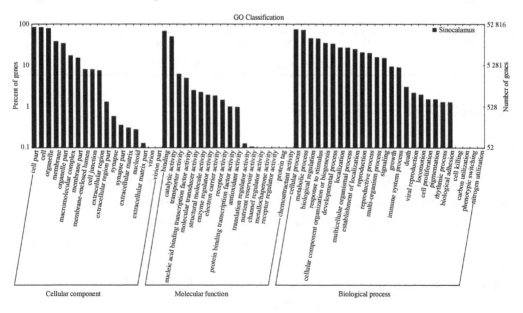

图 6-14 Unigene 的 GO 功能分类

2. COG 功能注释

在慈竹笋 Unigene 数据库的 COG 功能注释中，有 16 151 条 Unigene 具有蛋白质功能定义，占 Unigene 总数的 14.53%。COG 的假定蛋白质在功能上被分为至少 25 种蛋白质家族，涉及复制、重组、修复、信号转导、新陈代谢、分子过程等（图 6-15）。其中，一般功能基因（general function prediction only）代表最大的一类，有 4221 条 Unigene。其次是复制、重组和修复（replication，recombination and repair）和转录（transcription），分别有 2701 条和 2101 条。而细胞运动（cell motility）和核结构（nuclear structure）的 Unigene 最少，分别为 38 条和 7 条。在慈竹笋 Unigene 数据库的 COG 功能注释中，还涉及多个植物生长发育相关的生理生化过程，如碳水化合物转运与代谢（carbohydrate transport and metabolism）、氨基酸转运与代谢（amino acid transport and metabolism）、辅酶转运与代谢（coenzyme transport and metabolism）、次级代谢产物生物合成、运输和分解代谢（secondary metabolites biosynthesis，transport and catabolism）等。

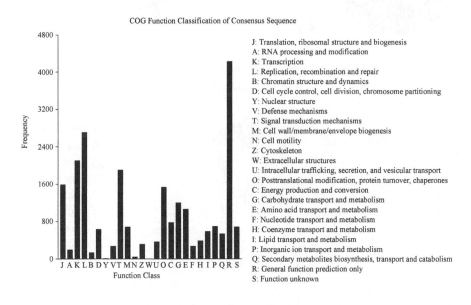

图 6-15　Unigene 的 COG 功能注释

3. Nr 注解

将慈竹笋 Unigene 数据库与 Nr 数据库比对，$E > 1.0 \times 10^{-5}$，总共有 62 795 条 Unigene 匹配到 Nr 数据库。由图 6-16A 可知，慈竹笋 Unigene 与 Nr 数据库完全匹配（$E = 0$）的 Unigene 有 13 657 条，占 21.76%。高度匹配（$0 \sim 1.0 \times 10^{-50}$）的 Unigene 有 21 635 条，占 34.47%（4.78%｜10.59%｜19.10%）。图 6-16B 表示慈竹笋 Unigene 与 Nr 数据库中序列相似度的分布，其中完全一致的序列有 590 条，占 0.94%，相似度在 80% 以上的有 32 985 条，占 52.55%（0.94%+51.61%），相似度在 60% 以上的有 52 792 条，占 84.10%（0.94%+51.61%+31.55%），相似度在 40% 以下的只有 2210 条，占 3.52%。

4. KEGG 注释

KEGG 数据库是有关基因产物代谢通路（pathway）的主要数据库，基于 pathway 分析有助于进一步系统地解读基因的功能。在慈竹笋 Unigene 数据库中，有 11 032 条 Unigene

匹配到 KEGG 数据库中，涉及多个代谢通路。图 6-17 列出了部分的代谢通路，其中包括 RNA 转运（ko03013，408 条 Unigene）、植物激素信号转导（ko04075，407 条 Unigene）、核糖体（ko03010，404 条 Unigene）、剪切体（ko03040，371 条）、内质网中蛋白质加工（ko04141，345 条）等。

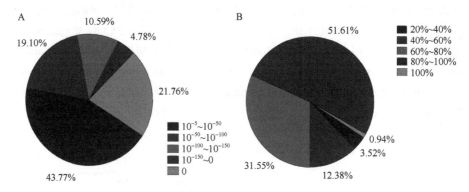

图 6-16　同源性分布特征（另见图版）
A. Blast 比对的 E 值分图；B. Blast 比对序列相似度分布图

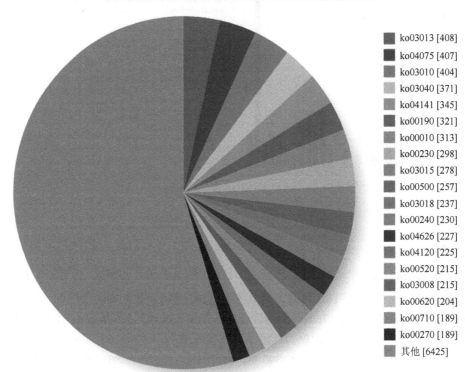

图 6-17　KEGG 代谢通路分布图（另见图版）
ko03013 代表 RNA 转运；ko04075 代表植物激素信号转导；ko03010 代表核糖体；ko03040 代表剪接体；ko04141 代表内质网中蛋白质加工；ko00190 代表氧化磷酸化；ko00010 代表糖酵解/糖异生；ko00230 代表嘌呤代谢；ko03015 代表 mRNA 监控途径；ko00500 代表淀粉和蔗糖代谢；ko03018 代表 RNA 降解；ko00240 代表嘧啶代谢；ko04626 代表植物-病原体相互作用；ko04120 代表泛素介导的蛋白质水解作用；ko00520 代表氨基糖和核苷酸糖代谢；ko03008 代表真核生物中核糖体生物合成；ko00620 代表丙酮酸代谢；ko00710 代表光合生物体中的碳固定；ko00270 代表半胱氨酸和甲硫氨酸代谢

（二）基因表达分析

1. 基因覆盖度统计分析

基因覆盖度指每个基因被 read 覆盖的比例，其值的大小反映基因的表达情况（石文芳，2012）。图 6-18 统计了慈竹笋 Uigene 的覆盖度，其中覆盖度在 90%以上的 Unigene 有 48 632 条，占慈竹笋 Uigene 总数的 43.76%；覆盖度在 80%以上的 Unigene 有 64 403 条，占慈竹笋 Uigene 总数的 57.95%（43.76%+14.19%）；覆盖度在 0～20%的 Unigene 有 29 994 条，只占总 read 数的 26.99%。这些结果表明，测序结果能清楚反映基因表达量情况。

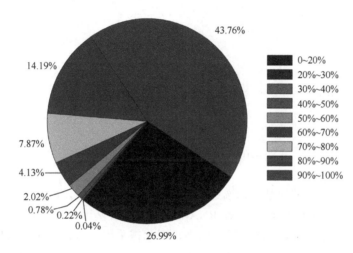

图 6-18　Unigene 覆盖度分布（另见图版）

2. 基因表达量估计

采用 Blat（Kent，2002）将慈竹 4 个不同高度的笋测序得到的 read 与 Unigene 库进行比对，利用估计基因的表达量（RPKM）（Mortazavi et al.，2008）值来反映对应的 Unigene 的表达量。RPKM 是将 map 到所指 Unigene 的 read 数（C，以 million 为单位）除以 map 到所有 Unigene 的 read 数（N）与该 Unigene 的长度（L，以 kb 为单位）的乘积后得到的值，其计算公式为：RPKM = $10^9 C/(NL)$。此方法能消除测序量和基因长度差异对计算基因表达量的影响，RPKM 可以直接用于比较不同样品间的基因表达差异（陈超，2011）。图 6-19 是从表达量的总体分布角度来衡量 4 个高度不同的笋之间的差异，其中 10cm、50cm 和 150cm 高慈竹笋的整体表达量基本一致，0 之前有一个侧峰，在 0～2 有最高的单峰；而 100cm 高慈竹笋在 0 之前没有峰，在 0～2 有两个峰出现。这可能由于 100cm 笋与其他三个样品的测序量不一样有关。

（三）差异表达分析

1. 差异表达基因筛选

为了了解 4 个不同高度慈竹笋的差异表达基因，采用 DESeq 软件对 4 个样品的

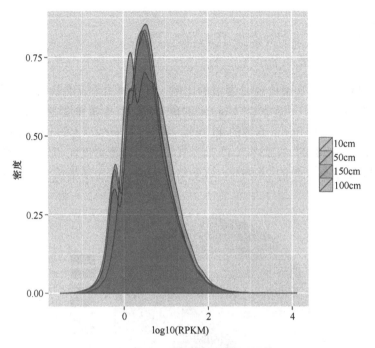

图 6-19　RPKM 密度分布（另见图版）

Unigene 进行筛选。在差异基因筛选过程中，设定 FDR＜0.01，fold change（FC）≥2，FDR 为差异基因筛选的关键指标。在 RNA-Seq 中的差异基因分析是对大量基因进行独立的统计假设检验，会出现总体假阳性偏高，因此需采用 Benjamini-Hochberg 校正方法（Benjamini and Hochberg，1995）对假设检测得到的 P 值（P-value）进行校正，而 FDR 就是通过对 P 值（P-value）校正得到的。

　　由图 6-20 可知，100cm 与其他三个样品相比时，偏离对角线的点要明显多于其他三个样品相互之间的对比，且 10cm 和 100cm 偏离对角线的点要多于 50cm 和 100cm 与 100cm 和 150cm，说明 100cm 与其他样品间的表达量相关性要大于其他三个样品间的对比，且 10cm 与 100cm 间的表达量相关性最高，差异最大。而 10cm 和 50cm 与 50cm 和 150cm 偏离对角线的点要少于 10cm 和 150cm，说明 10cm 和 50cm 与 50cm 和 150cm 之间基因表达量的相关性较高，差异较小，而 10cm 与 150cm 之间基因表达量的相关性较低，差异较大。

　　为了进一步确定 4 个样品中的差异表达基因，作了差异表达基因火山图分析（图 6-21）。火山图的分析结果与散点图结果相似，100cm 与其他三个样品相比时，X 轴上偏离 0 的点要明显多于其他三个样品相互之间的对比，且 10cm 和 100cm 偏离 0 的点要多于 50cm 和 100cm 与 100 和 150cm。Y 轴上 10cm 和 100cm 间大于 10 的点也要多于 50cm 和 100 与 100cm 和 150cm。10cm 和 100cm 间的差异表达基因最多。而 10cm 和 150cm 在 X 轴上偏离 0 的点明显要比 10cm 和 50cm 与 50cm 和 150cm 多，而 Y 轴上大于 10 的点，10cm 和 150cm 图中也相对较多。这说明 10cm 和 150cm 的差异表达基因要比 10cm 和 50cm 与 50cm 和 150cm 间的多。

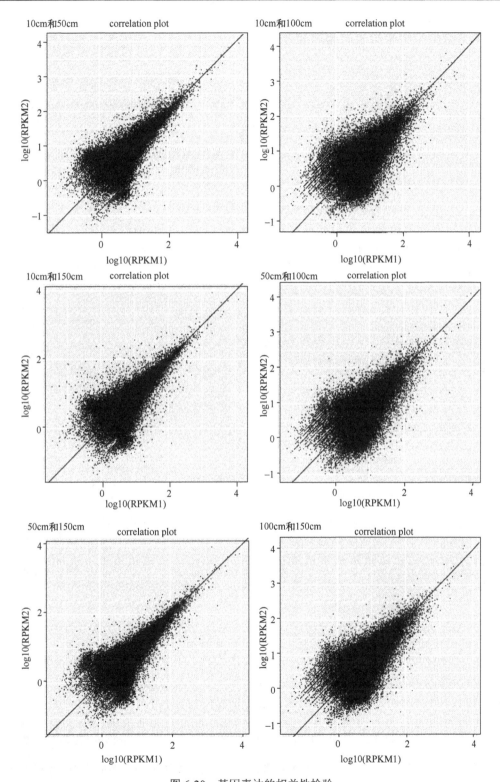

图 6-20　基因表达的相关性检验

X 轴表示对照组，*Y* 轴表示实验组；越偏离对角线的点，相对表达量越高。偏离对角线点越多，样品间表达量相关性
越低，表达量差异越大；反之，偏离对角线点越少，样品间表达量相关性越高，表达量差异越小

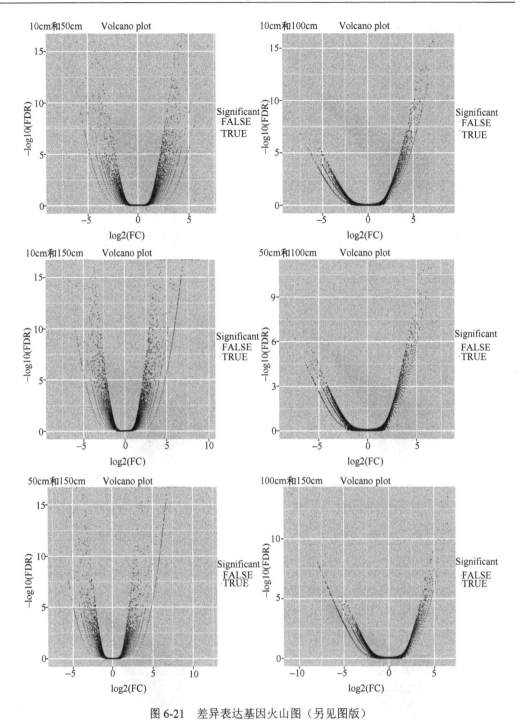

图 6-21　差异表达基因火山图（另见图版）

绿色代表差异表达基因，红色代表无表达差异的基因；对于 X 轴，正值代表上调基因，负值代表下调基因，偏离 0 越远，表达量的倍数差异越大；对于 Y 轴，值越大，表明假阳性越小，筛选得到的差异表达基因越可靠

表 6-9 统计了各个样品间的差异表达基因数量。差异表达基因最多的为 10cm 和 150cm 组，有 2601 条差异表达基因，其中上调表达基因有 1573 条，下调表达基因有 1028 条；其次是 10 和 50cm 组，有 1828 条差异表达基因，上调表达基因 1072 条，下调表达基因

756 条，以及 50cm 和 150cm，有 1745 条差异表达基因，上调表达基因有 958 条，下调表达基因有 787 条；最少的是 50cm 和 100cm，共有 1224 条差异表达基因，上调表达基因 975 条，下调表达基因 249 条，并且在每个组合间差异表达基因中上调表达的基因数量要多于下调表达的基因。

表 6-9　差异表达基因统计

组合类型	总数	上调基因数量	下调基因数量
10cm 和 50cm	1828	1072	756
10cm 和 100cm	1542	1235	307
10cm 和 150cm	2601	1573	1028
50cm 和 100cm	1224	975	249
50cm 和 150cm	1745	958	787
100cm 和 150cm	1231	871	360

2. 差异表达基因聚类分析

为了更直观地了解差异基因的表达模式，对筛选出来的差异表达基因作层次聚类分析（hierarchical clustering analysis）（Severin et al.，2010），由此判断差异基因的协同表达和样品间差异的趋势。从图 6-22 可以看出每两个样品间基因的表达差异及所属分支。

3. 差异表达基因注释

提取筛选得到的差异表达基因的注释信息，了解其具体的功能，表 6-10 统计了得到注释的差异表达基因。在同一组合不同数据库间比较时，每个组合在 Nr 数据库中得到注释的差异表达基因最多，其次是在 GO 和 SwissProt 数据库得到注释的差异表达基因，得到注释最少的数据库是 KEGG。而在同一数据库不同组合之间的比较时，10cm 和 150cm 的差异表达基因在各个数据库中得到注释的数量要明显多于其他组合。例如，在 Nr 数据库中差异表达基因得到注释最多的组合是 10cm 和 150cm，有 2086 条；其次是 10cm 和 50cm 与 50cm 和 150cm 组合，分别有 1347 条和 1332 条；最少的为 50cm 和 100cm 与 100cm 和 150cm 组合，分别只有 961 条和 919 条。

4. 差异表达基因 KEGG 通路富集分析

对筛选出的差异表达基因作 KEGG 通路富集分析，能清楚地了解某个差异表达基因参与的代谢通路。图 6-23 显示了 10cm 和 50cm、10cm 和 100cm、10cm 和 150cm、50cm 和 100cm、50cm 和 150cm 与 100cm 和 150cm 富集最显著的 20 个 pathway 条目，每个组

表 6-10　差异表达基因注释

组合类型	COG	GO	KEGG	SwissProt	Nr
10cm 和 50cm	311	1171	192	1110	1347
10cm 和 100cm	271	1089	253	972	1254
10cm 和 150cm	587	1881	457	1779	2086
50cm 和 100cm	222	807	213	725	961
50cm 和 150cm	400	1188	348	1112	1332
100cm 和 150cm	268	799	255	720	919

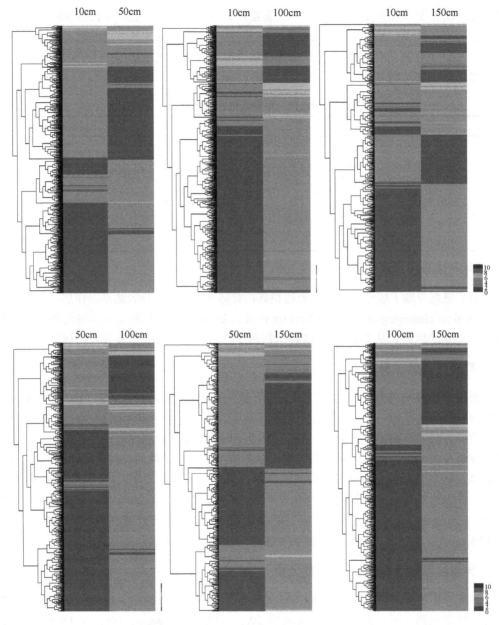

图 6-22　差异表达基因聚类（另见图版）
相应的颜色代表基因在样品中的表达量高低，红色表示基因高表达，蓝色表示基因低表达

合含有的富集最显著的 pathway 条目各不相同，其中只有氮代谢（nitrogen metabolism）和酪氨酸代谢（tyrosine metabolism）是所有两两组合都含有的富集最显著的 pathway 条目。10cm 和 50cm 组合富集最显著的 pathway 条目是丙氨酸、天冬氨酸盐和谷氨酸盐代谢（alanine、aspartate and glutamate metabolism）；10cm 和 100cm 与 10cm 和 150cm 组合富集最显著的 pathway 条目是 ABC 转运蛋白（ATP-binding cassette transporter）；50cm 和 100cm、50cm 和 150cm 与 100cm 和 150cm 组合富集最显著的 pathway 条目是亚麻酸代谢（alpha-linolenic acid metabolism）。选取样品 10cm 和 50cm 间差异表达基因的糖酵解/

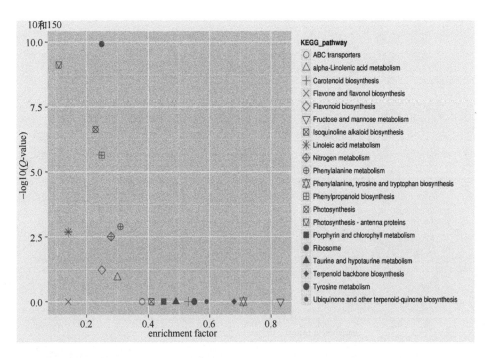

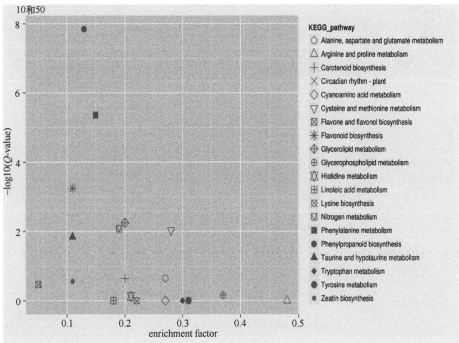

图 6-23　KEGG 通路富集散点图

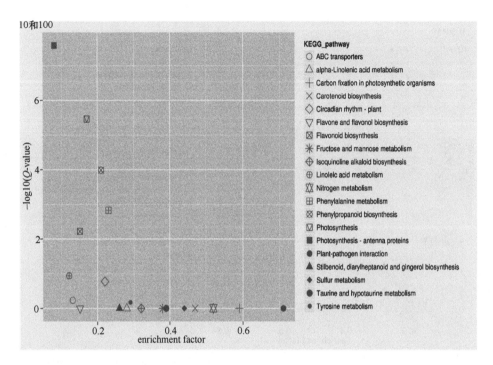

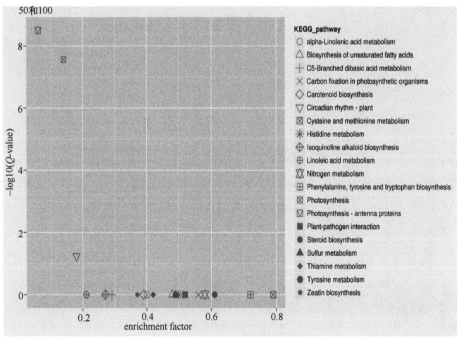

图 6-23　KEGG 通路富集散点图（续）

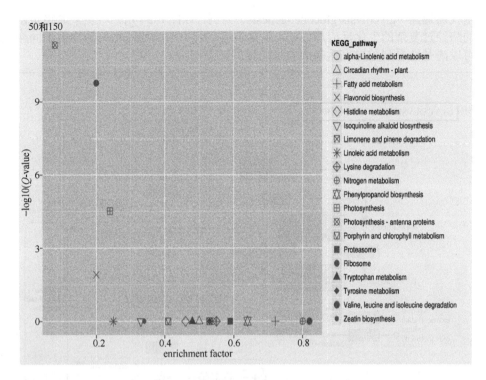

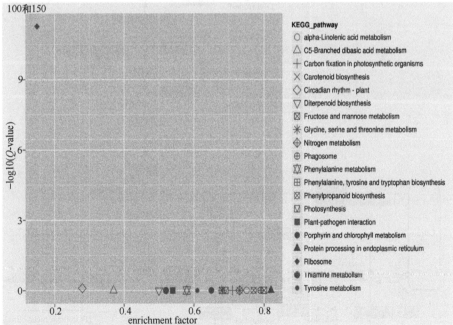

图 6-23　KEGG 通路富集散点图（续）

X 轴为 enrichment factor（富集因子），表示差异表达基因中位于该代谢通路的比例与所有注释基因中位于该代谢通路比例的比值，比值越大表示差异表达基因富集程度越明显。Y 轴为 –log10（Q-value），其中 Q-value 为多重假设检验校正后的 P 值，–log10（Q-value）值越大，表明差异表达基因的富集越显著。图中点越靠近右上角，表明参考价值越大；反之，越靠近左下角，参考价值越小糖异生代谢通路（glycolysis/gluconeogenesis）为例，如图 6-24 所示，整个通路是由多种不同的酶经过复杂的生化反应形成的，差异表达基因中与此通路相关的均用不同颜色标出，可以清楚地看到差异表达基因参与的反应。

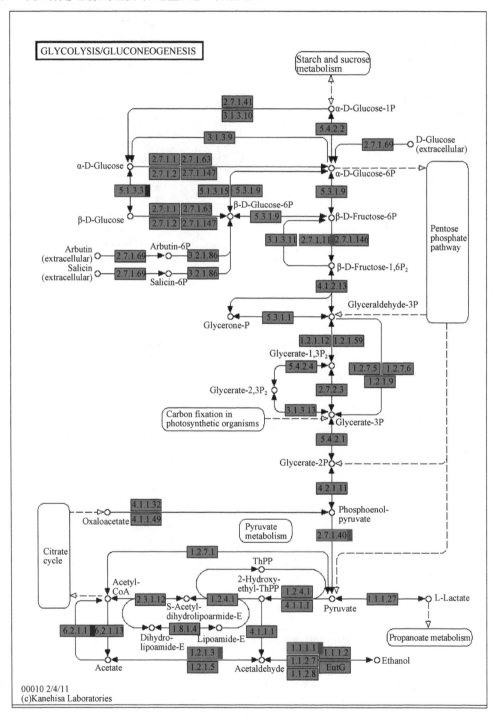

图 6-24　差异表达基因 KEGG 通路示意图（另见图版）

红色代表上调基因，绿色代表下调基因，框内数字代表酶的编号，说明对应基因与此酶相关

5. 纤维素合成相关基因差异分析

植物纤维素的生物合成是一个高度复杂的生物过程，有多个酶参与其生物合成，其中包括纤维素合成酶（cellulose synthase，CesA）、纤维素合成酶相似蛋白（cellulose synthase-like protein，Csl）、蔗糖合酶（sucrose synthase，SUS）、β-1,4-D-葡聚糖酶（β-1,4-D-glucanase，KORRIGAN）等（程曦等，2011）。*CesA* 是目前研究最多的纤维素生物合成基因，它编码的纤维素合成酶不仅是纤维素生物合成的场所（Kimura et al.，1999），而且在纤维素生物合成过程中起着关键的调节作用。纤维素合成酶本身具有多基因现象，在纤维素生物合成过程中，多个 *CesA* 基因彼此相关，协同作用。在慈竹 Unigene 数据库中，分别与 SwissProt 和 Nr 数据库比对时，与 *CesA* 基因同源的 Unigene 分别有 49 条和 33 条；与 *Csl* 基因同源的 Unigene 分别有 36 条和 27 条；与 *SUS* 基因同源的 Unigene 分别有 14 条和 7 条（表 6-11）。这些基因序列与毛竹（*Phyllostachys edulis*）、绿竹（*Bambusa oldhamii*）、水稻（*Oryza sativa*）、玉米（*Zea mays*）等物种的 *CesA*、*Csl* 和 *SUS* 基因具有很高的同源性。

表 6-11 纤维素合成途径中的功能基因

	CesA 同源基因		*Csl* 同源基因		*SUS* 同源基因	
	SwissProt	Nr	SwissProt	Nr	SwissProt	Nr
数目	49	33	36	27	14	7

由图 6-25 可见，*CesA* 基因的 RPKM 在 10cm 和 50cm 的样品中聚在一簇；而 100cm 和 150cm 的样品聚为另一簇，表明 *CesA* 基因随慈竹笋高度的增长呈现不同的表达模式。其中，*CesA1*、*CesA5*、*Ces6* 和 *CesA8* 同源的 Unigene 有着较高的相对表达量，但却随着笋的伸长，呈现出降低的趋势（图 6-26）。在 4 个不同生长高度的慈竹笋中，与 *CesA4*、*CesA7*、*Ces9* 同源的 10 条 Unigene，虽然呈现着较低的表达，却随着笋的伸长，呈现出增高的趋势（图 6-26）。这些 Unigene 在 GO 数据库的功能注释中都涉及多个 GO 功能条目，包括细胞壁、初生细胞壁、次生细胞壁生物合成，纤维素合成酶活性、纤维素生物合成过程，木质部发育，细胞壁增厚等，而在 KEGG 注释中，10 条 Unigene 都参与的 KEGG 通路是 K10999（纤维素合成酶）（表 6-12）。研究已经表明，不同的 *CesA* 基因分别在细胞初生壁和次生细胞壁合成时期起不同的作用。水稻 OsCesA4、OsCesA7、OsCesA9 是细胞次生细胞壁合成所必需的；在木质部的细胞中高表达，这些结果表明，慈竹的纤维素合成酶 CesA4、CesA7、Ces9 的表达对纤维素合成增多和次生细胞壁发育起着重要作用。

Csl 基因与 *CesA* 基因编码的蛋白都含有 DDDQXXRW 的保守序列，*Csl* 基因编码的氨基酸序列与 *CesA* 编码的氨基酸序列的相似度为 7%~35%（Kimura et al.，1999）。根据 *Csl* 序列结构的不同，将 *Csl* 基因分为 8 个家族，分别为 *CslA*~*CslH*（Hazen et al.，2002；Richmond and Somerville，2000）。由图 6-27 可知，在 4 个不同生长高度的慈竹笋 Unigene 中，能检测到 18 条与 SwissProt 数据库中水稻 *CslD*、*CslG*、*CslE* 和 *CslH* 高度同源的 Unigene（长度>1000bp，E 值<1.0×10^{-100}）。其中，*CslD* 家族基因如 *CslD2* 和 *CslD4* 同源基因具有较高的表达，并且与 10cm 的笋相比，大部分的 *CslD2* 和 *CslD4* 家族的同

源基因在 50cm 和 100cm 的笋中明显上调；但在 150cm 有明显下降。而 *CslH2* 的同源基因（T3_Unigene_BMK.17234）尽管在所有样品中的 RPKM 均小于 10，但却随着笋高度增加表达量明显增加，$\log_2 10/50$、$\log_2 10/100$ 和 $\log_2 10/150$ 分别为 1.91、3.97 和 3.11。与

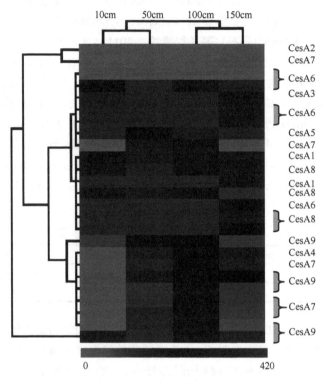

图 6-25　不同生长高度的慈竹笋中 CesA 的相对表达水平（RPKM）（另见图版）

热图（heatmap）由 MeV4.9.1.软件创建

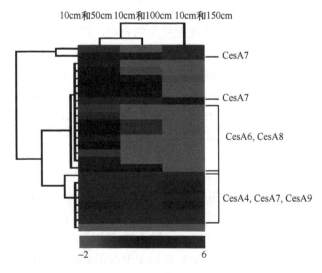

图 6-26　不同生长高度的慈竹笋中 CesA 的差异表达水平（log2 值）（另见图版）

热图（heatmap）由 MeV4.9.1.软件创建

表 6-12　纤维素合成酶基因的功能注释

Unigene	KEGG 通路	功能注释
CL10Contig1	K10999	cellulose synthase A catalytic subunit 9
T2Unigene23059	K10999	cellulose synthase A catalytic subunit 7
CL1669Contig1	K10999	cellulose synthase A catalytic subunit 7
T2Unigene28744	K10999	cellulose synthase A catalytic subunit 9
T1Unigene23998	K10999	cellulose synthase A catalytic subunit 7
T1Unigene22002	K10999	cellulose synthase A catalytic subunit 9
T4Unigene34723	K10999	cellulose synthase A catalytic subunit 9
CL1525Contig2	K10999	cellulose synthase A catalytic subunit 4
T2Unigene23060	K10999	cellulose synthase A catalytic subunit 7
T3_Unigene29112	K10999	cellulose synthase A catalytic subunit 7

注：K10999 代表纤维素合成酶途径（cellulose synthase A）DDX3X

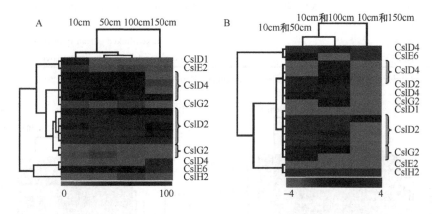

图 6-27　不同生长高度的慈竹笋中 *CSL* 的相对表达水平（RPKM，A）和差异表达水平（log2 值，B）
（另见图版）
热图（heatmap）由 MeV4.9.1.软件创建

10cm 高度的样品相比，在 150cm 的高度上，大部分的 *Csl* 家族的同源基因表达下降，表明该家族基因主要作用于笋发育早期。

查询慈竹 Unigene GO 功能注释，所有差异表达基因都涉及的 GO 功能条目为纤维素合成酶活性，出现上调表达的 Unigene 都涉及了细胞壁的起源或代谢，只有下调表达的基因没有涉及细胞壁，这可能是由于笋的生长，细胞壁也不断发育，而没有涉及细胞壁发育的基因呈下调表达。表 6-13 列出了所有与 *Csl* 同源 Unigene 的 KEGG 通路和功能注释。

纤维素生物合成过程中另一个重要的酶是蔗糖合酶，它的主要功能是催化蔗糖和 UDP 反应，生成 UDP-葡萄糖和果糖，为纤维素的生物合成提供底物（程曦等，2011）。在 4 个不同生长高度的慈竹笋 Unigene 中，发现 14 个与 SwissProt 数据库中水稻 *SUS* 同源的 Unigene（K00695），涉及的 GO 功能条目有细胞壁、淀粉和蔗糖的代谢过程，蔗糖合成过程，蔗糖合酶活性等，说明蔗糖合酶不仅参与纤维素的合成，可能同时还参与很多其他生物过程。如图 6-28 所示，*SUS1* 和 *SUS2* 亚家族基因表达水平较高，但随着高度的增加，表达水平下降，说明其主要参与笋早期发育的细胞壁建成；与 10cm 高度的样品相比，随着高度的增加，*SUS5*、*SUS6* 和 *SUS7* 亚家族基因的表达水平明显提高，与纤维素的生物合成相关。

表 6-13　　纤维素合成酶相似蛋白的功能注释

Unigene	KEGG 通路	功能注释
CL3021Contig1	K13680	probable mannan synthase 6
T1Unigene53096	—	cellulose synthase-like CslF8
T1Unigene30699	K00770	cellulose synthase-like protein D4
CL33407Contig1	—	cellulose synthase-like protein H1
CL3021Contig2	K13680	probable mannan synthase 6
T3Unigene17234	—	cellulose synthase-like protein H2
T3Unigene52746	—	cellulose synthase-like protein H1
T4Unigene15337	—	probable xyloglucan glycosyltransferase 2
CL28843Contig1	—	probable mixed-linked glucan synthase 9
CL1045Contig3	—	probable xyloglucan glycosyltransferase 2
CL8971Contig1	K13680	glucomannan 4-beta-mannosyltransferase 1
T1Unigene23468	—	probable mannan synthase 4
T2Unigene19605	—	probable mixed-linked glucan synthase 6
T4Unigene8055	K13680	glucomannan 4-beta-mannosyltransferase 1

注：K13608 代表千里光碱 N-加氧酶（senecionine N-oxygenase）；K00770 代表 β-1,4-D-木聚糖合酶（β-1,4-D-xylan synthase）

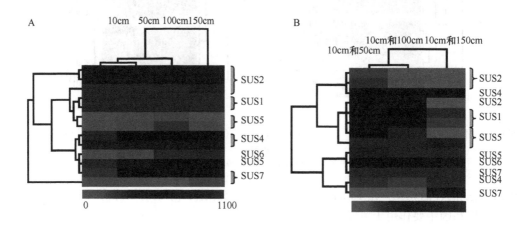

图 6-28　不同生长高度的慈竹笋中 SUS 的相对表达水平（RPKM，A）和差异表达水平（log2，B）
（另见图版）

热图（heatmap）由 MeV4.9.1.软件创建

6. 木质素代谢相关基因分析

　　植物体内木质素的生物合成是以苯丙氨酸为起始，在一系列酶催化下，经过羟基化、甲基化、还原等反应生成三种木质素单体，最后经过键与键的连接使单体木质素聚合在一起，从而形成木质素（李潞滨等，2007）。竹类植物的木质素含量要高于其他草本植物，这可能与木质素生物合成关键酶的数量和表达水平上的差异有关，这也是影响竹子应用于造纸行业的一个重要因素。慈竹 Unigene 数据库与 SwissProt 和 Nr 数据库比对，分别鉴定出 188 个和 121 个 Unigene，它们编码的蛋白质涉及 11 个木质素合成途径中的关键酶，其中最多的为漆酶（laccase，LAC），分别有 51 个和 36 个，其次为 4-香豆酸 CoA 连接酶（4CL）和肉桂酰-CoA 还原酶（CCR），分别有 37 个和 19 个及 34 个和 8 个，最少的为苯乙烯酸-4-

脱氢酶（C4H）和对羟基苯乙烯酸-3-脱氢酶（C3H），只在 Nr 数据库中鉴定出 2 个和 3 个（表 6-14）。

表 6-14 木质素合成途径中的功能基因

木质素合成途径关键酶	数目	
	SwissProt	Nr
苯丙氨酸氨裂解酶（phenylalanine ammonia-lyase，PAL）	26	18
4-香豆酸 CoA 连接酶（4-coumarate-CoA ligase，4CL）	37	19
咖啡酰 CoA-O-甲基转移酶（caffeoyl-CoA-O-methyltransferase，CCoAOMT）	3	3
肉桂酰-CoA 还原酶（cinnamoyl-CoA reductase，CCR）	34	8
咖啡酸 O-甲基转移酶（caffeic acid O-methyltransferase，COMT）	2	2
肉桂醇脱氢酶（cinnamoyl alcohol dehydrogenase，CAD）	25	11
漆酶（laccase，LAC）	51	36
3-脱氧-D-阿拉伯-庚酮糖酸 7-磷酸合酶（3-deoxy-D-arabino-heptulosonate 7-phosphate synthase，DAHPS）	10	4
阿魏酸 5-脱氢酶（ferulate 5-hydroxylase，F5H）	0	15
对羟基苯乙烯酸-3-脱氢酶（p-coumarate-3-hydroxylase，C3H）	0	3
苯乙烯酸-4-脱氢酶（cinnamate-4-hydroxylase，C4H）	0	2

在慈竹 Unigene 中没有检测到 5-羟基松柏醛 O-甲基转移酶（5-hydroxyl-coniferyl aldehyde O-methyltransferase，AldOMT），Liu 等（2012b）在麻竹的研究中也得到类似的结果，可能是由于慈竹中其他表达的甲基转移酶取代了 AldOMT 的活性，这些特征可能是慈竹独有的，其中内在的调控机制需要进一步的研究加以阐明。

在 14 个与 SwissProt 数据库中的水稻 PAL1（6 个）、PAL2（6 个）和小麦 PALY（2 个）高度相似的慈竹 Unigene（P 值<1.0×10^{-50}）中，除了一些 PAL2 的同源基因（CL12270Contig1，CL56Contig2 和 CL56Contig3）在 10cm 笋中就表现出较高的表达外，大部分的 PAL 同源的 Unigene 都在 50cm 高度以上的笋中高度表达，这与木质素积累的规律是相符的（图 6-29）。而随着笋的高度增加而呈现明显上调的差异表达基因都集中在 PAL1 亚家族，表明其与笋伸长过程中木质素生物合成密切相关。

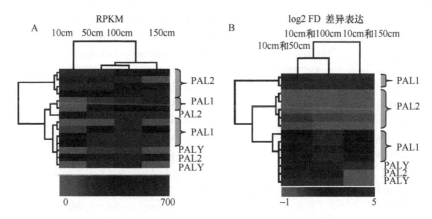

图 6-29 不同生长高度的慈竹笋中 PAL 的相对表达水平（RPKM 值，A）和差异表达水平（log2 值，B）（另见图版）

热图（heatmap）由 MeV4.9.1.软件创建

CCoAOMT 是重要的甲基转移酶（吴晓宇等，2012），4 个不同生长高度慈竹笋中没有出现这种酶的差异表达，可能是由于 4 个笋所处的生长阶段差异不大，这种酶的表达量差异不明显而没有被检测到，也有可能是测序误差造成的。其他 10 种差异表达关键酶的表达模式各有差异，且每种差异表达基因的数量也各不相同，但总体上 10cm 与其他高度的笋之间的差异表达基因种类和数量要明显多于其他组合之间的差异，而 50cm、100cm 和 150cm 间的关键酶基因的表达差异逐渐减少，表明 10cm 和 150cm 间笋的生长差异最大，在 10cm 阶段笋组织较嫩，木质素合成较少，而到 50cm 时笋逐渐开始木质化，木质素合成途径中的关键酶表达量增加，木质素合成增多，随着笋继续生长到 100cm 时，木质素合成途径中关键酶的表达差异减少，当笋生长到 150cm 时与 100cm 相比几乎很少出现差异表达基因，说明笋进一步木质化，但可能是木质素合成的量和合成速度不变，只是木质素总量的累积，造成笋组织的进一步木质化。表 6-15 列出了所有木质素合成途径中关键酶的 KEGG 通路和功能注释。

表 6-15 木质素合成途径中差异表达基因的功能注释

Unigene	KEGG 通路	功能注释
CL56Contig4	K13064	phenylalanine ammonia-lyase
T4Unigene30603	K13064	phenylalanine ammonia-lyase
CL56Contig1	K13064	phenylalanine ammonia-lyase
CL56Contig5	K13064	phenylalanine/tyrosine ammonia-lyase
CL11658Contig1	K13064	phenylalanine/tyrosine ammonia-lyase
T2Unigene20572	K13064	phenylalanine ammonia-lyase
CL17398Contig1	—	putative phenylalanine ammonia-lyase
T4Unigene31215	K13064	phenylalanine ammonia-lyase
T4Unigene31391	K10775	phenylalanine ammonia-lyase
T3Unigene17638	K13064	phenylalanine ammonia-lyase
T2Unigene30501	K13064	phenylalanine ammonia-lyase
CL11526Contig1	K01904	probable 4-coumarate--CoA ligase 5
CL1213Contig2	K01904	probable 4-coumarate--CoA ligase 3
CL30053Contig1	—	4-coumarate--CoA ligase-like 10
T1Unigene25776	—	probable 4-coumarate--CoA ligase 4
T3Unigene34303	K01904	probable 4-coumarate--CoA ligase 3
CL14894Contig1	—	4-coumarate--CoA ligase-like 3
CL1213Contig1	K01904	probable 4-coumarate--CoA ligase 4
T1Unigene17952	K09753	cinnamoyl-CoA reductase 1
T4Unigene31965	K09753	cinnamoyl-CoA reductase 1
CL21423Contig1	—	cinnamoyl-CoA reductase 1
T4Unigene23584	—	cinnamoyl-CoA reductase 1
T3Unigene31394	—	cinnamoyl-CoA reductase 1
T3Unigene38974	—	cinnamoyl-CoA reductase 1
T1Unigene9691	—	cinnamoyl-CoA reductase 1
CL12128Contig1	K05279	caffeic acid-3-O-methyltransferase
T1Unigene26576	—	probable cinnamyl alcohol dehydrogenase 6
CL33479Contig1	—	probable cinnamyl alcohol dehydrogenase 9
T4Unigene24739	—	probable cinnamyl alcohol dehydrogenase 6
CL17216Contig1	K00083	cinnamyl alcohol dehydrogenase 2

续表

Unigene	KEGG 通路	功能注释
T3Unigene 7417	—	probable cinnamyl alcohol dehydrogenase 1
T3Unigene9998	—	probable cinnamyl alcohol dehydrogenase 9
T3Unigene28616	—	probable cinnamyl alcohol dehydrogenase 6
T2Unigene8252	—	probable cinnamyl alcohol dehydrogenase 8D
T1Unigene15876	—	laccase-10
CL18762Contig1	—	laccase-22
T3Unigene31879	—	putative laccase-17
T4Unigene23126	—	laccase-23
CL31593Contig1	—	laccase-14
CL33Contig5	—	laccase-10
CL33Contig1	—	laccase-12/13
T2Unigene18628	—	laccase-14
T1Unigene16479	—	laccase-10
T2Unigene31682	—	laccase-24
T2Unigene25434	—	laccase-12/13
T3Unigene23600	—	laccase-12/13
CL13911Contig1	—	laccase-4
T4Unigene36206	—	laccase-10
CL9034Contig1	—	laccase-19
T1Unigene54881	—	putative laccase-11
CL33Contig7	—	putative laccase-5
CL33Contig4	—	putative laccase-11
CL30046Contig1	—	laccase-22
T4Unigene23615	—	laccase-4
CL33Contig3	—	putative laccase-11
CL6668Contig1	—	putative laccase-17
T3Unigene4464	—	laccase-14
T3Unigene31877	—	putative laccase-17
T2Unigene22984	—	laccase-17
CL33Contig2	—	laccase-25
T1Unigene55135	—	laccase-24
T1Unigene34042	K01626	phospho-2-dehydro-3-deoxyheptonate aldolase 2, chloroplastic
T1Unigene39424	—	putative ferulate 5-hydroxylase
T4Unigene34385	—	putative ferulate 5-hydroxylase
CL1626Contig1	—	putative ferulate 5-hydroxylase
CL1805Contig1	—	putative ferulate 5-hydroxylase
CL3826Contig1	—	putative ferulate 5-hydroxylase
CL20231Contig1	—	putative ferulate 5-hydroxylase
CL5043Contig1	K09754	p-coumarate 3-hydroxylase
T4Unigene33189	K00487	cinnamate 4-hydroxylase

注：K13064 代表苯丙氨酸/酪氨酸脱氨酶（phenylalanine/tyrosine ammonia-lyase）；K10775 代表苯丙氨酸脱氨酶（phenylalanine ammonia-lyase）；K01904 代表 4-香豆酸-辅酶 A 连接酶（4-coumarate-CoA ligase）；K09753 代表肉桂酰辅酶 A 还原酶（cinnamoyl-CoA reductase）；K05279 代表黄酮醇 3-O-甲基转移酶（flavonol 3-O-methyltransferase）；K00083 代表肉桂酰-乙醇脱氢酶（cinnamyl-alcohol dehydrogenase）；K01626 代表 3-脱氧-7 磷酸庚糖酸合酶（3-deoxy-7-phosphoheptulonate synthase）；K09754 代表香豆酸奎尼酸（香豆酰莽草酸酯）3'-单氧酶[coumaroylquinate（coumaroylshikimate）3'-monooxygenase]；K00487 代表反式肉桂酸-4-单氧酶（trans-cinnamate 4-monooxygenase）

7. 转录因子相关基因分析

转录因子是由核基因编码的一类蛋白质（张椿雨等，2007），通过它们之间及它们与其他相关蛋白之间的相互作用来达到激活或抑制某些基因的转录（李想等，2014），来调控植物的生命活动。在 4 个不同生长高度的慈竹笋中鉴定出了 9 种差异表达的转录因子基因（表 6-16），其中最多的是 *MYB*，有 36 条；其次是 *WRKY* 和 *bHLH*，分别含有 28 条和 27 条；最少的是 *HD-ZIP*，只有 2 条。这些差异表达的转录因子在 4 个不同高度的慈竹笋中的表达模式和表达水平各不相同，其中 *MYB*、*WRKY*、*NAC*、*bHLH*、*CBF*、*DREB*、*bZIP* 都有不同程度的上调表达和下调表达。

表 6-16　差异表达的转录因子基因

TF 家族	数目	功能注释
MYB	36	MYB family transcription factor
WRKY	28	WRKY transcription factor
NAC	22	NAC domain protein
bHLH	27	basic helix-loop-helix（bHLH）
MADS-Box	5	MADS-Box transcription factor
CBF	4	AP2 domain CBF protein
DREB	6	dehydration-responsive element-binding protein
bZIP	4	bZIP transcription factor
HD-ZIP	2	HD domain class transcription factor

由图 6-30 可见，与 10cm 的样品相比，150cm 高度的笋中，与拟南芥的 MYB4、MYB39 和 MYB86 高度相似（P 值$<1.0\times10^{-100}$）的 MYB 转录因子的表达明显上调，其中 CL14143Contig1（MYB4）只含有一个 MYB 保守域，可推测其属于只含有一个典型 MYB 结构的一类 MYB 转录因子；而 CL4985Contig1（MYB39）含有两个 MYB 保守域，可推测其属于 R2R3 型转录因子家族亚族的一员。

利用 Mega5.10 软件对慈竹的 8 个 *MYB* 基因及在植物转录因子库 PlantTFDB（http://planttfdb.cbi.pku.edu.cn/）并结合 GeneBank 搜索的毛竹（*Phyllostachys edulis*）、拟南芥（*Arabidopsis thaliana*）、水稻（*Oryza sativa*）、玉米（*Zea mays*），各 9 条、20 条、3 条、3 条 MYB 序列进行分析，采用 Construct/Test Neighbor-Joining Tree 生成进化树。研究已经表明（见第二章的表 2-19、图 2-73），AtMYB58、AtMYB63 和 AtMYB85 是木质素合成的激活物；AtMYB46、AtMYB83 是次生细胞壁 MYB 掌控开关，而 AtMYB20、AtMYB43、AtMYB54、AtMYB103、AtMYB42、AtMYB52、AtMYB69 作为 NAC 调控下的下游激活子，不仅激活细胞壁中木质素合成，也激活纤维素合成。

进化树分析表明（图 6-31），CL26325Contig1 与拟南芥的 AtMYB21 聚在一个分支上，与 AtMYB 63 和 AtMYB 85 等木质素合成的激活物及 AtMYB20、AtMYB 43 等 NAC 调控下游激活子，共处于一个亚簇；而 CL3281Contig1 与拟南芥的 AtMYB26 聚在一个分支上，与 AtMYB46 和 AtMYB 83 次生细胞壁 MYB 掌控开关共处于一个亚簇，表明这两个慈竹 MYB 转录因子是笋的发育过程中对纤维素和木质素合成具有重要调控作用的候选基因。

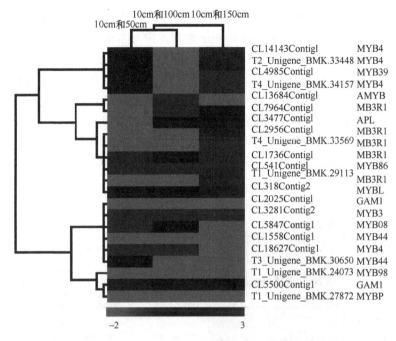

图 6-30 不同生长高度的慈竹笋中 MYB 转录因子的差异表达水平（log2 值）（另见图版）

热图（heatmap）由 MeV4.9.1.软件创建

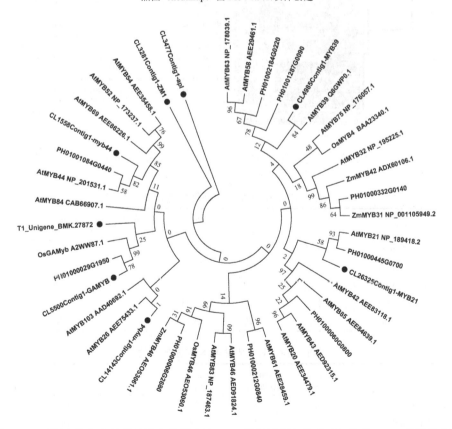

图 6-31 不同生长高度的慈竹笋中差异表达 *MYB* 转录因子与其他已知植物 MYB 的聚类分析

NAC 转录因子根据其差异表达的水平（图 6-32），可分为 4 类：第一类，随着笋的发育，其表达水平明显上调，如在 SwissProt 数据库中与水稻的 NAC8 高度相似（P 值 $<1.0\times10^{-100}$）的 CL8456Contig1 和 CL8456Contig2 等；第二类，随着笋的发育，其表达水平明显下调，如 T3-Unigene-BMK-32344、CL9427Contig1 和 CL11763Contig2 等，其与 SwissProt 数据库中与水稻的 NAC68 高度相似（P 值 $<1.0\times10^{-100}$）；第三类，随着笋的发育，呈先上调后下调的波动状态的 Unigene，其与水稻的 NAC55、NAC78、NAC90、NAC100 等高度相似（P 值 $<1.0\times10^{-100}$）。而鉴定的 5 个 *MADS-Box* 和 2 个 *HD-ZIP* 基因都是上调表达，这可能与转录因子的功能有关（表 6-17，表 6-18）。

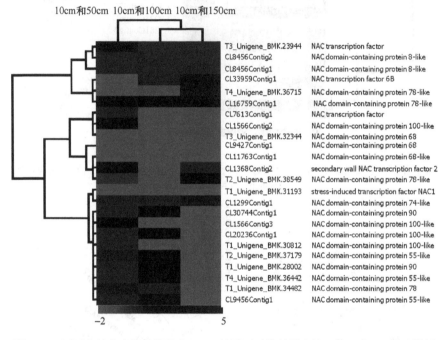

图 6-32 不同生长高度的慈竹笋中 NAC 转录因子的差异表达（log2 值）（另见图版）

热图（heatmap）由 MeV4.9.1.软件创建

表 6-17 *MADS-Box* 基因的差异表达

MADS-Box	10cm 和 50cm	10cm 和 100cm	10cm 和 150cm	50cm 和 100cm	50cm 和 150cm	100cm 和 150cm
CL19283Contig1	上调	上调	上调	—	—	—
CL12759Contig1	—	上调	上调	上调	上调	上调
T4Unigene33528	—	上调	上调	上调	上调	上调
CL12108Contig1	上调	上调	上调	—	—	—
T3Unigene25564	—	上调	上调	上调	上调	上调

表 6-18 *HD-ZIP* 基因的差异表达

HD-ZIP	10cm 和 50cm	10cm 和 100cm	10cm 和 150cm	50cm 和 100cm	50cm 和 150cm	100cm 和 150cm
T2Unigene23127	上调	上调	上调	上调	上调	—
CL32744Contig1	—	上调	上调	上调	上调	—

在生物体内，转录因子具有多种功能，如调节植物生长发育、响应逆境胁迫、调节酶活性、调节激素水平和信号转导等（付乾堂和余迪求，2010），从而导致转录因子的表达模式和表达水平多样化。

（四）讨论与结论

将组装完成后的 All-Unigene 序列与 COG、GO、KEGG、SwissProt 和 Nr 数据库比对，得到最高序列相似性的 Unigene。在 GO 功能分类体系中，52 872 条 Unigene 归入到细胞组分、分子功能和生化过程三大 GO 功能分类中，其分别包含了 18 个、18 个和 26 个功能亚类，其中所占比例最高的是细胞部分（85.71%）、细胞（84.85%）和细胞器（80.39%）。16 151 条 Unigene 具有 COG 蛋白质功能定义，占 Unigene 总数的 14.53%，被分为至少 25 种蛋白质家族，涉及复制、重组、修复、信号转导、新陈代谢等。共有 62 795 条 Unigene 匹配到 Nr 数据库，完全匹配的有 13 657 条，占 21.76%；相似度在 80%以上的有 32 985 条，占 52.55%。11 032 条 Unigene 匹配到 KEGG 数据库中，涉及多个代谢通路。Gui 等（2010）从 13 个细菌人工染色体（BAC）克隆中产生了 1.2Mb 的四倍体毛竹序列，其中 46%的相关蛋白质编码基因预测是蛋白质编码基因，并显示与 NCBI Genebank 上其他植物的基因有高度的相似性。Blast 比对法的意义在于依靠部分查询序列的长度（Novaes et al.，2008）。转录组测序得到的短可读框几乎很少与已知基因匹配，由于这些短序列可读框可能缺少保守的功能结构域；另一种原因可能是有些 Unigene 是非编码 RNA（Hou et al.，2011），从而导致仍有约 44%慈竹 Unigene 没有得到注释信息。Liu 等（2012b）和 Peng 等（2010）的研究也得到类似的结果。在慈竹 Unigene 库中仍存在大量未得到注释的 Unigene，可能的原因是：①序列片段过短，不能获得同源比对结果；②慈竹物种特有的转录序列；③缺乏注释信息；④未注释的 Unigene 可能是非蛋白编码序列。

慈竹笋 Uigene 的覆盖度统计中，覆盖度在 80%以上的 Unigene 有 64 403 条，占慈竹笋 Uigene 总数的 57.95%；覆盖度在 0～20%的 Unigene 有 29 994 条，只占总 read 数的 26.99%。同时作了 4 个样品的整体表达量估计，这些结果都清楚地反映了基因的表达情况。

差异表达分析表明，10cm 与其他三个样品间的差异较大，且与 150cm 间的差异最大；而 50cm、100cm 和 150cm 间的差异表达相对较少，其中 50cm 和 100cm 与 100cm 和 150cm 间的差异最小，并对所有差异表达基因进行了功能注释，它们涉及很多生理和代谢过程。Gui 等（2010）在快速发育的竹笋中鉴定出 213 个基因在茎中差异表达，它们也涉及许多生理和代谢过程，包括糖类代谢、细胞分裂、细胞膨胀、蛋白质合成、氨基酸代谢和氧化还原平衡。纤维素和木质素合成途径中关键酶基因的差异表达分析表明，随着笋高的增加，大部分与关键酶同源的 Unigene 都呈不同程度的上调表达，表明随着笋的快速生长，纤维素合成不同，笋也逐渐开始木质化，因此纤维素和木质素合成途径中关键酶基因的表达量也逐渐增加，但可能表达量增加的速度在减慢。

七、与其他物种的比对分析

（一）Unigene 数据库比对分析

为了更准确地了解慈竹 Unigene 与其他物种的同源关系，将慈竹 4 个样品的 Unigene 分别与水稻、毛竹、短柄草、玉米和高粱等禾本科物种的转录本序列物数据库进行 Blast 比对，选择 $E > 1.0 \times 10^{-10}$，由表 6-19 可知，10cm、50cm、100cm 和 150cm 分别有 56 743 条、56 862 条、39 480 条和 56 404 条 Unigene，与毛竹相匹配的基因数最多，分别有 29 252 条、29 831 条、26 842 条和 28 942 条，且所占比例均在 50% 以上，分别为 51.55%、52.46%、67.99% 和 51.31%；与水稻相匹配的基因分别有 28 237 条（49.76%）、28 666 条（50.41%）、26 652 条（67.51%）和 27 841 条（49.36%）；与短柄草相匹配的基因分别有 26 593 条（46.87%）、27 106 条（47.67%）、25 902 条（65.61%）和 26 275 条（46.58%）；与高粱相匹配的基因分别有 26 652 条（46.97%）、27 046 条（47.56%）、25 485 条（64.55%）和 26 283 条（46.60%）；与玉米相匹配的基因分别有 25 265 条（44.53%）、25 662 条（45.13%）、24 479 条（62.00%）和 24 843 条（44.04%）。这些配对的序列中，分别有 21 165 条（37.30%）、21 524 条（37.85%）、20 521 条（51.98%）和 20 912 条（37.08%）Unigene 与这 5 个禾本科物种都相匹配。而慈竹 Unigene 中与水稻、毛竹、短柄草、玉米和高粱完全不匹配的 Unigene 分别有 23 552 条（41.51%）、23 062 条（40.56%）、9486 条（24.03%）和 23 621 条（41.88%）。

表 6-19　慈竹与水稻、毛竹、短柄草、玉米和高粱的相似度比较

	样品			
	10cm	50cm	100cm	150cm
Unigene 数量	56 743	56 862	39 480	56 404
与水稻匹配数量	28 237	28 666	26 652	27 841
比例/%	49.76	50.41	67.51	49.36
与毛竹匹配数量	29 252	29 831	26 842	28 942
比例/%	51.55	52.46	67.99	51.31
与短柄草匹配数量	26 593	27 106	25 902	26 275
比例/%	46.87	47.67	65.61	46.58
与玉米匹配数量	25 265	25 662	24 479	24 843
比例/%	44.53	45.13	62.00	44.04
与高粱匹配数量	26 652	27 046	25 485	26 283
比例/%	46.97	47.56%	64.55%	46.60%
与水稻、毛竹、短柄草、玉米和高粱都匹配数量	21 165	21 524	20 521	20 912
比例/%	37.30	37.85%	51.98%	37.08%
与水稻、毛竹、短柄草、玉米和高粱都不匹配数量	23 552	23 062	9 486	23 621
比例/%	41.51	40.56	24.03	41.88

（二）纤维素合成相关基因分析

将鉴定出的慈竹纤维素合成途径中的关键酶基因与水稻、短柄草、玉米和高粱进行比对分析，由表 6-20 可知，在 Nr 和 SwissProt 数据库中，纤维素合成酶基因（*CesA*）和

纤维素合成酶相似蛋白基因（*Csl*）的数量要明显多于其他 4 个物种，*CesA* 分别有 33 条和 49 条，*Csl* 分别有 27 条和 36 条，短柄草中最少，只在 SwissProt 数据库中鉴定到 10 条 *CesA* 基因和 7 条 *Csl* 基因。蔗糖合酶（*SUS*）基因数量最多的是水稻（2 条、21 条），其次是慈竹（7 条、14 条），最少的是玉米和高粱，只在 SwissProt 数据库中分别鉴定出 7 条和 8 条。

表 6-20 慈竹纤维素合成的功能基因与水稻、短柄草、玉米和高粱的比较

基因	水稻		短柄草		玉米		高粱		慈竹	
	Nr	Swiss	Nr	Swiss	Nr	Swiss	Nr	Swiss	Nr	Swiss
CesA	19	21	0	10	1	21	0	17	33	49
SUS	2	21	0	11	0	7	0	8	7	14
Csl	16	18	0	7	1	10	0	13	27	36

注：Swiss 为 SwissProt 数据库的简写，下表同

（三）木质素合成相关基因分析

在 Nr 和 SwissProt 数据库中鉴定出的 121 个和 188 个木质素合成关键酶基因与其他禾本科植物相比，由表 6-21 可知，11 个关键酶基因中，大部分的基因都是慈竹含量最为丰富，只有水稻的肉桂酰 CoA-*O*-还原酶（*CCR*）基因和 3-脱氧-D-阿拉伯-庚酮糖酸 7-磷酸合酶（*DAHPS*）基因比慈竹要多。在 SwissProt 数据库中，慈竹、短柄草、玉米的漆酶（*LAC*）基因是含量最丰富的，分别有 51 条、32 条、20 条，水稻则是 *CCR* 和 *DAHPS* 基因含量最丰富，都为 45 条。慈竹含量最少的是对羟基苯乙烯酸-3-脱氢酶（*C3H*）和苯乙烯酸-4-脱氢酶（*C4H*），只在 Nr 数据中鉴定出 3 个和 2 个，而短柄草、玉米和高粱没有检测到这两种基因，水稻只在 SwissProt 数据库中检测到 4 个 *C4H*。

表 6-21 慈竹木质素合成的功能基因与水稻、短柄草、玉米和高粱的比较

基因	水稻		短柄草		玉米		高粱		慈竹	
	Nr	Swiss	Nr	Swiss	Nr	Swiss	Nr	Swiss	Nr	Swiss
PAL	0	7	0	4	0	5	0	3	18	26
4CL	0	26	0	0	1	0	0	0	19	37
CCoAOMT	0	10	0	0	0	0	0	0	3	3
CCR	9	45	22	24	9	0	2	0	8	34
COMT	0	10	0	0	0	1	0	4	2	2
CAD	0	18	0	10	0	10	0	21	11	25
LAC	5	23	0	32	0	20	0	20	36	51
DAHPS	0	45	0	24	0	0	0	0	4	10
F5H	0	0	0	0	1	0	0	0	15	0
C3H	0	0	0	0	0	0	0	0	3	0
C4H	0	4	0	0	0	0	0	0	2	0
AldOMT	0	7	0	0	0	0	0	0	0	0

（四）转录因子分析

在植物体内，转录因子在调节植物生长发育、响应逆境胁迫、调节酶活性、调节激

素水平和信号转导等方面都具有重要作用（付乾堂和余迪求，2010）。由表 6-22 可知，慈竹含量最丰富的转录因子基因是 *bHLH*、*WRKY* 和 *MYB*，而水稻、短柄草、玉米和高粱含量最丰富的转录因子基因是 *WRKY*、*NAC* 和 *MADS-Box*。慈竹、短柄草、玉米和高粱含量最少的转录因子基因是 *HD-ZIP*，而水稻含量最少的转录因子基因是 *C2H2*。

表 6-22　慈竹转录因子基因与水稻、短柄草、玉米和高粱的比较分析

转录因子基因	水稻		短柄草		玉米		高粱		慈竹	
	Nr	Swiss	Nr	Swiss	Nr	Swiss	Nr	Swiss	Nr	Swiss
MYB	6	4	8	1	131	0	0	0	136	159
WRKY	35	133	65	82	76	119	2	100	130	167
NAC	9	120	55	71	94	101	0	87	78	105
bZIP	18	6	2	7	45	6	0	8	18	14
HD-ZIP	21	0	2	0	0	0	0	0	9	0
bHLH	17	1	2	1	3	1	1	1	122	193
C2H2	7	1	2	1	9	1	0	1	8	4
AP2/EREBP	36	35	22	29	118	0	0	27	53	41
MADS-Box	18	97	83	87	33	79	0	78	30	58

（五）讨论与结论

　　10cm、50cm、100cm 和 150cm 慈竹笋 Unigene 与毛竹相匹配的基因数最多（图 6-33），分别有 29 252 条、29 831 条、26 842 条和 28 942 条，其次是水稻、短柄草、高粱、玉米。这可能是因为慈竹与毛竹同属竹类植物，所以匹配度最高；而水稻是模式植物，其基因序列信息全面，所以慈竹与其匹配度也相对较高。与这 5 个禾本科物种都相匹配的 Unigene 分别有 21 165 条、21 524 条、20 521 条和 20 912 条，与这 5 个禾本科物种都不相匹配的 Unigene 分别有 23 552 条、23 062 条、9486 条和 23 621 条。这些与水稻、毛竹、短柄草等都不匹配的 Unigene，它们编码的蛋白质主要与生理过程、结合活性和催化功能有关，没有被匹配到的慈竹 Unigene 可能是由于不同物种间的差异造成的，其中大量预测的 Unigene 也可能是慈竹特有的，Liu 等（2012b）的研究也得到类似的结果。

　　慈竹 *CesA* 和 *Csl* 基因的数量要多于其他 4 个物种，而 *SUS* 是水稻含量最多，其次是慈竹，最少的是玉米和高粱。竹类植物纤维素含量极为丰富，大部分竹子纤维素含量都在 40% 以上，有的甚至高达 50% 以上（胡尚连等，2010；袁丽钗，2009），而纤维素合成酶、蔗糖合酶和纤维素相似蛋白是纤维素合成途径中最主要的调节酶（de Bodt et al.，2003），竹类植物纤维素合成途径中关键酶基因的数量要多于其他 4 个物种，可能导致其纤维素含量也相对较高。竹类植物的木质素含量要高于其他草本植物，这是由木质素合成途径中关键酶的数量和表达水平上的差异引起的（Liu et al.，2012b），慈竹木质素合成关键酶的数量要明显多于短柄草、玉米和高粱，也证实了此观点。而 5-羟基松柏醛 *O*-甲基转移酶（*AldOMT*）基因只有水稻在 SwissProt 数据库中检测出 7 个，有可能其他甲基转移酶取代了 AldOMT 的活性，也可能慈竹中木质素的合成存在未知的途径，这需要进一步的研究加以证实。因此，比对慈竹与毛竹、水稻、短柄草等物种的序列相似度，并鉴定这些序列在表达和功能上的差异有助于慈竹从其他禾本科物种中分离（李煊星，2006）。

转录因子功能的多样化与植物生长和代谢的复杂性是统一的，且随着物种的生长特性不同，其数量和表达水平也各不相同。转录因子 MADS-Box 有一个重要的功能是调节植物的开花（胡丽芳等，2004），竹类植物一生只开一次花，开花少，花期短，并在开完花后不久会死亡，而水稻、短柄草、玉米和高粱开花多，花期相对较长，这可能是由于慈竹的转录因子相对较少引起的。

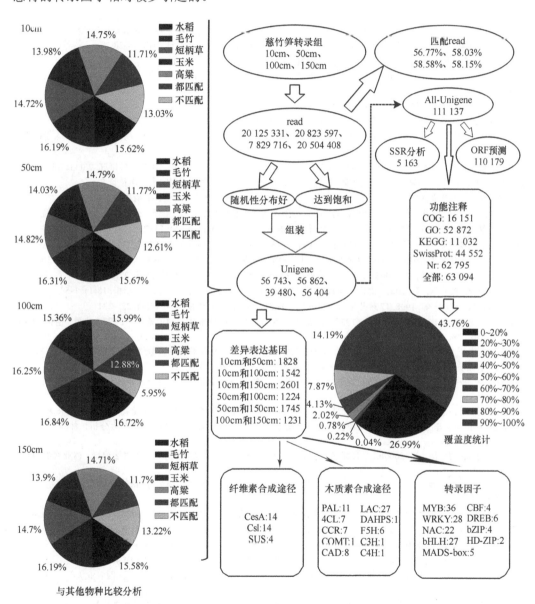

图 6-33 不同生长阶段慈竹笋转录组分析示意图（另见图版）

参 考 文 献

曹明霞, 卫志明, 黄健秋, 等. 2002. 根癌农杆菌介导的水稻遗传转化. 植物生理学通讯, 38(5): 423-427

曹小军, 李呈翔, 魏素才, 等. 2009. 四川慈竹生长现状调查与分析. 世界竹藤通讯, 7(6): 24-28

陈超. 2011. 基于 RNA-Seq 技术的人转录组分析研究. 长沙: 中南大学硕士学位论文

陈其兵, 蒋瑶, 卢学琴, 等. 2009. 四川不同地区慈竹的遗传多样性研究. 西北农林科技大学学报(自然科学版), 37(6): 188-193

陈中豪, 李志清. 1992. 慈竹木素特性与分布的研究. 中国造纸学报, 7(1): 37-42

程曦, 郝怀庆, 彭励. 2011. 植物细胞壁中纤维素合成的研究进展. 热带亚热带植物学报, 19(3): 283-290

楚鹰. 2004. 纤维发育相关基因的 SNP 研究与棉花蔗糖合酶基因片段的克隆及表达分析. 南京: 南京农业大学硕士学位论文

崔丽莉, 杨汉奇, 杨宇明. 2010. 版纳龙竹 CONSTANS 同源基因的克隆与序列分析. 林业科学研究, 23(1): 1-5

崔晓伟. 2011. 毛竹 PheWRKY1 基因的克隆与功能分析. 北京: 中国林业科学研究院硕士学位论文

笪志祥, 楼一平, 董文渊. 2007. 梁山慈竹在退耕还林中的水土保持效应研究. 浙江林业科技, 27(3): 23-27

邓小波. 2011. 慈竹纤维素合成酶基因(CesA)克隆、组织表达及生物信息学分析. 绵阳: 西南科技大学硕士学位论文

邓泱泱, 荔建琦, 吴松峰, 等. 2006. nr 数据库分析及其本地化. 计算机工程, 32(5): 71-73

董德臻, 吴立成, 夏善勇, 等. 2007. ACGM 标记在竹子中的通用性. 东北林业大学学报, 35(1): 4-6

杜亮亮, 鲁专, 金爱武. 2010. 雷竹纤维素合成酶基因 cDNA 克隆与表达分析. 江西农业大学学报, 32(3): 0535-0540

段春香, 董文渊, 刘时才, 等. 2008. 慈竹无性系种群生长与立地条件关系. 林业科技开发, 22(3): 42-44

方伟, 何祯祥, 黄坚钦, 等. 2001. 雷竹不同栽培类型的 RAPD 分子标记研究. 浙江林学院学报, 18(1): 1-5

方伟, 黄坚钦, 卢敏, 等. 1998. 17 种丛生竹竹材的比较解剖研究. 浙江林学院学报, 15(3): 225-231

付乾堂, 余迪求. 2010. 拟南芥 AtWRKY25、AtWRKY26 和 AtWRKY33 在非生物胁迫条件下的表达分析. 遗传, 32(8): 848-856

高振宇, 黄大年. 1988. 植物中蔗糖和淀粉合成的关键酶 II. 尿苷二磷酸-葡萄糖焦磷酸化酶. 生命化学, 18(4): 30-34

高志民, 李雪平, 岳永德, 等. 2007a. 绿竹 cab-BO2 基因的克隆及其表达载体的构建. 分子植物育种, 5(3): 431-435

高志民, 李雪平, 彭镇华, 等. 2007b. 竹子捕光叶绿素 a/b 结合蛋白基因全长的克隆和序列分析. 林业科学, 43(3): 34-38

高志民, 刘颖丽, 李雪平, 等. 2007c. 一个绿竹 MADS-box 基因的克隆与序列分析. 分子植物育种, 5(6): 866-870

高志民, 彭镇华, 李雪平, 等. 2009a. 毛竹苯丙氨酸解氨酶基因的克隆及组织特异性表达分析. 林业科学研究, 22(3): 449-453

高志民, 刘成, 刘颖丽. 2009b. 毛竹捕光叶绿素 a/b 结合蛋白基因 cab-PhE1 的克隆与表达分析. 林业科学, 45(3): 145-149

高志民, 杨丽, 李彩丽, 等. 2012a. 麻竹 EST-SSR 标记开发及其对慈竹变异类型的分析研究. 热带亚热带植物学报, 20(5): 462-468

高志民, 刘颖丽, 彭镇华. 2012b. 毛竹 PS II 大量捕光天线蛋白基因克隆及其表达分析. 植物科学学报, 30(1): 64-71

高志民, 杨学文, 彭镇华, 等. 2010a. 绿竹 BoSUT2 基因的分子特征与亚细胞定位. 林业科学, 46(2): 45-49

高志民, 郑波, 彭镇华. 2010b. 毛竹 PeMADS1 基因的克隆及转化拟南芥初步研究. 林业科学, 46(10): 37-41

桂毅杰, 王晟, 全丽艳, 等. 2007. 毛竹基因组大小和序列构成的比较分析. 中国科学, 37(4): 488-492

郭起荣, 任立宁, 牟少华, 等. 2010. 毛竹种质分子鉴别 SRAP、AFLP、ISSR 联合分析. 江西农业大学学报, 32(5): 982-986

郭小勤, 李犇, 阮晓赛, 等. 2009. 利用 ACGM 分子标记研究 10 个毛竹不同栽培变种的遗传多样性. 林业科学, 45(4): 28-32

郭晓艺, 胡尚连, 曹颖, 等. 2007. 四川不同地区慈竹和硬头黄遗传多样性的 RAPD 分析. 林业科技, 32(5): 19-22.

何美敬. 2012. 花生(Arachis hypogaea L.)蔗糖合成酶基因 AhSuSy 的克隆与功能. 保定: 河北农业大学硕士学位论文

何沙娥. 2009. 毛竹笋 cDNA 文库构建及纤维素合成酶基因(PeCesA11 和 PeCesA12)的分子克隆. 杭州: 浙江林学院硕士学位论文

贺杰, 王伟, 胡海燕, 等. 2010. 影响农杆菌介导的小麦遗传转化条件的研究. 种子, 29(5): 5-8

胡丽芳, 金志强, 徐碧玉. 2004. 基因对花的发育及开花早晚的影响. 生命科学研究, 8(4): 7-12

胡尚连, 曹颖, 黄胜雄, 等. 2009. 慈竹 *4CL* 基因的克隆及其生物信息学分析. 西北农林科技大学学报(自然科学版), 37(8): 204-210

胡尚连, 陈其兵, 孙霞, 等. 2012. 丛生竹生理生化特性与遗传改良. 北京: 科学出版社: 216-251

胡尚连, 蒋瑶, 陈其兵, 等. 2010. 四川 2 种丛生竹理化特性及纤维形态研究. 植物研究, 30(6): 708-712

黄胜雄, 胡尚连, 孙霞, 等. 2009. 慈竹 β-tubulin 基因片段的克隆及序列分析. 福建林业科技, 36(1): 7-10

江泽慧. 2002. 世界竹藤. 沈阳: 辽宁科学技术出版社: 3-4

江泽慧. 2012. 竹类植物基因组学研究进展. 林业科学, 48(1): 159-166

蒋瑶, 胡尚连, 陈其兵, 等. 2008. 四川省不同地区梁山慈竹 RAPD 与 ISSR 遗传多样性研究. 福建林学院学报, 28(3): 276-280

蒋瑶, 胡尚连, 陈其兵, 等. 2009. 四川不同地区硬头黄竹 RAPD 和 ISSR 分析. 竹子研究会刊, 28(1): 6-11

金慧, 栾雨时. 2011. 番茄 *WRKY* 基因的克隆与分析. 西北农业学报, 20(4): 96-101

金顺玉, 卢孟柱, 高健. 2010. 毛竹木质素合成相关基因 *C4H* 的克隆及组织表达分析. 林业科学研究, 23(3): 319-325

李金花. 2005. 杨树 *4CL* 基因调控木质素生物合成的研究. 北京: 中国林业科学研究院博士学位论文

李蕾, 谢丙炎, 戴小枫, 等. 2005. WRKY 转录因子及其在植物防御反应中的作用. 分子植物育种, 3(3): 401-408

李潞滨, 郭晓军, 彭镇华, 等. 2008. AFLP 引物组合数量对准确研究竹子系统关系的影响. 植物学通, 25(4): 449-454

李潞滨, 刘蕾, 何聪芬, 等. 2007. 木质素生物合成关键酶基因的研究进展. 分子植物育种, 5[6(S)]: 45-51

李潞滨, 刘蕾, 袁金玲, 等. 2009. 叶绿体 5S rDNA ITS 和 *matK* 基因序列应用于刚竹属植物系统分类的可行性分析. 分子植物育种, 7(1): 89-94

李鹏, 杜凡, 普晓兰, 等. 2004. 巨龙竹种下不同变异类型的 RAPD 分析. 云南植物研究, 26(3): 290-296

李想, 史世京, 曹颖, 等. 2014. 冷冻胁迫下毛竹叶绿素荧光参数变化及抗寒相关转录因子表达. 福建林学院学报, 34(1): 57-63

李秀兰, 林汝顺, 冯学琳, 等. 2001. 中国部分丛生竹类染色体数目报道. 植物分类学报, 39(5): 433-442

李秀兰, 刘松, 宋文芹, 等. 1999. 40 种散生竹的染色体数目. 植物分类学报, 37(6): 541-544

李煊星. 2006. 湖南主要竹资源纤维形态的比较研究. 长沙: 湖南农业大学硕士学位论文

李雪平, 高志民, 彭镇华, 等. 2007. 绿竹咖啡酸-*O*-甲基转移酶基因(*COMT*)的克隆及相关分析. 林业科学研究, 20(5): 722-725

李雪平, 高志民, 彭镇华, 等. 2008. 绿竹咖啡酰辅酶 A-*O*-甲基转移酶基因的克隆与分析. 分子植物育种, 6(3): 587-592

李雪平, 彭镇华, 高志民, 等. 2010. 绿竹光系统 I 捕光叶绿素 a/b 结合蛋白基因的 cDNA 全长克隆及分析. 安徽农业大学学报, 37(4): 643-648

连玲. 2009. 甘蔗尿苷二磷酸葡萄糖焦磷酸化酶基因的克隆及其表达. 福州: 福建师范大学硕士学位论文

梁海泳, 夏秀英, 冯雪松. 2006. UGPase 和反义 *4CL* 基因对转基因烟草纤维素和木质素合成的调控. 植物生理学通讯, 42(6): 1067-1072

梁海泳. 2006. UGPase 和反义 *4CL* 基因在烟草中的转化及表达研究. 大连: 大连理工大学硕士学位论文

梁银燕, 周明兵, 汤定钦. 2008. 毛竹简易基因组文库的快速构建. 世界竹藤通讯, 6(2): 14-18

林二培. 2009. 早竹 API/SQUA-、REV-、TB1-like 基因的功能研究与竹笋 microRNAs 的克隆和表达分析. 杭州: 浙江大学硕士学位论文

林金国, 董建文, 方夏峰, 等. 2000. 麻竹材化学成分的变异. 植物资源与环境学报, 9(1): 55-56

林饶. 2008. 雷竹成花相关基因的克隆研究. 杭州: 浙江林学院硕士学位论文

刘戈宇, 胡鸢雷, 祝建波. 2006. 植物 WRKY 蛋白家族的结构及其功能. 生命的化学, 26(3): 231-233

刘贯水. 2010. 毛竹 SSR 位点引物开发及部分竹种系统学分析. 北京: 中国林业科学研究院博士学位论文

刘怀, 赵志模, 邓永学, 等. 2004. 竹裂爪螨毛竹种群与慈竹种群对不同寄主植物的适应及其生殖隔离. 应用生态学报, 15(2): 299-302

刘磊. 2011. 小麦 *WRKY* 基因的克隆表达分析及其遗传转化. 武汉: 华中科技大学硕士学位论文

刘庆, 何海, 沈昭萍. 2001. 成都地区慈竹生长状况及其与环境因子关系的初步分析. 四川环境, 20(4): 43-46

刘文哲. 2002. 紫穗槐 UGPase 和 *4CL* 基因的克隆及在植物中的转化与表达. 大连: 大连理工学院博士学位论文

刘颖丽. 2008. 毛竹光系统 II 捕光色素结合蛋白基因的分离及其表达研究. 北京: 中国林业科学研究院博士学位论文

刘颖丽, 高志民, 彭镇华, 等. 2008. 毛竹 *cab-PhE11* 基因的克隆与序列分析. 河北农业大学学报, 31(5): 19-23

刘志伟, 张智俊, 杨丽. 2010. 毛竹抗逆锌指蛋白基因 cDNA 克隆与序列分析. 生物技术通报, (1): 87-92

娄永峰, 方伟, 彭九生, 等. 2010a. 假毛竹和毛竹正反交杂种的 ISSR 鉴定. 分子植物育种, 8(5): 958-962

娄永峰, 林新春, 何奇, 等. 2010b. 哺鸡竹亲缘关系的 AFLP 和 SRAP 分析. 分子植物育种, 8(1): 83-88

娄永峰, 杨海芸, 张有珍, 等. 2011. 部分竹类植物遗传变异的 AFLP, ISSR 和 SRAP 分析. 福建林学院学报, 31(1): 38-43

卢江杰, 吉永胜彦, 方伟, 等. 2009. 3 种竹类植物杂种的分子鉴定. 林业科学, 45(3): 29-34

卢江杰, 郑蓉, 杨萍, 等. 2008. 利用 AFLP 技术研究不同产地绿竹的遗传多样性. 世界竹藤通讯, 6(5): 10-14

马灵飞, 韩红, 徐真旺, 等. 1996. 部分竹材灰分和木质素含量的分析. 浙江林学院学报, 13(3): 276-279

牟少华, 彭镇华, 孙启祥, 等. 2009. 部分箬竹属植物的荧光 AFLP 分析. 林业科学, 45(11): 32-35

聂明珠. 2003. 白桦再生体系的优化及相关材质改良基因 4CL、UGPA、UGPase 的遗传转化. 哈尔滨: 东北林业大学硕士学位论文

胖铁良. 2009. 利用 AFLP 分子标记技术探讨部分竹类植物属间亲缘关系. 保定: 河北农业大学硕士学位论文

祁超. 2000. Apocynaceae 系细胞尿苷二磷酸葡萄糖焦磷酸化酶的纯化和表征. 中国科学研究生院学报, 21(3): 345-351

祁云霞, 刘永斌, 荣威恒. 2011. 转录组研究新技术: RNA-Seq 及其应用. 遗传, 33(11): 1191-1202

齐锦秋, 池冰, 谢九龙, 等. 2013. 慈竹纤维形态及组织比量的研究. 中国造纸学报, 28(3): 1-4

茹广欣, 袁金玲, 张朵, 等. 2010. 运用 AFLP 技术分析箅竹种群遗传多样性. 林业科学研究, 23(6): 850-855

师丽华, 杨光耀, 林新春, 等. 2002. 毛竹种下等级的 RAPD 研究. 南京林业大学学报: 自然科学版, 26(3): 65-68

石文芳. 2012. 基于 RNA-Seq 测序的梅花转录组分析. 北京: 北京林业大学硕士学位论文

时燕. 2009. 绿竹成花相关基因的克隆与表达. 杭州: 浙江林学院硕士学位论文

唐芳, 王敏杰, 杨海峰, 等. 2010. 拟南芥 MYB 基因对次生维管系统发育的影响. 林业科学研究, 23(2): 170-176

唐文莉, 彭镇华, 高健. 2008a. 刚竹属 3 种重要散生竹光系统 I 基因(Lhca1)的克隆、序列分析和蛋白结构预测. 北京林业大学学报, 30(4): 109-115

唐文莉, 彭镇华, 高健. 2008b. 毛竹(Phyllostachys edulis)光系统 I 基因 LhcaPe02 全长的克隆与序列分析. 安徽农业大学学报, 35(2): 153-158

陶传涛, 丁在松, 李连禄, 等. 2008. 农杆菌介导玉米遗传转化体系的优化. 作物杂志, 4: 26-29

田波, 陈永燕, 严远鑫, 等. 2005. 一个竹类植物 MADS 盒基因的克隆及其在拟南芥中的表达. 科学通报, 50(2): 145-151

童子麟. 2006. 锦竹的系统定位及生物学特性研究. 南京: 南京林业大学硕士学位论文

王晨. 2013. 小麦基因组中 WRKY 转录因子家族基因鉴定、克隆和 TaWRKY10 基因的功能分析. 武汉: 华中科技大学博士学位论文

王宏芝, 魏建华, 李瑞芬. 2004. 农杆菌介导的小麦生殖器官的整体转化. 中国农业科技导报, 6(3): 22-26

吴妙丹, 董文娟, 汤定钦. 2009. 4 个丛生杂种竹的 SSR 分子鉴定. 分子植物育种, 7(5): 959-965

吴晓俊, 刘涤, 胡之璧. 2000. 尿苷二磷酸葡萄糖焦磷酸化酶. 植物生理学通讯, 36(3): 193-200

吴晓宇, 胡尚连, 曹颖, 等. 2012. 慈竹 CCoAOMT 基因的克隆及生物信息学分析. 南京林业大学学报: 自然科学版, 36(3): 17-22

吴益民, 黄纯农, 王君晖. 1998. 四种竹子的 RAPD 指纹图谱的初步研究. 竹子研究汇刊, 17(3): 10-14

肖冬长, 张智俊, 徐英武, 等. 2013. 毛竹 MYB 转录因子 PeMYB2 的克隆与功能分析. 遗传, 35(10): 1217-1225

邢新婷, 傅懋毅, 费学谦, 等. 2003. 撑篙竹遗传变异的 RAPD 分析. 林业科学研究, 16(6): 655-660

徐川梅, 卢江杰, 汤定钦. 2009. 45S rDNA 在 7 种竹子植物染色体上的定位. 林业科学, 45(12): 42-45

许红. 2008. 麻竹试管诱导开花及开花相关基因 DlEMF2 的克隆和功能分析. 昆明: 中国科学院昆明植物研究所博士学位论文

杨光耀, 赵奇僧. 2000. 苦竹类植物 RAPD 分析及其系统学意义. 江西农业大学学报, 22(4): 551-553

杨丽, 管雨, 张智俊. 2011. 竹类植物 EST-SSRs 分布特征及应用. 农业生物技术学报, 19(1): 57-62

杨学文. 2009. 毛竹木质素单体生物合成相关基因的分离、表达与功能初步鉴定. 北京: 中国林业科学研究院博士学位论文

杨学文, 彭镇华. 2010. 一个毛竹细胞色素 P450 基因的克隆与表达研究. 安徽农业大学学报, 37(1): 116-121

杨洋, 张智俊, 罗淑萍. 2010. 毛竹甘油醛-3-磷酸脱氢酶基因的克隆与序列分析. 经济林研究, 28(3): 7-13, 24

余学军, 张立钦, 方伟. 2005. 绿竹不同栽培类型 RAPD 分子标记的研究. 西南林学院学报, 25(4): 98-101

袁建霞, 董瑜, 张博, 等. 2012. 从文献计量角度分析作物分子标记辅助育种国际发展态势. 科学观察, 7(2): 24-32

袁丽钗. 2009. 毛竹纤维素生物合成相关基因的研究. 北京: 中国林业科学研究院博士学位论文

张椿雨, 龙艳, 冯吉, 等. 2007. 植物基因在转录水平上的调控及其生物学意义. 遗传, 29(7): 793-799

张帆, 万雪琴, 朱小琼, 等. 2012. 自然低温对慈竹和撑绿竹杂交生理特性的影响. 浙江农业大学学报, 29(1): 17-22

张静敏. 2004. 实时荧光定量 RT-PCR 检测 CD109、RFP 和 BRDT 基因表达. 长春: 吉林大学博士学位论文

张绍智, 王毅, 刘小烛. 2008. 巨龙竹蔗糖磷酸合成酶基因(sps)的分离克隆. 西南林学院学报, 28(1): 48-56

张喜. 1995. 贵州主要竹种的纤维及造纸性能的分析研究. 竹子研究汇刊, 14(4): 14-30

张艳, 高健, 徐有明. 2010. 毛竹 β-1, 3-葡聚糖酶基因的克隆及序列分析. 分子植物育种, 8(3): 533-541

张智俊, 杨洋, 何沙娥, 等. 2010. 毛竹纤维素合成酶基因 *PeCesA* 的克隆及组织表达谱分析. 园艺学报, 37(9): 1485-1492

张智俊, 杨洋, 罗淑萍, 等. 2011. 毛竹液泡膜 Na$^+$/H$^+$逆向运输蛋白基因克隆及表达分析. 农业生物技术学报, 19(1): 69-76

赵艳玲, 陆海, 陶霞娟, 等. 2003. GRP1. 8 融合反义 *4CL1* 基因调控烟草木质素生物合成. 北京林业大学学报, 25(4): 16-20

周建英, 曹颖, 孙霞, 等. 2010. 慈竹木质素合成酶基因 *4CL* RNAi 载体构建与烟草转化. 福建林业科技, 37(2): 28-32

周美娟, 胡尚连, 曹颖, 等. 2012. 慈竹 *C3H* 基因克隆及其生物信息学分析. 植物研究, 32(1): 38-46

周明兵, 梁银燕, 胡娇丽, 等. 2008. 毛竹基因文库的构建及 Mariner-like 和 PIF-like 转座元件的筛选. 杭州: 第六届全国林木遗传育种大会: 139-141

周生茂, 曹家树, 王玲平. 2009. 山药 *SuSy* 基因全长 cDNA 序列的结构、进化和表达. 中国农业科学, 42(7): 2458-2468

诸葛强, 丁雨龙, 续晨, 等. 2004. 广义青篱竹属(*Arundinaria*)核糖体 DNA ITS 序列及亲缘关系研究. 遗传学报, 31(4): 349-356

祝莉莉, 张春晓, 潘玉芳, 等. 2011. 外源糖对水稻 *Ugp1* 基因表达调控研究. 植物科学学报, 29(4): 486-492

Abe T, Niiyama H, Sasahara T. 2002. Cloning of cDNA for UDP-glucose pyrophosphorylase and the expression of mRNA in rice endosperm. Theor Appl Genet, 105: 216-221

Akira K. 2002. Analysis of sucrose synthase genes in citrus suggests different roles and phylogenetic relationships. Journal of Experimental Botany, 53: 61-71

Altschul S F, Madden T L, Schäffer A A, et al. 1997. Gapped BLAST and PSI-BLAST: a new generation of protein database search programs. Nucleic Acids Research, 25(17): 3389-3402

Appenzeller J, Knoch J, Derycke V. 2002. Field-modulated carrier transport in carbon nanotube transistors. Phys Rev Lett, 89: 126801

Apweiler R, Bairoch A, Wu C H, et al. 2004. UniProt: the universal protein knowledgebase. Nucleic Acids Research, 32(suppl 1): D115-D119

Ashburner M, Ball C A, Blake J A, et al. 2000. Gene ontology: tool for the unification of biology. Nature Genetics, 25(1): 25-29

Babitha K, Ramu S, Pruthvi V, et al. 2013. Co-expression of *AtbHLH17* and *AtWRKY28* confers resistance to abiotic stress in *Arabidopsis*. Transgenic Res, 22(2): 327-341

Bajaj M, Blundell T. 1984. Evolution and the tertiary structure of proteins. Annu Rev Biophys Bioeng, 13: 453-492

Barik D P, Mohapatra U, Chand P K. 2005. Transgenic grasspea (*Lathyrus sativus* L.): factors influencing *Agrobacterium*-mediated transformation and regeneration. Plant Cell Rep, 24: 523-531

Baucher M, Monties B, van Montagu M, et al. 1998. Biosynthesis and genetic engineering of lignin. Critical Reviews in Plant Sciences, 17(2): 125-197

Bballa U S, Iyengar R. 1999. Emergent properties of networks of biological signaling pathways. Science, 283(5400): 381-387

Becker M, Vincent C, Grant Reid J S. 1995. Biosynthesis of (1, 3)(1, 4)-glucan and (1, 3)-glucan in barley(*Hordeum vulgare* L.): properties of the membrane-bound glucan synthases. Planta, 195: 331-338

Benjamini Y, Hochberg Y. 1995. Controlling the false discovery rate: a practical and powerful approach to multiple testing. Journal of the Royal Statistical Society. Series B (Methodological), 57(1): 289-300

Bhargava A, Mansfield S D, Hall H C, et al. 2010. MYB75 functions in regulation of secondary cell wall formation in the *Arabidopsis* inflorescence stem. Plant Physiology, 154: 1428-1438

Blanc G, Wolfe K H. 2004. Widespread paleopolyploidy in model plant species inferred from age distributions of duplicate genes. Plant Cell, 16: 1667-1678

Bomal C, Bedon F, Caron S, et al. 2008. Involvement of *Pinus taeda* MYB1 and MYB8 in phenylpropanoid metabolism and secondary cell wall biogenesis: a comparative in planta analysis. Journal of Experimental Botany, 59: 3925-3939

Carels N, Bernardi G. 2000. Two classes of genes in plants. Genetics, 154(4): 1819-1825

Chen B J, Wang Y, Hu Y L, et al. 2005. Cloning and characterization of a drought-inducible MYB gene from *Boea crassifolia*. Plant Sci, 168(2): 493-500

Chen C Y, Hsieh M H, Yang C C, et al. 2010. Analysis of the cellulose synthase genes associated with primary cell wall synthesis in *Bambusa oldhamii*. Phytochemistry, 71: 1270-1279

Chen Y H, Yang X Y, He K, et al. 2006. The MYB transcription factor superfamily of *Arabidopsis*: expression analysis and phylogenetic comparison with the rice MYB family . Plant Molecular Biology, 60(1): 107-124

Cheng M. 2004. Invited review: factors influencing *Agrobacterium* mediated transformation of monocotyledonous species. *In Vitro* Cell Dev Biol Plant, 40: 31-45

Chiu W B, Lin C B, Chang C J, et al. 2006. Molecular characterization and expression of four cDNAs encoding sucrose synthase from green bamboo *Bambusa oldhamii*. New Phytologist, 170(1): 53-63

Coleman H D, Yan J, Mansfield S D. 2009. Sucrose synthase affects carbon partitioning to increasecellulose production and altered cell wall ultrastructure. Proc Natl Acad Sci USA, 106(31): 13118-13123

Cominelli E, Galbiati M, Vavasseur A, et al. 2005. A guard-cell-specific MYB transcription factor regulates stomatal movements and plant drought tolerance . Curr Biol, 15(13): 1196-2000

Crowell E F, Gonneau M, Stierhof Y D, et al. 2010. Regulated trafficking of cellulose synthases. Curr Opin Plant Biol, 13: 700-705

Daran J M, Dallies N, Thines-sempoux D, et al. 1995. Genetic and biochemical characterization of the UGP1 gene encoding UDP-glucose pyrophosphorylase from *Saeeharomyces cerevisiae*. Eur J Biochem, 233: 520-530

David P, Levi Y, Markus S. 2012. The end of innocence: flowering networks explode in complexity. Current Opinion in Plant Biology, 15: 45-50

de Bodt S, Raes J, van de Peer Y, et al. 2003. And then there were many: MADS goes genomic. Trends in Plant Science, 8(10): 475-483

Dekeyser R, Claes B, Marichal M, et al. 1999. Evaluation of selectable markers for rice transformation. Plant Physiol, 90: 217

Delmer D P, Amor Y. 1995. Cellulose biosynthasis. The Plant Cell, 7: 987-1000

Deluc L, Barrieu F, Marchive C, et al. 2006. Characterization of a grapevine R2R3-MYB transcription factor that regulates the phenylpropanoid pathway. Plant Physiology, 140: 499-511

Dong W J, Lin Y, Zhou M B, et al. 2011a. Development of 15 EST-SSR markers, and its cross-species/genera transferability and interspecies hybrid identification in caespitose bamboo species. Plant Breed, 130: 296-600

Dong W J, Wu M D, Lin Y, et al. 2011b. Evaluation of 15 caespitose bamboo EST-SSR markers for cross-species/genera transferability and ability to identify interspecies hybrids. Plant Breeding, 130(5): 596-600

Dubos C, le Gourrierec J, Baudry A, et al. 2008. MYBL2 is a new regulator of flavonoid biosynthesis in *Arabidopsis thaliana*. The Plant Journal, 55(6): 940-953

Dubos C, Stracke R, Grotewold E, et al. 2010. MYB transcription factors in *Arabidopsis*. Trends in Plant Science, 15(10): 573-581

Ehlting J, Shin Jane J K, Douglas C J. 2001. Identification of 4-coumarate: coenzyme A ligase (4CL) substrate recognition domains. Plant J, 27(5): 455-465

Eimert K, Villand P, Kilian A, et al. 1996. Cloning and characterization of several cDNAs for UDP glucose pyrophosphorylase from barley(*Hordeum vulgare*) tissues. Gene, 170: 227-232

Elling L. 1995. Effect of metal ions on sucrose synthase cDNA from rice grains-a study on enzyme inhibition and enzyme topography. Glycobiology, 5(2): 201-206

Eulgem T, Somssich I E. 2007. Networks of WRKY transcription factors in defense signaling. Current Opinion in Plant Biology, (10): 366-371

Fornalé S, Sonbol F M, Maes T, et al. 2006. Down-regulation of the maize and *Arabidopsis thaliana* caffeic acid O-methyl-transferase genes by two new maize R2R3-MYB transcription factors. Plant Molecular Biology, 62: 809-823

Frame B R, Shou H X, Chikwamba R K, et al. 2002. *Agrobacterium tumefaciens*-mediated transformation of maize embryos using a standard binary vector system. Plant Physiol, 129(1): 13-22

Frampton J. 2004. Myb transcription factors: their roles in growth, differentiation and disease. Netherlands: Kluwer Academic Publishers

Fullner K J, Lara J C, Nester E W. 1996. Pilus assembly by *Agrobacterium* T-DNA transfer genes. Science, 273(5278): 1107-1109

Fullwood M J, Wei C L, Liu E T, et al. 2009. Next-generation DNA sequencing of paired-end tags(PET) for transcriptome and genome analyses. Genome Research, 19(4): 521-532

Gális I, Simek P, Narisawa T, et al. 2006. A novel R2R3MYB transcription factor *NtMYBJS1* is a methyl jasmonate-dependent regulator of phenylpropanoidconjugate biosynthesis in tobacco. Plant Journal, 46: 573-592

Gielis J, Valente P, Bridts C, et al. 1997. Estimation of DNA content of bamboos using flow cytometry and confocal laser scanning microscopy. The Bamboos. London: Academic Press: 215-223

Giovanni M, Naomi O, Yutaka S, et al. 2003. The knotted1-like homeobox gene BREVIPEDICELLUS regulates cell differentiation by modulating metabolic pathways. Genes Development, 17: 2088-2093

Goicoechea M, Lacombe E, Legay S, et al. 2005. *EgMYB2*, a new transcriptional activator from *Eucalyptus* xylem, regulates secondary cell wall formation and lignin biosynthesis. Plant Journal, 43: 553-567

Golldack D, Luking I, Yang O. 2011. Plant tolerance to drought and salinity: stress regulating transcription factors and their functional significance in the cellular transcriptional network. Plant Cell Rep, 30: 1383-1391

Goujon T, Ferret V, Mila I, et al. 2003. Down-regulation of the *AtCCR1* gene in *Arabidopsis thaliana*: effects on phenotype, lignins and cell wall degradability. Planta, 217(2): 218-228

Grabherr M G, Haas B J, Yassour M, et al. 2011. Full-length transcriptome assembly from RNA-Seq data without a reference genome. Nature Biotechnology, 29(7): 644-652

Gui Y J, Zhou Y, Wang Y, et al. 2010. Insights into the bamboo genome: syntenic relationships to rice and sorghum.

Journal of Integrative Plant Biology, 52(11): 1008-1015

Gupta S K, Sowokinos J R, Hahn I S. 2008. Regulation of UDP-glucose pyrophosphorylase isozyme UGP5 associated with cold-sweetening resistance in potatoes. Journal of Plant Physiology, 165: 679-690

Guyot R, Keller B. 2004. Ancestral genome duplication in rice. Genome, 47(3): 610-614

Haga N, Kato K, Murase M, et al. 2007. R1R2R3-Myb proteins positively regulate cytokinesis through activation of KNOLLE transcription in Arabidopsis thaliana. Development, 134(6): 1101-1110

Haigler C H, Ivanova-Datcheva M, Hogan P S. 2001. Carbon paritioning to cellulose synthesis. Plant Mol Biol, 47: 29-51

Hansen K D, Brenner S E, Dudoit S. 2010. Biases in illumina transcriptome sequencing caused by random hexamer priming. Nucleic Acids Research, 38(12): e131

Haouazine T N, Tymowska L Z, Tak V A, et al. 1997. Characterization of two members of the Arabidopsis thaliana gene family, coding for sucrose synthase. Gene, 197: 239-251

Hazen S P, Scott-Craig J S, Walton J D. 2002. Cellulose synthase-like genes of rice. Plant Physiology, 128: 336-340

He C, Cui K, Zhang J, et al. 2013. Next-generation sequencing-based mRNA and microRNA expression profiling analysis revealed pathways involved in the rapid growth of developing culms in moso bamboo. BMC Plant Biology, 13: 119

He R F, Wang Y Y, Du B, et al. 2006. Development of transformation system of rice based on Binary bacterial Artificial chromosome (BIBAC) vector. Journal of Genetics and Genomics, 33(3): 269-276

Hiei Y, Ohta S, Komari T, et al. 1994. Efficient transformation of rice (Oryza sativa L.) mediated by Agrobacterium and sequence analysis of the boundaries of the T-DNA. Plant J, 6(2): 271-282

Hirose T, Scofield G N, Terao T. 2008. An expression analysis profile for the entire sucrose synthase gene family in rice. Plant Science, 174: 534-543

Hosoda K, Imamura A, Katoh E, et al. 2002. Molecular structure of the GARP family of plant Myb-related DNA binding motifs of the Arabidopsis response regulators. The Plant Cell, 14(9): 2015-2029

Hou R, Bao Z, Wang S, et al. 2011. Transcriptome sequencing and de novo analysis for yesso scallop (Patinopecten yessoensis) using 454 GS FLX. PloS One, 6(6): e21560

Hu R Q, Qi G, Kong Y Z, et al. 2010. Comprehensive analysis of NAC domain transcription factor gene family in Populus trichocarpa. BMC Plant Biology, 10: 145

Hu S L, Zhou J Y, Cao Y, et al. 2011. In vitro callus induction and plant regeneration from mature seed embryo and young shoots in a giant sympodial bamboo, Dendrocalamus farinosus (Keng et Keng f.) Chia et H. L. Fung. African Journal of Biotechnology, 10(16): 3210-3215

Hu W J, Harding S A, Lung J, et al. 1999. Repression of lignin biosynthesis promotes cellulose accumulation and growth in transgenic trees. Nature Biotechnology, 17: 808-812

Hua W P, Zhang Y, Song J, et al. 2011. De novo transcriptome sequencing in Salvia miltiorrhiza to identify genes involved inthe biosynthesis of active ingredients. Gene, 98(4): 272-279

Huang C, Hu G, Li Y, et al. 2013. NbPHAN, a MYB transcriptional factor, regulates leaf development and affects drought tolerance in Nicotiana benthamiana . Physiol Plant, 149(3): 297-309

Ishida Y, Saito H, Ohta S, et al. 1996. High efficiency transformation of maize (Zea mays L.) mediated by Agrobactericum tumefaciens. Nat Biotechnol, 14: 745-750

Jin H L, Cominelli E, Bailey P, et al. 2000. Transcriptional repression by AtMYB4 controls production of UV-protecting sunscreens in Arabidopsis. The EMBO Journal, 19: 6150-6161

Jin H L, Martin C. 1999. Multifunctionality and diversity within the plant MYB-gene family. Plant Molecular Biology, 41(5): 577-585

Johnson C S, Kolevski B, Smyth D R. 2002. A trichome and seed coat development gene of Arabidopsis, encodes a WRKY transcription factor. Plant Cell, 14(6): 1359-1375

Kajita S, Hishiyama S, Tomimura Y, et al. 1997. Structural characterization of modified lignin in transgenic tobacco plants in which the activity of 4-coumarate: coenzyme a ligase is depressed. Plant Physiology, 114(3): 871-879

Kanehisa M, Goto S, Kawashima S, et al. 2004. The KEGG resource for deciphering the genome. Nucleic Acids Research, 32(suppl 1): D277-D280

Karpinska B, Karlsson M, Srivastava M, et al. 2004. MYB transcription factors are differentially expressed and regulated during secondary vascular tissue development in hybrid aspen. Plant Molecular Biology, 56: 255-270

Katsube T, Kazuta Y, Mori H. 1990. UDP-glucose pyrophosphorylase from potato-tuber-cDNA cloning and sequencing. J Biochem(Tokyo), 08: 321-326

Katsube T, Kazuta Y, Tanizawa K, et al. 1991. Expression in Escherichia coli of UDP glucose pyrophosphorylase cDNA from potato tuber and functional assessment of the five lysyl residues located at the substrate binding site. Biochem, 30: 8546-8551

Kawaoka A, Ebinuma H. 2001. Transcriptional control of lignin biosynthesis by tobacco LIM protein. Phytochemistry, 57: 1149-1157

Kawaoka A, Kaothien P, Yoshida K, et al. 2000. Functional analysis of tobacco LIM protein Ntlim1 involved in lignin biosynthesis. Plant Journal, 22: 289-301

Kazuta Y, Tagaya M, Tanizawa K, et al. 1993. Probing the pyrophosphate binding site in potato tuber UDP glucose pyrophosphorylase with pyridoxal diphosphate . Protein Sci, 2: 119-125

Kent W J. 2002. BLAT—the BLAST-like alignment tool. Genome Research, 12(4): 656-664

Kimura S, Laosinchai W, Itoh T, et al. 1999. Immunogold labeling of rosette terminal cellulose- synthesizing complexes in the vascular plant *Vigna angularis*. The Plant Cell Online, 11(11): 2075-2085

Kiyozumi D, Ishimizu T, Nakanishi T, et al. 2002. Pollen UDP-glucose pyrophosphorylase showing polymorphism well-correlated to the S genotype of *Pyrus pyrifolia*. Sex Plant Reprod, 14: 315-323

Ko J H, Kim W C, Han K H. 2009. Ectopic expression of MYB46 identifies transcriptional regulatory genes involved in secondary wall biosynthesis in *Arabidopsis*. Plant Journal, 60: 649-665

Koornneef M, Alonso-Blanco C, Peeters A J M, et al. 1998. Genetic control of flowering time in *Arabidopsis*. Annu Rev Plant Physiol Plant Mol Biol, 49: 345-370

Krost C, Petersen R, Schmidt E R. 2012. The transcriptomes of columnar and standard type apple trees(*Malus xdomestica*) - a comparative study. Gene, 498(2): 223-230

Kubo M, Udagawa M, Nishikubo N, et al. 2005. Transcription switches for protoxylem and metaxylem vessel formation. Genes Dev, 19: 1855-1860

Kühnl T, Koch U, Heller W, et al. 1989. Elicitor induced *S*-adenosyl-L-methionine: caffeoyl-CoA3-*O*-methyltransferasefrom carrot cell suspension cultures. Plant Sci, 60: 21-25

Lacombe E, Hawkins S, Doorsselaere J V, et al. 1997. Cinnamoyl CoA reductase, the first committed enzyme of the lignin branch biosynthetic pathway: cloning, expression and phylogenetic relationships. The Plant Journal, 11(3): 429-441

Lawrence P K, Koundal K R. 2000. Simple protocol for *Agrobacterium tumefaciens* mediated transformation of pigeonpea [*Cajanus cajan* (L.) Millsp.]. Plant Biol, 27: 299-302

Lee D, Meyer K, Chapple C. 1997. Down-regulation of 4-coumarate: CoA ligase(*4CL*) in *Arabidopsis* effect on lignin composition and implication for the control of monolignol biosynthesis. Plant Cell, 9: 1985-1998

Li B, Ruotti V, Stewart R M, et al. 2010. RNA-Seq gene expression estimation with read mapping uncertainty. Bioinformatics, 26(4): 493-500

Li P, Ponnala L, Gandotra N, et al. 2010. The developmental dynamics of the maize leaf transcriptome. Nature Genetics, 42(12): 1060-1067

Li S J, Zhou X, Chen L G, et al. 2010. Functional characterization of *Arabidopsis thaliana* WRKY39 in heat stress. Mol Cells, 29: 475-483

Li X Y, Sun H Y, Pei J B, et al. 2012. De novo sequencing and comparative analysis of the blueberry transcriptome todiscover putative genes related to antioxidants. Gene, 511(1): 54-61

Lindermayr C, Möllers B, Fliegmann J, et al. 2002. Divergent members of a soybean (*Glycine max* L.) 4-coumarate: coenzyme a ligase gene family. European Journal of Biochemistry, 269(4): 1304-1305

Lingle S E, Dyer J M. 2001. Cloning and expression of sucrose synthase cDNA from sugarcane. Plant Physiol, 158: 129-131

Liu L, Cao X L, Bai R, et al. 2012a. Isolation and characterization of the cold-induced phyllostachys edulis AP2/ERF family transcription factor, peDREB1. Plant Mol Biol Rep, 30: 679-689

Liu M Y, Qiao G R, Jiang J, et al. 2012b. Transcriptome sequencing and De Novo analysis for ma bamboo (*Dendrocalamus latiflorus* Munro) using the Illumina platform. PLOS One, 7(10): 1-11

Liu Q L, Zhong M, Li S, et al. 2013. Overexpression of achrysanthemum transcription factor gene, DgWRKY3, in tobacco enhances tolerance to salt stress. Plant Physiology and Biochemistry, (69): 27-33

Livak K J, Schmittqen T D. 2001. Analysis of relative gene expression data using real time quantitative PCR and the 2-△△ Ct method. Methods, 25(4): 402-408

Lu S X, Knowles S M, Andronis C, et al. 2009. Circadian clock associated1 and Late elongated hypocotyl function synergistically in the circadian clock of *Arabidopsis*. Plant Physiology, 150(2): 834-843

Lu Y T. 2011. Bambusa oldhamii terminal flower 1(TFL1) mRNA, complete cds. http://www.ncbi.nlm.nih.gov/nuccore/ HM641253. 1 [2015-1-15]

Luan M, Xu M, Lu Y, et al. 2014. Family-wide survey of miR169s and NF-YAs and their expression profiles response to abiotic stress in maize roots . PLoS One, 9(3): e91369

Marioni J C, Mason C E, Mane S M, et al. 2008. RNA-Seq: an assessment of technical reproducibility and comparison with gene expression arrays . Genome Research, 18(9): 1509-1517

Martin J A, Wang Z. 2011. Next-generation transcriptome assembly. Nature Reviews Genetics, 12(10): 671-682

Martz F, Wilcznska M, Kleeczkowskl L A. 2002. Oligomerization status, with the monomer as active specie, defines catalytic efficiency of UDP-glucose pyrophosphorylase. Biochem J, 367: 295-300

McCarthy R L, Zhong R B, Ye Z H. 2009. MYB83 is a direct target of SND1 and acts redundantly with MYB46 in the regulation of secondary cell wall biosynthesis in *Arabidopsis*. Plant and Cell Physiology, 50: 1950-1964

McCarthy R L, Zhong R Q, Fowter S, et al. 2010. The poplar MYB transcription factors, PtrMYB3 and PtrMYB20, are involved in the regulation of secondary wall biosynthesis . Plant Cell Physiol, 51(6): 1084-1090

Mccarty D R, Shaw J R, Hannah L C. 1986. The cloning genetic mapping and expression of the constitutive sucrose synthase locus of maize. Proceed Nation Academy Sci USA, 88: 9099-9103

Megan N H, Ben T. 2011. Make hay when the sun shines: the role of MADS-box genes in temperature dependant seasonal flowering responses. Plant Science, 180: 447-453

Mele G, Ori N, Sato Y, et al. 2003. The knotted1-like homeobox gene brevipedicellus regulates cell differentiation by modulating metabolic pathways. Genes Development, 17: 2088-2093

Meng M, Geisler M, Johansson H, et al. 2007. Differential tissue/organ-dependent expression of two sucrose- and cold-responsive genes for UDP-glucose pyrophosphorylase in Populus. Gene, 389: 186-195

Meng M, Wilczynska M, Kleezkowski L A. 2008. Molecular and kinetic characterization of two UDP-glucose pyrophosphorylases, products of distinct genes, rom *Arabidopsis*. Biochimica et Biophysica Acta, 1784: 967-972

Mikami S, Hori H, Mitsui T. 2001. Separation of distinct compartments of rice golgi complex by sucrose density gradient centrifugation. Plant Sci, 161: 665-675

Mitsuda N, Iwase A, Yamamoto H, et al. 2007. NAC transcription factors, NST1 and NST3, are key regulators of the formation of secondary walls in woody tissues of *Arabidopsis*. The Plant Cell, 19: 270-280

Mitsuda N, Seki M, Shinozaki K, et al. 2005. The NAC transcription factors NST1 and NST2 of *Arabidopsis* regulate secondary wall thickenings and are required for anther dehiscence. The Plant Cell, 17: 2993-3006

Mochida K, Yoshida T, Sakurai T, et al. 2009. In silico analysis of transcription factor repertoire and prediction of stress responsive transcription factors in soybean. DNA Res, 16(6): 353-369

Mohri T, Mukai Y, Shinohara K. 1997. *Agrobaererium tumefaciens*-mediated transfor mation of Japanese white birch (*Betula plalyphylla* var. *japonica*). Plant Sci, 127: 53-60

Moriguchi T, Yamaki S. 1988. Purification and characterization of sucrose synthase from peach (*Prunus pirisica*) fruit . Plant Cell Physiol, 29: 1361-1366

Mortazavi A, Williams B A, McCue K, et al. 2008. Mapping and quantifying mammalian transcriptomes by RNA-Seq. Nature Methods, 5(7): 621-628

Mu H. 2002. Screening of genes related to pollen development in a thermo-sensitive male sterile rice(*Orym sativa* L.): cloning and characterization of UDP-Glucose pyrophosphorylase. Hong Kong: University of Hong Kong Doctor of Philosophy

Naz A A, Raman S, Martinez C C, et al. 2013. Trifoliate encodes an MYB transcription factor that modulates leaf and shoot architecture in tomato . Proc Natl Acad Sci USA, 110(6): 2401-2406

Novaes E, Drost D R, Farmerie W G, et al. 2008. High-throughput gene and SNP discovery in *Eucalyptus grandis*, an uncharacterized genome. BMC Genomics, 9(1): 312

Olivier L, David M C, Aaron H L, et al. 2006. Biosynthesis of plant cell wall polysaccharides-a complex process. Curr Opin Plant Biol, 9: 621-630

Owensl D, Smigockia C. 1988. Transformation of soybean cells using mixed strains of *Agrobacterium tumefaciens* and phenolic compounds. Plant Physiol, 88: 570-573

Ozawa K. 2009. Establishment of a high efficiency *Agrobacterium*-mediated transformation system of rice (*Oryza sativa* L.). Plant Science, 176: 522-527

Pakusch A E, Kneusel R E, Matern U. 1989. *S*-adenosyl-*L*-methionine: trans-caffeoylcoenzyme a Sqmethyl transferase from elicitor-treated parsley cell suspension cultures. Arch Biochem Biophy, 271: 488-494

Palapol Y, Ketsa S, Lin-Wang K, et al. 2009. A MYB transcription factor regulates anthocyanin biosynthesis in mangosteen (*Garcinia mangostana* L.) fruit during ripening. Planta, 229(6): 1323-1334

Park C J, Shin Y C, Lee B J, et al. 2006. A hot pepper gene encoding WRKY transcription factor is induced during hypersensitive response to tobacco mosaic virus and *Xanthomonas campestris*. Planta, 223(2): 168-179

Park M R, Yun K Y, Mohanty B, et al. 2010. Supra-optimal expression of the cold-regulated *OsMyb4* transcription factor in transgenic rice changes the complexity of transcriptional network with major effects on stress tolerance and panicle development. Plant Cell and Environment, 33(12): 2209-2230

Patzlaff A, McInnis S, Courtenay A, et al. 2003. Characterisation of PtMYB1, an R2R3-MYB from pine xylem. Plant Molecular Biology, 53: 597-608

Patzlaff A, McInnis S, Courtenay A, et al. 2003. Characterization of a pine MYB that regulates lignification. Plant Journal, 36: 743-754

Peng Z H, Lu T T, Li L B, et al. 2010. Genome-widecharacterization of the biggest grass, bamboo, based on 10, 608 putative fulllength cDNA sequences. BMC Plant Biology, 10(1): 116-128

Peng Z, Zhang C, Zhang Y, et al. 2013. Transcriptome sequencing and analysis of the fast growing shoots of moso bamboo (*Phyllostachys edulis*) . PloS One, 8(11): e78944

Pilate G, Guiney E, Holt K, et al. 2002. Field and pulping performances of transgenic trees with altered lignification. Nature, 20: 607-612

Preston J, Wheeler J, Heazlewood J, et al. 2004. AtMYB32 is required for normal pollen development in *Arabidopsis thaliana*. Plant Journal, 40: 979-995

Pua E C, Lim S S W, Liu P. 2000. Expression of a UDP-glucose pyrophosphorylase cDNA during fruit ripening of banana

(*Musa acuminata*). Aust J Plant Physiol, 27: 1151-1159

Qiu Y P, Jing S J, Fu J, et al. 2004. Cloning and analysis of expression profile of 13 WRKY genes in rice. Chinese Science Bulletin, 49(20): 1860-1869

Qiu Y, Yu D. 2009. Over-expression of the stress-induced OsWRKY45 enhances disease resistance and drought tolerance in *Arabidopsis*. Environ Exp Bot, 65(1): 35-47

Rabiger D S, Drews G N. 2013. MYB64 and MYB119 are required for cellularization and differentiation during female gametogenesis in *Arabidopsis thaliana*. PLoS Genet, 9(9): 1-15

Rabinowicz P D, Braun E L, Wolfe A D, et al. 1999. Maize R2R3 Myb genes: Sequence analysis reveals amplification in the higher plants . Genetics, 153(1): 427-444

Rai V, Ghosh J S, Pal A, et al. 2011. Identification of genes involved in bamboo fiber development. Gene, 478: 19-27

Reddy M S S, Chen F, Shadle G, et al. 2005. Targeted down-regulation of cytochrome P450 enzymes for forage quality improvement in alfalfa (*Medicago sativa* L.). PNAS, 102(46): 16573-16578

Richmond T A, Somerville C R. 2000. The cellulose synthase superfamily. Plant Physiology, 124(2): 495-498

Robertson G, Schein J, Chiu R, et al. 2010. De novo assembly and analysis of RNA-Seq data. Nature Methods, 7(11): 909-912

Rosinski J A, Atchley W R. 1998. Molecular evolution of the Myb family of transcription factors: evidence for polyphyletic origin . Journal of Molecular Evolution, 46(1): 74-83

Ruan Y L, Chourey P S, Delmer D P, et al. 1997. The differential expression of sucrose synthase in relation to diverse patterns of carbon partitioning in developing cotton seed. Plant Physiol, 115(2): 375-385

Ruben V, Kris M, John R, et al. 2008. Lignin engineering. Current Opinion in Plant Biology, 11: 278-285

Rushton D L, Tripathi P, Rabara R C, et al. 2012. WRKY transcription factors: key components in abscisic acid signalling. Plant Biotechnol J, 10(1): 2-11

Sadamoto H, Takahashi H, Okada T, et al. 2012. De novo sequencing and transcriptome analysis of the central nervous system of mollusc *Lymnaea stagnalis* by deep RNA sequencing. PloS One, 7(8): e42546

Salanoubat M, Belliard G. 1987. Molecular cloning and sequencing of sucrose synthase cDNA from potato: preliminary characterization of sucrose synthase mRNA distribution. Gene, 60(1): 47-56

Scarpeci T E, Zanor M I, Mueller-Roeber B, et al. 2013. Overexpression of AtWRKY30 enhances abiotic stress tolerance during early growth stages in *Arabidopsis thaliana*. Plant Mol Biol, 83(3): 265-277

Schoch G, Goepfert S, Morant M, et al. 2001. CYP98A3 from *Arabidopsis thaliana* is a 3′-hydroxylase of phenolic esters, a missing link in the phenylpropanoid pathway. The Journal of Biological Chemistry, 276: 36566-36574

Serge P, Daniel S. 2010. Structure and engineering of celluloses. Advances in Carbohydrate Chemistry and Biochemistry, 64: 25-116

Severin A J, Woody J L, Bolon Y T, et al. 2010. RNA-Seq atlas of glycine max: A guide to thesoybean transcriptome. BMC Plant Biology, 10: 160

Shan H, Chen S M, Jiang J F, et al. 2012. Heterologous expression of the chrysanthemum R2R3-MYB transcription factor CmMYB2 enhances drought and salinity tolerance, increases hypersensitivity to ABA and delays flowering in *Arabidopsis thaliana*. Molecular Biotechnology, 51(2): 160-173

Shane C H, Steven C H. 2004. Proteasome activity and the post-translational control of sucrose synthase stability in maize leaves. Plant Physiology and Biochemistry, 42: 197-208

Shen H, He X, Poovaiah C R, et al. 2012. Functional characterization of the switchgrass (*Panicum virgatum*) R2R3-MYB transcription factor PvMYB4 for improvement of lignocellulosic feedstocks . New Phytol, 193(1): 121-136

Shen W H, Escudero J, Schlppi M, et al. 1993. T-DNA transfer to maize cells: histochemical investigation of beta-glucuronidase activity in maize tissues. Proc Natl Acad Sci USA, 90(4): 1488-1492

Snyder D K. 1979. Multidimensional assessment of marital satisfaction. Journal of Marriage and Family, 41(4): 813-823

Sonbol F M, Fornalé S, Capellades M, et al. 2009. The maize ZmMYB42 represses the phenylpropanoid pathway and affects the cell wall structure, composition and degradability in *Arabidopsis thaliana*. Plant Molecular Biology, 70: 283-296

Song H X, Gao S P, Jiang M Y. 2012. The evolution and utility of ribosomal ITS sequences in Bambusinae and related species: divergence, pseudogenes, and implications for phylogeny. Journal of Genetics, 91(2): 129-139

Sowokinos J R, Vigdorovich V, Abrahamsen M. 2004. Molecular cloning and sequence variation of UDP-glucose pyrophosphorylase cDNAs from potatoes sensitive and resistant to cold sweetening. Journal of Plant Physiology, 161: 947-955

Sterky F. 2004. A *Populus* expressed sequence tag resources for plant functional genomics. Proc Natl Acad Sci, 101: 13951-13956

Stracke R, Werber M, Weisshaar B. 2001. The R2R3-MYB gene family in *Arabidopsis thaliana*. Curr Opin Plant Biol, 4(5): 447-456

Stuibe H P, Büttner D, Ehlting J, et al. 2000. Mutational analysis of 4-coumarate: CoA ligase identifies functionally important amino acids and verifies its close relationship to other adenylate-forming enzymes. Febs Letters, 467(1):

117-122

Swain S S, Sahu L, Barik D P, et al. 2010. *Agrobacterium*×plant factors influencing transformation of 'Joseph's coat'(*Amaranthus tricolor* L.). Scientia Horticulturae, 125: 461-468

Tang D Q, Lu J J, Fang W, et al. 2010. Development, characterization and utilization of GenBank microsatellite markers in *Phyllostachys pubescens* and related species. Mol Breed, 25: 299-311

Tatusov R L, Galperin M Y, Natale D A, et al. 2000. The COG database: a tool for genome-scale analysis of protein functions and evolution. Nucleic Acids Research, 28(1): 33-36

Thao N P, Tran L S P. 2012. Potentials toward genetic engineering of drought-tolerant soybean. Crit Rev Biotechnol, 32(4): 349-362

Thiel T, Michalek W, Varshney R, et al. 2003. Exploiting EST databases for the development and characterization of gene-derived SSR-markers in barley (*Hordeum vulgare* L.). Theoretical and Applied Genetics, 106(3): 411-422

Tripathi P, Rabara R C, Rushton P J. 2014. A systems biology perspective on the role of WRKY transcription factors in drought responses in plants. Planta, 239(2): 255-266

Vanholme R, Morreel K, Ralph J, et al. 2008. Lignin engineering. Curr Opin Plant Biol, 11: 278-285

Wadenbäck J, Arnold S V, Egertsdotter U, et al. 2008. Lignin biosynthesis in transgenic Norway spruce plants harboring an antisense construct for cinnamoyl CoA reductase (CCR). Transgenic Research, 17(3): 379-392

Wang A Y, Kao M H. 1999. Differentially and developmentally regulated expression of the rice sucrose synthase genes. Plant Cell Physiology, 40(8): 800-807

Wei J H, Zhao H Y, Zhang J Y, et al. 2001. Cloning of cDNA encoding *CCoAOMT* from *Populus tomentosa* and down-regulation of lignin content in transgenic plant expressing antisense gene. Acta Botanica Sinica, 43(11): 1179-1183

Wu X J, Du M, Weng Y Q, et al. 2002. UGPase of astragalus membranaceus: cDNA cloning, analyzing and expressing in *Escherichia coli*. Botanica Sinica, 44(6): 689-693

Wu X, Shiroto Y, Kishitani S, et al. 2009. Enhanced heat and drought tolerance in transgenic rice seedlings overexpressing *OsWRKY11* under the control of HSP101 promoter. Plant Cell Rep, 28(1): 21-30

Xu J, Wang Y Z, Yin H X. 2009. Efficient *Agrobacterium tumefaciens*-mediated transformation of *Malus zumi* (*Matsumura*) rehd using leaf explant regeneration system. Elect J Biotechnol, 12: 1-8

Xu Y B, Lu Y L, Xie C X, et al. 2012. Whole-genome strategies for marker-assisted plant breeding. Mol Breeding, 29: 833-854

Yanga C Y, Xub Z Y, Songa J, et al. 2007. *Arabidopsis* MYB26/MALE STERILE35 regulates secondary thickening in the endothecium and is essential for anther dehiscence. The Plant Cell, 19: 534-548

Yeh S H, Lin C S, Wu F H, et al. 2011. Analysis of the expression of BohLOL1, which encodes an LSD1-like zinc finger protein in *Bambusa oldhamii*. Planta, 234: 1179-1189

Zhang G, Guo G, Hu X, et al. 2010. Deep RNA sequencing at single base-pair resolution reveals high complexity of the rice transcriptome. Genome Research, 20(5): 646-654

Zhang L, Zhao G, Jia J, et al. 2012a. Molecular characterization of 60 isolated wheat MYB genes and analysis of their expression during abiotic stress. Journal of Experimental Botany, 63(1): 203-214

Zhang L, Zhao G, Xia C, et al. 2012b. Overexpression of a wheat MYB transcription factor gene, TaMYB56-B, enhances tolerances to freezing and salt stresses in transgenic *Arabidopsis*. Gene, 505(1): 100-107

Zhao Q, Dixon R A. 2011. Transcriptional networks for lignin biosynthesis: more complex than we thought? Trends in Plant Science, 16(4): 227-233

Zhao Q, Wang H Z, Yin Y B, et al. 2010. Syringyl lignin biosynthesis is directly regulated by a secondary cell wall master switch. Proceedings of the National Academy of Sciences, 107: 14496-14501

Zhao Z Y, Gu W N, Cai T S, et al. 2002. High throughput genetic transformation mediated by *Agrobacterium tumefaciens* in maize. Mol Breeding, 8(4): 323-333

Zhong R Q, Lee C H, Ye Z H. 2010a. Evolutionary conservation of the transcriptional network regulating secondary cell wall biosynthesis. Trends in Plant Science, 15(11): 625-632

Zhong R Q, Lee C H, Ye Z H. 2010b. Functional characterization of poplar wood-associated NAC domain transcription factors. American Society of Plant Biologists, 152: 1044-1055

Zhong R Q, Lee C H, Zhou J L, et al. 2008. A battery of transcription factors involved in the regulation of secondary cell wall biosynthesis in *Arabidopsis*. Plant Cell, 20: 2763-2782

Zhong R Q, Richardson E A, Ye Z H. 2007. The MYB46 transcription factor is a direct target of SND1 and regulates secondary wall biosynthesis in *Arabidopsis*. Plant Cell, 19: 2776-2792

Zhong R Q, Ye Z H. 2007. Regulation of cell wall biosynthesis. Current Opinion in Plant Biology, 10: 564-572

Zhong R, Richardson E A, Ye Z H. 2007. Two NAC domain transcription factors, SND1 and NST1, function redundantly in regulation of secondary wall synthesis in fibers of *Arabidopsis*. Planta, 225: 1603-1611

Zhonga R Q, Demurab T, Yea Z H. 2006. SND1, a NAC domain transcription factor, is a key regulator of secondary wall synthesis in fibers of *Arabidopsis*. The Plant Cell, 18: 3158-3170

Zhou J L, Lee C H, Zhong R Q, et al. 2009. MYB58 and MYB63 are transcriptional activators of the lignin biosynthetic pathway during secondary cell wall formation in *Arabidopsis*. The Plant Cell, 21: 248-266

Zhou M B, Zhang Y, Tang D Q. 2011. Characterization and primary functional analysis of BvCIGR, a member of the GRAS gene family in *Bambusa ventricosa*. Bot Rev, 77: 233-241

Zhou Q Y, Tian A G, Zou H F, et al. 2008. Soybean WRKY-type transcription factor genes, *GmWRKY13*, *GmWRKY21*, and *GmWRKY54*, confer differential tolerance to abiotic stresses in transgenic *Arabidopsis* plants. Plant Biotechnol J, 6(5): 486-503

Zrenner R, Willmitzer L, Sonnewald U. 1993. Analysis of the expression of potato uridiediphosphate glueose pyrophosphorylase and its inhibition by antisense RNA. Planta, 190: 247-252

缩　略　语

4CL（4-coumarate CoA ligase，4-香豆酸辅酶 A 连接酶）

6-BA（6-benzylaminopurine，6-苄氨基腺嘌呤）

ABA（abscisic acid，脱落酸）

ABC 转运蛋白（ATP-binding cassette transporter）

ACGM（amplified consensus genetic markers，扩增共有序列遗传标记）

ADP（adenosine diphosphate，腺苷二磷酸）

AFLP（amplified fragment length polymorphism，扩增片段长度多态性）

AGL（agamous-like，一类春化应答 MADS 盒基因）

Ala（alanine，丙氨酸）

AldOMT（5-hydroxyl coniferyl aldehyde *O*-methyltransferase，5-羟基松柏醛 *O*-甲基转移酶）

AP（apetala，一类开花基因）

AP1/SQUA-like（SQUA 家族类似基因）

Arg（arginine，精氨酸）

AS（acetosyringone，乙酰丁香酮）

Asn（asparagine，天冬酰胺）

BHLHC（basic Helix-Loop-Helix，碱性螺旋-环-螺旋）

BP（brevipedicellus，KNOX 基因家族基因之一）

BZF（B-Box 型锌指蛋白基因）

bZIP（basic leucine zipper，一类转录因子）

C3H（coumarate-3-hydroxylase，香豆酸-3-羟化酶）

C4H（cinnamate-4-hydroxylase，肉桂酸-4-羟化酶）

cab（chlorophyll a/b binding protein，叶绿素 a/b 结合蛋白基因）

CAD（cinnamoyl alcohol dehydrogenase，肉桂醇脱氢酶）

Carb（carbenicillin disodium，羧苄青霉素钠）

CBF（C-repeat binding transcription factor，一类转录因子）

CCoAOMT（caffeoyl-CoA3-*O*-methyltransferase，咖啡酰-CoA-3-*O*-甲基转移酶）

CCR（cinnamoyl CoA reductase，肉桂酰辅酶 A 还原酶）

cDNA（complementary deoxyribonucleic acid，互补脱氧核糖核酸）

CDP（cytidine diphosphate，胞苷二磷酸）

CDS（coding sequence，编码序列）

CesA（cellulose synthase，纤维素合成酶）

CO（constans，一类开花基因）

CoA（coenzyme A，辅酶 A）

COG（Cluster of Orthologous Groups of proteins，蛋白数据库）

COMT（caffeic acid-3-*O*-methyltransferase，咖啡酸-3-*O*-甲基转移酶）

Csl（cellulose synthase-like protein，纤维素合酶相似蛋白）

CTAB（cetyltriethylammonium bromide，十六烷基三乙基溴化铵）

CYP450（cytochrome，细胞色素 P450）

Cys（cysteine，半胱氨酸）

DEPC（diethyl pyrocarbonate，焦碳酸二乙酯）

DNA（deoxyribonucleic acid，脱氧核糖核酸）

DREB（dehydrate responsive element binding factor，一类转录因子）

EST（expressed sequence tag，表达序列标签）

F5H（ferulate-5-hydroxylase，阿魏酸-5-羟化酶）

FC（fold change，倍性变化）

FCA（flowering control locus A，控制开花的一类基因）

FDR（false discovery rate，错误发现率）

FLC（flowering loucs C，春化相关基因）

FUL（fruitfull，一类 MADS Box 基因）

GDP（guanosine diphosphate，鸟苷二磷酸）

Gln（glutamine，谷氨酰胺）

Glu（glutamate，谷氨酸）

GLU（β-1,3-葡聚糖酶基因）

Gly（glycine，甘氨酸）

GO（gene ontology，基因本体论数据库）

GS（genomic selection，基因组选择）

G 木质素（guaiacyl lignin，愈创木基木质素）

HD-ZIP（homeodomain-leucine zipper protein，一类转录因子）

Hyg（hygromycin，潮霉素）

Ile（isoleucine，异亮氨酸）

ISSR（inter-simple sequence repeat，简单序列重复区间）

ITS（internal transcribed space，内转录间隔区）

KEGG（Kyoto Encyclopedia of Genes and Genomes，京都基因与基因组百科全书）

KORRIGAN（1,4-β-D-glucanase，1,4-β-D-葡聚糖酶）

KT（kinetin，激动素）

LAC（laccase，漆酶）

LB（细菌培养基）

Leu（leucine，亮氨酸）

LFY（leafy，一类花分生组织特性基因）

LHC I（light-harvesting complex I，捕光色素蛋白复合体 I）

Lhcb（light-harvesting chlorophyll a/b binding protein，捕光色素结合蛋白基因）

LIM（一类含有 LIM 结构域的转录因子）

Lys（lysine，赖氨酸）

MADS-Box（一类转录因子）

MARS（marker assisted recurrent selection，分子标记辅助轮回选择）

MAS（marker assisted selection，分子标记辅助选择）

MBCD（moso bamboo cDNA database，毛竹 cDNA 数据库）

mRNA（message ribonucleic acid，信使核糖核酸）

MYB（含有 MYB 结构域的一类转录因子）

NAA（naphthylacetic acid，萘乙酸）

NAC（NAM，ATAF1/2 and CUC2 domain transcription factor，NAM，ATAF1/2 和 CUC2 域转录因子）

NAM（NAC 转录因子保守基序）

NCBI（national center of biotechnology information，国家生物技术信息中心）

Nr（数据库）

NST（NAC secondary wall thickening promoting factor，NAC 次生细胞壁增厚的启动因子）

ORF（open reading frame，可读框）

PAL（phenylalanine ammonialyase，苯丙氨酸裂解酶）

PEG（polyethylene glycol，聚乙二醇）

POD（Peroxidase，过氧化物酶）

PSⅡ（photosystemⅡ，光系统Ⅱ）

QPCR（real-time quantitative PCR detecting system，实时荧光定量核酸扩增检测系统）

RACE（rapid amplication of cDNA end，cDNA 末端快速扩增技术）

rDNA（核糖体 DNA）

RIN（RNA integrity number，核糖核酸完整性）

RNA（ribonucleic acid，核糖核酸）

RNAi（ribonucleic acid interference，核糖核酸干扰）

RNA-Seq（转录组测序）

ROS（活性氧）

RPKM（估计基因的表达量）

RT- PCR（reverse transcription-polymerase chain reaction，反转录-聚合酶链反应）

SANT（MYB 转录因子的保守基序）

Ser（serine，丝氨酸）

SH（sucrose synthase，蔗糖合酶）

SND（secondary wall–associated NAC domain protein，次生细胞壁相关的 NAC 域蛋白质）

SNP（single nucleotide polymorphism，单核苷酸多态性）

SOC（suppressor of overexpression of constans，一类控制开花的基因）

SPS（sucrose phosphate synthase，蔗糖磷酸合成酶）

SRAP（sequence-related amplified polymorphism，相关序列扩增多态性）

SSR（simple sequence repeat，锚定简单重复序列）

SUS（sucrose synthase，蔗糖合酶）

SVP（short vegetative phase，一类抑花基因）

SwissProt（数据库）

S 木质素（syringyl lignin，紫丁香基木质素）

TAE（电泳缓冲液）

TFL（terminal flower，控制分生组织中花基因表达的基因）

Trp（threonine，苏氨酸）

UDP（uridine diphosphate，尿苷二磷酸）

UDPG（uridine diphosphate glucose，尿苷二磷酸葡萄糖）

UGPase（UDP-glucose pyrophosphorylase，尿苷二磷酸葡萄糖焦磷酸化酶）

Val（valine，缬氨酸）

VB_1（vitamin B_1，维生素 B_1）

VND（vascular-related NAC-domain，维管束相关的 NAC 域）

WND（wallenda，SND 同源基因）

YEB（发根农杆菌培养基）